网络安全技术

主编 董晓丽
参编 张雪锋 赵 玲 侯红霞

西安交通大学出版社
XI'AN JIAOTONG UNIVERSITY PRESS

图书在版编目(CIP)数据

网络安全技术 / 董晓丽主编. 一西安：西安交通大学
出版社，2025.1

普通高等教育电子信息类专业"十四五"系列教材

ISBN 978-7-5693-3804-1

Ⅰ.①网… Ⅱ.①董… Ⅲ.①计算机网络—网络安全
—高等学校—教材 Ⅳ.①TP393.08

中国国家版本馆 CIP 数据核字(2024)第 110277 号

WANGLUO ANQUAN JISHU

书 名	网络安全技术	
主 编	董晓丽	
参 编	张雪锋 赵 玲 侯红霞	
策划编辑	田 华	
责任编辑	邓 瑞	
责任校对	王 娜	
装帧设计	伍 胜	

出版发行	西安交通大学出版社
	(西安市兴庆南路 1 号　邮政编码 710048)
网 址	http://www.xjtupress.com
电 话	(029)82668357　82667874(市场营销中心)
	(029)82668315(总编办)
传 真	(029)82668280
印 刷	西安五星印刷有限公司

开 本	787 mm×1092 mm　1/16	印张 20.875	字数 455 千字
版次印次	2025 年 1 月第 1 版　2025 年 1 月第 1 次印刷		
书 号	ISBN 978-7-5693-3804-1		
定 价	50.00 元		

如发现印装质量问题,请与本社市场营销中心联系。

订购热线:(029)82665248　(029)82667874

投稿热线:(029)82668818

读者信箱:457634950@qq.com

前　言

网络安全一般是指通过采取必要措施,防范对网络的攻击、侵入、干扰、破坏和非法使用以及意外事故,保护网络系统的硬件、软件及其系统中的数据,使得网络服务不中断,系统连续可靠正常运行。网络安全本质上就是网络上的信息安全。从广义上讲,凡是涉及网络上信息的保密性、完整性、可用性、可控性和不可否认性的相关技术和理论都是网络安全的研究领域。

网络安全和信息化相辅相成。安全是发展的前提,发展是安全的保障,安全和发展要同步推进。在信息时代,网络安全对国家安全牵一发而动全身,同许多其他方面的安全都有着密切关系。没有网络安全就没有国家安全,就没有经济社会稳定运行,广大人民群众利益也难以得到保障。要树立正确的网络安全观,加强信息基础设施网络安全防护,加强网络安全信息统筹机制、手段、平台建设,防患于未然。

为了满足对网络安全人才日益增长的需求,国家明确提出要大力加强网络安全人才的培养。2015年,教育部批准增设网络空间安全一级学科,各个大学相继成立了网络空间安全学院,陆续开设了网络安全方面的课程。

《孙子兵法》曰:"知彼知己,百战不殆。"本书的目的是从攻击和防御两个角度来帮助安全人员掌握网络安全的基本知识,理解网络安全技术,树立良好的网络安全防范意识。本书编者结合多年来在教学中积累的丰富经验和体会,以及学生在理解和掌握相关技术中遇到的问题,力图做到内容重点突出、层次清晰、深入浅出,希望读者能通过本书对网络安全技术有进一步的理解。

本书共分10章。第1章为网络安全概述,阐述网络安全相关的基础知识和概念,使读者对网络安全有一个初步的认识。第2章介绍密码学,包括古典密码、分组密码、序列密码、Hash函数、公钥密码以及数字签名原理,为后续掌握涉及密码理论的网络安全技术奠定良好的理论基础。第3章和第4章分别介绍典型的网络攻击技术和恶意代码,其中网络攻击技术包括网络扫描、网络嗅探、欺骗攻击、拒绝服务攻击和缓冲区溢出攻击,恶意代码包括传统计算机病毒、木马和网络蠕虫。这两章可以使读者了解和掌握基本的攻击方法和过程,从黑客攻击的角度认识网络安全面临的威胁和风险。第5章至第10章介绍目前广泛使用的多种典型防御技术,包括公钥基础设施、身份认证、访问控制、数据安全、防火墙、入侵检测和虚拟专用网。这六章从系统防御的角度阐述了网络安全,加深读者对整个网络安全领域的认识。

本书第3、4、6、7、8、10章由董晓丽编写,第1、5、9章由赵玲编写,第2章由张雪锋和侯红霞共同编写。此外,多位同仁和研究生对全书的文字和图表进行了校对。本书在编写过程中,参考了众多国内外书籍、优秀论文以及互联网相关资料,在此一并表示由衷的感谢。本书的编写和出版还得到了陕西省重点研发计划项目(2023-YBGY-015)的支持。

本书的建议授课学时为48学时,教学内容可以根据实际的学时适当做出取舍。学习本课程之前,读者需要先了解或掌握有关计算机网络、操作系统和C语言等内容,因此本书可作为网络空间安全、信息安全、计算机等相关专业本科高年级、硕士研究生的教材,同时也适合从事网络安全工作的技术人员、管理人员、维护人员和研究人员,以及网络攻防爱好者参考阅读。

由于编写时间仓促,编者水平有限,书中难免出现疏漏和不当之处。同时,网络安全涉及的内容广泛,发展迅速,在内容的编排上,也难免考虑不周全,恳请广大读者批评指正。

编者

2023 年 10 月

目　录

第1章 网络安全概述

随着因特网(Internet)在全球的普及和发展,计算机网络成为信息的主要载体之一。计算机网络的全球互联趋势越来越明显,信息网络技术的应用日渐普及。基于网络的应用层出不穷,国家发展、社会运转以及人类的各项活动对计算机网络的依赖性越来越强。同时,网络安全问题越发突出,受到越来越广泛的关注。计算机和网络系统不断受到侵害,侵害形式日益多样化,侵害手段和技术日趋先进和复杂化,令人防不胜防。一方面,计算机网络提供了丰富的资源以便用户共享;另一方面,资源共享度的提高也增加了网络受威胁和攻击的可能性。事实上,资源共享和网络安全是一对矛盾,随着资源共享的加强,网络安全问题也日益突出。因此,网络安全相关技术的研究已经迫在眉睫。

1.1 网络安全的基本概念

1.1.1 网络安全的定义

安全是指不受威胁,没有危险、危害或损失。网络安全(network security)指网络系统的硬件、软件以及系统中存储和传输的数据受到保护,不因偶然的或者恶意的原因而遭到破坏、更改、泄露,网络系统可以保持连续可靠正常的运行,网络服务不中断。

网络安全可以从下面多个角度来理解。

从一般用户(个人、企业等)角度来讲,他们希望涉及个人隐私或商业利益的信息在网络上传输时能够保持机密性、完整性和真实性,避免其他人或对手利用窃听、冒充、篡改、抵赖等手段侵犯自身的利益。

从网络运行者和管理者角度来讲,他们希望对网络信息的访问受到保护和控制,避免出现非法使用、拒绝服务、网络资源非法占用和非法控制等威胁,制止和防御网络黑客的攻击。

从安全保密部门角度来讲,他们希望对非法的、有害的或涉及国家机密的信息进行过滤和防堵,避免机要信息被泄露,避免对社会产生危害或对国家造成巨大损失。

从社会教育和意识形态角度来讲,必须控制网络上不健康的内容的传播,防止它们对社会的稳定和人类的发展产生阻碍。

广义上,网络安全涉及多方面的理论知识,除了数学、通信、计算机等自然科学外,还涉及法律、心理学等社会科学。狭义上,通常说的网络安全,只是从自然科学的角度来讲。

网络安全涉及计算机科学、通信技术、密码理论、信息论等多个学科,迄今为止,学术界对网络安全仍没有一个统一的定义。

要了解网络安全的内涵,首先要了解计算机网络的概念。计算机网络是地理上分散的多台自治计算机互联的集合。从该定义中可以了解到计算机网络安全涉及的内容包括计算机主机软硬件系统安全、通信系统安全以及各种网络应用和服务的安全。

网络是信息的重要载体,因此从信息系统特点和运行过程出发,网络安全的研究内容大致分为四个方面:实体安全、运行安全、数据安全和管理安全。

(1)实体安全是指保护计算机设备、网络设施及其他媒介免遭地震、水灾、火灾、有害气体和其他环境事故(如电磁污染等)破坏的措施及过程。

(2)运行安全是指为保障系统功能的安全实现,提供一套安全措施(如安全评估、审计跟踪、备份与恢复、应急措施等)来保护信息处理过程的安全。

(3)数据安全是指防止信息资源被故意或偶然地非授权泄露、更改、破坏、控制和否认,即要确保信息的机密性、完整性、可用性、可控性和不可否认性。

(4)管理安全是指有关的法律法规及安全管理手段,确保系统安全生存和正常运营。

1.1.2　网络安全的属性

从技术角度讲,网络安全的主要属性表现在网络信息系统的机密性、完整性、可用性、可控性、不可抵赖性等方面。

1. 机密性(confidentiality)

机密性是指保证信息不能被非授权访问,即信息只能被授权用户所使用的特性。即使非授权用户得到信息也无法知晓信息内容,因而不能使用。

保障机密性的常用技术:通过访问控制阻止非授权用户获得机密信息;通过加密变换阻止非授权用户获知信息内容;物理保密,利用隔离、隐蔽、控制等各种物理方法保护信息不被泄露。

2. 完整性(integrity)

完整性是指保证网络信息未经授权不能进行改变的特性,即要求信息在生成、传输、存储和使用过程中不应发生人为或非人为的非授权篡改、重放、伪造等。即使信息被篡改,也要保证接收方能够判别出来,接收方通过消息摘要算法可以检验信息是否被篡改。完整性是一种面向信息的安全特性,它要求保持信息的原样,即消息的正确生成、正确存储和正确传输。

完整性与机密性不同,机密性可以防止被动攻击,要求信息不被泄露给未授权的人,而完整性主要防止各种主动攻击,要求信息不受各种因素的破坏。保障完整性的主要方法:安全协议、纠错编码、数字签名和第三方公证等。

3. 可用性(availability)

可用性是指保证信息资源随时可提供服务的特性,即保证信息及信息系统不被非授权者非法使用,同时防止由于计算机病毒或其他人为因素造成的系统拒绝服务,影响授权用户的合法使用等。它是信息系统面向用户的安全特性。

可用性是信息资源服务功能和性能可靠性的度量,涉及物理、网络、系统、数据、应用和用户等多方面因素,是对信息网络总体可靠性的要求。保障可用性的主要方法:身份认证、访问控制、业务流控制、路由选择控制和审计跟踪等。

4. 可控性(controllability)

可控性是指控制网络信息的内容及其传播的特性,即对信息及信息系统实施安全监控与管理。

5. 不可抵赖性(undeniability)

不可抵赖性也叫不可否认性,是指在网络信息系统的交互过程中,所有参与者都不能否认或抵赖曾经完成过的操作和承诺。简单地说,就是发送信息方不能否认发送过信息,信息的接收方不能否认接收过信息。采用数字签名技术和可信第三方等方法可以保证信息的不可抵赖性。

1.1.3　网络安全的模型

由于系统遭遇的攻击日趋频繁,网络安全的概念已经不仅仅局限于对信息的保护,人们需要的是对整个信息和网络系统的保护和防御,以确保它们的安全性,包括对系统的保护、检测和反应能力等。总的来说,安全模型已经从以前的被动保护转到了现在的主动防御,越来越强调整个生命周期的防御和恢复。下面介绍网络安全领域的常用模型。

1. PDR 安全模型

PDR 模型是最早体现主动防御思想的一种网络安全模型。所谓 PDR 模型指的是基于防护(protection)、检测(detection)、响应(response)的网络安全模型,它是后期提出其他网络安全模型的基石。其采用一切可能的措施来保护网络、系统以及信息的安全,通常采用的技术及方法主要包括加密、认证、访问控制、防火墙及防病毒等。解决安全问题就是解决紧急响应和异常处理问题,因此,建立应急响应机制,形成快速安全响应的能力,对网络和系统至关重要。

2. P2DR 安全模型

P2DR 模型是在 PDR 模型的基础上提出来的,这里的 P2DR 是安全策略(policy)、防护(protection)、检测(detection)和响应(response)相结合的动态技术体系,其中各部分的含义如下。

(1)安全策略:根据风险分析产生的安全策略描述了系统中哪些资源需要得到保护,以及如何实现对它们的保护等。安全策略是 P2DR 安全模型的核心,所有的防护、检测、响应都是依据安全策略实施的,安全策略为安全管理提供管理方向和支持手段。

(2)防护:通过修复系统漏洞、正确设计开发和安装系统来预防安全事件的发生;通过定期检查来发现可能存在的系统脆弱性;通过教育等手段,使用户和操作员正确使用系统,防止意外威胁；通过访问控制、监视等手段来防止恶意威胁。

（3）检测：在 P2DR 模型中，检测是非常重要的一个环节，检测是动态响应和加强防护的依据，它也是强制落实安全策略的有力工具，通过不断地检测和监控网络和系统，来发现新的威胁和弱点，通过循环反馈来及时做出有效的响应。

（4）响应：紧急响应在安全系统中占有重要的地位，是解决潜在性安全问题最有效的办法之一。从某种意义上讲，安全问题就是要解决紧急响应和异常处理问题。

总之，P2DR 模式是在整体安全策略的控制和指导下，在综合运用防护工具的同时，利用检测工具了解系统的安全状态，通过适当地响应将系统调整到最安全和风险最低的状态。P2DR 模型认为与信息安全相关的所有活动，包括攻击行为、防护行为、检测行为和响应行为等，都要消耗时间。因此，可以用时间来衡量一个体系的安全性和安全能力。P2DR 安全模型的特点就在于动态性和基于时间的特性。安全模型的目标实际上就是尽可能延长保护时间，尽量减少检测时间和响应时间。

3. PDR2 安全模型

PDR2 模型是防护（protection）、检测（detection）、响应（response）、恢复（recovery）有机结合的动态技术体系。

（1）防护：充分利用防火墙系统，实现数据包策略路由、路由策略和数据包过滤技术，应用访问控制规则达到安全、高效的访问；应用 NAT 及映射技术实现 IP 地址的安全保护和隔离。

（2）检测：利用防火墙系统具有的入侵检测技术及系统扫描工具，配合其他专项监测软件，建立访问控制子系统（ACS），实现网络系统的入侵监测及日志记录审核，以及时发现透过 ACS 的入侵行为。

（3）响应：在安全策略指导下，通过动态调整访问控制系统的控制规则，发现并及时截断可疑链接，杜绝可疑后门和漏洞，启动相关报警信息。

（4）恢复：在多种备份机制的基础上，启用应急响应恢复机制实现系统的瞬时还原；进行现场恢复及攻击行为的再现，供研究和取证；实现异构存储、异构环境的高速、可靠备份。

4. PDR2A 安全模型

PDR2A 模型是在原 PDR2 安全模型的基础上提出的，由防护（protection）、检测（detection）、响应（response）、恢复（recovery）、审计（auditing）组成。其在 PDR2 模型的基础上增加了审计分析模块。审计分析是利用数据挖掘方法对处理后的日志信息进行综合分析，及时发现异常、可疑事件，以及受控终端中资源和权限滥用的迹象，同时把可疑数据、入侵信息、敏感信息等记录下来，作为取证和跟踪使用，以确认事故责任人。

5. APPDRR 安全模型

网络安全的动态特性在 DR［即 detection（检测）和 response（响应）］模型中得到了一定程度的体现，其中主要通过入侵的检测和响应完成网络安全的动态防护。但 DR 模型不能描述网络安全的动态螺旋上升过程。为了使 DR 模型能够贴切地描述网络安全的本质规律,人们对 DR 模型进行了修正和补充,在此基础上提出了 APPDRR 模型。APPDRR 模型认为网络安全由风险评估(assessment)、安全策略(policy)、系统防护(protection)、动态检测(detection)、实时响应(reaction)和灾难恢复(restoration)六部分完成。

根据 APPDRR 模型,网络安全的第一个重要环节是风险评估。通过风险评估,掌握网络安全面临的风险信息,进而采取必要的处置措施,使信息组织的网络安全水平呈现动态螺旋上升的趋势。安全策略是 APPDRR 模型的第二个重要环节,起着承上启下的作用:一方面,安全策略应当随着风险评估的结果和安全需求的变化做相应的更新;另一方面,安全策略在整个网络安全工作中处于原则性的指导地位,其后的检测、响应诸环节都应在安全策略的基础上展开。系统防护是安全模型中的第三个环节,体现了网络安全的静态防护措施。接下来是动态检测、实时响应、灾难恢复三环节,体现了安全动态防护和安全入侵、安全威胁"短兵相接"的对抗性特征。

APPDRR 模型还隐含了网络安全的相对性和动态螺旋上升的过程,即不存在百分之百的静态的网络安全,网络安全表现为一个不断改进的过程。通过风险评估、安全策略、系统防护、动态检测、实时响应和灾难恢复六环节的循环流动,网络安全逐渐地得以提高和完善,从而实现保护网络资源的安全目标。

1.2　网络安全的威胁

网络信息安全面临的威胁来自很多方面,并且随着时间的变化而变化。总体来说,这些威胁可以宏观地分为自然威胁和人为威胁。自然威胁可能来自于各种自然灾害、恶劣的场地环境、电磁辐射和电磁干扰、网络设备自然老化等,这些事件有时会直接威胁网络安全,影响信息的存储媒介。人为威胁也叫人为攻击,是通过寻找并攻击系统暴露的要害或弱点,使得网络信息的机密性、完整性、可控性、可用性等受到伤害,造成不可估量的经济损失和政治影响。人为攻击分为被动攻击和主动攻击,具体分类如图 1-1 所示。

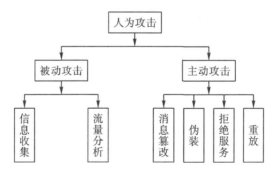

图 1-1　网络安全人为攻击的分类

1. 被动攻击

被动攻击是在不干扰网络信息系统正常工作的情况下对信息的机密性进行破坏,采取的方法是对传输中的信息进行窃听和监测。被动攻击有两种主要方式:信息收集和流量分析。

(1)信息收集会造成传输信息的内容泄露,如图1-2(a)所示。电话、电子邮件和传输的文件都可能因含有敏感或秘密的信息而被攻击者所窃取。

(2)采用流量分析的方法可以判断通信的性质,如图1-2(b)所示。为了防范信息的泄露,消息在发送之前一般要进行加密,使得攻击者即使捕获了消息也不能从消息里获得有用的信息。但是,即使用户进行了加密保护,攻击者仍可能获得这些消息模式。攻击者可以确定通信主机的身份和位置,可以观察传输的消息的频率和长度,这些信息可以用于判断通信的性质。

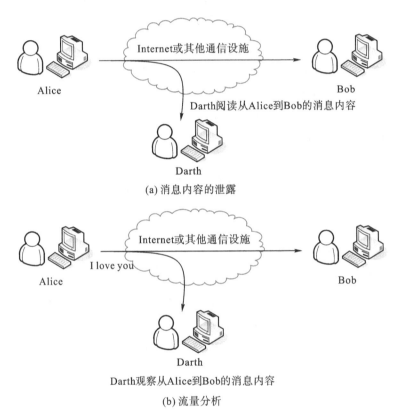

(a) 消息内容的泄露

Darth观察从Alice到Bob的消息内容

(b) 流量分析

图1-2　被动攻击

被动攻击由于不涉及对数据的更改,所以很难察觉。典型的情况是,信息流表面上以一种常规的方式在收发,但收发双方谁也不知道有第三方已经读取了信息或者观察了流量模式。对付被动攻击的重点是预防而不是检测。

2.主动攻击

主动攻击是以修改、删除、伪造、添加、重放、冒充、病毒等方式破坏信息的可用性、完整性和真实性。主动攻击可分为四类:消息篡改、伪装、拒绝服务和重放。其实现原理如图1-3所示。

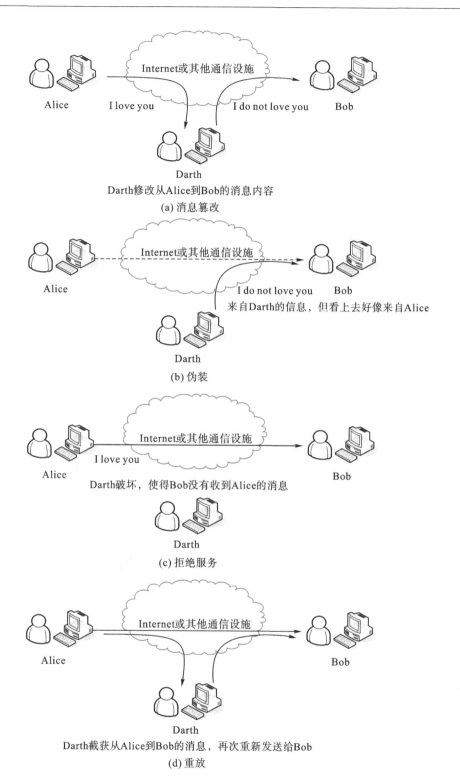

图 1 - 3　主动攻击

（1）消息篡改：攻击者修改合法消息的部分或全部，或者延迟消息的传输以获得非授权作用。

（2）伪装：某实体假装成别的实体以获得某些特权。例如，攻击者捕获认证信息，并在其后利用认证信息进行重放，这样它就可能获得其他实体所拥有的权限。

（3）拒绝服务：也称为中断，攻击者设法让目标系统停止提供服务或资源访问，从而阻止授权实体对系统的正常使用或管理。典型的形式有查禁所有发向某目的地的消息，以及破坏整个网络，使系统失效或使系统过载以降低其性能。

（4）重放：攻击者将获得的信息再次发送，致使接收方多次收到重复的报文，从而导致非授权效应。

主动攻击和被动攻击具有完全不同的特点。被动攻击虽然难以被检测，但可以被有效地预防；主动攻击难以被绝对预防，但容易被检测。所以，处理主动攻击的重点在于检测并从破坏或造成的延迟中恢复过来。

除上述将网络安全的威胁分为主动攻击和被动攻击外，也有学者将网络安全的威胁按照下述角度来分，即分为物理威胁、系统漏洞威胁、身份鉴别威胁、线缆连接威胁和有害程序威胁。

1.2.1　物理威胁

物理威胁包括四个方面：偷窃、废物搜寻、间谍行为和身份识别错误。

1. 偷窃

网络安全中的偷窃包括偷窃设备、偷窃信息和偷窃服务等内容。如果偷窃者想窃取的信息在计算机里，那他们一方面可以将整台计算机偷走，另一方面可以通过监视器读取计算机中的信息。

2. 废物搜寻

废物搜寻就是在废物（如打印出来的材料或废弃的磁盘）中搜寻所需要的信息。在微机上，废物搜寻可能包括从未抹掉有用信息的光盘或硬盘上获得有用资料。

3. 间谍行为

间谍行为是一种采用不道德甚至违法的手段获取有价值的机密信息的行为。间谍行为危害国家安全。

4. 身份识别错误

非法建立文件或记录，企图把它们作为有效的、正式生产的文件或记录，如对具有身份鉴别特征的物品（如护照、执照、出生证明或加密的安全卡等）进行伪造，属于身份识别发生错误的范畴，这种行为会对网络数据构成巨大的威胁。

1.2.2　系统漏洞威胁

系统漏洞造成的威胁包括三个方面：乘虚而入、不安全服务和配置及初始化错误。

1. 乘虚而入

例如,用户 A 停止了与某个系统的通信,但由于某种原因仍使该系统上的一个端口处于激活状态,这时,用户 B 通过这个端口开始与这个系统通信,这样就不必通过任何申请使用端口的安全检查了。

2. 不安全服务

有时操作系统的一些服务程序可以绕过机器的安全系统,如互联网蠕虫就利用了UNIX 系统中三个可绕过的机制。

3. 配置及初始化错误

如果不得不关掉一台服务器以维修它的某个子系统,几天后当重启动服务器时,可能会招致用户的抱怨,说他们的文件丢失了或被篡改了,这就有可能是在系统重新初始化时,安全系统没有正确地初始化,从而留下可被利用的安全漏洞,类似的问题在木马程序修改系统的安全配置文件时也会发生。

1.2.3　身份鉴别威胁

身份鉴别造成威胁包括四个方面:口令圈套、口令破解、算法考虑不周和编辑口令。

1. 口令圈套

口令圈套是网络安全的一种诡计,与冒名顶替有关。常用的口令圈套通过一个编译代码模块实现,它运行起来和登录屏幕一模一样,被插入到正常有登录过程之前,最终用户看到的只是先后两个登录屏幕,第一次登录失败了,因此用户被要求再输入用户名和口令。实际上,第一次登录并没有失败,它将登录数据,如用户名和口令写入这个数据文件中,留待使用。

2. 口令破解

口令破解是使用穷举法把计算机键盘上的数字、字母和符号按照一定的规则进行排列组合实验直到找到正确的口令。口令破解已形成许多能提高成功率的技巧。

3. 算法考虑不周

口令输入过程必须满足一定条件才能正常地工作,这个过程通过某些算法实现。在一些攻击入侵案例中,入侵者采用超长的字符串破坏了口令算法,成功地进入了系统。

4. 编辑口令

编辑口令需要依靠操作系统漏洞,如果公司内部的人建立了一个虚设的账户或修改了一个隐含账户的口令,这样,任何知道那个账户的用户名和口令的人便可以访问该机器了。

1.2.4　线缆连接威胁

线缆连接造成的威胁包括三个方面:窃听、拨号进入和冒名顶替。

1. 窃听

对通信过程进行窃听可达到收集信息的目的。电子窃听不一定要求窃听设备必须安装在电缆上,它通过检测从连线上发射出来的电磁辐射就能拾取所要的信号。为了使机构内部的通信有一定的保密性,可以使用加密手段来防止信息被解密。

2. 拨号进入

拥有一个调制解调器和一个电话号码时,每个人都可以试图通过远程拨号访问网络,尤其是拥有所期望攻击的网络的用户账户时,就会对网络造成很大的威胁。

3. 冒名顶替

通过别人的密码和账号,获得对网络及其数据、程序的使用权力。这种办法实现起来并不容易,而且一般需要有机构内部的、了解网络和操作过程的人参与。

1.2.5 有害程序威胁

有害程序造成的威胁包括三个方面:病毒、代码炸弹和特洛伊木马。

1. 病毒

病毒是一种把自己的拷贝附着于机器中的另一程序上的一段代码。通过这种方式病毒可以进行自我复制,并随着它所附着的程序在机器之间传播。

2. 代码炸弹

代码炸弹是一种具有杀伤力的代码,其工作原理是:一旦到达设定的日期或钟点,或在机器中发生了某种操作,代码炸弹就被触发并开始产生破坏性操作。代码炸弹不必像病毒那样四处传播,程序员将代码炸弹写入软件中,使其产生一个不能轻易找到的安全漏洞,一旦该代码炸弹被触发,这个程序员便会被请回来修正这个错误,并赚一笔钱。被这种高技术敲诈的受害者甚至不知道他们被敲诈了,即便他们有疑心也无法证实自己的猜测。

3. 特洛伊木马

特洛伊木马程序一旦被安装到机器上,便可按编制者的意图行事。特洛伊木马能够摧毁数据,有时伪装成系统上已有的程序,有时创建新的用户名和口令。

1.2.6 典型恶意攻击方法

系统遭受到各种威胁的最根本原因是网络系统中存在漏洞以及各种恶意攻击,典型的恶意攻击方法有以下几种。

1. 网络嗅探

网络嗅探也叫网络监听、网络侦听或网络窃听,是指利用计算机的网络接口截获其他计算机数据报文的一种手段。网络嗅探需要用到网络嗅探器(最早是为网络管理人员配备的工具),有了嗅探器,网络管理员可以随时掌握网络的实际情况,查找网络漏洞和检测网络性能,当网络性能急剧下降时,可以通过嗅探器分析网络流量,找出网络阻塞的来源。网络嗅探是网络监控系统的实现基础。

2. 流量分析

流量分析被定义为一种跟踪网络活动以发现安全和操作问题以及其他违规行为的方法。通过对网上信息流的观察和分析推断出网上的数据信息,如有无传输行为以及传输的数量、方向、频率等。

3. 重放

重放攻击是重复发送一份报文或报文的一部分,以产生一个被授权效果的方法,主要用于在身份认证过程中破坏认证的正确性。重放攻击可以由发起者实施,也可以由拦截并重发该数据的敌方进行。攻击者利用网络监听或者其他方式盗取认证凭据,之后再把它重新发给认证服务器。重放攻击在任何网络通信过程中都可能发生,是计算机世界黑客常用的攻击方式之一。

4. 假冒

假冒是一种伪装成授权用户,试图获取对系统访问权的攻击形式,如假扮成一个合法用户,以非法获得或使用该实体的资源。

5. 拒绝服务攻击

拒绝服务攻击是一种阻止或拒绝合法使用者存取网络服务器的破坏性攻击方式,其目的在于使目标计算机的网络或系统资源耗尽,使服务暂时中断或停止,导致正常用户无法访问或使系统尽力推迟对该授权实体紧急操作的响应。

6. 病毒

病毒是指编制者在计算机程序中插入的破坏计算机功能或者破坏数据,影响计算机使用并且能够自我复制的一段可执行代码。通过对其他程序进行修改,"感染"这些病毒,使它们含有该病毒程序的一个拷贝。网络的普及大大加速了病毒的传播,病毒是对计算机软件和网络系统的最大威胁之一。

1.3　网络安全策略、服务与机制

1.3.1　网络安全策略

网络安全策略通常是根据网络需求确定并建立起的最高级的安全规范。其表现形式通常为有关管理、保护和发布敏感信息的法律法规等。通俗地说,安全策略提出了网络安全系统所要达到的安全目标,且根据该目标在该系统的安全范围中允许的规范操作和不允许的操作。

网络安全策略是网络安全系统的灵魂与核心,是在一个特定的环境里,为保证提供一定级别的安全保护所必须遵守的规则集合。网络安全策略的提出,是为了实现各种网络安全技术的有效集成,构建可靠的网络安全系统。

网络安全策略主要包括物理安全策略、访问控制策略、攻击防范策略、加密及认证策略和网络安全管理策略等内容。

1. 物理安全策略

物理安全策略的目的是保护计算机系统、网络服务器、打印机等硬件实体和通信链路免受自然灾害、人为破坏和搭线攻击;确保计算机系统有一个良好的电磁兼容工作环境;建立完备的安全管理制度,防止非法进入计算机系统,控制和减少各种偷窃、破坏活动的发生。

2. 访问控制策略

访问控制策略是保证网络安全最重要的核心策略之一,它的主要任务是保证网络资源不被非法使用和非正常访问。它也是维护网络系统安全、保护网络资源的重要手段。

3. 攻击防范策略

攻击防范策略是为了对抗来自外部网络的攻击而进行积极防御的策略。积极防御可以采用安全扫描工具来及时查找安全漏洞,也可以采用入侵检测技术对系统进行实时交互的检测和主动防卫。

4. 加密及认证策略

信息加密的目的是保护网内的数据、文件、口令和控制信息,保护网上传输的数据的机密性。根据网络信息安全的不同要求,系统可以制订不同的加密策略及认证策略。

5. 网络安全管理策略

在网络安全中,除了采用上述技术措施之外,加强网络的安全管理、制订有关规章制度对于网络安全的可靠运行将起到十分有效的作用。网络安全管理策略包括确定安全管理等级和安全管理范围、制订网络使用维护制度和信息安全保密管理制度,以及采取确保网络与信息系统安全的应急响应等措施。

1.3.2　网络安全服务

网络安全服务是指根据网络安全策略要求,系统应该完成的安全任务。在开放式系统互联(open system interconnection,OSI)中安全服务的定义:安全服务是由参与通信的开放系统中的某一层所提供的,能够确保该系统或数据传输具有足够的安全性的服务。ISO 7498-2确定了五大类安全服务,即鉴别、访问控制、数据保密性、数据完整性和不可否认。

1. 鉴别

鉴别服务与保证通信的真实性有关,提供对通信中对等实体和数据来源的鉴别。在单条消息的情况下,鉴别服务的功能是向接收方保证消息来自所声称的发送方,而不是假冒的非法用户。对于正在进行的交互,鉴别服务则涉及两个方面:首先,在连接的初始化阶段,鉴别服务保证两个实体是可信的,也就是说,每个实体都是它们所声称的实体,而不是假冒的;

其次,鉴别服务必须保证该连接不受第三方的干扰,即第三方不能够伪装成两个合法实体中的一个进行非授权传输或接收。

(1)对等实体鉴别:该服务在数据交换连接建立时提供,识别一个或多个连接实体的身份,证实参与数据交换的对等实体确实是所需的实体,防止假冒。

(2)数据源鉴别:该服务对数据单元的来源提供确认,向接收方保证所接收到的数据单元来自所要求的源点。但该服务不能防止对数据单元的复制或篡改。

2. 访问控制

访问控制服务包括身份认证和权限验证,用于防止非授权用户非法使用或越权使用系统资源。该安全服务可用于限制对某种资源的各类访问。

3. 数据保密性

数据保密性服务为防止网络各系统之间交换的数据被截获或被非法存取而泄密提供机密保护,同时对有可能通过观察信息流就能推导出信息的情况进行防范。简而言之,就是防止数据在存储或传输时被窃取或窃听。保密性可以防止传输的数据遭到被动攻击,具体分成以下几类。

(1)连接保密性:为某个连接的所有用户数据提供机密性保护。

(2)无连接保密性:为单个无连接的 N 层服务数据单元(N-SDU)中的所有用户数据提供机密性保护。

(3)选择字段保密性:为一个连接上的用户数据或单个无连接的 N-SDU 中的被选择的一些字段提供机密性保护。

(4)业务流保密性:提供对可根据观察信息流而分析出的有关信息的保护,从而防止通过观察通信业务流而推断出信息的源和宿、频率、长度或通信设施上的其他流量特征等信息。简而言之,即防止通过观察业务流得到有用的保密信息。

4. 数据完整性

数据完整性主要防止数据篡改等主动攻击。包括带恢复的连接完整性、不带恢复的连接完整性、选择字段连接完整性、无连接完整性和选择字段无连接完整性等。

(1)带恢复的连接完整性:为某个连接上的所有用户数据提供完整性保护,并且检测对某个完整的服务数据单元序列内任何一个数据做出的任何篡改、插入、删除操作并同时进行补救或恢复。

(2)不带恢复的连接完整性:与带恢复的连接完整性相同,但不试图恢复数据原貌。

(3)选择字段连接完整性:向在某个连接上传输的某个服务数据单元的被选择字段提供完整性保护,即确定这些字段是否经过篡改、插入、删除等非法操作。

(4)无连接完整性:由 N 层提供时,向提出请求的 N+1 层实体提供完整性保证。这种服务可以对单个无连接服务数据单元的完整性提供保证,确定收到的服务数据单元是否经过篡改,还可以对重放攻击进行有效的检测。

(5)选择字段无连接完整性:对单个无连接服务数据单元中被选择字段的完整性提供保

证,确定被选择的字段是否经过篡改。

5. 不可否认

不可否认服务用于防止发送者否认曾经发送过的数据,同时也防止接收者否认所接收到的信息。

(1)带数据源证明的不可否认:向数据接收者提供数据来源的证明,防止发送者否认曾经发送过的数据或内容。

(2)带递交证明的不可否认:向数据发送者提供数据递交的证明,防止接收者以后否认曾经接收过的数据或内容。

1.3.3　网络安全机制

网络安全策略和安全服务要由不同的安全机制来实施。安全机制是根据安全策略所设定的安全目标,根据安全服务所要完成的安全任务,采用具体的方法、设备和技术来实现。安全机制分为特定安全机制和普通安全机制两大类。其中特定安全机制有以下几种。

1. 加密机制

借助各种加密算法对信息进行加密、解密。加密算法可分为两种类型:①对称密钥密码体制,加密和解密使用相同的秘密密钥;②非对称密钥密码体制,加密使用公开密钥,解密使用私人密钥。网络条件下的数据加密必然使用密钥管理机制。

2. 数字签名机制

数字签名是附加在数据单元上的一些数据或是对数据单元所做的密码变换,这种数据或变换允许数据单元的接收方确认数据单元来源和数据单元的完整性,并保护数据,防止被人伪造。数字签名机制包括两个过程:对数据单元签名和验证签过名的数据单元。

签名过程是发送方用自己的私钥对数据单元加密并产生密码检验值;验证过程是接收方利用发送方的公钥来验证该签名是否是使用发送方的私钥产生的,验证过程不能推导出发送方的专用保密信息。数字签名的基本特点是签名只能使用发送方的私钥产生。

3. 访问控制机制

访问控制机制使用已鉴别的实体身份、实体的有关信息或实体的能力来确定并实施该实体的访问权限。当实体试图使用非授权资源或以不正确方式使用授权资源时,访问控制功能将拒绝这种企图,产生事件报警并记录下来作为安全审计跟踪的一部分。

4. 数据完整性机制

完整性机制用于判断信息在传输过程中是否被篡改。它包括两个方面:一是单个数据单元或字段的完整性;二是数据单元或字段序列的完整性。

确定单个数据单元完整性包括两个过程:①发送实体将数据本身的某个函数值附加在该数据单元上;②接收实体产生一个对应的字段,与所接收到的字段进行比较以确定在传输过程中数据是否被修改。但是仅使用这种机制不能防止单个数据单元的重放。

5. 鉴别交换机制

鉴别交换机制是通过互换信息的方式来确认实体身份的机制。这种机制可以使用如下技术：发送方实体提供鉴别信息，由接收方实体验证；加密技术；实体的特征/属性等。鉴别交换机制可与相应层次相结合以提供同等实体鉴别。当采用密码技术时，鉴别交换机制可以和"握手"协议相结合以抵抗重放攻击。

6. 通信业务填充机制

通信业务填充机制能用来提供各种不同级别的保护，以对抗通信业务分析攻击。这种机制产生伪造的信息流并填充协议数据单元以达到固定长度，有效地防止流量分析。只有当信息流受加密保护时，本机制才有效。

7. 路由控制机制

路由控制机制提供动态路由选择或预置路由选择，以便只使用物理上安全的子网、中继站或链路。连接的起始端可提出路由申请，请求特定子网、链路或中继站；端系统根据检测持续攻击网络通信的情况，动态地选择不同的路由，指示网络服务的提供者建立连接。根据安全策略，禁止带有安全标号的数据通过一般的子网、链路或中继站。

8. 公证机制

公证机制可确证两个或多个实体之间数据通信的特性：数据的完整性、源点、终点及收发时间。这种保证由通信实体信赖的第三方——公证员提供。在可检测方式下，公证员掌握用以确证的必要信息。公证机制提供服务还使用到数字签名、加密和完整性服务。

1.4　网络信息安全的评价标准

1.4.1　可信计算机系统评估准则

在信息安全测评方面，美国一直处于领先地位。早在 20 世纪 70 年代，美国就开展了信息安全测评认证标准研究工作，并于 1985 年由美国国防部正式公布了可信计算机系统评估准则（Trusted Computer System Evaluation Criteria，TCSEC）（又称橙皮书），该准则是世界公认的第一个计算机信息系统评估标准。

自从 1985 年橙皮书成为美国国防部的标准以来，就一直没有改变过，多年以来一直是评估多用户主机和小型操作系统的主要方法。其他子系统（如数据库和网络）也一直用橙皮书来解释评估。橙皮书把安全的级别从低到高分成 4 个类别：D 类、C 类、B 类和 A 类，每类又分几个级别。

1. D 级

D 级是最低的安全级别，拥有这个级别的操作系统就像一个门户大开的房子，任何人都可以自由进出，是完全不可信任的。对于硬件来说，是没有任何保护措施的，操作系统容易受到损害,没有系统访问限制和数据访问限制,任何人不需任何账户、不受任何限制就可以进入系统、访问他人的数据文件。

属于这个级别的操作系统有:DOS 和 Windows 98 等。

2. C 级

C1 是 C 类的一个安全子级。C1 又称选择性安全保护(discretionary security protection)系统,它描述了一个典型的用在 UNIX 系统上的安全级别。这种级别的系统对硬件又有某种程度的保护,如用户拥有注册账号和口令,系统通过账号和口令来识别用户是否合法,并决定用户对程序和信息拥有什么样的访问权,但硬件受到损害的可能性仍然存在。

用户拥有的访问权是指对文件和目标的访问权。文件的拥有者和超级用户可以改变文件的访问属性,从而对不同的用户授予不同的访问权限。

使用附加身份验证就可以让一个 C2 级系统用户在不是超级用户的情况下有权执行系统管理任务。授权分级使系统管理员能够给用户分组,授予他们访问某些程序的权限或访问特定的目录。

能够达到 C2 级别的常见操作系统有:UNIX 系统、Novell 3.X 或者更高版本、Windows NT、Windows 2000 和 Windows 2003。

3. B 级

B 级中有三个级别,B1 级即标志安全保护(labeled security protection),是支持多级安全(如秘密和绝密)的第一个级别,这个级别说明处于强制性访问控制之下的对象,系统不允许文件的拥有者改变其许可权限。

安全级别存在保密、绝密级别,这种安全级别的计算机系统一般在政府机构中,如国防部和国家安全局的计算机系统。

B2 级,又称结构保护(structured protection)级别,它要求计算机系统中所有的对象都要加上标签,而且给设备(磁盘、磁带和终端)分配单个或者多个安全级别。

B3 级,又称安全域(security domain)级别,使用安装硬件的方式来加强域的安全。例如,内存管理硬件用于保护安全域免遭无授权访问或其他安全域对象的更改。该级别也要求用户通过一条可信任途径连接到系统上。

4. A 级

A 级,又称验证设计(verified design)级别,是当前橙皮书的最高级别,它包含了一个严格的设计、控制和验证过程。该级别包含了较低级别的所有的安全特性。设计必须从数学角度进行验证,而且必须进行秘密通道和可信任分布分析。可信任分布(trusted distribution)的含义是硬件和软件在物理传输过程中已经受到保护,以防止安全系统被破坏。

TCSEC 也存在不足。它针对孤立计算机系统,特别是小型机和主机系统。由于预设计算机系统有一定的物理保障,因此该标准适合政府和军队,不适合企业。此外,这个模型是静态的。

1.4.2 信息技术安全性评估准则

受 TCSEC 的影响和信息技术发展的需要,1985 年以后,欧洲一些国家和加拿大也纷纷开始开发自己的评估准则。1990 年,法国、德国、荷兰和英国提出了原欧共体的信息技术安全性评估准则(Information Technology Security Evaluation Criteria, ITSEC)1.0 版。ITSEC的目标在于成为国家认证机构所进行的认证活动的一致基准,并使评估结果相互承认。自 1991 年 7 月起,ITSEC 一直被实际应用在欧洲国家的评估和认证方案中。

ITSEC 以超越 TCSEC 为目的,将安全概念分为"功能"与"评估"两部分,每个产品至少给出两个基本参数,一个是实现的安全功能,另一个是实现的准确性。功能性准则的度量范围是 F1~F10 共 10 个等级,其中:F1~F5 级分别对应 TCSEC 的 C1~B3 级;F6 添加了数据和程序的完整性概念;F7 添加了系统的可用性概念;F8 添加了数据通信的完整性概念;F9 添加了数据通信的机密性概念;F10 添加了网络的机密性和完整性概念。

准确性准则用来评估某一测试产品所达到的可信赖等级。可信赖等级由低到高为 E1~E6,其中:E1 是测试级;E2 为配置控制和受控分配;E3 为详细设计和源代码访问;E4 为扩充脆弱性分析;E5 为设计和源代码之间的可证明对应关系;E6 为设计和源代码之间对应关系的形式模型和描述。

与 TCSEC 不同,ITSEC 没有把机密措施直接与计算机功能相联系,而是只叙述技术安全的要求,把机密性作为安全增强功能。另外,TCSEC 把机密性作为安全的重点,而 ITSEC 则把完整性、可用性与机密性作为同等重要的因素。

1.4.3 信息技术安全性评估通用准则

信息技术安全性评估通用准则,简称通用准则(Common Criteria,CC),是评估信息技术产品和系统安全特性的基础准则。1999 年 12 月,ISO 正式将 CC2.0 作为国际标准(ISO / IEC 15408)发布,定名为"信息技术—安全技术—IT 安全性评估准则",对应的 CC 版本为 2.1 版。CC 是从 TCSEC、ITSEC、美国联邦准则(Federal Criteria,FC)发展而来的。

整个 CC 包含三个部分:第 1 部分为"简介和一般模型",第 2 部分为"完全功能要求",第 3 部分为"安全保证要求"。

第 1 部分"简介和一般模型",定义安全评估的一般概念与原则,并提出评估的一般模型;描述 CC 的每一部分对每一目标读者的用途;附录中还详细介绍了保护轮廓 PP、安全目标 ST 的结构和内容。

第 2 部分"安全功能要求",包含良好定义的且较易理解的安全功能要求目录,它可作为表示 IT 产品和系统安全要求的标准方式。该部分按"类—子类—组件"的方式提出安全功能要求。此部分共列出 11 个类、66 个子类和 135 个功能组件。

第 3 部分"安全保证要求",包含建立保证组件所用到的一个目录,它可作为表示 IT 产品和系统保证要求的标准方式。第 3 部分也被组织为与第 2 部分同样的"类—子类—组件"

结构。此部分列出了 7 个保证类和 1 个保证维护类,还定义了 PP 评估类和 ST 评估类。此外,该部分还定义了评价产品和系统保证能力水平的一组尺度——7 个评估保证级,如表 1-1 所示。

表 1-1 CC 的评估保证级

评估保证级	保证级	功能描述
评估保证级别 1	EAL1	功能测试
评估保证级别 2	EAL2	结构测试
评估保证级别 3	EAL3	功能测试与校验
评估保证级别 4	EAL4	系统设计、测试和评审
评估保证级别 5	EAL5	半形式化设计和测试
评估保证级别 6	EAL6	半形式化验证的设计和测试
评估保证级别 7	EAL7	形式化验证的设计和测试

在 CC 中包括评估对象(target of evaluation,TOE)、保护轮廓(protect profile,PP)、安全目标(security target,ST)、评估保证级(evaluation assurance level,EAL)和安全组件包五个关键概念。

上述三个标准 TCSEC、ITSEC 和 CC 实际上是一脉相承的,各有长短。TCSEC 主要规范了计算机操作系统和主机的安全要求,侧重于对机密性的要求。该标准至今对评估计算机安全仍具有现实意义。ITSEC 将信息安全由计算机扩展到更广的实用系统,增强了对完整性、可用性的要求,发展了评估保证概念。CC 基于风险管理理论,对安全模型、安全概念和安全功能进行了全面系统描绘,强化了评估保证。

1.4.4 我国国家标准《计算机信息系统安全保护等级划分准则》

由我国公安部提出并组织制定的国家标准《计算机信息系统安全保护等级划分准则》,已于 1999 年 9 月 13 日经原国家质量技术监督局发布,并于 2000 年 1 月 1 日起开始实施。该准则是一个强制性的开展等级保护工作的基础性标准,是信息安全等级保护系列标准编制、系统建设与管理、产品研发、监督检查的科学技术基础和依据。

《计算机信息系统安全保护等级划分准则》将计算机安全保护划分为以下五个级别。

第一级为用户自主保护级(对应 C1 级):它的安全保护机制使用户具备自主安全保护的能力,保护用户的信息免受非法的读写破坏。

第二级为系统审计保护级(对应 C2 级):除具备第一级所有的安全保护功能外,要求创建和维护访问的审计跟踪记录,使所有的用户对自己的行为的合法性负责。

第三级为安全标记保护级(对应 B1 级):除继承前一个级别的安全保护功能外,还要求以访问对象标记的安全级别限制访问者的访问权限,实现对访问对象的强制保护。

第四级为结构化保护级（对应 B2 级）：在继承前一级别安全保护功能的基础上，将安全保护机制划分为关键部分和非关键部分，对关键部分直接控制访问者对访问对象的存取，从而加强系统的抗渗透能力。

第五级为访问验证保护级（对应 B3 级）：这一个级别特别增设了访问验证功能，负责仲裁访问者对访问对象的所有访问活动。

习　题

1. 网络安全有哪几个特征？各特征的含义是什么？

2. 简述常见的网络安全模型。

3. 简述网络安全的常见威胁，列出并简要定义被动攻击和主动攻击的分类。

4. 什么是网络安全策略？主要包括哪几种策略？

5. 网络安全服务主要包括哪几个方面？

6. 网络安全机制包括哪些机制？

7. 可信计算机系统评估准则将信息安全分为几级？各级的主要特征是什么？

8. 简述 CC 的主要内容。

第 2 章　密码学应用基础

密码技术是信息安全的基础,通过数据加密、数字签名、消息摘要、密钥交换等技术可实现数据机密性、抗抵赖性、完整性等安全机制,从而为网络环境中信息的安全传输和交换提供保障。

2.1　密码学概述

2.1.1　密码学的发展

密码学有着悠久而神秘的历史,人们很难对密码学的起始时间给出准确的定义。一般认为人类对密码学的研究与应用已经有几千年的历史,它最早应用在军事和外交领域,随着科技的发展而逐渐进入人们的生活中。密码学研究的是密码编码和破译的技术方法,其中通过研究密码变化的客观规律,并将其应用于编制密码,实现保密通信的技术被称为编码学;通过研究密码变化的客观规律,并将其应用于破译密码,实现获取通信信息的技术被称为破译学。编码学和破译学统称为密码学。卡恩(Kahn)在他的被称为"密码学圣经"的著作 *Kahn on Codes: Secrets of the New Cryptology*《编码:新密码学的秘密》中这样定义密码学:"Cryptology, the science of communication secrecy"(密码学是一门通信保密科学)。

密码学是研究编制密码技术和破译密码技术的科学,它是在编码与破译的斗争实践中逐步发展起来的。随着先进科学技术的应用,其已成为一门综合性的尖端技术科学,发展至今已有几千年的历史,大致可以分为两个阶段:古典密码学和现代密码学。

1949 年之前:古典密码学时期。这一阶段的密码学更像是一门艺术,密码工作者常常凭借直觉和信念来进行密码设计和分析,而不是靠推理证明,密码算法的核心实现方式是代换和置换,密钥空间较小,信息的安全性主要依赖于对加密算法和解密算法的保密,从这个意义上说,这一时期的古典密码学更具有艺术性、技巧性,而非科学性。这一阶段的加密技术根据实现方式分为手工时代和机器时代两个时期。

在手工密码时期,人们只需通过纸和笔对字符进行加密。这一时期产生了一种著名的加密方式——凯撒密码,为了避免重要信息落入敌军手中而导致泄密,凯撒发明了一种单字替代密码,把明文中的每个字母用密文中的对应字母替代,明文字符集与密文字符集是一一对应的关系,通过替代操作,凯撒密码实现了对字符信息的加密。

随着工业革命的兴起,密码学也进入了机器时代、电子时代。与手工操作相比,电子密码机使用了更优秀复杂的加密手段,同时也拥有更高的加密解密效率。其中最具有代表性的就是图 2-1 所示的恩尼格玛(enigma)密码机。

图 2-1　恩尼格玛密码机

恩尼格玛密码机是德国在 1918 年发明的一种加密电子器,它表面看上去就像常用打字机,但功能却与打印机有着天壤之别。键盘与电流驱动的转子相连,可以多次改变每次敲击的数字。相应信息以摩斯密码输出,同时还需要密钥,而密钥每天都会修改。恩尼格玛密码机被证明是有史以来最可靠的加密系统之一,二战期间它开始被德军大量用于铁路、企业中,令德军保密通信技术处于领先地位。

这个时期的密码技术,虽然加密设备有了很大的进步,但是密码学的理论却没有多大的改变,加密的主要手段仍是替代和换位,而且实现信息加密的过程过于简单,安全性能很差。伴随着高性能计算机的出现,古典密码体制逐渐退出了历史舞台。

1949—1975 年:现代密码学时期第一阶段。随着通信、电子和计算机等技术的发展,密码学得到了前所未有的系统发展。1949 年,香农(Shannon)发表了 *Communication Theory of Secrecy Systems*《保密系统的通信理论》一文,将密码学置于坚实的数学和计算机科学理论基础之上,标志着密码学成为了一门严谨的科学。这一阶段的密码学有别于古典密码学的方面在于:对密码学的各个方面都有了科学的描述和刻画。这一阶段的密码方案都是以单向函数存在为前提的,许多方案的存在与单向函数的存在是等价的;研究对象的安全性、方案构造的基础假设以及研究对象安全性的证明各个方面,都有着严格精准的数学描述、刻画和证明过程。

1976—1994 年:现代密码学时期第二阶段。1976 年,菲尔德(Diffie)和赫尔曼(Hellman)在他们的开创性论文 *New Directions in Cryptography*《密码学的新方向》中首次提出了公钥密码学的概念。他们突破了传统密码学中加密者与解密者必须共享密钥的思想,首次表明在发送端和接收端无共享密钥传输的保密通信是可能的,即加密密钥和解密密钥可以不同,加密密钥可以公开,而只需要保密解密密钥,从公开密钥难以推导出相应的秘密密钥,这就形成了公开密钥密码学,简称公钥密码学。公钥密码学的提出开创了密码学的新纪元,使得密钥协商、数字签名等密码问题有了新的解决办法,也为密码学的广泛应用奠定了基础。

1994 年以来:现代密码学时期第三阶段。1994 年,肖尔(Shor)提出了量子计算机模型下分解大整数和求解离散对数的多项式时间算法。从这个意义上讲,如果人们能够在实际中实现"Shor 大数因子化"的量子算法,像 RSA、EIGamal 等经典的公钥加密体制就不再安全。因此,量子计算会对由传统密码体系保护的信息安全构成致命的打击,对现有保密通信提出严峻挑战,为了抵御量子计算的攻击,后量子密码学应运而生。典型的后量子密码算法主要包括:基于格的公钥密码体制、基于编码(线性纠错码)的公钥密码体制、基于多变量多项式方程组的公钥密码体制以及基于 Hash 函数的数字签名等。

直到现在,世界各国仍然对密码的研究高度重视,密码技术已经发展到了现代密码学时期。密码学已经成为结合物理、量子力学、电子学、语言学等多个专业的综合科学,出现了如"量子密码""混沌密码"等先进理论。随着计算机技术和网络技术的发展、互联网的普及和网上业务的大量开展,人们更加关注密码学,更加依赖密码技术。密码技术在信息安全中起着十分重要的角色。

2.1.2　保密通信的基本模型

保密是密码学的核心目的。密码学的基本目的是面对攻击者 Darth,在被称为 Alice 和 Bob 的通信双方之间应用不安全的信道进行通信时,保证通信安全。图 2 - 2 给出了保密通信的基本模型。

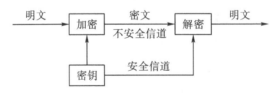

图 2 - 2　保密通信的基本模型

在保密通信过程中,Alice 和 Bob 也分别被称为信息的发送方和接收方,Alice 要发送给 Bob 的信息称为明文(plaintext),为了保证信息不被未经授权的 Darth 识别,Alice 需要使用密钥(key)对明文进行加密(encryption),加密得到的结果称为密文(ciphertext),密文一般是不可理解的,Alice 将密文通过不安全的信道发送给 Bob,同时通过安全的通信方式将密钥发送给 Bob。Bob 在接收到密文和密钥的基础上,可以对密文进行解密(decryption),从而获得明文;对 Darth 来说,他可能会窃听到信道中的密文,但由于得不到加密密钥,所以无法知道相应的明文。

2.1.3　密码学的基本概念

在图 2-2 给出的保密通信的基本模型中,根据加密和解密过程所采用密钥的特点可以将加密算法分为两类:对称加密算法,又称单钥密码算法(symmetric cryptography algorithm);非对称加密算法,又称双钥密码算法(asymmetric cryptography algorithm)。

对称加密算法也称为传统加密算法,是指解密密钥与加密密钥相同或者能够从加密密钥中直接推算出解密密钥的加密算法。通常在大多数对称加密算法中解密密钥与加密密钥是相同的,所以这类加密算法要求 Alice 和 Bob 在进行保密通信前,要通过安全的方式商定一个密钥。对称加密算法的安全性依赖于密钥的管理。

非对称加密算法也称为公钥加密算法,是指用来解密的密钥不同于进行加密的密钥,也不能通过加密密钥直接推算出解密密钥。一般情况下,加密密钥是可以公开的,任何人都可以应用加密密钥来对信息进行加密,但只有拥有解密密钥的人才可以解密出被加密的信息。在以上过程中,加密密钥称为公钥,解密密钥称为私钥。

在图 2-2 所示的保密通信机制中,为了在接收端能够有效地恢复出明文信息,要求加密过程必须是可逆的。从图示可见,加密方法、解密方法、密钥和消息(明文、密文)是保密通信中的几个关键要素,它们构成了相应的密码体制(cipher system)。

定义 2.1　密码体制

密码体制的构成包括以下要素。

(1)M:明文空间,表示所有可能的明文组成的有限集。

(2)C:密文空间,表示所有可能的密文组成的有限集。

(3)K:密钥空间,表示所有可能的密钥组成的有限集。

(4)E:加密算法集合。

(5)D:解密算法集合。

该密码体制应该满足的基本条件:对任意的 $\text{key} \in K$,存在一个加密规则 $e_{\text{key}} \in E$ 和相应的解密规则 $d_{\text{key}} \in D$,使得对任意的明文 $x \in M$,$e_{\text{key}}(x) \in C$ 且 $d_{\text{key}}[e_{\text{key}}(x)] = x$。

在以上密码体制的定义中,最关键的条件是加密过程 e_{key} 的可逆性,即密码体制不仅能够对明文 x 应用 e_{key} 进行加密,而且可以使用相应的 d_{key} 对得到的密文进行解密,从而恢复出明文。

显然,密码体制中的加密函数 e_{key} 必须是一个一一映射。在加密时要避免出现 $x_1 \neq x_2$,而对应的密文有 $e_{\text{key}}(x_1) = e_{\text{key}}(x_2) = y$,否则在解密过程无法准确地确定密文 y 对应的明文 x。

自从有了加密算法,对加密信息的破解技术就应运而生。加密算法的对立面称作密码分析,也就是研究密码算法的破译技术。加密和破译构成了一对矛盾体,密码学的主要目的是保护通信消息的秘密以防止被攻击。

假设攻击者 Darth 完全能够截获 Alice 和 Bob 之间的通信,密码分析是指在不知道密钥的情况下恢复出明文的方法。根据密码分析的**柯克霍夫(Kerckhoffs)**原则:攻击者知道所用的加密算法的内部机理,不知道的仅仅是加密算法所采用的加密密钥。常用的密码分析攻击分为以下四类。

(1)唯密文攻击(ciphertext-only attack):攻击者有一些消息的密文,这些密文都是用相同的加密算法进行加密得到的。攻击者的任务就是恢复出尽可能多的明文,或者能够推算出加密算法采用的密钥,以便采用相同的密钥解密出其他被加密的消息。

(2)已知明文攻击(known-plaintext attack):攻击者不仅可以得到一些消息的密文,而且也知道对应的明文。攻击者的任务就是用加密信息来推算出加密算法采用的密钥或者导出一个算法,此算法可以对用同一密钥加密的任何新的消息进行解密。

(3)选择明文攻击(chosen-plaintext attack):攻击者不仅可以得到一些消息的密文和相应的明文,而且还可以选择被加密的明文,这比已知明文攻击更为有效,因为攻击者能够选择特定的明文消息进行加密,从而得到更多有关密钥的信息。攻击者的任务是推算出加密算法采用的密钥或者导出一个算法,此算法可以对用同一密钥加密的任何新的消息进行解密。

(4)选择密文攻击(chosen-ciphertext attack):攻击者能够选择一些不同的被加密的密文并得到与其对应的明文消息,攻击者的任务是推算出加密密钥。

对于以上任何一种攻击,攻击者的主要目标都是为了确定加密算法采用的密钥。显然这四种类型的攻击强度依次增大,相应的攻击难度则依次降低。

随着信息技术的发展和普及,对信息保密的需求将日益广泛和深入,密码技术的应用也将越来越多地融入人们的日常工作、学习和生活中。鉴于密码学有着广阔的应用前景和完善的理论研究基础,可以相信,密码学一定能够不断地发展和完善,为信息安全提供坚实的理论基础和支撑,为信息技术的发展提供安全服务和技术保障。

2.2　古典密码体制

古典密码是密码学的起源,虽然古典密码都比较简单且容易被破译,但研究古典密码的设计原理和分析方法对于理解、设计以及分析现代密码技术是十分有益的。通常,古典密码大多是以单个字母为作用对象的加密法,本节介绍几种古典密码体制。

2.2.1　单表代换密码

1.棋盘密码

棋盘密码是公元前2世纪前后由希腊人波利比奥斯(Polybius)提出来的,在当时得到了广泛的应用。棋盘密码通过将26个英文字母加密成两位整数来达到加密的目的,棋盘密码的密钥是一个5×5的棋盘,将26个英文字母放置在里面,其中字母 i 和 j 被放在同一个方格中。将字母 i 和 j 放在同一个方格的原因是"j"是一个低出现频率字母,在明文中出现得很少,它可用"i"来替代而不影响文字的可读性。棋盘密码的密钥如表 2-1 所示。

表 2 - 1 棋盘密码的密钥

α	β				
	1	2	3	4	5
1	q	w	e	r	t
2	y	u	i/j	o	p
3	a	s	d	f	g
4	h	k	l	z	x
5	c	v	b	n	m

在给定了字母排列结果的基础上,每一个字母都会对应一个整数 $\alpha\beta$(α 为十位数,β 为个位数),其中 α 是该字母所在行的标号,β 是该字母所在列的标号。通过设计的棋盘就可以对明文消息进行加密,如 u 对应的是 22,f 对应的是 34。

例 2.1 如果明文消息是

information security

则相应的密文序列是

23 54 34 24 14 55 31 15 23 24 54
32 13 51 22 14 23 15 21

解密过程应用相同的棋盘排列,根据密文给出的字母所在位置来恢复相应的明文消息。

棋盘密码的任一个密钥是 25 个英文字母(将字母 i 和 j 看成一个字母)在 5×5 的棋盘里的一种不重复排列。由于所有可能的排列有 25! 种,所以棋盘密码的密钥空间大小为 25!。因此,对于棋盘密码如果采用密钥穷举搜索的方法进行攻击,计算量相当大。

尽管棋盘密码将英文字母用数字代替,但棋盘密码的加密机制决定了密文中的整数和明文中的英文字母具有相同的出现频率,加密结果并不能隐藏由于明文中英文字母出现的统计规律性导致的密文出现的频率特性,频率分析法可以发现其弱点并对其进行有效攻击。

2. 移位密码

移位密码的加密对象为英文字母,移位密码采用对明文消息的每一个英文字母向前推移固定 key 位的方式实现加密。换句话说,移位密码实现了 26 个英文字母的循环移位。由于英文共有 26 个字母,我们可以在英文字母表和 $Z_{26}=\{0,1,\cdots,25\}$ 之间建立一一对应的映射关系,因此,可以在 Z_{26} 中定义相应的加法运算来表示加密过程。

移位密码中,当取密钥 key=3 时,得到的移位密码称为凯撒密码,因为该密码体制首先被凯撒(Caesar)所使用。移位密码的密码体制定义如下。

定义 2.2 移位密码体制

令 $M=C=K=Z_{26}$。对任意的 key$\in Z_{26}$,$x\in M$,$y\in C$,定义

$$e_{\text{key}}(x)=(x+\text{key}) \bmod 26 \tag{2-1}$$

$$d_{key}(y) = (y - key) \bmod 26 \qquad (2-2)$$

在使用移位密码体制对英文字母进行加密之前,首先需要在 26 个英文字母与 Z_{26} 中的元素之间建立一一对应关系,然后应用以上密码体制进行相应的加密计算和解密计算。

例 2.2 设移位密码的密钥为 key=7,英文字符与 Z_{26} 中的元素之间的对应关系如表 2-2 所示。

表 2-2 英文字符与 Z_{26} 中的元素之间的对应关系

英文字符	a	b	c	d	e	f	g	h	i	j	k	l	m
Z_{26} 中元素	00	01	02	03	04	05	06	07	08	09	10	11	12
英文字符	n	o	p	q	r	s	t	u	v	w	x	y	z
Z_{26} 中元素	13	14	15	16	17	18	19	20	21	22	23	24	25

假设明文为

encryption

则加密过程如下:

首先,将明文根据对应关系表映射到 Z_{26},得到相应的整数序列

04 13 02 17 24 15 19 08 14 13

对以上整数序列进行加密计算:

$$e_{key}(04) = (04+7) \bmod 26 = 11$$
$$e_{key}(13) = (13+7) \bmod 26 = 20$$
$$e_{key}(02) = (02+7) \bmod 26 = 09$$
$$e_{key}(17) = (17+7) \bmod 26 = 24$$
$$e_{key}(24) = (24+7) \bmod 26 = 05$$
$$e_{key}(15) = (15+7) \bmod 26 = 22$$
$$e_{key}(19) = (19+7) \bmod 26 = 00$$
$$e_{key}(08) = (08+7) \bmod 26 = 15$$
$$e_{key}(14) = (14+7) \bmod 26 = 21$$
$$e_{key}(13) = (13+7) \bmod 26 = 20$$

得到相应的整数序列为

11 20 09 24 05 22 00 15 21 20

最后再应用对应关系表将以上数字转化成英文字符,即得相应的密文为

lujyfwapvu

解密是加密的逆过程,计算过程与加密相似。首先应用对应关系表将密文字符转化成数字,再应用解密公式(2-2)进行计算,在本例中,将每个密文字符对应的数字减去 7,再和 26 进行取模运算,对计算结果使用原来的对应关系表即可还原成英文字符,从而解密出相应的明文字符。

移位密码的加密和解密过程的本质都是循环移位运算,由于 26 个英文字母顺序移位 26 次后还原,因此移位密码的密钥空间大小为 26,其中有一个弱密钥,即 key＝0。

由于移位密码中明文字符和相应的密文字符之间具有一一对应的关系,密文中英文字符的出现频率与明文中相应的英文字符的出现频率相同,加密结果也不能隐藏由于明文中英文字符出现的统计规律性导致的密文出现的频率特性,频率分析法可以发现其弱点并对其进行有效攻击。

3. 仿射密码

仿射密码是移位密码的一个推广,其加密过程中不仅包含移位操作,而且使用了乘法运算。与移位密码相同,仿射密码的明文空间 M 和密文空间 C 均为 Z_{26},因此,在使用仿射密码体制对明文消息进行加密之前,需要在 26 个英文字母与 Z_{26} 中的元素之间建立一一对应关系,然后才能应用仿射密码体制进行相应的加密计算和解密计算。仿射密码的密码体制定义如下。

定义 2.3　仿射密码体制

令 $M＝C＝Z_{26}$,密钥空间 $K＝\{(k_1,k_2)\in Z_{26}\times Z_{26}:\gcd(k_1,26)＝1\}$。对任意的密钥 key＝ $(k_1,k_2)\in K,x\in M,y\in C$,定义

$$e_{\text{key}}(x)＝(k_1 x＋k_2)\bmod 26 \tag{2-3}$$

$$d_{\text{key}}(y)＝k_1^{-1}(y－k_2)\bmod 26 \tag{2-4}$$

其中,k_1^{-1} 表示 k_1 在 Z_{26} 中的乘法逆,$\gcd(k_1,26)＝1$ 表示 k_1 与 26 互素。

根据数论中的相关结论,同余方程 $y\equiv(k_1 x＋k_2)\bmod 26$ 有唯一解 x,当且仅当 $\gcd(k_1,26)＝1$。当 $k_1＝1$ 时,仿射密码就是移位密码,因此,移位密码是仿射密码的特例。仿射密码相当于在使用移位密码之前先对明文做了一一变换。

例 2.3　设已知仿射密码的密钥 $k＝(11,3)$,则可知 $11^{-1}\bmod 26＝19$(计算过程见本书附录)。假设明文字符对应的整数为 13,那么相应的密文字符对应整数的计算过程为

$$y＝(11\times13＋3)\bmod 26＝16$$

解密过程可以表示为

$$x＝19\times(16－3)\bmod 26＝13$$

在 Z_{26} 中,满足 $\gcd(k_1,26)＝1$ 条件的 k_1 只有 12 个不同的值(分别为 1、3、5、7、9、11、15、17、19、21、23、25),因此仿射密码的密钥空间大小为 $12\times26＝312$,其中有 12 个弱密钥,即 k_1 取与 26 互素的 12 个数中的一个,并且 $k_2＝0$。由于仿射密码的密钥空间不大,使用穷举搜索的方式即可破解。

有关元素的乘法逆的具体计算方法,本书附录中给出了详细的计算过程。对于 Z_{26} 中与 26 互素的元素,相应的乘法逆为

$$1^{-1}\bmod 26＝1$$

$$3^{-1}\bmod 26＝9$$

$$5^{-1}\bmod 26＝21$$

$$7^{-1} \bmod 26 = 15$$
$$9^{-1} \bmod 26 = 29$$
$$11^{-1} \bmod 26 = 19$$
$$15^{-1} \bmod 26 = 7$$
$$17^{-1} \bmod 26 = 23$$
$$19^{-1} \bmod 26 = 11$$
$$21^{-1} \bmod 26 = 5$$
$$23^{-1} \bmod 26 = 17$$
$$25^{-1} \bmod 26 = 25$$

上面给出的 Z_{26} 上与26互素的元素逆元结论很容易通过乘法逆的定义进行验证,如 $11 \times 19 = 209 \equiv 1 \bmod 26$。

仿射密码不能抵抗已知明文攻击。如果通过频率分析法能够确定出至少两个字符的替换,这时求解仿射变换方程组可以得到参数 k_1 和 k_2。例如,对使用仿射密码体制加密的密文,如果确定出明文"e"是由"c"表示,明文"t"是由"f"表示。将这些字母转换成数字,建立仿射变换方程组

$$2 = (k_1 \times 4 + k_2) \bmod 26$$
$$5 = (k_1 \times 19 + k_2) \bmod 26$$

求解上述方程组得到 $k_1 = 21, k_2 = 22$。

4. 移位密码

移位密码可看成是对26个英文字母的一个简单置换,比移位密码稍微复杂一点的仿射密码是对26个英文字母的一个较为复杂的置换,因此我们可以考虑26个英文字母集合上的一般置换操作。鉴于26个英文字母和 Z_{26} 的元素之间可以建立一一对应关系,于是 Z_{26} 上的任意一个置换也就对应了26个英文字母表上的一个置换。我们可以借助 Z_{26} 上的置换来改变英文字母表中英文字符的原有位置,即用新的字符来代替明文中的原有字符以达到加密明文的目的,Z_{26} 上的置换被当作加密所需的密钥,由于该置换对应26个英文字母表上的一个置换,因此,我们可以将代换密码的加密和解密过程看作是应用英文字母表的置换变换进行的代换操作。

定义 2.4 代换密码体制

令 $M = C = Z_{26}$,K 是 Z_{26} 上所有可能置换构成的集合。对任意的置换 $\pi \in K, x \in M, y \in C$,定义

$$e_\pi(x) = \pi(x) \qquad (2-5)$$
$$d_\pi(y) = \pi^{-1}(y) \qquad (2-6)$$

其中,π 和 π^{-1} 互为逆置换。

例 2.4 设置换 π 定义如表 2-3 所示(由于 Z_{26} 上的任一个置换均可以对应26个英文字母表上的一个置换,因此本例中我们直接将 Z_{26} 上的置换 π 表示成英文字母表上的置换)。

表 2 - 3　置换 π

置换前	a	b	c	d	e	f	g	h	i	j	k	l	m
置换后	q	w	e	r	t	y	u	i	o	p	a	s	d
置换前	n	o	p	q	r	s	t	u	v	w	x	y	z
置换后	f	g	h	j	k	l	z	x	c	v	b	n	m

假设明文为

encryption

则根据置换 π 定义的对应关系,可以得到相应的密文为

tfeknhzogf

解密过程首先根据加密过程中的置换 π 定义的对应关系计算相应的逆置换 π^{-1},本例中的逆置换 π^{-1} 定义如表 2 - 4 所示。

表 2 - 4　逆置换 π^{-1}

逆置换前	q	w	e	r	t	y	u	i	o	p	a	s	d
逆置换后	a	b	c	d	e	f	g	h	i	j	k	l	m
逆置换前	f	g	h	j	k	l	z	x	c	v	b	n	m
逆置换后	n	o	p	q	r	s	t	u	v	w	x	y	z

根据计算得到的逆置换 π^{-1} 定义的对应关系对密文"tfeknhzogf"进行解密,可以恢复出相应的明文"encryption"。

代换密码的任意一个密钥 π 都是 26 个英文字母的一种置换。由于所有可能的置换有 26! 种,所以代换密码的密钥空间大小为 26!,代换密码有一个弱密钥:26 个英文字母都不进行置换。

对于代换密码如果采用密钥穷举搜索的方法进行攻击,计算量相当大。但是,代换密码中明文字符和相应的密文字符之间具有一一对应的关系,密文中英文字符的出现频率与明文中相应的英文字符的出现频率相同,加密结果也不能隐藏由于明文中英文字母出现的统计规律性导致的密文出现的频率特性,因此,如果应用频率分析法对其进行密码分析,其攻击难度要远远小于采用密钥穷举搜索法的攻击难度。

2.2.2　多表代换密码

在前面介绍的移位密码体制、仿射密码体制以及更为一般的代换密码体制中,一旦加密密钥被选定,则英文字母表中每一个字母对应的数字都会被加密成唯一的一个密文,这种密码体制被称为单表代换密码。考虑到频率分析法破解单表代换密码很成功,人们开始考虑多表代换密码,通过用多个密文字母来替换同一个明文字母的方式来消除字符的特性,即一

个明文字母可以映射为多个密文字母。

1. 维吉尼亚密码

维吉尼亚密码是由法国人维吉尼亚(Vigenère)在 16 世纪提出的。

定义 2.5 维吉尼亚密码体制

令 m 为一个正整数，$M=C=K=(Z_{26})^m$。对任意的密钥 key$=(k_1,k_2,\cdots,k_m)\in K$，$(x_1,x_2,\cdots,x_m)\in M$，$(y_1,y_2,\cdots,y_m)\in C$，定义

$$e_{\text{key}}(x_1,x_2,\cdots,x_m)=(x_1+k_1,x_2+k_2,\cdots,x_m+k_m)\bmod 26 \qquad (2-7)$$

$$d_{\text{key}}(y_1,y_2,\cdots,y_m)=(y_1-k_1,y_2-k_2,\cdots,y_m-k_m)\bmod 26 \qquad (2-8)$$

如果已经在 26 个英文字母和 Z_{26} 之间建立了一一对应的关系，则每一个密钥 key$\in K$ 都相当于一个长度为 m 的字母串，被称为密钥字。当 $m=1$ 时，维吉尼亚密码退化为移位密码。因此，维吉尼亚密码可看成是移位密码的高维化，强化了移位密码的安全性。维吉尼亚密码通过将"单字母加密"改为"字母组加密"，体现出了"分组"加密的思想。

例 2.5 令 $m=8$，密钥字为"computer"，则根据例 2.2 中的对应关系可知，密钥字对应的数字序列为 key$=(02,14,12,15,20,19,04,17)$。假设明文消息为

block cipher design principles

首先根据表 2-2 的对应关系，将其转换成相应的整数序列为

01　11　14　02　10　02　08　15　07　04　17　03　04　18
08　06　13　15　17　08　13　02　08　15　11　04　18

将以上得到的整数序列按照密钥字的长度进行分组处理，本例中将整数序列每 6 个分为一组，根据加密过程的运算关系式(2-7)，使用密钥字对分组明文消息进行模 26 下的加密运算，具体加密过程如表 2-5 所示。

表 2-5 维吉尼亚密码加密过程

明文	01	11	14	02	10	02	08	15	07	04	17	03	04	18
密钥	02	14	12	15	20	19	04	17	02	14	12	15	20	19
密文	03	25	00	17	04	21	12	06	09	18	03	18	24	11
明文	08	06	13	15	17	08	13	02	08	15	11	04	18	
密钥	04	17	02	14	12	15	20	19	04	17	02	14	12	
密文	12	23	15	03	03	23	07	21	12	06	13	18	04	

对得到的整数序列应用表 2-2 的对应关系进行转换，得到相应的密文序列为

dzarevmgjsdsylmxpddxhvmgnse

解密过程使用相同的字符和整数对应关系表及相同的密钥字，应用相应的逆运算关系式(2-8)进行解密计算，即可恢复出相应的明文消息。

维吉尼亚密码的密钥空间大小为 26^m，所以即使 m 的值较小，相应的密钥空间也会很

大。在维吉尼亚密码体制中,一个字母可以被映射为 m 个字母中的某一个,这样的映射关系也比单表代换密码更为安全一些。维吉尼亚密码有一个弱密钥,即 $k_1 = \cdots = k_m = 0$。

由于维吉尼亚密码对明文消息序列采用分组加密的方式,不同分组中的相同明文字符可能对应不同的密文字符,所以明文字符和密文字符之间不再具有严格的一一对应关系,使得应用频率分析法对其进行密码分析的难度大大增加,因此具有较好的安全性,使得该密码体制被持续使用了几百年,但最终还是被破解了。破解维吉尼亚密码基于这样一个简单的观察:密钥的重复部分与明文中的重复部分的连接,在密文中也产生一个重复部分。相比于单表代换密码中反映出来的字母频率分布特征,多表代换密码使得字母频率分布趋于离散均匀分布,这样简单的字母频率分析法对多表代换密码失效。区分单表代换密码和多表代换密码的一个工具是一致性索引(index of coincidence,IC),单表代换密码的 IC 值大概为 0.066。对于完全均匀分布的文字,IC 值为 0.038。如果 IC 值为 0.038～0.066,那么该密文使用的加密法可能是多表代换密码。此外,使用 IC 值能够大概确定出多表代换密码的密钥长度,从而降低了该密码体制的分析难度。

2. 希尔密码

1929 年希尔(Hill)提出了一种多表代换密码——希尔密码。该算法将明文消息按照步长 m 进行分组,对每一组的 m 个明文字母通过线性变换将其转换成 m 个相应的密文字母。这样密钥由一个较为简单的排列问题改变成较为复杂的 $m \times m$ 阶可逆矩阵。在使用希尔密码前,首先将英文的 26 个字母和数字 1～26 按自然顺序进行一一对应以方便处理。

定义 2.6　希尔密码体制

令 $m \geqslant 2$ 为一个正整数,$M = C = (Z_{26})^m$,$\boldsymbol{K}$ 为定义在 Z_{26} 上的所有大小为 $m \times m$ 的可逆矩阵的集合。对任意的 $\boldsymbol{A} \in \boldsymbol{K}$,定义

$$e_{\boldsymbol{A}}(x) = \boldsymbol{A}x \bmod 26 \qquad\qquad (2-9)$$

$$d_{\boldsymbol{A}}(y) = \boldsymbol{A}^{-1}y \bmod 26 \qquad\qquad (2-10)$$

例 2.6　令 $m = 4$,密钥

$$\boldsymbol{A} = \begin{bmatrix} 8 & 6 & 9 & 5 \\ 6 & 9 & 5 & 10 \\ 5 & 8 & 4 & 9 \\ 10 & 6 & 11 & 4 \end{bmatrix}$$

则相应的 Z_{26} 上的逆矩阵为

$$\boldsymbol{A}^{-1} = \begin{bmatrix} 23 & 20 & 5 & 1 \\ 2 & 11 & 18 & 1 \\ 2 & 20 & 6 & 25 \\ 25 & 2 & 22 & 25 \end{bmatrix}$$

明文为

hill

根据表 2-2 的对应关系,将以上明文转换成对应的数字序列

$$7 \quad 8 \quad 11 \quad 11$$

根据密钥 **A** 可知,相应的密文为

$$\begin{bmatrix} y_1 \\ y_2 \\ y_3 \\ y_4 \end{bmatrix} = \begin{bmatrix} 8 & 6 & 9 & 5 \\ 6 & 9 & 5 & 10 \\ 5 & 8 & 4 & 9 \\ 10 & 6 & 11 & 4 \end{bmatrix} \begin{bmatrix} 7 \\ 8 \\ 11 \\ 11 \end{bmatrix} \bmod 26$$

$$= \begin{bmatrix} 9 & 8 & 8 & 24 \end{bmatrix}^{\mathrm{T}}$$

于是相应的密文序列为

$$jiiy$$

已知密文和密钥 **A** 的逆矩阵 $\bm{A}^{-1}$,根据希尔密码体制的定义,对应的解密过程为

$$\begin{bmatrix} x_1 \\ x_2 \\ x_3 \\ x_4 \end{bmatrix} = \begin{bmatrix} 23 & 20 & 5 & 1 \\ 2 & 11 & 18 & 1 \\ 2 & 20 & 6 & 25 \\ 25 & 2 & 22 & 15 \end{bmatrix} \begin{bmatrix} 9 \\ 8 \\ 8 \\ 24 \end{bmatrix} \bmod 26$$

$$= \begin{bmatrix} 7 & 8 & 11 & 11 \end{bmatrix}^{\mathrm{T}}$$

结合表 2-2 定义的对应关系即可恢复出相应的明文为"hill"。

通过例 2.6 可以发现,希尔密码对于相同的明文字母,可能有不同的密文字母与之对应,对于不同的明文字母,也可能有相同的密文字母与之对应,因此,一般情况下,希尔密码能够较好地抵御基于字母出现频率的攻击方法。但已知明文攻击法可以很容易破解希尔密码,其攻击过程类似于对仿射密码的破解,用"已知明文—密文组"建立方程组,求解该方程组即可找到相应的密钥。

2.2.3 置换密码

前面介绍的加密方式的共同特点是通过将英文字母改写成另一个表达形式来达到加密的效果。本节介绍另一种加密方式,通过重新排列消息中元素的位置而不改变元素本身的方式,对一个消息进行变换。这种加密机制称为置换密码(也称为换位密码)。置换密码是古典密码中除代换密码外的重要的一类,它被广泛应用于现代分组密码的构造。与维吉尼亚密码一样,置换密码也体现出了"分组"加密的思想。

定义 2.7 置换密码体制

令 $m \geqslant 2$ 为一个正整数,$M = C = (Z_{26})^m$,K 为 $Z_m = \{1, 2, \cdots, m\}$ 上所有可能置换构成的集合。对任意的 $(x_1, x_2, \cdots, x_m) \in M$,$\pi \in K$,$(y_1, y_2, \cdots, y_m) \in C$,定义

$$e_\pi(x_1, x_2, \cdots, x_m) = (x_{\pi(1)}, x_{\pi(2)}, \cdots, x_{\pi(m)}) \tag{2-11}$$

$$d_\pi(y_1, y_2, \cdots, y_m) = (y_{\pi^{-1}(1)}, y_{\pi^{-1}(2)}, \cdots, y_{\pi^{-1}(m)}) \tag{2-12}$$

其中,π 和 π^{-1} 互为 Z_m 上的逆置换,m 为分组长度。对于长度大于分组长度 m 的明文消息,

可对明文消息先按照长度 m 进行分组,然后对每一个分组消息重复进行同样的置换加密过程,最终实现对明文消息的加密。

例 2.7　令 $m=4$,$\pi=[\pi(1),\pi(2),\pi(3),\pi(4)]=(2,4,1,3)$。假设明文为

$$information\ security\ is\ important$$

加密过程首先根据 $m=4$,将明文分为 6 个分组,每个分组为 4 个字符:

$$info\quad rmat\quad ions\quad ecur\quad ityi\quad simp\quad orta\quad nt$$

然后根据加密规则式(2-11),应用置换变换 π 对每个分组消息进行加密,得到相应的密文

$$noifmtraosincreutiiyipsmraottn$$

解密过程需要用到加密置换 π 的逆置换,在本例中,根据置换 π 定义的对应关系,得到相应的解密置换 π^{-1} 为

$$\pi^{-1}=[\pi(1)^{-1},\pi(2)^{-1},\pi(3)^{-1},\pi(4)^{-1}]=(3,1,4,2)$$

解密过程首先根据分组长度 m 对密文进行分组,得到

$$noif\quad mtra\quad osin\quad creu\quad tiiy\quad ipsm\quad raot\quad tn$$

然后根据解密规则式(2-12),应用解密置换 π^{-1} 对每个分组消息进行置换变换,就可以得到解密的消息。

需要说明的是,在以上加密过程中,应用给定的分组长度 m 对消息序列进行分组,当消息长度不是分组长度的整数倍时,可以在最后一段分组消息后面添加足够的特殊字符,从而保证能够以 m 为分组长度对消息进行分组处理。例 2.7 中,我们在最后的分组消息"tn"后面增加了 2 个空格,以保证分组长度的一致性。

对于固定的分组长度 m,Z_m 上共有 $m!$ 种不同的排列,对应产生 $m!$ 个不同的加密密钥 π,所以相应的置换密码共有 $m!$ 种不同的密钥。应注意的是,置换密码尽管没有改变密文中英文字母的统计特性,但应用频率分析的攻击方法对其进行密码分析时,由于密文中英文字符的常见组合关系不再存在,并且与已知密文消息序列具有相同统计特性的对应明文组合并不唯一,导致相应的密码分析难度增大。因此,相比较而言,置换密码能较好地抵御频率分析法。另外,可以用唯密文攻击法和已知明文攻击法来破解置换密码。

在上面介绍的几个典型的古典密码体制里,含有两个基本操作:**替换**(substitution)和**置换**(permutation)。替换实现了英文字母外在形式上的改变,每个英文字母被其他字母替换;置换实现了英文字母所处位置的改变,但没有改变字母本身。替换操作分为单表替换和多表替换两种方法。单表替换的特点是把明文中的每个英文字母正好映射为一个密文字母,是一种一一映射,不能抵御基于英文字符出现频率的频率分析攻击法;多表替换的特点是明文中的同一字母可能用多个不同的密文字母来代替,与单表替换的密码体制相比,形式上增加了加密的安全性。

替换和置换这两个基本操作具有原理简单且容易实现的特点。随着计算机技术的飞速发展,古典密码体制的安全性已经无法满足实际应用的需要,但是替换和置换这两个基本操

作仍是构造现代对称加密算法最重要的核心方式之一。举例来说，替换和置换操作在数据加密标准（data encryption standard，DES）和高级加密标准（advanced encryption standard，AES）中都起到了核心作用。几个简单密码算法的结合可以产生一个安全的密码算法，这就是简单密码仍被广泛使用的原因。除此之外，简单地替换和置换密码在密码协议上也有广泛的应用。

2.3　分组密码体制

分组密码也称为块密码（block cipher），是现代密码学的重要组成部分，它的主要功能是提供有效的数据保护。本节简要介绍分组密码的设计准则，重点给出有代表性的分组密码体制 DES、AES 和 IDEA（international data encryption algorithm，国际加密算法）的加密原理和算法分析。

2.3.1　分组密码概述

分组密码是指对固定长度的一组明文进行加密的一种加密算法，这一固定长度称为分组长度。分组长度是分组密码的一个参数，其值取决于实际应用的环境。对于通过计算机来实现的分组密码算法，通常选取的分组长度为 64 比特。这是一个折中的选择，考虑到分组算法的安全性，分组长度不能太短，应该保证加密算法能够应对密码分析；考虑到分组密码的实用性，分组程度又不能太长，要便于操作和运算。近年来，随着计算机计算能力的不断提高，分组长度为 64 比特的分组密码的安全性越来越不能满足实际需要，为了提高加密的安全性，很多分组密码开始选择 128 比特作为算法的分组长度。

分组密码的加密是对整个明文操作的，包括空格、标点符号和特殊字符，而不仅仅是字符。分组密码的加密过程是按分组长度 n 将明文消息分成若干个组，每一个组长为 n 比特的明文分为一组，执行相同的加密操作，相应地产生一个 n 比特的密文消息分组，由此可见，不同的 n 比特明文消息分组共有 2^n 个。考虑到加密算法的可逆性（即保证解密过程的可行性），每一个不同的 n 比特明文分组都应该产生一个唯一的密文分组，加密过程对应的变换称为可逆变换或非奇异变换。所以分组密码算法从本质上来说是定义了一种从分组的明文到相应的密文的可逆变换。与古典密码所不同的是，在分组密码中，密文分组的所有比特与明文分组的所有比特有关，正是这个原因体现了分组密码的重要特征：如果明文分组的单个比特发生了改变，那么密文分组的比特平均有一半要发生改变。

在设计密码体制的过程中，香农提出了能够破坏对密码系统进行的各种统计分析攻击的两个基本操作：扩散（diffusion）和混淆（confusion）。扩散的目的是使明文和密文之间的统计关系变得尽可能复杂；混淆的目的是使密文和密钥之间的统计关系变得尽可能复杂。为了使攻击者无法得到密钥，在扩散过程中，明文的统计信息被扩散到密文的更长的统计信息中，使得每一个密文数字与许多明文数字相关，从而使密文的统计信息与明文之间的统计关系尽量复杂,以至于密文的统计信息对于攻击者来说是无法利用的;在混淆过程中,密文的统计信息与加密密钥的取值之间的关系会尽量地复杂,以至于攻击者很难从中推测出加密密钥。扩散和混淆给出了分组密码应具有的本质特性,成为分组密码设计的基础。

2.3.2　数据加密标准

数据加密标准(DES)算法是较为广泛使用的一种分组密码算法。DES 对推动密码理论的发展和应用起了重大的作用。学习 DES 算法对掌握分组密码的基本理论、设计思想和实际应用都有重要的参考价值。20 世纪 70 年代中期,美国政府认为需要一个强大的标准加密系统,美国国家标准局提出了开发这种加密算法的请求,最终 IBM 公司的魔王(Lucifer)加密系统胜出,有关 DES 算法的历史过程如下。

1972 年美国商业部所属的美国国家标准局(National Bureau of Standards,NBS)开始实施计算机数据保护标准的开发计划。

1973 年 5 月 13 日,NBS 发布公告征集在传输和存储数据中保护计算机数据的密码算法。

1975 年 3 月 17 日,NBS 首次公布 DES 算法描述,认真地进行公开讨论。

1977 年 1 月 15 日,DES 正式批准 DES 为无密级应用的加密标准(FIPS-46),当年 7 月 1 日正式生效。以后每隔 5 年美国国家安全局对其安全性进行一次评估,以便确定是否继续使用它作为加密标准。在 1994 年 1 月的评估后决定 1998 年 12 月以后不再将 DES 作为数据加密标准。

1. DES 算法描述

DES 是一个包含 16 个阶段的"替换-置换"的分组加密算法,它以 64 比特为分组对数据加密。64 比特的分组明文序列作为加密算法的输入,经过 16 轮加密得到 64 比特的密文序列。DES 算法的密钥长度有 64 比特,但用户只提供 56 比特(通常是以转换成 ASCII 码的 7 个字符的单词作为密钥),其余的 8 比特由算法提供,分别放在 8、16、24、32、40、48、56、64 比特上,结果是每 8 比特的密钥包含了用户提供的 7 比特和 DES 算法确定的 1 比特。添加的比特是有选择的,使得每个 8 比特的分组都含有奇数个奇偶校验比特(即 1 的个数为奇数)。DES 算法的密钥可以是任意的 56 比特的数,其中极少量的 56 比特数被认为是弱密钥,为了保证加密的安全性,在加密过程中应该尽量避开使用这些弱密钥。

DES 算法对 64 比特的明文分组进行操作。首先通过一个初始置换 IP,将 64 比特的明文分成各 32 比特长的左半部分和右半部分,该初始置换只在 16 轮加密过程进行之前进行一次,在接下来的 16 轮加密过程中不再进行该置换操作。经过初始置换操作后,对得到的 64 比特序列进行 16 轮加密运算,这些运算被称为函数 f,在运算过程中,输入数据与密钥结合。经过 16 轮加密运算后,左、右半部分合在一起得到一个 64 比特的输出序列,该序列再经过一个逆初始置换 IP^{-1}(初始置换的逆置换)获得最终的密文。具体加密流程如图 2-3 所示。

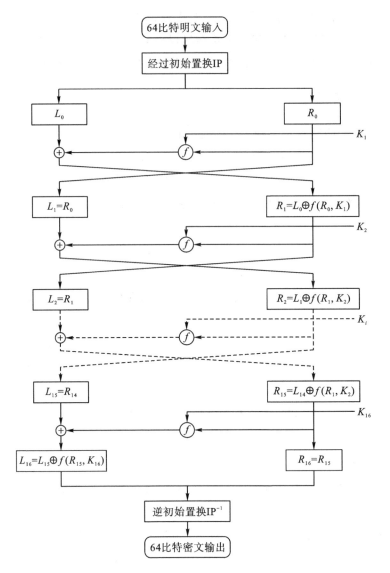

图 2-3 DES 算法的加密流程

初始置换 IP 和对应的逆初始置换 IP^{-1} 操作并不会增强 DES 算法的安全性,它的主要目的是更容易地将明文和密文数据以字节大小放入 DES 芯片中。

DES 算法的每个阶段使用的是不同的子密钥和上一阶段的输出,但执行的操作相同。这些操作定义在三种"盒"中,分别称为扩充盒(expansion box,E-盒)、替换盒(substitution box,S-盒)、置换盒(permutation box、P-盒)。在每一轮加密过程中,三个盒子的使用顺序如图 2-4 所示。

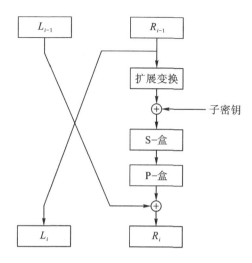

图 2 - 4　一轮 DES 算法的加密过程

如图 2 - 4 所示,在每一轮加密过程中,函数 f 的运算包括以下四个部分:①将 56 比特密钥等分成长度为 28 比特的两部分,根据加密轮数,这两部分密钥分别循环左移 1 比特或 2 比特后合并成新的 56 比特密钥序列,从移位后的 56 比特密钥序列中选出 48 比特(该部分采用一个压缩置换实现);②通过一个扩展变换将输入序列 32 比特的右半部分扩展成 48 比特后,与 48 比特的轮密钥进行异或运算;③通过 8 个 S-盒将异或运算后获得的 48 比特序列替代成一个 32 比特的序列;④对 32 比特的序列进行置换变换得到函数 f 的 32 比特输出序列。将函数 f 的输出与输入序列的左半部分进行异或运算后的结果作为新一轮加密过程输入序列的右半部分,当前输入序列的右半部分作为新一轮加密过程输入序列的左半部分。

上述过程重复操作 16 次,便实现了 DES 算法的 16 轮加密运算。

假设 B_i 是第 i 轮计算的结果,则 B_i 为一个 64 比特的序列,L_i 和 R_i 分别是 B_i 的左半部分和右半部分,K_i 是第 i 轮的 48 比特密钥,且 f 是实现替换、置换及密钥异或等运算的函数,前 15 轮中每一轮变换的逻辑关系为

$$L_i = R_{i-1} \qquad (i=1,2,3,\cdots,15)$$
$$R_i = L_{i-1} \oplus f(R_{i-1}, K_i) \quad (i=1,2,3,\cdots,15)$$

第 16 轮变换的逻辑关系为

$$L_{16} = L_{15} \oplus f(R_{15}, K_{16})$$
$$R_{16} = R_{15}$$

下面对 DES 算法加密过程中包含的基本操作进行详细说明。

(1)初始置换:初始置换(initial permutation,IP)在第一轮运算之前执行,对输入分组实施如表 2 - 6 所示的 IP 置换。例如,表 2 - 6 表示该 IP 置换把输入序列的第 58 比特置换到输出序列的第 1 比特,把输入序列的第 50 比特置换到输出序列的第 2 比特,依次类推。

表 2 - 6　初始置换 IP

输入	58	50	42	34	26	18	10	2
输出	60	52	44	36	28	20	12	4
输入	62	54	46	38	30	22	14	6
输出	64	56	48	40	32	24	16	8
输入	57	49	41	33	25	17	9	1
输出	59	51	43	35	27	19	11	3
输入	61	53	45	37	29	21	13	5
输出	63	55	47	39	31	23	15	7

（2）逆初始置换：逆初始置换（inverse initial permutation）是初始置换的逆过程，表 2 - 7 列出了逆初始置换 IP^{-1} 的具体操作。需要说明的是，DES 算法在 16 轮加密过程中，左半部分和右半部分并没有进行交换位置的操作，而是将 R_{16} 与 L_{16} 并在一起形成一个分组作为逆初始置换的输入。这样做保证了 DES 算法加密和解密过程的一致性。

表 2 - 7　逆初始置换 IP^{-1}

输入	40	8	48	16	56	24	64	32
输出	39	7	47	15	55	23	63	31
输入	38	6	46	14	54	22	62	30
输出	37	5	45	13	53	21	61	29
输入	36	4	44	12	52	20	60	28
输出	35	3	43	11	51	19	59	27
输入	34	2	42	10	50	18	58	26
输出	33	1	41	9	49	17	57	25

（3）扩展变换：扩展变换（expansion permutation），也被称为 E - 盒，它将 64 比特输入序列的右半部分 R_i 从 32 比特扩展到 48 比特。扩展变换不仅改变了 R_i 中 32 比特输入序列的次序，而且重复了某些位。这个操作有以下三个基本的目的：①经过扩展变换可以应用 32 比特的输入序列产生一个与轮密钥长度相同的 48 比特的序列，从而实现与轮密钥的异或运算；②扩展变换针对 32 比特的输入序列提供了一个 48 比特的结果，使得在接下来的替代运算中能进行压缩，从而达到更好的安全性；③由于输入序列的每一比特将影响到两个替换，所以输出序列对输入序列的依赖性将传播得更快，体现出良好的"雪崩效应"。因此该操作有助于设计的 DES 算法尽可能快地使密文的每一比特依赖于明文的每一比特。

表 2 - 8 给出了扩展变换中输出比特与输入比特的对应关系。例如，处于输入分组中第

3 比特的数据对应输出序列的第 4 比特,而输入分组中第 21 比特的数据则分别对应输出序列的第 30 比特和第 32 比特。

表 2 - 8　扩展变换(E - 盒)

输入	32	1	2	3	4	5
输出	4	5	6	7	8	9
输入	8	9	10	11	12	13
输出	12	13	14	15	16	17
输入	16	17	18	19	20	21
输出	20	21	22	23	24	25
输入	24	25	26	27	28	29
输出	28	29	30	31	32	1

在扩展变换过程中,每一个输出分组的长度都大于输入分组,而且该过程对于不同的输入分组都会产生唯一的输出分组。E - 盒的真正作用是确保最终的密文与所有的明文比特都有关。

(4)S-盒替换(S-boxes substitution):每一轮加密的 48 比特的轮密钥与扩展后的分组序列进行异或运算以后,得到一个 48 比特的结果序列,接下来应用 S-盒对该序列进行替换运算。替换由 8 个 S-盒完成。每一个 S-盒对应 6 比特的输入序列,得到相应的 4 比特输出序列。在 DES 算法中,这 8 个 S-盒是不同的(DES 算法的这 8 个 S-盒占的存储空间为 256 字节)。48 比特的输入序列被分为 8 个 6 比特的输入分组,每一分组对应一个 S-盒替换操作。分组 1 由 S-盒 1 操作,分组 2 由 S-盒 2 操作,依次类推(见图 2-5)。

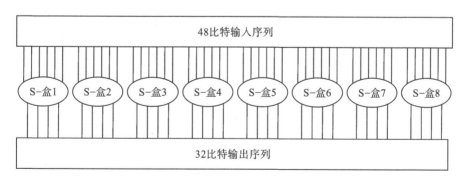

图 2 - 5　S-盒替换

DES 算法中,每个 S-盒对应一个 4 行、16 列的表,表中的每一项都是一个 16 进制的数,相应地对应一个 4 比特的序列。表 2-9 列出了 8 个 S-盒。

表2-9　S-盒

S-盒 1															
	0	1	2	3	4	5	6	7	8	9	10	11	12	13	14	15
0	14	4	13	1	2	15	11	8	3	10	6	12	5	9	0	7
1	0	15	7	4	14	2	13	1	10	6	12	11	9	5	3	8
2	4	1	14	8	13	6	2	11	15	12	9	7	3	10	5	0
3	15	12	8	2	4	9	1	7	5	11	3	14	10	0	6	13

S-盒 2															
	0	1	2	3	4	5	6	7	8	9	10	11	12	13	14	15
0	15	1	8	14	6	11	3	4	9	7	2	13	12	0	5	10
1	3	13	4	7	15	2	8	14	12	0	1	10	6	9	11	5
2	0	14	4	11	10	4	13	1	5	8	12	6	9	3	2	15
3	13	8	10	1	3	15	4	2	11	6	7	12	0	5	14	9

S-盒 3															
	0	1	2	3	4	5	6	7	8	9	10	11	12	13	14	15
0	10	0	9	14	6	3	15	5	1	13	12	7	11	4	2	8
1	13	7	0	9	3	4	6	10	2	8	5	14	12	11	15	1
2	13	6	4	9	8	15	3	0	11	1	2	12	5	10	14	7
3	1	10	13	0	6	9	8	7	4	15	14	3	11	5	2	12

S-盒 4															
	0	1	2	3	4	5	6	7	8	9	10	11	12	13	14	15
0	7	13	14	3	0	6	9	10	1	2	8	5	11	12	4	15
1	13	8	11	5	6	15	0	3	4	7	2	12	1	10	14	9
2	10	6	9	0	12	11	7	13	15	1	3	14	5	2	8	4
3	3	15	0	6	10	1	13	8	9	4	5	11	12	7	2	14

S-盒 5															
	0	1	2	3	4	5	6	7	8	9	10	11	12	13	14	15
0	2	12	4	1	7	10	11	6	8	5	3	15	13	0	14	9
1	14	11	2	12	4	7	13	1	5	0	15	10	3	9	8	6
2	4	2	1	11	10	13	7	8	15	9	12	5	6	3	0	14
3	11	8	12	7	1	14	2	13	6	15	0	9	10	4	5	3

S-盒 6																
	0	1	2	3	4	5	6	7	8	9	10	11	12	13	14	15
0	12	1	10	15	9	2	6	8	0	13	3	4	14	7	5	11
1	10	15	4	2	7	12	9	5	6	1	13	14	0	11	3	8
2	9	14	15	5	2	8	12	3	7	0	4	10	1	13	11	6
3	4	3	2	12	9	5	15	10	11	14	1	7	6	0	8	13

S-盒 7																
	0	1	2	3	4	5	6	7	8	9	10	11	12	13	14	15
0	4	11	2	14	15	0	8	13	3	12	9	7	5	10	6	1
1	13	0	11	7	4	9	1	10	14	3	5	12	2	15	8	6
2	1	4	11	13	12	3	7	14	10	15	6	8	0	5	9	2
3	6	11	13	8	1	4	10	7	9	5	0	15	14	2	3	12

S-盒 8																
	0	1	2	3	4	5	6	7	8	9	10	11	12	13	14	15
0	13	2	8	4	6	15	11	1	10	9	3	14	5	0	12	7
1	1	15	13	8	10	3	7	4	12	5	6	11	0	14	9	2
2	7	11	4	1	9	12	14	2	0	6	10	13	15	3	5	8
3	2	1	14	7	4	10	8	13	15	12	9	0	3	5	6	11

输入序列以一种非常特殊的方式对应 S-盒中的某一项,通过 S-盒的 6 比特输入序列确定了其对应的输出序列所在的行和列的值。假定将 S-盒的 6 比特输入序列标记为 b_1、b_2、b_3、b_4、b_5、b_6。则 b_1 和 b_6 组合构成了一个 2 比特的序列,该 2 比特的序列对应一个 $0 \sim 3$ 的十进制数字,该数字即表示输出序列在对应的 S-盒中所处的行;输入序列中 $b_2 \sim b_5$ 构成了一个 4 比特的序列,该 4 比特的序列对应一个 $0 \sim 15$ 的十进制数字,该数字即表示输出序列在对应的 S-盒中所处的列,根据行和列的值可以确定相应的输出序列。

例 2.8　假设对应第 6 个 S-盒的输入序列为 110011。第 1 比特和最后 1 比特组合构成的序列为 11,对应的十进制数字为 3,说明对应的输出序列位于 S-盒的第 3 行;中间的 4 比特组合构成的序列为 1001,对应的十进制数字为 9,说明对应的输出序列位于 S-盒的第 9 列。第 6 个 S-盒的第 3 行第 9 列处的数是 14(注意:行、列的记数均从 0 开始,而不是从 1 开始),14 对应的二进制为 1110,对应输入序列 110011 的输出序列为 1110。

S-盒的设计是 DES 分组加密算法的关键步骤,因为在 DES 算法中,所有其他运算都是线性的,易于分析,而 S-盒是非线性运算,它比 DES 算法的其他任何操作都能提供更好的安全性。S-盒替换运算的结果为 8 个 4 比特的分组序列,它们重新合在一起形成了一个 32 比特的分组。对这个分组进行下一步操作:P-盒置换。

P-盒置换(P-boxes permutation):经 S-盒替换运算后的 32 比特输出序列依照 P-盒进行置换。该置换对 32 比特输入序列进行一个置换操作,把每个输入比特映射到相应的输出比特,任意一比特不能被映射两次,也不能被略去。表 2－10 给出了 P-盒置换的具体操作。例如,输入序列的第 21 比特置换到输出序列的第 4 比特,而输入序列的第 4 比特被置换到输出序列的第 31 比特。

表 2－10 P-盒置换

16	7	20	21
29	12	28	17
1	15	23	26
5	18	31	10
2	8	24	14
32	27	3	9
19	13	30	6
22	11	4	25

将 P-盒置换的结果与该轮输入的 64 比特分组的左半部分进行异或运算后,得到本轮加密输出序列的右半部分,本轮加密输入序列的右半部分直接输出,作为本轮加密输出序列的左半部分,相应得到 64 比特的输出序列。

2. DES 密钥的产生

DES 加密算法输入的初始密钥大小为 8 个字节,由于每个字节的第 8 比特用来作为初始密钥的校验比特,所以加密算法的初始密钥不考虑每个字节的第 8 比特,DES 加密算法的初始密钥实际对应一个 56 比特的序列,每个字节第 8 比特作为奇偶校验以确保密钥不发生错误。DES 加密算法的每一轮加密过程从 56 比特密钥中产生出不同的 48 比特子密钥 (subkey),这些子密钥 K_i 的产生方式如图 2－6 所示。

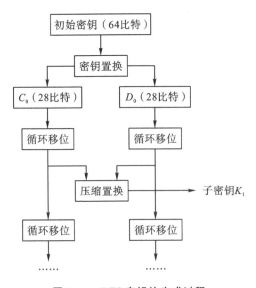

图 2－6 DES 密钥的生成过程

(1)密钥置换:首先对初始密钥进行如表 2-11 所示的置换操作。

表 2-11 密钥置换

57	49	41	33	25	17	9
1	58	50	42	34	26	18
10	2	59	51	43	35	27
19	11	3	60	52	44	36
63	55	47	39	31	23	15
7	62	54	46	38	30	22
14	6	61	53	45	37	29
21	13	5	28	20	12	4

然后将 56 比特密钥等分成两部分。然后根据加密轮数,这两部分密钥分别循环左移 1 比特或 2 比特。表 2-12 给出了对应不同轮数产生子密钥时具体循环左移的比特数。

表 2-12 每轮循环左移的比特数

轮数	1	2	3	4	5	6	7	8	9	10	11	12	13	14	15	16
比特数	1	1	2	2	2	2	2	2	1	2	2	2	2	2	2	1

对两个 28 比特的密钥循环左移以后,通过如表 2-13 所示的压缩置换(compression permutation,也称为置换选择)从 56 比特密钥中选出 48 比特作为当前加密的轮密钥。表 2-13 给出的压缩置换不仅置换了 56 比特密钥序列的顺序,同时也选择出了一个 48 比特的子密钥,因为该运算提供了一组 48 比特的数字集。例如,56 比特的密钥中位于第 33 比特密钥数字对应输出到 48 比特轮密钥的第 35 比特,而 56 比特的密钥中位于第 18 比特的密钥数字在输出的 48 比特轮密钥中将不会出现。

表 2-13 压缩置换

14	17	11	24	1	5
3	28	15	6	21	10
23	19	12	4	26	8
16	7	27	20	13	2
41	52	31	37	47	55
30	40	51	45	33	48
44	49	39	56	34	53
46	42	50	36	29	32

以上产生轮密钥的过程中,由于每一次进行压缩置换之前都包含一个循环移位操作,所以产生每一个子密钥时,都会使用不同的初始密钥子集。虽然初始密钥的所有比特在子密钥中使用的次数并不完全相同,但在产生的 16 个 48 比特的子密钥中,初始密钥的每一比特大约会被 14 个子密钥使用。由此可见,密钥的设计非常精巧,使得密钥随明文的每次置换而不同,每个阶段使用不同的密钥来执行"替换"或"置换"操作。

3. DES 解密

DES 加密算法的加密过程经过了多次的替换、置换、异或和循环移动操作,整个加密过程似乎非常复杂。实际上,DES 加密算法经过精心选择各种操作而获得了一个非常好的性质:加密和解密可使用相同的算法,即解密过程是将密文作为输入序列进行相应的 DES 加密,与加密过程唯一不同的是解密过程使用的轮密钥与加密过程使用的轮密钥次序相反。如果加密过程中各轮的子密钥分别是 $K_1, K_2, K_3, \cdots, K_{16}$,那么解密过程中相应的解密子密钥分别是 $K_{16}, K_{15}, K_{14}, \cdots, K_1$。因此解密过程产生各轮子密钥的算法与加密过程生成轮密钥的算法相同,与加密过程不同的是解密过程产生子密钥时,初始密钥进行循环右移操作,每产生一个子密钥对应的初始密钥移动比特数分别为 0、1、2、2、2、2、2、2、1、2、2、2、2、2、2、1。这样就可以根据初始密钥生成加密和解密过程所需的各轮子密钥。

下面给出一个 DES 加密的例子。

例 2.9 已知明文 $m =$ computer,密钥 $k =$ program,相应的 ASCII 码表示为

$$m = 01100011 \quad 01101111 \quad 01101101 \quad 01110000$$
$$01110101 \quad 01110100 \quad 01100101 \quad 01110010$$
$$k = 01110000 \quad 01110010 \quad 01101111 \quad 01100111$$
$$01110010 \quad 01100001 \quad 01101101$$

其中,k 只有 56 比特,必须加入第 8、16、24、32、40、56、64 比特的奇偶校验比特构成 64 比特。其实加入的 8 比特奇偶校验比特对加密过程不会产生影响。

m 经过 IP 置换后得到

$$L_0 = 11111111 \quad 10111000 \quad 01110110 \quad 01010111$$
$$R_0 = 00000000 \quad 11111111 \quad 00000110 \quad 10000011$$

密钥 k 经过置换后得到

$$C_0 = 11101100 \quad 10011001 \quad 00011011 \quad 1011$$
$$D_0 = 10110100 \quad 01011000 \quad 10001110 \quad 0110$$

循环左移一比特并经压缩置换后得到 48 比特的子密钥

$$k_1 = 00111101 \quad 10001111 \quad 11001101$$
$$00110111 \quad 00111111 \quad 01001000$$

R_0 经过扩展变换得到的 48 比特序列为

$$10000000 \quad 00010111 \quad 11111110$$
$$10000000 \quad 11010100 \quad 00000110$$

结果再和 k_1 进行异或运算,得到的结果为

$$10111101 \quad 10011000 \quad 00110011$$
$$10110111 \quad 11101011 \quad 01001110$$

将得到的结果分成 8 组,即

$$101111 \quad 011001 \quad 100000 \quad 110011$$
$$101101 \quad 111110 \quad 101101 \quad 001110$$

通过 8 个 S-盒得到 32 比特的序列为

$$01110110 \quad 00110100 \quad 00100110 \quad 10100001$$

对 S-盒的输出序列进行 P-盒置换,得到

$$01000100 \quad 00100000 \quad 10011110 \quad 10011111$$

经过以上操作,得到经过第 1 轮加密的结果序列为

$$00000000 \quad 11111111 \quad 00000110 \quad 10000011$$
$$10111011 \quad 10011000 \quad 11101000 \quad 11001000$$

以上加密过程进行 16 轮,最终得到加密的密文为

$$01011000 \quad 10101000 \quad 01000001 \quad 10111000$$
$$01101001 \quad 11111110 \quad 10101110 \quad 00110011$$

需要说明的是,DES 算法的加密结果可以看作是明文 m 和密钥 k 之间的一种复杂函数,对应明文或密钥的微小改变,所以产生的密文序列都将会发生很大的变化。

4. DES 安全性分析

DES 加密算法自从被采用作为联邦数据加密标准以来,遭到了猛烈的批评和怀疑。首先是 DES 加密算法的密钥长度是 56 比特,很多人担心这样的密钥长度不足以抵御穷举式搜索攻击;其次是 DES 加密算法的内部结构即 S-盒的设计标准是保密的,这样使用者无法确信 DES 加密算法的内部结构不存在任何潜在的弱点。

S-盒是 DES 加密算法强大功能的源泉,8 个不同的盒定义了 DES 加密算法的替换模式。查看 DES 加密算法的 S-盒结构,可以发现 S-盒具有非线性特征,这意味着给定一个"输入-输出对"的集合,很难预计所有 S-盒的输出。S-盒的另一个很重要特征是,改变一个输入比特,至少会改变两个输出比特。例如,如果 S-盒 1 的输入序列为 010010,其输出序列位于行 0(二进制为 00)、列 9(二进制为 1001),值为 10(二进制为 1010)。如果输入序列的一个比特改变,假设改变为 110010,那么输出序列位于行 2(二进制为 10)、列 9(二进制为 1001),值为 12(二进制为 1100)。比较这两个值,中间的两个比特发生了改变。

事实上,后来的实践表明 DES 加密算法的 S-盒被精心设计成能够防止如差分分析法等类型的攻击。另外,DES 加密算法的初始方案——IBM 的魔王密码体制具有 128 比特的密钥长度,DES 加密算法的最初方案也有 64 比特的密钥长度,但是后来公布的 DES 加密算法算法将其减少到 56 比特。IBM 声称减少的原因是必须在密钥中包含 8 比特奇偶校验比特,这意味着 64 比特的存储只能包含一个 56 比特的密钥。

　　经过不懈努力，人们对 S-盒的设计已经有了一些基本的设计要求。例如，S-盒的每行必须包括所有可能输出比特的组合；如果 S-盒的两个输入序列只有一个比特不同，那么输出序列必须至少有两个比特不同；如果两个输入序列中间的两个比特不同，那么输出序列也必须至少有两个比特不同。

　　许多密码体制都存在着弱密钥，DES 加密算法也存在这样的弱密钥和半弱密钥。

　　如果 DES 加密算法的密钥 k 产生的子密钥满足

$$k_1 = k_2 = \cdots = k_{16}$$

则有

$$\mathrm{DES}_k(m) = \mathrm{DES}_k^{-1}(m)$$

这样的密钥 k 称为 DES 加密算法算法的弱密钥。

　　DES 加密算法的弱密钥有以下 4 种：

$$k = 01 \quad 01 \quad 01 \quad 01 \quad 01 \quad 01 \quad 01 \quad 01$$
$$k = 1F \quad 1F \quad 1F \quad 1F \quad 0E \quad 0E \quad 0E \quad 0E$$
$$k = E0 \quad E0 \quad E0 \quad E0 \quad F1 \quad F1 \quad F1 \quad F1$$
$$k = FE \quad FE \quad FE \quad FE \quad FE \quad FE \quad FE \quad FE$$

　　如果 DES 的密钥 k 和 k' 满足

$$\mathrm{DES}_k(m) = \mathrm{DES}_{k'}^{-1}(m)$$

则称密钥 k 和 k' 是 DES 算法的一对半弱密钥。半弱密钥只交替地生成 2 种密钥。

　　DES 加密算法的半弱密钥有以下 6 对：

$$\begin{cases} k = 01 \quad FE \quad 01 \quad FE \quad 01 \quad FE \quad 01 \quad FE \\ k' = FE \quad 01 \quad FE \quad 01 \quad FE \quad 01 \quad FE \quad 01 \end{cases}$$

$$\begin{cases} k = 1F \quad E0 \quad 1F \quad E0 \quad 0E \quad F1 \quad 0E \quad F1 \\ k' = E0 \quad 1F \quad E0 \quad 1F \quad F1 \quad 0E \quad F1 \quad 0E \end{cases}$$

$$\begin{cases} k = 01 \quad E0 \quad 01 \quad E0 \quad E0 \quad F1 \quad F1 \quad F1 \\ k' = E0 \quad 01 \quad E0 \quad 01 \quad F1 \quad 01 \quad F1 \quad 01 \end{cases}$$

$$\begin{cases} k = 1F \quad FE \quad 1F \quad FE \quad 0E \quad FE \quad 0E \quad FE \\ k' = FE \quad 1F \quad FE \quad 1F \quad FE \quad 0E \quad FE \quad 0E \end{cases}$$

$$\begin{cases} k = 01 \quad 1F \quad 01 \quad 1F \quad 01 \quad 0E \quad 01 \quad 0E \\ k' = 1F \quad 01 \quad 1F \quad 01 \quad 0E \quad 01 \quad 0E \quad 01 \end{cases}$$

$$\begin{cases} k = E0 \quad FE \quad E0 \quad FE \quad F1 \quad FE \quad F1 \quad FE \\ k' = FE \quad E0 \quad FE \quad E0 \quad FE \quad F1 \quad FE \quad F1 \end{cases}$$

以上 0 表示二值序列 0000，1 表示二值序列 0001，E 表示二值序列 1110，F 表示二值序列 1111。

　　对 DES 加密算法的攻击，最有效果的方式是差分分析法（difference analysis method）。差分分析法是一种选择明文攻击法，最初是由 IBM 的设计小组在 1974 年发现的，所以 IBM

在设计 DES 算法的 S-盒和换位变换时有意识地避免差分分析攻击,对 S-盒在设计阶段进行了优化,使得 DES 加密算法能够抵抗差分分析攻击。

对 DES 加密算法攻击的另一种方式是线性分析法(linear analysis method),线性分析法是一种已知明文攻击法,由松井充(Matsui)在 1993 年提出。这种攻击需要大量的已知"明文-密文"对,但也比差分分析法需要的少。

当将 DES 加密算法用于如智能卡等硬件装置时,通过观察硬件的性能特征,可以发现一些加密操作的信息,这种攻击方法称为旁路攻击法(side-channel attack)。例如,当处理密钥的"1"比特时,要消耗更多的能量,通过监控能量的消耗,可以知道密钥的每个比特;还有一种攻击是监控完成一个算法所耗时间的微秒数,所耗时间的微秒数也可以反映部分密钥的比特。

DES 加密的轮数对安全性也有较大的影响。如果 DES 加密算法只进行 8 轮加密过程,则在普通的个人电脑上只需要几分钟就可以破译密码。如果 DES 加密过程进行 16 轮,应用差分分析攻击比穷尽搜索攻击稍微有效一些。然而如果 DES 加密过程进行 18 轮,则差分分析攻击和穷尽搜索攻击的效率基本一样。如果 DES 加密过程进行 19 轮,则穷尽搜索攻击的效率还要优于差分分析攻击的效率。

总体来说,对 DES 算法的破译研究大体上可分为以下三个阶段。

第一阶段是从 DES 算法的诞生至 20 世纪 80 年代末,这一时期,研究者发现了 DES 算法的一些可利用的弱点,如 DES 算法中明文、密文和密钥间存在互补关系;DES 算法存在弱密钥、半弱密钥等。然而这些弱点都没有对 DES 算法的安全性构成实质性威胁。

第二阶段以差分密码分析和线性密码分析这两种密码分析方法的出现为标志。差分密码分析的关键是基于分组密码函数的差分不均匀性,分析明文对的"差量"对后续各轮的输出的"差量"的影响,由某轮的输入差量和输出对来确定本轮的部分内部密钥。线性密码分析的主要思想是寻求具有最大概率的明文若干比特的和、密钥若干比特的和与密文若干比特的和之间的线性近似表达式,从而破译密钥的相应比特。尽管这两种密码分析方法还不能将 16 轮的 DES 加密算法完全破译,但它们对 8 轮、12 轮 DES 算法的成功破译彻底打破了 DES 体制"牢不可破"的神话,奏响了破译 DES 加密算法的前奏曲。

第三阶段,即 20 世纪 90 年代末,随着大规模集成电路工艺的不断发展,采用穷举法搜索 DES 密钥空间来进行破译在硬件设备上已经具备条件。由美国电子前沿基金会(Electronic Frontier Foundation,EFF)牵头,密码研究所和高级无线电技术公司参与设计建造了 DES 破译机,该破译机可用 2 天多时间破译一份采用 DES 加密的密文,而整个破译机的研制经费不到 25 万美元,它采用的破译方法是强破译攻击法,这种方法主要针对特定的加密算法设计出相应的硬件来对算法的密钥空间进行穷举搜索。在 2000 年的"挑战 DES"比赛中,强破译攻击法仅用了 2 个小时就破译了 DES 算法,因此 20 世纪 90 年代末可以看成是 DES 算法被破译阶段。

DES 密码体制虽然已经被破译,但是从对密码学领域的贡献来看,DES 密码体制的提出和广泛使用,推动了密码学在理论和实现技术上的发展。DES 密码体制对密码技术的贡献可以归纳为以下几点。

(1)它公开展示了能完全适应某一历史阶段中信息安全需求的一种密码体制的构造方法。

(2)它是世界上第一个数据加密标准,它确立了这样一个原则,即算法的细节可以公开而密码的使用法仍是保密的。

(3)它表明用分组密码作为对密码算法标准化这种方法是方便可行的。

(4)由 DES 加密算法的出现而引起的讨论及附带的标准化工作已经确立了安全使用分组密码的若干准则。

(5)DES 加密算法的出现,推动了密码分析理论和技术的快速发展,出现了差分分析、线性分析等许多新的有效的密码分析方法。

2.3.3 高级加密标准

自从 DES 加密算法问世以来,美国国家安全局(National Security Agency,NSA)以外的人不断尝试破解 56 比特的 DES 加密算法,取得了不同程度的成功,强破译攻击法看上去是破解 DES 加密算法的唯一可行方法。1997 年 7 月,借助于 14000 多台计算机,破解 DES 密钥花费了 90 天时间。6 个月后,用这种方法破解 DES 算法所花费的时间减少了 39 天。1998 年 7 月,一台特殊构造的计算机(名为 Deep Crack)只用了 56 小时就破解了一个 DES 密钥。显然,DES 不再是一个可靠的加密系统。为此,美国国家标准局提出了一项取代 DES 的投标计划,即高级加密标准(AES)。对于 DES 算法的改进工作从 1997 年开始公开进行。

1997 年 4 月 15 日,美国国家标准技术研究院(National Institute of Standards and Technology,NIST)发起了征集 DES 算法的替代算法(AES 算法)的活动,希望能够找到一种非保密的、可以公开和免费使用的新的分组密码算法,使其成为 21 世纪秘密和公开部门的数据加密标准。1997 年 9 月 12 日,发布了征集算法的正式公告和具体细节,其要求如下。

(1)应是对称分组加密,具有可变长度的密钥(128 比特、192 比特或 256 比特),具有 128 比特的分组长度。

(2)应比三重 DES 算法快、至少与三重 DES 算法一样安全。

(3)应可应用于公共领域并能够在全世界范围内免费使用。

(4)应至少在 30 年内是安全的。

1998 年 8 月 20 日,NIST 在"第一次 AES 候选大会"上公布了满足条件的来自 10 个不同国家的 15 个 AES 候选算法。在确定最终算法之前,这些算法先经受了一个很长的公开分析过程。在第二次会议之后,NIST 从这 15 个候选算法中选出了 5 个 AES 候选算法,分别是:IBM 提交的 MARS;RSA 实验室提交的 RC6;代蒙(Daemen)等提交的 Rijndael;安德森(Anderson)等提交的 Serpent;施奈尔(Schneier)等提交的 Twofish。这 5 个候选算法都经受了 6 个月的考验，又经过 6 个月的测试后，到 2000 年 10 月 2 日，NIST 正式宣布 Rijndael(读作"rain - dah")胜出，被选择为高级加密标准。

Rijndael 能够胜出，一部分原因是它具有在软件实现时，速度和子密钥生成时间上的优势，另一部分原因是它能用硬件被有效地实现。加密速度和硬件实现的特性也是评估加密算法优劣的重要因素。加密算法使用硬件实现主要有两个原因，一是软件实现太慢，不能满足应用需求；二是硬件实现在速度上的优势可以暴露加密算法的一些弱点。目前，将 AES 嵌入硬件有两种方法，一种是使用专用集成电路(application specific integrated circuit, ASIC)实现，一种是使用现场可编程门阵列(field programmable gate array, FPGA)实现。这两种方法中，FPGA 更为灵活。

1. AES 数学基础

AES 加密算法中的运算是按 1 字节或 4 字节的字定义的，并把 1 字节看成是系数在 GF(2)上且次数小于 8 的多项式，即把 1 字节看成是有限域 GF(2^8)中的一个元素；把一个 4 字节的字看成是系数在 GF(2^8)上且次数小于 4 的多项式。

在有限域 GF(2^8)上的字节运算中，把 $b_7 b_6 b_5 b_4 b_3 b_2 b_1 b_0$ 构成的 1 字节看成是系数在 (0,1)中取值的多项式

$$b_7 x^7 + b_6 x^6 + b_5 x^5 + b_4 x^4 + b_3 x^3 + b_2 x^2 + b_1 x + b_0$$

例如，把十六进制数 23 对应的二进制数 00100011 看成 1 字节，对应的多项式为 $x^5 + x + 1$。

(1)多项式加法

在多项式表示中，两个元素的和是一个多项式，其系数是两个元素的对应系数的模 2 加。

例 2.10　求 23 与 64 的模 2 加。

解：采用二进制记法

$$23 \rightarrow 00100011 \qquad 64 \rightarrow 01100100$$
$$00100011 \oplus 01100100 = 01000111 \rightarrow 47$$

或者采用其多项式记法

$$00100011 \rightarrow x^5 + x + 1$$
$$01100100 \rightarrow x^6 + x^5 + x^2$$
$$(x^5 + x + 1) + (x^6 + x^5 + x^2) = x^6 + x^2 + x + 1 \rightarrow 01000111 \rightarrow 47$$

因此

$$23 \oplus 64 = 47$$

显然，多项式加法与简单地以字节为单位的比特异或是一致的。

(2)多项式乘法

有限域 GF(2^8)中两个元素的乘法为模 2 元域 GF(2)上的一个 8 次不可约多项式的多项式乘法。对于 AES，这一 8 次不可约多项式为

$$m(x) = x^8 + x^4 + x^3 + x + 1$$

例 2.11 计算 $23 \cdot 64$。

解： 由于

$$x^8 \equiv (x^4 + x^3 + x + 1) \bmod m(x)$$

$$x^9 \equiv (x^5 + x^4 + x^2 + x) \bmod m(x)$$

$$x^{10} \equiv (x^6 + x^5 + x^3 + x^2) \bmod m(x)$$

$$x^{11} \equiv (x^7 + x^6 + x^4 + x^3) \bmod m(x)$$

所以

$$
\begin{aligned}
(x^5 + x + 1)(x^6 + x^5 + x^2) &= (x^{11} + x^{10} + x^7) + (x^7 + x^6 + x^3) + (x^6 + x^5 + x^2) \\
&= x^{11} + x^{10} + x^5 + x^3 + x^2 \\
&= (x^7 + x^6 + x^4 + x^3) + (x^6 + x^5 + x^3 + x^2) + x^5 + x^3 + x^2 \\
&= x^7 + x^4 + x^3
\end{aligned}
$$

即

$$(x^5 + x + 1)(x^6 + x^5 + x^2) = x^7 + x^4 + x^3 \qquad （多项式表示）$$

$$00100011 \cdot 01100100 = 10011000 \qquad （二进制表示）$$

$$23 \cdot 64 = 98 \qquad （十六进制表示）$$

(3) x 乘法

把 $b_7 b_6 b_5 b_4 b_3 b_2 b_1 b_0$ 构成的 1 字节看成是系数在 $(0, 1)$ 中取值的多项式

$$B(x) = b_7 x^7 + b_6 x^6 + b_5 x^5 + b_4 x^4 + b_3 x^3 + b_2 x^2 + b_1 x + b_0$$

用 x 乘以多项式 $B(x)$，有

$$xB(x) = b_7 x^8 + b_6 x^7 + b_5 x^6 + b_4 x^5 + b_3 x^4 + b_2 x^3 + b_1 x^2 + b_0 x$$

如果 $b_7 = 0$，则

$$xB(x) = b_6 x^7 + b_5 x^6 + b_4 x^5 + b_3 x^4 + b_2 x^3 + b_1 x^2 + b_0 x$$

构成的字节为 $(b_6 b_5 b_4 b_3 b_2 b_1 b_0 0)$。

如果 $b_7 = 1$，则

$$
\begin{aligned}
xB(x) &= x^8 + b_6 x^7 + b_5 x^6 + b_4 x^5 + b_3 x^4 + b_2 x^3 + b_1 x^2 + b_0 x \\
&= (x^4 + x^3 + x + 1) + b_6 x^7 + b_5 x^6 + b_4 x^5 + b_3 x^4 + b_2 x^3 + b_1 x^2 + b_0 x
\end{aligned}
$$

构成的字节为 $(00011011) \oplus (b_6 b_5 b_4 b_3 b_2 b_1 b_0 0)$。

归纳：

$$02 \rightarrow 00000010 \rightarrow x$$

$$
\begin{aligned}
xB(x) &= b_7 x^8 + b_6 x^7 + b_5 x^6 + b_4 x^5 + b_3 x^4 + b_2 x^3 + b_1 x^2 + b_0 x \\
&= b_7 (x^4 + x^3 + x + 1) + b_6 x^7 + b_5 x^6 + b_4 x^5 + b_3 x^4 + b_2 x^3 + b_1 x^2 + b_0 x
\end{aligned}
$$

对应字节为 $(000 b_7 b_7 0 b_7 b_7) \oplus (b_6 b_5 b_4 b_3 b_2 b_1 b_0 0)$。

$$03 \rightarrow 00000011 \rightarrow x + 1$$

$$
\begin{aligned}
(x+1)B(x) &= b_7 x^8 + b_6 x^7 + b_5 x^6 + b_4 x^5 + b_3 x^4 + b_2 x^3 + b_1 x^2 + b_0 x + \\
& \quad b_7 x^7 + b_6 x^6 + b_5 x^5 + b_4 x^4 + b_3 x^3 + b_2 x^2 + b_1 x + b_0
\end{aligned}
$$

$$=b_7(x^4+x^3+x+1)+(b_6x^7+b_5x^6+b_4x^5+b_3x^4+b_2x^3+b_1x^2+b_0x)+$$
$$(b_7x^7+b_6x^6+b_5x^5+b_4x^4+b_3x^3+b_2x^2+b_1x+b_0)$$

则构成的字节为 $(000b_7 0b_7 b_7) \oplus (b_6 b_5 b_4 b_3 b_2 b_1 b_0 0) \oplus (b_7 b_6 b_5 b_4 b_3 b_2 b_1 b_0)$。

（4）系数在 $GF(2^8)$ 上的多项式

4 个字节构成的向量可以表示为系数在 $GF(2^8)$ 上的次数小于 4 的多项式。多项式的加法就是对应系数相加；换句话说，多项式的加法就是 4 字节向量的逐比特异或。

规定多项式的乘法运算必须要取模 $M(x)=x^4+1$，这样使得次数小于 4 的多项式的乘积仍然是一个次数小于 4 的多项式，将多项式的模乘运算记为"·"，设

$$a(x)=a_3x^3+a_2x^2+a_1x+a_0$$
$$b(x)=b_3x^3+b_2x^2+b_1x+b_0$$
$$c(x)=a(x) \cdot b(x)=c_3x^3+c_2x^2+c_1x+c_0$$

由于

$$x^j \bmod (x^4+1)=x^{j \bmod 4}$$

所以

$$c_0=a_0b_0 \oplus a_3b_1 \oplus a_2b_2 \oplus a_1b_3$$
$$c_1=a_1b_0 \oplus a_0b_1 \oplus a_3b_2 \oplus a_2b_3$$
$$c_2=a_2b_0 \oplus a_1b_1 \oplus a_0b_2 \oplus a_3b_3$$
$$c_3=a_3b_0 \oplus a_2b_1 \oplus a_1b_2 \oplus a_0b_3$$

可将上述计算表示为

$$\begin{bmatrix} c_0 \\ c_1 \\ c_2 \\ c_3 \end{bmatrix} = \begin{bmatrix} a_0 & a_3 & a_2 & a_1 \\ a_1 & a_0 & a_3 & a_2 \\ a_2 & a_1 & a_0 & a_3 \\ a_3 & a_2 & a_1 & a_0 \end{bmatrix} \begin{bmatrix} b_0 \\ b_1 \\ b_2 \\ b_3 \end{bmatrix}$$

注意到 $M(x)$ 不是 $GF(2^8)$ 上的不可约多项式[甚至也不是 $GF(2)$ 上的不可约多项式]，因此非 0 多项式的这种乘法不是群运算。不过在 Rijndael 密码中，对多项式 $b(x)$，这种乘法运算只限于乘一个固定的有逆元的多项式 $a(x)=a_3x^3+a_2x^2+a_1x+a_0$。

2. AES 算法描述

AES 也是一个典型的迭代型分组密码，而且其分组长度和密钥长度都可变，分组长度和密钥长度都可以独立指定为 128 比特、192 比特和 256 比特。现在被采用的 AES 算法的加密轮数依赖于所选择的子密钥长度。对于选择 128 比特的密钥长度，加密的轮数为 10；对于选择 192 比特的密钥长度，加密的轮数为 12；对于选择 256 比特的密钥长度，加密的轮数为 14。正因为灵活，Rijndael 实际上有三个版本：AES - 128、AES - 192、AES - 256。Rijndael 不像 DES 那样在每个循环上使用"替换和置换"操作，而是进行多重循环的"替换、列混合和轮密钥加"操作。也就是说，Rijndael 没有使用包含置换操作的典型 Feistel 轮。

对于 128 比特的消息分组，AES 加密算法的执行过程描述如下。

（1）输入长度为 128 比特的分组明文 x，将其按照一定的规则赋值给消息矩阵 State，然后将对应的轮密钥矩阵 Roundkey 与消息矩阵 State 进行异或运算 AddRoundkey(State, Roundkey)。

（2）在加密算法的前 $N-1$ 轮中，每一轮加密先对消息 x 应用 AES 算法的"S-盒"进行一次字节替换操作，记作 ByteSubs(State)；对消息矩阵 State 做行移位操作，记作 ShiftRows(State)；然后对消息矩阵 State 做列混合操作，记作 MixColumns(State)；最后再与轮密钥 Roundkey 进行密钥异或运算，记作 AddRoundkey(State,Roundkey)。

（3）对前 $N-1$ 轮加密的结果消息矩阵 State 再依次进行 ByteSubs(State)、ShiftRows(State) 和 AddRoundkey(State,Roundkey) 操作。

（4）将输出的结果消息矩阵 State 定义为密文 y。

其中，AddRoundkey(State,Roundkey)、ByteSubs(State)、ShiftRows(State) 和 MixColumns(State) 也被称为 AES 算法的内部函数。AES 算法的具体加密流程如图 2-7 所示。

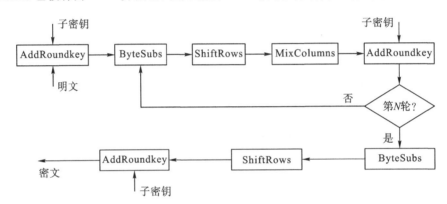

图 2-7　AES 算法加密流程

下面对 AES 算法加密过程中用到的相关操作进行详细描述。

AES 中的操作都是以字节为对象的，操作所用到的变量由一定数量的字节构成。输入的明文消息 x 长度为 128 比特，将其表示为 16 个字节 $x_0, x_1, \cdots, x_{15}$，初始化消息矩阵 State 为

$$\begin{bmatrix} x_0 & x_4 & x_8 & x_{12} \\ x_1 & x_5 & x_9 & x_{13} \\ x_2 & x_6 & x_{10} & x_{14} \\ x_3 & x_7 & x_{11} & x_{15} \end{bmatrix} \longrightarrow \begin{bmatrix} S_{00} & S_{01} & S_{02} & S_{03} \\ S_{10} & S_{11} & S_{12} & S_{13} \\ S_{20} & S_{21} & S_{22} & S_{23} \\ S_{30} & S_{31} & S_{32} & S_{33} \end{bmatrix}$$

（1）字节代换（ByteSubs）

函数 ByteSubs(State) 对消息矩阵 State 中的每个元素（每个元素对应每一个字节）进行一个非线性替换，任意一个非零元素 $x \in F_{2^8}$（即由不可约的 8 次多项式生成的伽罗瓦域）被下面的变换所代替：

$$y = \mathbf{A}x^{-1} + \mathbf{b} \tag{2-13}$$

其中

$$A=\begin{bmatrix} 1 & 1 & 1 & 1 & 1 & 0 & 0 & 0 \\ 0 & 1 & 1 & 1 & 1 & 1 & 0 & 0 \\ 0 & 0 & 1 & 1 & 1 & 1 & 1 & 0 \\ 0 & 0 & 0 & 1 & 1 & 1 & 1 & 1 \\ 1 & 0 & 0 & 0 & 1 & 1 & 1 & 1 \\ 1 & 1 & 0 & 0 & 0 & 1 & 1 & 1 \\ 1 & 1 & 1 & 0 & 0 & 0 & 1 & 1 \\ 1 & 1 & 1 & 1 & 0 & 0 & 0 & 1 \end{bmatrix}, b=\begin{bmatrix} 0 \\ 1 \\ 1 \\ 0 \\ 0 \\ 0 \\ 1 \\ 1 \end{bmatrix}$$

上式中 b 为固定的向量值 63（用二进制表示）。上述变换的非线性性质来自于逆 x^{-1}（即 x 在阶为 8 的伽罗瓦域 F_{2^8} 中的逆元），如果将该变换直接作用于变量 x，那么该变换就是一个线性变换！另外，由于常数矩阵 A 是一个可逆矩阵，所以函数 ByteSubs(State) 是可逆的。

上面给出的 AES 算法中 ByteSubs(State) 操作相当于 DES 算法中 S-盒的作用。该代换矩阵也可以看作是 AES 算法的"S-盒"。实际上，函数 ByteSubs(State) 对 State 中每一个字节进行的非线性代换与表 2-14 给出的 AES 算法的"S-盒"对 x 进行代换的结果是等价的。

表 2-14　AES 算法的"S-盒"

x	x															
	0	1	2	3	4	5	6	7	8	9	a	b	c	d	e	f
0	63	7c	77	7b	f2	6b	6f	c5	30	01	67	2b	Fe	d7	ab	76
1	ca	82	c9	7d	fa	59	47	f0	ad	d4	a2	af	9c	a4	72	c0
2	b7	fd	93	26	36	3f	f7	cc	34	a5	e5	f1	71	d8	31	15
3	04	c7	23	c3	18	96	05	9a	07	12	80	e2	eb	27	b2	75
4	09	83	2c	1a	1b	6e	5a	a0	52	3b	d6	b3	29	e3	2f	84
5	53	d1	00	ed	20	fc	b1	5b	6a	cb	be	39	4a	4c	58	cf
6	d0	ef	aa	fb	43	4d	33	85	45	f9	02	7f	50	3c	9f	a8
7	51	a3	40	8f	92	9d	38	f5	bc	b6	da	21	10	ff	f3	d2
8	cd	0c	13	ec	5f	97	44	17	c4	a7	7e	3d	64	5d	19	73
9	60	81	4f	dc	22	2a	90	88	46	ee	b8	14	de	5e	0b	db
a	e0	32	3a	0a	49	06	24	5c	c2	d3	ac	62	91	95	e4	79
b	e7	c8	37	6d	8d	d5	4e	a9	6c	56	f4	ea	65	7a	ae	08
c	ba	78	25	2e	1c	a6	b4	c6	e8	dd	74	1f	48	bd	8b	8a

续表

x	x															
	0	1	2	3	4	5	6	7	8	9	a	b	c	d	e	f
d	70	3e	b5	66	48	03	f6	0e	61	35	57	b9	86	c1	1d	9e
e	e1	f8	98	11	69	d9	8e	94	9b	1e	87	e9	ce	55	28	df
f	8c	a1	89	0d	bf	e6	42	68	41	99	2d	0f	b0	54	bb	16

下面对表 2-14 给出的对应关系的有效性进行简单的验证。

设 $x=00001001$，将其转换成两个十六进制的数字形式，即 $x=09$，通过表 2-14 给出的对应关系可知，其输出为第 0 行第 9 列交叉处的值 01，即 $y=S(09)=01$。

这个对应关系如果按照公式（2-13）进行计算，相应的过程为

$$
\begin{bmatrix} y_7 \\ y_6 \\ y_5 \\ y_4 \\ y_3 \\ y_2 \\ y_1 \\ y_0 \end{bmatrix} =
\begin{bmatrix}
1 & 1 & 1 & 1 & 1 & 0 & 0 & 0 \\
0 & 1 & 1 & 1 & 1 & 1 & 0 & 0 \\
0 & 0 & 1 & 1 & 1 & 1 & 1 & 0 \\
0 & 0 & 0 & 1 & 1 & 1 & 1 & 1 \\
1 & 0 & 0 & 0 & 1 & 1 & 1 & 1 \\
1 & 1 & 0 & 0 & 0 & 1 & 1 & 1 \\
1 & 1 & 1 & 0 & 0 & 0 & 1 & 1 \\
1 & 1 & 1 & 1 & 0 & 0 & 0 & 1
\end{bmatrix} x^{-1} +
\begin{bmatrix} b_7 \\ b_6 \\ b_5 \\ b_4 \\ b_3 \\ b_2 \\ b_1 \\ b_0 \end{bmatrix} = \boldsymbol{A} \cdot
\begin{bmatrix} 0 \\ 1 \\ 0 \\ 0 \\ 1 \\ 1 \\ 1 \\ 1 \end{bmatrix} +
\begin{bmatrix} 0 \\ 1 \\ 1 \\ 0 \\ 0 \\ 0 \\ 1 \\ 1 \end{bmatrix} =
\begin{bmatrix} 0 \\ 0 \\ 0 \\ 0 \\ 0 \\ 0 \\ 0 \\ 1 \end{bmatrix}
$$

将其转换成两个十六进制的数字形式，即 $y=01$（其中 $x^{-1}=4f$）。可以发现两种方法的结果是一致的。

（2）行移位（ShiftRows）

函数 ShiftRows(State) 在消息矩阵 State 的每行上进行操作，对于 128 位的消息分组，它进行以下变换：

$$
\begin{bmatrix}
S_{00} & S_{01} & S_{02} & S_{03} \\
S_{10} & S_{11} & S_{12} & S_{13} \\
S_{20} & S_{21} & S_{22} & S_{23} \\
S_{30} & S_{31} & S_{32} & S_{33}
\end{bmatrix}
\begin{array}{l} \xrightarrow{\text{不移动}} \\ \xrightarrow{\text{左移一个字节}} \\ \xrightarrow{\text{左移两个字节}} \\ \xrightarrow{\text{左移三个字节}} \end{array}
\begin{bmatrix}
S_{00} & S_{01} & S_{02} & S_{03} \\
S_{11} & S_{12} & S_{13} & S_{10} \\
S_{22} & S_{23} & S_{20} & S_{21} \\
S_{33} & S_{30} & S_{31} & S_{32}
\end{bmatrix}
$$

这个函数的运算结果实际上是对 State 进行一个简单的换位操作，它重排了元素的位置而不改变元素本身的值，其中消息矩阵 State 的第一行元素不进行变化，第二行元素循环左移一个字节，第三行元素循环左移两个字节，第四行元素循环左移三个字节，得到相应的结果矩阵。所以函数 ShiftRows(State) 也是可逆的。

（3）列混合（MixColumns）

函数 MixColumns(State) 对 State 的每一列进行操作。以下只描述该函数对一列进行

操作的详细过程。

首先取当前的消息矩阵 State 中的一列,定义为

$$\begin{bmatrix} S_0 \\ S_1 \\ S_2 \\ S_3 \end{bmatrix}$$

把这一列表示成一个三次多项式

$$S(x) = S_3 x^3 + S_2 x^2 + S_1 x + S_0$$

其中,$S(x)$ 的系数是字节,所以多项式定义在 F_{2^8} 上。

列 $S(x)$ 上的运算定义为:将多项式 $S(x)$ 乘以一个固定的 3 次多项式 $C(x)$,使其与 $x^4 + 1$ 互素,然后和多项式 $x^4 + 1$ 进行取模运算。具体如下:

$$D(x) = S(x) \cdot C(x) \bmod (x^4 + 1) \tag{2-14}$$

其中

$$C(x) = (03)x^3 + (01)x^2 + (01)x + (02)$$

式中,$C(x)$ 的系数也是 F_{2^8} 中的元素。

公式(2-14)中的乘法和一个 4 次多项式进行取模运算的目的是使运算结果输出一个 3 次多项式,从而保证获得一个从一列(对应一个 3 次多项式)到另一列(对应另一个 3 次多项式)的变换,这个变换在本质上是一个使用已知密钥的代换密码。同时,由于 $F_2[x]$(伽罗瓦域 F_2 上的所有多项式集合)上的多项式 $C(x)$ 与 $x^4 + 1$ 是互素的,所以 $C(x)$ 在 $F_2[x]$ 中关于 $x^4 + 1$ 的逆 $C^{-1}(x) \bmod (x^4 + 1)$ 存在,所以公式(2-14)的乘法运算是可逆的。

公式(2-14)的乘法运算也写为矩阵乘法:

$$\begin{bmatrix} D_0 \\ D_1 \\ D_2 \\ D_3 \end{bmatrix} = \begin{bmatrix} 02 & 03 & 01 & 01 \\ 01 & 02 & 03 & 01 \\ 01 & 01 & 02 & 03 \\ 03 & 01 & 01 & 02 \end{bmatrix} \begin{bmatrix} S_0 \\ S_1 \\ S_2 \\ S_3 \end{bmatrix}$$

(4)密钥加(AddRoundkey)

函数 AddRoundkey(State,Roundkey)将 Roundkey 和 State 中的元素逐字节、逐比特地进行异或运算。其中,Roundkey 使用一个固定的密钥编排方案产生,每一轮的 Roundkey 是不同的。

下面举例说明 AES 算法的每一个迭代,来观察所有操作对输出消息的影响。假设消息表示成十六进制:

42 6f 62 20 6c 6f 6f 6b 20 61 74 20 74 68 69 73

写成 4×4 消息矩阵形式为

$$\begin{bmatrix} 42 & 6c & 20 & 74 \\ 6f & 6f & 61 & 68 \\ 62 & 6f & 74 & 69 \\ 20 & 6b & 20 & 73 \end{bmatrix}$$

　　该矩阵作为 AES 加密算法的"S‐盒"的输入。第一个输入为 42,它指定了"S‐盒"中行为 4、列为 2 的单元,其内容为"2c"。依次类推,在"S‐盒"中查找出与每个输入元素对应的元素,从而生成如下的输出矩阵:

$$\begin{bmatrix} 2c & 50 & b7 & 92 \\ a8 & a8 & ef & 45 \\ aa & a8 & 92 & f9 \\ b7 & 7f & b7 & 8f \end{bmatrix}$$

　　这种替换实现了 AES 加密算法的第一次打乱。接下来的一个阶段是旋转各行:

$$\begin{bmatrix} 2c & 50 & b7 & 92 \\ a8 & ef & 45 & a8 \\ 92 & f9 & aa & a8 \\ 8f & b7 & 7f & b7 \end{bmatrix}$$

　　该操作通过混淆行的顺序来实现 AES 的第一次扩散。接下来的一个阶段进行乘法操作。对于第一列进行如下的转换:

$$\begin{bmatrix} a6 \\ 45 \\ 9c \\ 4b \end{bmatrix} = \begin{bmatrix} 02 & 03 & 01 & 01 \\ 01 & 02 & 03 & 01 \\ 01 & 01 & 02 & 03 \\ 03 & 01 & 01 & 02 \end{bmatrix} \begin{bmatrix} 2c \\ a8 \\ 92 \\ 8f \end{bmatrix}$$

　　根据以上运算过程,可以计算出消息矩阵与固定矩阵相乘的结果矩阵为

$$\begin{bmatrix} a6 & c4 & 6f & c3 \\ 45 & 32 & a7 & 8d \\ 9c & 94 & 3c & b3 \\ 4b & 93 & d3 & d8 \end{bmatrix}$$

　　接下来要用到子密钥,将上式和子密钥

$$\begin{bmatrix} 01 & a3 & 90 & 12 \\ e1 & 44 & 20 & 11 \\ cc & 73 & 04 & a9 \\ 59 & 06 & 30 & b4 \end{bmatrix}$$

进行异或运算,得到

$$\begin{bmatrix} a7 & 67 & ff & d1 \\ a4 & 76 & 87 & 9c \\ fd & e7 & 38 & 1a \\ 12 & 95 & e3 & 6c \end{bmatrix}$$

　　将得到的第一轮输出与初始输入进行比较,转换成二进制,可以发现在全部的 128 比特中有 76 比特发生了改变,而这仅仅是一轮,还要进行另外的 10 轮。经过循环迭代加密过程

的运算,将得到最终的加密消息。

3. AES 的密钥生成

下面讨论 AES 算法的密钥编排方案。对于需要进行 N 轮加密的 AES 算法,共需要 $N+1$ 个子密钥,其中一个为种子密钥。我们以 128 比特的种子密钥 key 为例,给出产生 11 个轮密钥的方法。初始密钥 key 按照字节划分为 key[0],key[1],…,key[15],由于密钥编排算法以字为基础(每个字包含 32 比特),所以每一个轮密钥由 4 个字组成,11 个轮密钥共包含 44 个字,在此表示为 $w[0],w[1],…,w[43]$。轮密钥生成过程中,首先将密钥按矩阵的列进行分组,然后添加 40 个新列来进行扩充。如果前 4 个列(即由密钥给定的那些列)为 $w[0],w[1],w[2],w[3]$,那么新列以递归方式产生。具体算法步骤如下。

(1)初始化函数 $\mathrm{RCon}[i](i=1,…,10)$:

$$\mathrm{RCon}[1]=01000000;$$
$$\mathrm{RCon}[2]=02000000;$$
$$\mathrm{RCon}[3]=04000000;$$
$$\mathrm{RCon}[4]=08000000;$$
$$\mathrm{RCon}[5]=10000000;$$
$$\mathrm{RCon}[6]=20000000;$$
$$\mathrm{RCon}[7]=40000000;$$
$$\mathrm{RCon}[8]=80000000;$$
$$\mathrm{RCon}[9]=1\mathrm{B}000000;$$
$$\mathrm{RCon}[10]=36000000$$

(2)当 $0 \leqslant i \leqslant 3$ 时:

$$w[i]=(\mathrm{key}[4i],\mathrm{key}[4i+1],\mathrm{key}[4i+2],\mathrm{key}[4i+3])^{\mathrm{T}}$$

(3)当 $4 \leqslant i \leqslant 43$ 且 $i \neq 0 \bmod 4$ 时:

$$w[i]=w[i-4] \oplus w[i-1]$$

(4)当 $4 \leqslant i \leqslant 43$ 且 $i = 0 \bmod 4$ 时:

$$w[i]=w[i-4] \oplus \{\mathrm{SubWord}[\mathrm{RotWord}(w[i-1])] \oplus \mathrm{RCon}[i/4]\}$$

其中,$\{\mathrm{SubWord}[\mathrm{RotWord}(w[i-1])] \oplus \mathrm{RCon}[i/4]\}$ 是 $w[i-1]$ 的一种转换形式,按以下方式实现。

首先,循环地对 $w[i-1]$ 中的元素进行移位,每次移一个字节,这里操作 $\mathrm{RotWord}(B_0,B_1,B_2,B_3)$ 表示对 4 个字节 (B_0,B_1,B_2,B_3) 进行循环移位操作:

$$\mathrm{RotWord}(B_0,B_1,B_2,B_3)=(B_1,B_2,B_3,B_0)$$

其次,将这 4 个字节作为"S-盒"的输入、输出(是 4 个新的字节),这里操作 SubWord (B_0,B_1,B_2,B_3) 对 4 个字节 (B_0,B_1,B_2,B_3) 进行置换变换:

$$\mathrm{SubWord}(B_0,B_1,B_2,B_3)=(B_0',B_1',B_2',B_3')$$

其中,$B_i'=\mathrm{SubBytes}(B_i);i=0,1,2,3$。

最后,将置换变换的结果与 RCon[$i/4$]进行异或运算。

如此,第 i 轮的轮密钥组成了列 $w[4i]$,$w[4i+1]$,$w[4i+2]$,$w[4i+3]$,该过程如图 2-8 所示。

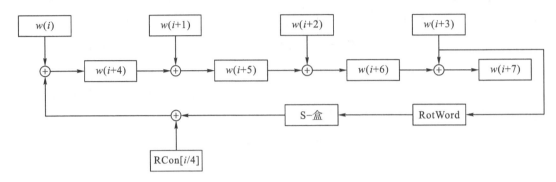

图 2-8 AES 的子密钥生成过程

举例来说,如果初始的 128 比特种子密钥为(以十六进制表示)

$$3ca10b21 \quad 57f01916 \quad 902e1380 \quad acc107bd$$

那么,4 个初始值为 $w[0]=3ca10b21$,$w[1]=57f01916$,$w[2]=902e1380$,$w[3]=acc107bd$。下一个子密钥段为 $w[4]$,由于 4 是 4 的倍数,因此

$$\text{SubWord}[\text{RotWord}(w[i-1])]\oplus\text{RCon}[i/4]=\text{SubWord}[\text{RotWord}(w[3])]\oplus\text{RCon}[1]$$

的计算过程:首先将 $w[3]$ 的元素移位,acc107bd 变为 c107bdac;其次将 c107bdac 作为"S-盒"的输入,输出是 78 c5 7a 91;利用 RCon[1]=01000000,与 78 c5 7a 91 做异或运算的结果为 79 c5 7a 91。于是

$$w[4]=w[0]\oplus\{\text{SubWord}[\text{RotWord}(w[3])]\oplus\text{RCon}[1]\}$$
$$=3ca10b21\oplus79c57a91$$
$$=456471b0$$

其余的三个子密钥计算结果分别为

$$w[5]=w[1]\oplus w[4]=57f0915\oplus456472b0=129468a6$$
$$w[6]=w[2]\oplus w[5]=902e1380\oplus129468a6=82ba7b26$$
$$w[7]=w[3]\oplus w[6]= acc107bd\oplus82ba7b26=2e7b7c9b$$

于是第一轮的密钥为 456472b0129468a682ba7b262e7b7c9b。

AES 加密算法的解密是加密的逆过程,主要区别在于初始输入为密文,轮密钥要逆序使用,4 个基本运算字节代换(ByteSubs)、行移位(ShiftRows)、列混合(MixColumns)、密钥加(AddRoundkey)都要进行求逆变换,输出为相应的明文。

4. AES 安全性分析

在 AES 加密算法中,每一轮加密常数的不同可以消除可能产生的轮密钥的对称性,同时,轮密钥生成算法的非线性特性消除了产生相同轮密钥的可能性。加/解密过程中使用不同的变换可以避免出现类似 DES 加密算法中出现的弱密钥和半弱密钥的可能。

经过验证,目前采用的 AES 加/解密算法能够有效抵御已知的针对 DES 加密算法的所有攻击方法,如部分差分攻击、相关密钥攻击等。到目前为止,公开报道中对于 AES 加密算法所能采取的较有效的攻击方法是穷尽密钥搜索攻击,所以 AES 加密算法是安全的。尽管如此,已经出现了一些攻击方法能够破解轮数较少的 AES 密钥。这些攻击法是差分分析法和现行分析法的变体。不可能差分(impossible differential)攻击法已经成功破解了 6 轮的 AES-128,平方(square)攻击法已成功破解了 7 轮的 AES-128 和 AES-192,冲突(collision)攻击法也已成功破解了 7 轮的 AES-128 和 AES-192。所有这些攻击方法对于全部 10 轮的 AES-128 都失败了,但这表明 AES 可能存在有待发现的弱点。

2.4　序列密码体制

序列密码也被称为流密码(stream cipher),它是一种基本的对称密码体制,是军事和外交中使用的主要密码技术之一。

2.4.1　序列密码的设计思想

计算机技术带来的基本改变是信息的表示。在其内部,计算机是以二进制比特(0 和 1)来表示信息的。这样,所有的信息都必须转换成计算机的比特以进行存储和操作。字符是通过美国信息交换标准码(American standard code for information interchange,ASCII)转成 0、1 数串的,这促使人们可以将加密算法的设计放在计算机的特征上而不是语言的结构上。也就是说,将加密算法的设计的焦点放在二进制(比特)上而不是字母上。香农证明了一次一密的密码体制是不可破译的,这意味着,若能够以一种方式产生一个随机序列,这一序列由密钥确定,则利用这样的序列可进行加密。基于 0-1 序列的异或运算,人们提出了序列密码,其密钥是一个 0-1 随机序列。

序列密码每次只对明文中的单个比特(有时对字节)进行运算(加密变换),因此序列密码的密钥生成方法是其关键,通常密钥流由种子密钥通过密钥流生成器产生。随着数字电子技术的发展,加密过程所需的密钥流可以方便地利用以移位寄存器为基础的电路来产生,这促使线性和非线性移位寄存器理论迅速发展,加上有效的数学工具,使得序列密码理论也迅速发展。序列密码的主要原理是通过随机数发生器产生性能优良的伪随机序列(密钥流),使用该序列加密信息流(逐比特加密),得到密文序列。由于每一个明文都对应一个随机的加密密钥,所以序列密码在理论上属于无条件安全的密码体制。序列密码的基本加密过程如图 2-9 所示。

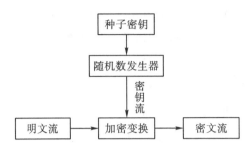

图 2-9   序列密码的加密过程

2.4.2   线性反馈移位寄存器

反馈移位寄存器,特别是线性反馈移位寄存器(linear feedback shift register,LFSR),是许多密钥流生成器的基本器件。目前出现的许多密钥流生成器都使用 LFSR,LFSR 的优点有以下几点:

(1)LFSR 非常适合于硬件实现;

(2)LFSR 可以产生大周期的序列;

(3)LFSR 产生的序列具有良好的统计特性;

(4)LFSR 在结构上具有一定的特点,便于利用代数方法对其进行分析。

定义 2.8   一个长度为 L 的 LFSR 由 $0,1,\cdots,L-1$ 共 L 个级(或延迟单元)和一个时钟构成,每个级都有 1 位的输入序列和 1 位的输出序列,并且可以存储 1 位字符;时钟用于控制数据的移动。每个时间单位内执行下述操作。

(1)输出 0 级所存储的字符,作为输出序列的一部分。

(2)对每个 i,有 $1\leqslant i\leqslant L-1$,将第 i 级的存储内容移入第 $i-1$ 级。

(3)第 $L-1$ 级中存储的新元素称为反馈比特 s_j,它由 $0,1,\cdots,L-1$ 级中的一个固定的子集合的内容进行模 2 相加而得到。

LFSR 的结构如图 2-10 所示。其中每个 c_i 为 0 或 1,图中带有 "&" 符号的矩形表示"与"运算,反馈比特 s_j 由那些 i 级的内容进行模 2 求和运算而得到,其中 $0\leqslant i\leqslant L-1$ 且 $c_{L-i}=1$。

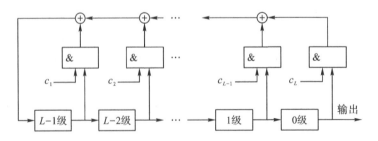

图 2-10   长度为 L 的 LFSR 结构

定义 2.9   图 2-10 所示的 LFSR 可以记为 $<L,C(D)>$,其中 $C(D)=1+c_1 D+c_2 D^2+\cdots+c_L D^L,C(D)\in Z_2[D]$ 为联结多项式。若 $C(D)$ 的次数为 L(即 $c_L=1$),则称相应的

LFSR 为非奇异的。对于每一个 $i,0{\leqslant}i{\leqslant}L-1$,若第 i 级的初始存储值为 $s_i\in\{0,1\}$,则称 $[s_{L-1},s_{L-2},\cdots,s_1,s_0]$ 为 LFSR 的初始状态。

如果已知 LFSR 的结构如图 2-10 所示,相应的初始状态为 $[s_{L-1},s_{L-2},\cdots,s_1,s_0]$,那么输出序列 $s=s_0,s_1,s_2,\cdots$ 可以通过以下递推公式唯一确定:

$$s_j=(c_1s_{j-1}+c_2s_{j-2}+\cdots+c_Ls_{j-L})\bmod 2 \qquad j{\geqslant}L \qquad (2-15)$$

例 2.12　LFSR$<4,1+D+D^4>$ 的结构如图 2-11 所示。

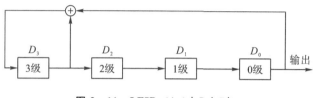

图 2-11　LFSR$<4,1+D+D^4>$

当 LFSR 的初始状态为 $[0,0,0,0]$,那么相应的输出序列为 0 序列。当 LFSR 的初始状态为 $[0,1,1,0]$ 时,对应每一个时刻 t 相应的 D_3、D_2、D_1、D_0 各级中所存储的二进制数如表 2-15 所示。

表 2-15　LFSR$<4,1+D+D^4>$对应的存储器状态

t	0	1	2	3	4	5	6	7	8	9	10	11	12	13	14	15
D_3	0	0	1	0	0	0	1	1	1	1	0	1	0	1	1	0
D_2	1	0	0	1	0	0	0	1	1	1	1	0	1	0	1	1
D_1	1	1	0	0	1	0	0	0	1	1	1	1	0	1	0	1
D_0	0	1	1	0	0	1	0	0	0	1	1	1	1	0	1	0

该 LFSR 的输出序列为 $s=0,1,1,0,0,1,0,0,0,1,1,1,1,0,1,\cdots$,该输出序列的周期为 15。

2.4.3　LFSR 输出序列的周期与随机性

LFSR 输出序列的性质完全由其反馈函数决定。L 级 LFSR 最多有 2^L 个不同的状态。若其初始状态为 0,则其后续状态恒为 0;若其初始状态不为 0,则其后续状态不会为 0。因此,L 级 LFSR 的输出序列的周期不大于 2^L-1(不考虑 0 状态),只要选择合适的反馈函数,便可使输出序列的周期达到最大值 2^L-1。关于由 LFSR 产生序列的周期性有以下结论。

定理 2.1　LFSR$<L,C(D)>$ 的每一个输出序列是周期的,当且仅当联结多项式 $C(D)$ 的次数为 L。

在 LFSR$<L,C(D)>$ 是奇异的[即 $C(D)$ 的次数小于 L]情况下,并不是所有的 LFSR$<L,C(D)>$ 输出序列都有周期。但是在忽略掉输出序列中开始的固定有限项后,得到的新序列是周期的,但此时的序列周期不会达到 2^L-1。

定理 2.2 对于 LFSR$<L,C(D)>$,设 $C(D)\in Z_2[D]$ 是一个 L 次的联结多项式。则有以下结论。

(1)若 $C(D)$ 在 $Z_2[D]$ 上是不可约的,那么非奇异的 LFSR$<L,C(D)>$ 的 2^L-1 个非零状态中的每一个都可以产生一个周期为 N 的输出序列,其中 N 为满足条件:$C(D)$ 在 $Z_2[D]$ 中能够整除 $1+D^N$ 的最小正整数。

(2)若 $C(D)$ 为本原多项式,那么非奇异的 LFSR$<L,C(D)>$ 的 2^L-1 个非零状态中的每一个均能产生具有最大可能周期为 2^L-1 的输出序列。

根据以上结论,我们给出 m 序列的定义。

定义 2.10 若 $C(D)\in Z_2[D]$ 是一个 L 次的本原多项式,则 $<L,C(D)>$ 称为最大长度 LFSR。最大长度 LFSR 在非零状态下的输出称为 m 序列。

根据 m 序列的定义,例 2.12 中 $C(D)=1+D+D^4$ 为 $Z_2[D]$ 中的一个本原多项式,所以 LFSR$<4,1+D+D^4>$ 为最大长度 LFSR,相应地,LFSR$<4,1+D+D^4>$ 的输出序列是一个 m 序列,其最大可能周期为 $N=2^4-1=15$。

关于 m 序列有以下性质。

(1)设 k 为整数,$1\leqslant k\leqslant L$,且 $\bar{s}$ 为 s 的长度为 2^L+k-2 的任意子序列。那么 $\bar{s}$ 的每一个长度为 k 的非零子序列恰好出现 2^{L-k} 次。而且,$\bar{s}$ 的长度为 k 的零子序列恰好出现 $2^{L-k}-1$ 次。也就是说,具有固定长度且长度至多为 L 的模型分布几乎是均匀的。

(2)m 序列满足哥伦布(Golomb)随机性假设。

2.4.4 RC4 算法

RC4(Rivest cipher 4)算法是麻省理工学院的李维斯特(Ron Rivest)开发的,它可能是世界上使用最为广泛的序列加密算法之一,已被应用于 Microsoft Windows、Lotus Notes 和其他软件应用程序中。RC4 算法主要应用于安全套接字层(secure sockets layer,SSL)来保护互联网的信息流,也被应用于无线系统来保护无线连接的安全。RC4 算法的一个优点是容易软件实现。

RC4 算法可以实现一个秘密的内部状态,其大小根据参数 n 值的变化而变化,对 n 位数,它有 2^n 种可能;通常取 $n=8$,于是它可以生成 $2^8=256$ 个元素的数组 S。RC4 算法的每个输出序列都是数组 S 中一个随机元素,这可以通过两个处理过程来实现:密钥调度算法(key - scheduling algorithm,KSA)和伪随机生成算法(pseudo random - generation algorithm,PRGA)。KSA 用于设置 S 的初始排列,PRGA 用于选取随机元素并修改 S 的原始排列顺序。

KSA 首先对 S 进行初始化,取 $S(i)=i(i=0,\cdots,255)$,然后通过选取一系列随机数字,将其加载到密钥数组 $K(0)\sim K(255)$ 上,根据密钥数组 K 实现对 S 的初始随机化。

例如,根据初始化 $S(i)=i(i=0,\cdots,255)$ 得到初始序列 S,那么根据选取的密钥数组 $K(0),K(1),\cdots,K(255)$ 对 S 进行初始随机化的过程可以描述为:首先初始化 $i=0,j=0$,计

算 $j=[j+S(i)+K(i)] \bmod 256$，将 $S(i)$ 与 $S(j)$ 互换位置；同时更新 $i=1$，计算 $j=[j+S(i)+K(i)] \bmod 256$，将 $S(i)$ 与 $S(j)$ 互换位置。重复以上过程，直到 $i=255$，就可以得到一组随机的整数序列 S。

当完成了对序列 S 的初始随机化后，就可以开始进行伪随机生成算法，PRGA 为密钥流选取字节，即从序列 S 中选取元素，同时修改序列 S 的值以便下一次选取。密钥流的选取过程描述如下。

首先初始化 $i=0$、$j=0$，然后计算 $i=(i+1) \bmod 256$、$j=[j+S(i)] \bmod 256$，将 $S(i)$ 与 $S(j)$ 互换位置，同时计算 $t=[S(i)+S(j)] \bmod 256$。在此基础上，选取密钥值为 $k=S(t)$。重复以上过程，就可以得到一组密钥流序列。应用得到的密钥流序列即可以实现相应的序列密码。

以下我们以 $n=3$ 为例，对 RC4 算法的整个过程进行介绍。

当 $n=3$ 时，数组 S 只有 $2^3=8$ 个元素，此时对 S 进行初始化，得到
$$S=\{0,1,2,3,4,5,6,7\}$$

Alice 和 Bob 选取一个密钥，该密钥是由整数 $0 \sim 7$ 构成的一个随机序列，假设本例中选取的密钥为 $\{3,6,5,2\}$，则可以得到相应的密钥数组 K 为
$$K=\{3,6,5,2,3,6,5,2\}$$

在此基础上，对序列 S 进行随机化处理，过程如下。

初始化 $i=0$、$j=0$，计算 $j=[0+S(0)+K(0)] \bmod 8=3$，将数组 S 中的 $S(0)$ 与 $S(3)$ 互换，得到
$$S=\{3,1,2,0,4,5,6,7\}$$

更新 $i=1$，计算 $j=[3+S(1)+K(1)] \bmod 8=2$，将数组 S 中的 $S(1)$ 与 $S(2)$ 互换，得到
$$S=\{3,2,1,0,4,5,6,7\}$$

更新 $i=2$，计算 $j=[2+S(2)+K(2)] \bmod 8=0$，将数组 S 中的 $S(0)$ 与 $S(2)$ 互换，得到
$$S=\{1,2,3,0,4,5,6,7\}$$

更新 $i=3$，计算 $j=[0+S(3)+K(3)] \bmod 8=2$，将数组 S 中的 $S(2)$ 与 $S(3)$ 互换，得到
$$S=\{1,2,0,3,4,5,6,7\}$$

更新 $i=4$，计算 $j=[2+S(4)+K(4)] \bmod 8=1$，将数组 S 中的 $S(1)$ 与 $S(4)$ 互换，得到
$$S=\{1,4,0,3,2,5,6,7\}$$

更新 $i=5$，计算 $j=[1+S(5)+K(5)] \bmod 8=4$，将数组 S 中的 $S(4)$ 与 $S(5)$ 互换，得到
$$S=\{1,4,0,3,5,2,6,7\}$$

更新 $i=6$，计算 $j=[4+S(6)+K(6)] \bmod 8=7$，将数组 S 中的 $S(6)$ 与 $S(7)$ 互换，得到
$$S=\{1,4,0,3,5,2,7,6\}$$

更新 $i=7$，计算 $j=[7+S(7)+K(7)] \bmod 8=7$，将数组 S 中的 $S(7)$ 与 $S(7)$ 互换，得到
$$S=\{1,4,0,3,5,2,7,6\}$$

经过以上运算，最终得到经过随机化处理后的结果序列 $S=\{1,4,0,3,5,2,7,6\}$。

根据得到的序列 S，就可以产生相应的随机数序列，具体过程如下。

首先初始化 $i=0$、$j=0$，计算 $i=(i+1) \bmod 8=1$，$j=[j+S(i)] \bmod 8=4$，将数组 S 中的 $S(1)$ 与 $S(4)$ 互换，得到

$$S=\{1,5,0,3,4,2,7,6\}$$

然后计算 $t=[S(i)+S(j)] \bmod 8=5$，$k=S(t)=2$，于是产生的第一个随机数字为 2，其二进制表示为 10。重复以上过程，就可以得到相应的密钥流序列。

常见的 RC4 算法对应 $n=8$，这种情况下，系统的初始密钥是长为 256 的整数序列，该序列对应 $0\sim255$ 的一个排列，因此 RC4 算法的密钥空间大小为 256!，相当于 2^{1600}。因此 RC4 算法相当于使用了 1600 比特的密钥来进行加密，使得采用穷尽搜索的攻击方式变得不可能。但是，攻击者可以利用 RC4 算法中的一些弱点进行密码分析。例如，RC4 算法的计算生成过程会导致有一些密钥永远不可能产生，如 $j=i+1$ 和 $S(j)=1$。现在已经证明，这类密钥的数量约为 2^{2n}。因此当 $n=8$ 时，RC4 算法密钥空间的实际大小约为 $(256!/2^{16})$。

2.5　Hash 函数

在实际的通信保密中，除了要求实现数据的保密性之外，对传输数据安全性的另一个基本要求是保证数据的完整性(integrality)。密码学中的 Hash 函数的主要功能是提供有效的数据完整性检验，本节简要介绍迭代 Hash 函数的基本结构，重点对常见的 Hash 函数——MD5 和 SHA-1 的算法原理和安全性进行介绍和分析。

2.5.1　基本概念

数据的完整性是指数据从发送方发出，经过传输或存储以后，未被以未授权的方式修改的性质。密码学中的 Hash 函数在现代密码学中扮演着重要的角色，该函数虽然与计算机应用领域中的 Hash 函数有关，但两者之间存在着重要的差别。

Hash 函数(也称散列函数)是一个将任意长度的消息序列映射为较短的、固定长度的一个值的函数。密码学上的 Hash 函数能够保障数据的完整性，它通常被用来构造数据的"指纹"(即函数值)，当被检验的数据发生改变的时候，对应的"指纹"信息也将发生变化。这样，即使数据被存储在不安全的地方，我们也可以通过数据的"指纹"信息来检测数据的完整性。

设 H 是一个 Hash 函数，x 是消息，不妨假设 x 是任意长度的二元序列，相应的"指纹"定义为 $y=H(x)$，Hash 函数值通常也称为消息摘要(message digest)。一般要求消息摘要是相当短的二元序列，常用的消息摘要是 160 比特。

如果消息 x 被修改为 x'，则可以通过计算消息摘要 $y'=H(x')$ 并验证 $y'=y$ 是否成立来确认数据 x 是否被修改。如果 $y'\neq y$，则说明消息 x 被修改，从而达到检验消息完整性的目的。对于 Hash 函数的安全要求，通常采用下面的三个问题来进行判断。如果一个 Hash 函数对这三个问题都是难解的，则认为该 Hash 函数是安全的。

用 X 表示所有消息的集合(有限集或无限集),Y 表示所有消息摘要构成的有限集合。

定义 2.11　原像问题(preimage problem):设 H：$X{\to}Y$ 是一个 Hash 函数,$y{\in}Y$。是否能够找到 $x{\in}X$,使得 $H(x){=}y$?

如果对于给定的消息摘要 y,原像问题能够解决,则 (x,y) 是有效的。不能有效解决原像问题的 Hash 函数称为单向的或原像稳固的。

定义 2.12　第二原像问题(second preimage problem):设 H：$X{\to}Y$ 是一个 Hash 函数,$x{\in}X$。是否能够找到 $x'{\in}X$,使得 $x'{\neq}x$,并且 $H(x'){=}H(x)$?

如果第二原像问题能够解决,则 $[x',H(x)]$ 是有效的二元组。不能有效解决第二原像问题的 Hash 函数称为第二原像稳固的。

定义 2.13　碰撞问题(collision problem):设 H：$X{\to}Y$ 是一个 Hash 函数。是否能够找到 $x,x'{\in}X$,使得 $x'{\neq}x$,并且 $H(x'){=}H(x)$?

对于碰撞问题的有效解决并不能直接产生有效的二元组,但是,如果 (x,y) 是有效的二元组,并且 x'、x 是碰撞问题的解,则 (x',y) 也是一个有效的二元组。不能有效解决碰撞问题的 Hash 函数称为碰撞稳固的。

Hash 函数的目的是为文件、报文或者其他的分组数据提供完整性检验,要实现这个目的,设计的 Hash 函数 H 必须具备以下性质。

(1)H 能够用于任何大小的数据分组;

(2)H 能够产生定长的输出;

(3)对任意给定的 x,$H(x)$ 要易于计算,便于软件和硬件实现;

(4)对任意给定的消息摘要 y,寻找 x,使得 $y{=}H(x)$ 在计算上是不可行的;

(5)对任意给定的消息 x,寻找 x',$x'{\neq}x$,使得 $H(x){=}H(x')$ 在计算上是不可行的;

(6)寻找任意的 (x,x'),使得 $H(x){=}H(x')$ 在计算上是不可行的。

以上 6 个条件中,前 3 个条件是 Hash 函数能够用于消息认证的基本要求;第 4 个条件是指 Hash 函数具有单向性;第 5 个条件用于消息摘要被加密时防止攻击者的伪造(即能够抵抗弱碰撞);第 6 个条件用于防止生日攻击(即能够抵抗强碰撞)。

上述要求的(4)、(5)和(6)意味着 Hash 函数具有 3 个一般特性:抗原像特性,抗第二原像特性,抗碰撞特性。

Hash 函数的目的是确定消息是否被修改。因此,对 Hash 函数攻击的目标是生成这样的被修改后的消息:其 Hash 函数值与原始消息的 Hash 函数值相等。例如,如果 Darth 找到了一对消息 M_1 和 M_2,使得 $H(M_1){=}H(M_2)$,而消息 M_1 是 Alice 发送的,那么 Darth 就可以用 M_2 来替换 M_1,从而达到攻击的目的。

Darth 的问题是如何找到具有相同 Hash 函数值,并使 Alice 接受其中一条而反对另外一条的两条消息。这可以通过穷举搜索的方式开始。Darth 可以构造一组可接受的消息和一组不可接受的消息,之后计算每个消息的 Hash 函数值,寻找具有相同 Hash 函数值的消息对。这种类型的攻击法的可行性基于对生日问题的解决程度。生日攻击的思想来源于概率论中一个著名的问题——生日问题。该问题是问一个班级中至少要有多少个学生才能使有两个学生生日相同的概率大于 1/2。该问题的答案是 23。即只要班级中学生的人数大于 23 人,则班上有两个学生生日相同的概率就将大于 1/2。

基于生日问题的生日攻击意味着要保证消息摘要对碰撞问题是安全的,则安全消息摘要的长度就有一个下界。如果消息摘要为 m 比特长度,则总的消息数为 2^m,因此需要检查大约 $2^{m/2}$ 个消息,可使两条消息具有相同 Hash 函数值的概率大于 50%。例如,40 比特的消息摘要是非常不安全的,因为仅仅在 2^{20}(大约为 10^6)个随机 Hash 函数值中就有 50% 的概率发现一个碰撞。所以对于安全的消息摘要,现在通常建议可接受的最小长度为 128 比特(此时生日攻击需要超过 2^{64} 个 Hash 函数值)。而实际使用的消息摘要一般为 160 比特甚至更长。

2.5.2　MD5 算法

MD(message digest,消息摘要)算法由李维斯特在 1990 年 10 月提出,1992 年 4 月,他公布了相应的改进算法,人们通常把他在 1990 年提出的算法称为 MD4,把相应的改进算法称为 MD5。

MD5 算法接收任意长度的消息作为输入序列,并生成 128 比特消息摘要作为输出序列。其以 512 比特的分组长度来处理消息,每一个分组又被划分为 16 个 32 比特的子分组。该算法的输出序列由 4 个 32 比特的分组组成,它们串联成一个 128 比特的消息摘要。

MD5 的算法框图如图 2-12 所示。

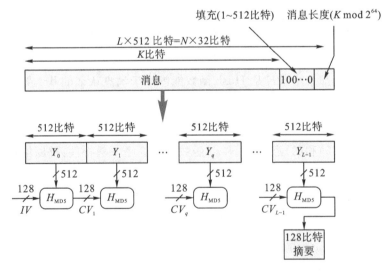

图 2-12　MD5 的算法框图

对于给定长度的消息 x,MD5 算法的具体过程需要如下三个步骤。

首先,通过在消息 x 末尾添加一些额外比特来填充消息,使其长度恰好比 512 的整数倍小 64。

　　然后,在其后面附上用 64 比特表示的消息长度信息,得到的结果序列长度恰好是 512 的整数倍。

　　最后,将初始输入序列 $A＝01234567$、$B＝89abcdef$、$C＝fedcba98$、$D＝76543210$ 放在 4 个 32 比特寄存器 A、B、C、D 里(其中 0,1,2,3,4,5,6,7,8,9,a,b,c,d,e,f 表示一个十六进制的数字或一个长度为 4 位的二进制序列),MD5 算法对每个 512 比特的分组进行 4 轮处理。在完成所有 4 轮之后,A、B、C、D 的初值加到 A、B、C、D 的新值上,生成相应的消息分组的输出序列。这个输出序列用作处理下一个消息分组的输入序列,待最后一个消息分组处理完后,A、B、C、D 中保存的 128 比特内容就是所处理消息的 Hash 函数值。

　　下面分别对每个步骤的细节做以叙述。

　　(1)填充是绝大多数 Hash 函数的通用特性,正确的填充能够增加算法的安全性。对于 MD5 算法来说,对消息进行填充,使其长度等于 448 mod 512(这是小于 512 比特一个整数倍的 64 比特),填充是由一个 1 和后面足够个数的 0 组成的,以便达到所要求的长度。这里应强调的是,即使原消息的长度达到了所要求的长度,也要进行填充,因此填充的位数大于等于 1 而小于等于 512。例如,消息长度为 448 比特,则需填充 512 比特,使其长度变为 960 位;消息长度为 704 比特,则需填充 256 比特,使其长度变为 960 位。这里 960 mod 256＝448。

　　(2)附加消息的长度,用上一步留出的 64 比特来表示消息被填充前的长度。例如,原始消息的长度为 704 比特,其二进制值为 1011000000,将这个数写为 64 比特数字(在开始位置添加 54 个 0),并把它添加到消息的末尾,其结果是一个具有 960＋64＝1024 比特的消息。

　　(3)MD5 算法的初始输出放在 4 个 32 比特寄存器 A、B、C、D 中,这些寄存器随后将用于保存 Hash 函数的中间结果和最终结果。将寄存器的值赋给相应的变量 AA、BB、CC、DD。然后对 512 比特的消息分组序列应用主循环进行处理,循环的次数是消息中按 512 比特进行分组的分组数。每一次的主循环都有 4 轮操作,而且这 4 轮操作都很相似。每一轮进行 16 次操作,每次操作对 AA、BB、CC、DD 中的其中 3 个做一次非线性的函数运算,然后将得到的结果加上第四个变量,再加上消息的一个子分组 M_j 和一个常数 t_j($0≤j≤15$)。随后将所得结果循环左移一个不定的数 s,并加上 AA、BB、CC、DD 其中的一个。最后用得到的结果取代 AA、BB、CC、DD 其中的一个。

　　MD5 算法的分组处理框图如图 2－13 所示,压缩函数中的单步迭代示意图如图 2－14 所示。

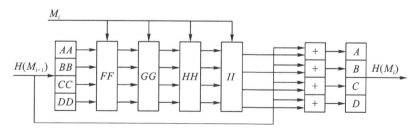

图 2－13　MD5 算法的分组处理框图

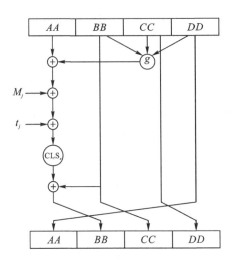

图 2 - 14   MD5 压缩函数中的单步迭代示意图

四种基本操作分别定义为

$$AA = FF(AA, BB, CC, DD, M_j, s, t_j) = BB + \{AA + [F(BB, CC, DD) + M_j + t_j]\langle\langle s\}$$

$$AA = GG(AA, BB, CC, DD, M_j, s, t_j) = BB + \{AA + [G(BB, CC, DD) + M_j + t_j]\langle\langle s\}$$

$$AA = HH(AA, BB, CC, DD, M_j, s, t_j) = BB + \{AA + [H(BB, CC, DD) + M_j + t_j]\langle\langle s\}$$

$$AA = II(AA, BB, CC, DD, M_j, s, t_j) = BB + \{AA + [I(BB, CC, DD) + M_j + t_j]\langle\langle s\}$$

上述过程中涉及 4 个非线性函数 F、G、H、I，子分组 M_j，常数 t_j，循环右移数 s，这里分别对它们进行解释。

(1)4 个非线性函数 F、G、H、I 接受 3 个 32 比特的字作为输入序列，并按照比特逻辑运算产生 32 比特输出序列。F、G、H、I 分别定义为

$$F(X, Y, Z) = (X \wedge Y) \vee [(\neg X) \wedge Z]$$

$$G(X, Y, Z) = (X \wedge Z) \vee [Y \wedge (\neg Z)]$$

$$H(X, Y, Z) = X \oplus Y \oplus Z$$

$$I(X, Y, Z) = Y \oplus [X \vee (\neg Z)]$$

F、G、H、I 的函数真值如表 2 - 16 所示。

表 2 - 16 F、G、H、I 的函数真值表

X	Y	Z	F	G	H	I
0	0	0	0	0	0	1
0	0	1	1	0	1	0
0	1	0	0	1	1	0
0	1	1	1	0	0	1
1	0	0	0	0	1	1

续表

X	Y	Z		F	G	H	I
1	0	1		0	1	0	1
1	1	0		1	1	0	0
1	1	1		1	1	1	0

（2）子分组 M_j：将 512 比特的消息分成 16 个子分组，每个子分组 32 比特，共有 16 个组，M_j 表示第 j 个组。M_j 的使用过程：在第一轮 16 个组中 M_j 正好被使用一次；从第二轮到第四轮则依次通过下面的置换实现。分别为

$$p_2(j)=(1+5j) \bmod 16$$

$$p_3(j)=(5+3j) \bmod 16$$

$$p_4(j)=7j \bmod 16$$

例如，第三轮 $p_3(j)\equiv(5+3j) \bmod 6$ 的结果依次为

$$5,8,11,14,1,4,7,10,13,0,3,6,9,12,15,2$$

（3）常数 t_j：每轮处理过程中需要加上表 2-12 中的 16 个元素 t_j，t_j 为 $2^{32}\times \mathrm{abs}(\sin j)$ 的整数部分，这里 j 以弧度为单位。由于 $0\leqslant \mathrm{abs}(\sin j)\leqslant 1$，所以 t_j 可由 32 比特的字表示。

表 2-17　MD5 算法的常数表

元素符号	值	元素符号	值	元素符号	值	元素符号	值
t_1	d76aa478	t_{17}	f61e2562	t_{33}	fffa3942	t_{49}	f4292244
t_2	e8c7b756	t_{18}	c040b340	t_{34}	8771f681	t_{50}	432aff97
t_3	242070db	t_{19}	265e5a51	t_{35}	699d6122	t_{51}	ab9423a7
t_4	c1bdceee	t_{20}	e9b6c7aa	t_{36}	fde5380c	t_{52}	fc93a039
t_5	f57c0faf	t_{21}	d62f105d	t_{37}	a4beea44	t_{53}	655b59c3
t_6	4787c62a	t_{22}	02441453	t_{38}	4bdecfa9	t_{54}	8f0ccc92
t_7	a8304613	t_{23}	d8a1e681	t_{39}	f6bb4b60	t_{55}	ffeff47d
t_8	fd469501	t_{24}	e7d3fbc8	t_{40}	bebfbc70	t_{56}	85845dd1
t_9	698098d8	t_{25}	21e1cde6	t_{41}	289b7ec6	t_{57}	6fa87e4f
t_{10}	8b44f7af	t_{26}	c33707d6	t_{42}	eaa127fa	t_{58}	fe2ce6e0
t_{11}	ffff5bb1	t_{27}	f4d50d87	t_{43}	d4ef3085	t_{59}	a3014314
t_{12}	895cd7be	t_{28}	455a14ed	t_{44}	04881d05	t_{60}	4e0811a1
t_{13}	6b901122	t_{29}	a9e3e905	t_{45}	d9d4d039	t_{61}	f7537e82
t_{14}	fd987193	t_{30}	fcefa3f8	t_{46}	e6db99e5	t_{62}	bd3af235
t_{15}	a679438e	t_{31}	676f02d9	t_{47}	1fa27cf8	t_{63}	2ad7d2bb
t_{16}	49b40821	t_{32}	8d2a4c8a	t_{48}	c4ac5665	t_{64}	eb86d391

(4)循环左移数 s:每轮中每步左循环移位的比特数按表 2-18 执行。

表 2-18 MD5 算法每步左循环移位的比特数

轮数	步数															
	1	2	3	4	5	6	7	8	9	10	11	12	13	14	15	16
1	7	12	17	22	7	12	17	22	7	12	17	22	7	12	17	22
2	5	9	14	20	5	9	14	20	5	9	14	20	5	9	14	20
3	4	11	16	23	4	11	16	23	4	11	16	23	4	11	16	23
4	6	10	15	21	6	10	15	21	6	10	15	21	6	10	15	21

MD5 算法的性质:Hash 函数的每一比特均是输入消息序列中每一比特的函数。该性质保证了在 Hash 函数计算过程中产生基于消息 x 的混合重复,从而使得生成的 Hash 函数结果混合得非常理想,也就是说,随机选取有着相似规律性的两组消息序列,也很难产生相同的 Hash 函数值。

目前,MD5 算法被广泛应用于各种领域,从密码分析的角度上看,MD5 仍然被认为是一种易受到攻击的算法,而且,近年来对 MD5 算法攻击的相关研究已取得了很大的进展。2004 年,我国学者王小云给出了一种解决 MD5 碰撞问题的算法。

2.5.3 安全 Hash 算法——SHA-1

安全 Hash 算法(security Hash algorithm,SHA-1)是一个产生 160 比特消息摘要的迭代 Hash 函数。该算法由美国国家标准和技术协会(NIST)提出,并作为美国联邦信息处理标准在 1993 年公布。SHA-1 算法的设计基于 MD4 算法。2002 年,NIST 在 SHA-1 的基础上,进一步推出了 SHA-256、SHA-394、SHA-512 三个版本的安全 Hash 算法,它们的消息摘要长度分别为 256 比特、394 比特和 512 比特。这些改进算法不仅增强了 Hash 算法的安全性能,而且便于与 AES 算法相结合。这些改进算法的基本运算结构与 SHA-1 算法很相似,下面主要介绍 SHA-1 算法的基本原理和运算流程。

SHA-1 的算法框图如图 2-15 所示。

SHA-1 的分组处理框图如图 2-16 所示,压缩函数中的单步迭代示意图如图 2-17 所示。

主循环包括:

当 $0 \leqslant t \leqslant 79$ 时

$$\text{Temp} = (AA \langle\langle 5) + F_t(BB, CC, DD) + EE + W_t + K_t$$

$$EE = DD$$

$$DD = CC$$

$$CC = BB \langle\langle 30$$

$BB = AA$

$AA = \text{Temp}$

(1) $A = A + AA, B = B + BB, C = C + CC, D = D + DD, E = E + EE$。

(2) 输出 $H(x) = A \parallel B \parallel C \parallel D \parallel E$，得到 160 比特的消息摘要。

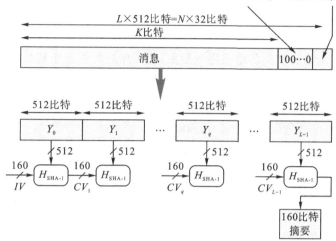

图 2-15 SHA-1 的算法框图

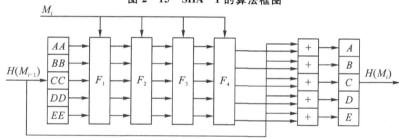

图 2-16 SHA-1 的分组处理框图

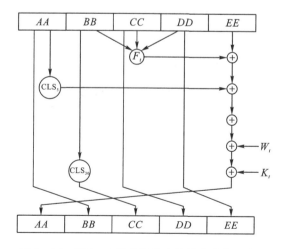

图 2-17 SHA-1 压缩函数中的单步迭代示意图

SHA-1 算法输入消息的最大长度不超过 2^{64} 比特,输入的消息按照 512 比特的分组进行处理。算法的具体操作包括以下几步。

(1)填充过程。设输入的消息序列为 x,$|x|$ 表示消息序列的长度。由于 SHA-1 算法要求输入消息的最大长度不超过 2^{64} 比特,所以 $|x| \leqslant 2^{64} - 1$。用和 MD5 算法类似的方式对输入的消息序列进行填充,使得消息长度与 448 模 512 同余(即 $|x| \bmod 512 = 448$),填充的比特数范围为 1~512,填充比特串的最高比特为 1,其余各比特均为 0。

(2)在填充的结果序列后附加序列。用和 MD5 算法类似的方式附加消息序列的长度,将一个 64 比特的序列附加到填充的结果序列后面,填充序列的值等于初始序列比特串的长度值。从而得到长度为 512 比特的分组序列。

(3)对给定的 5 个 32 比特的寄存器 A、B、C、D、E 赋初值:

$$A = 67452301$$
$$B = efcdab89$$
$$C = 98badcfe$$
$$D = 10325476$$
$$E = c3d2e1f0$$

其中,0、1、2、3、4、5、6、7、8、9、a、b、c、d、e、f 表示一个 16 进制的数字或一个长度为 4 比特的二进制序列。这些寄存器随后将用于保存 Hash 函数的中间结果和最终结果。

(4)将以上得到的寄存器的值赋给相应的变量 AA、BB、CC、DD、EE。然后对 512 比特的消息分组序列 y 应用主循环进行处理,每一次的主循环都有四轮操作。每一轮进行 20 次操作,每次操作对 AA、BB、CC、DD、EE 中的三个做一次非线性的函数运算,然后进行与 MD5 算法类似的移位运算(一个 5 比特的循环移位和一个 30 比特的循环移位)和加运算。

SHA-1 算法中的非线性函数定义为

$$F_t(X,Y,Z) = \begin{cases} (X \wedge Y) \vee [(\neg X) \wedge Z] & 0 \leqslant t \leqslant 19 \\ X \oplus Y \oplus Z & 20 \leqslant t \leqslant 39 \\ (X \wedge Y) \vee (X \wedge Z) \vee (Y \wedge Z) & 40 \leqslant t \leqslant 59 \\ X \oplus Y \oplus Z & 60 \leqslant t \leqslant 79 \end{cases}$$

函数 F_1、F_2、F_3、F_4 的真值如表 2-19 所示。

表 2-19　函数 F_1、F_2、F_3、F_4 的真值表

X	Y	Z	F_1	F_2	F_3	F_4
0	0	0	0	0	0	0
0	0	1	1	1	0	1
0	1	0	0	1	0	1
0	1	1	1	0	1	0
1	0	0	0	1	0	1

续表

X	Y	Z		F_1	F_2	F_3	F_4
1	0	1		0	0	1	0
1	1	0		1	0	1	0
1	1	1		1	1	1	1

与 MD5 算法使用 64 个常量不同，SHA－1 算法在各个阶段只加了 4 个常量值，分别为

$$K_t = \begin{cases} \text{5a827999} & 0 \leqslant t \leqslant 19 \\ \text{6ed9eba1} & 20 \leqslant t \leqslant 39 \\ \text{8f1bbcdc} & 40 \leqslant t \leqslant 59 \\ \text{ca62c1d6} & 60 \leqslant t \leqslant 79 \end{cases}$$

设 $y = M_0 \parallel M_1 \parallel \cdots \parallel M_{15}$，其中每一个消息分组 M_i 都是长度为 32 比特的序列。用以下方法将消息分组从 16 个 32 比特的序列变成 80 个 32 比特的序列。

$$\begin{cases} W_t = M_t & 0 \leqslant t \leqslant 15 \\ W_t = (M_{t-3} \oplus M_{t-8} \oplus M_{t-14} \oplus M_{t-16}) \lll 1 & 16 \leqslant t \leqslant 79 \end{cases}$$

SHA－1 算法分组处理所需的 80 个字的产生过程如图 2－18 所示。

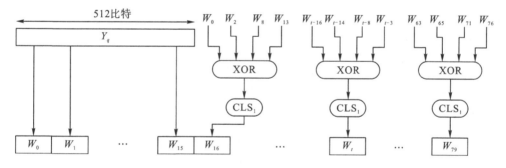

图 2－18　SHA－1 算法分组处理所需的 80 个字的产生过程

2.5.4　MD5 算法与 SHA－1 算法的比较

由于 SHA－1 算法与 MD5 算法都是由 MD4 算法演化而来的，所以两个算法极为相似。下面给出 MD5 算法和 SHA－1 算法之间的比较分析。

(1)抗穷举搜索攻击的强度：MD5 算法和 SHA－1 算法的消息摘要长度分别为 128 位和 160 位，由于 SHA－1 生成的消息摘要长度比 MD5 算法生成的消息摘要长度要长 32 比特，所以用穷举搜索攻击寻找具有给定消息摘要的消息分别需要做 $O(2^{128})$ 和 $O(2^{160})$ 次运算，而穷举搜索攻击找到具有相同消息摘要的两个不同消息分别需要做 $O(2^{64})$ 和 $O(2^{80})$ 次运算，因此 SHA－1 算法抗击穷举搜索攻击的强度高于 MD5 算法抗击穷举搜索攻击的强度。一般认为，SHA－1 算法是抗密码分析的，而 MD5 算法可能是易于受到攻击的。

（2）速度：由于两个算法的主要运算都是模 2^{32} 加法，因此都易于在 32 比特结构上实现。但比较起来，SHA-1 算法的迭代步数（80 步）多于 MD5 算法的迭代步数（64 步），所用的缓冲区（160 比特）大于 MD5 算法使用的缓冲区（128 比特），因此在相同硬件上实现时，SHA-1 算法的速度要比 MD5 算法的速度慢。

（3）简洁与紧致性：两个算法描述起来都较为简单，实现起来也较为简单，均不需要较大的程序和代换表。

2.6　公钥密码体制

前面介绍的经典密码系统能够有效地实现数据的保密性，但面临的一个棘手问题是以密钥分配为主要内容的密钥管理（key management）问题。本节介绍的公钥密码体制（public key cryptography system）能够有效解决密钥管理问题。

2.6.1　公钥密码的基本思想

运用如 DES 等经典密码系统进行保密通信时，通信双方必须拥有一个共享的秘密密钥来实现对消息的加密和解密，而密钥具有的机密性使得通信双方获得一个共同的密钥变得非常困难。通常采用人工传送的方式分配各方所需的共享密钥，或借助一个可靠的密钥分配中心来分配所需要的共享密钥。但在具体实现过程中，这两种方式都面临很多困难，尤其是在计算机网络化时代进行实现。

1976 年两位美国密码学者迪菲（Diffie）和赫尔曼（Hellman）在该年度的美国国家计算机会议上提交了一篇名为"密码学的新方向（*New Directions in Cryptography*）"的论文，文中首次提出了公钥密码体制的新思想，它为解决传统经典密码学中面临的诸多难题提供了一个新的思路。其基本思想是把密钥分成两个部分：公开密钥和私有密钥（简称公钥和私钥），分别用于消息的加密和解密。公钥密码体制又被称为双钥密码体制（非对称密码体制，asymmetric cryptography system），与之对应，传统的经典密码体制被称为单钥密码体制（对称密码体制，symmetric cryptography system）。

公钥密码体制中的公开密钥可被记录在一个公共数据库里或者以某种可信的方式公开发放，而私有密钥必须由持有者妥善地秘密保存。这样，任何人都可以通过某种公开的途径获得一个用户的公开密钥，然后与其进行保密通信，而解密者只知道相应私钥的密钥持有者。用户公钥的这种公开性使得公钥体制的密钥分配变得非常简单，目前常以公钥证书的形式发放和传递用户公钥，而私钥的保密专用性决定了它不存在分配的问题（但需要用公钥来验证它的真实性，以防止被欺骗）。

公钥密码算法的最大特点是采用两个具有一一对应关系的密钥对 $k=(pk, sk)$ 使加密和解密的过程相分离。当两个用户希望借助公钥体制进行保密通信时，发送方 Alice 用接收方 Bob 的公开密钥 pk 加密消息并发送给接收方；而接收方 Bob 使用与公钥相对应的私钥 sk

进行解密。根据公私钥之间严格的一一对应关系，只有与加密时所用公钥相对应的用户私钥才能够正确解密，从而恢复出正确的明文消息。由于这个私钥是通信中的收信方独有的，其他用户不可能知道，所以只有该收信方 Bob 才能正确地恢复出明文消息，其他有意或无意获得密文消息的用户都不能解密出正确的明文消息，达到了保密通信的目的。

图 2-19 给出了公钥密码体制用于消息加解密的基本流程。

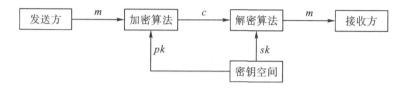

图 2-19　公钥密码体制基本流程

2.6.2　公钥密码算法应满足的要求

基于图 2-19 给出的公钥密码体制的基本流程，一个实际可用的公钥密码体制（M、C、K、E、D）的基本要求包括以下两点。

(1)对于 K 中的每一个密钥对 $k=(pk,sk)$，都存在 E 中的一个加密变换 $E_{pk}:M{\rightarrow}C$ 和 D 中的一个解密变换 $D_{sk}:C{\rightarrow}M$，使得任意明文消息 $m\in M$ 都能找到一个唯一的 $c\in C$ 满足 $c=E_{pk}[m]$，且 $m=D_{sk}[c]=D_{sk}[E_{pk}[m]]$。

(2)对于任意的密钥对 $k=(pk,sk)\in K$，加密变换 E_{pk} 和解密变换 D_{sk} 都是多项式时间可计算的函数，但由加密变换 E_{pk} 推出解密变换 D_{sk} 在计算上是不可行的，或者说在知道公钥 pk 的情况下推知私钥 sk 是计算上不可行的。

由上面的基本要求可以看出，公钥密码体制的核心在于加密变换与解密变换的设计。在密码算法中，加解密变换是互逆的，但条件(2)说明在公钥密码体制中加解密变换不能简单地直接互推。上述条件表明公钥密码体制的加解密变换类似于单向陷门函数，因此可以利用单向陷门函数来构造公钥密码体制。单向陷门函数是一个可逆函数 $f(x)$，满足对定义域中的任何 x，计算函数值 $y=f(x)$ 都是容易的；要由 $y=f(x)$ 求几乎所有的 x 在计算上不可行[即使已知函数 $f(x)$]，除非知道某些辅助信息（称为陷门信息）。这里所说的"容易计算"是指函数值能在其输入长度的多项式时间内计算出来，如若输入长度为 n 位，求函数值的计算时间是 n^a 的某个倍数，则称此函数是容易计算的，否则就是不可行的，这里 a 是一个固定常数。

针对公钥密码体制（M、C、K、E、D）的基本要求，一个可行的公钥密码算法应该满足如下要求。

(1)接收方 Bob 产生密钥对 $k=(pk_B,sk_B)$ 在计算上是容易的。

(2)发送方 Alice 用接收方 Bob 的公钥 pk_B 加密消息 m 产生密文消息 $c=E_{pk_B}[m]$ 在计算上是容易的。

(3)接收方 Bob 用自己的私钥 sk_B 解密密文消息 c，还原明文消息 $m=D_{sk_B}[c]$ 在计算上是容易的。

（4）不仅攻击者由密文消息 c 和 Bob 的公钥 pk_B 恢复明文消息 m 在计算上不可行的，而且攻击者由 Bob 的公钥 pk_B 求解对应的私钥 sk_B 在计算上也是不可行的。

（5）一般情况下，加解密的次序可交换，即 $D_{sk_B}[E_{pk_B}[m]]=E_{pk_B}[D_{sk_B}[m]]$。

公钥密码体制的思想完全不同于单钥密码体制，公钥密码算法的基本操作不再是单钥密码体制中使用的替换和置换，公钥密码体制通常将其安全性建立在某个尚未解决（且尚未证实能否有效解决）的数学难题的基础上，并经过精心设计来保证其具有非常高的安全性。公钥密码算法以非对称的形式使用两个密钥，不仅能够在实现消息加解密等基本功能的同时简化密钥分配任务，而且还对密钥协商与密钥管理、数字签名与身份认证等密码学问题产生深刻的影响。可以说公钥密码思想为密码学的发展提供了新的理论和技术基础，是密码学发展史上的一次革命。

2.6.3　RSA 算法

数论里有一个大数分解问题：计算两个素数的乘积非常容易，但分解该乘积却异常困难，特别在这两个素数都很大的情况下。基于这个事实，1978 年美国麻省理工学院的三名数学家李维斯特（Rivest）、沙米尔（Shamir）和阿德尔曼（Adleman）提出了著名的公钥密码体制：RSA 公钥算法。该算法基于指数加密概念，它以两个大素数的乘积作为算法的公钥来加密消息，而密文消息的解密必须知道相应的两个大素数。迄今为止，RSA 公钥算法是思想最简单、分析最透彻、应用最广泛的公钥密码体制之一。RSA 算法非常容易理解和实现，经受住了密码分析，密码分析者既不能证明也不能否定它的安全性，这恰恰说明了 RSA 算法具有一定的可信度。

1. RSA 算法描述

基于大数分解问题，为了产生公私钥，首先独立地选取两个大素数 p 和 q（为了获得最大程度的安全性，选取的 p 和 q 的长度应该差不多，均应为长度在 100 比特以上的十进制数字）。计算

$$n=p\times q \qquad 和 \qquad \varphi(n)=\varphi(p)\varphi(q)=(p-1)(q-1)$$

其中，$\varphi(n)$ 表示 n 的欧拉函数，即 $\varphi(n)$ 为比 n 小且与 n 互素的正整数的个数。

随机选取一个满足 $1<e<\varphi(n)$ 且 $\gcd[e,\varphi(n)]=1$ 的整数 e，那么 e 存在模 $\varphi(n)$ 下的乘法逆元 $d=e^{-1} \bmod \varphi(n)$，$d$ 可由扩展的欧几里得算法求得（附录 A）。

这样我们由 p 和 q 获得了三个参数：n、e、d。在 RSA 算法里，以 n 和 e 作为公钥，d 作为私钥（p 和 q 不再被需要，可以销毁，但一定不能泄露）。具体的加解密过程如下。

加密变换：先将消息划分成数值小于 n 的一系列数据分组，即以二进制表示的每个数据分组的长度应小于 $\log_2 n$。然后对每个明文分组 m 进行如下的加密变换来得到密文 c：

$$c=m^e \bmod n$$

解密变换：

$$m = c^d \bmod n$$

命题 2.1　RSA 算法中的解密变换 $m = c^d \bmod n$ 是正确的。

证明：数论中的欧拉定理指出，如果两个整数 a 和 b 互素，那么 $a^{\varphi(b)} \equiv 1 \bmod b$。

在 RSA 算法中，明文 m 必与两个素数 p 和 q 中至少一个互素。否则，若 m 与 p 和 q 都不互素，那么 m 既是 p 的倍数也是 q 的倍数，于是 m 也是 n 的倍数，这与 $m < n$ 矛盾。

由 $de \equiv 1 \bmod \varphi(n)$ 可知，存在整数 k 使得 $de = k\varphi(n) + 1$。下面分两种情形来讨论。

情形一：m 仅与 p、q 二者之一互素，不妨假设 m 与 p 互素且与 q 不互素，那么存在整数 a 使得 $m = aq$，由欧拉定理可知

$$m^{k\varphi(n)} \bmod p \equiv m^{k\varphi(p)\varphi(q)} \bmod p \equiv (m^{\varphi(p)})^{k\varphi(q)} \bmod p \equiv 1 \bmod p$$

于是存在一个整数 t 使得 $m^{k\varphi(n)} = tp + 1$。给 $m^{k\varphi(n)} = tp + 1$ 两边同乘以 $m = aq$ 得到

$$m^{k\varphi(n)+1} = tapq + m = tan + m$$

由此得

$$c^d = m^{ed} = m^{k\varphi(n)+1} = tan + m \equiv m \bmod n$$

情形二：如果 m 与 p 和 q 都互素，那么 m 也和 n 互素，有

$$c^d = m^{ed} = m^{k\varphi(n)+1} = m \times m^{k\varphi(n)} \equiv m \bmod n$$

RSA 算法实质上是一种单表代换系统。给定模数 n 和合法的明文 m，其相应的密文为 $c = m^e \bmod n$ 且对于 $m' \neq m$ 必有 $c' \neq c$。RSA 算法的关键在于当 n 极大时，在不知道陷门信息的情况下，很难确定明文和密文之间的这种对应关系。

2. RSA 算法的安全性分析

RSA 算法的安全性完全依赖于对大数分解问题困难性的推测，迄今为止还没有证明大数分解问题是一类 NP 问题。为了抵抗穷举搜索攻击，RSA 算法采用了大密钥空间，通常模数 n 取得很大，e 和 d 也取非常大的自然数，但这样做的一个明显缺点是密钥产生和加解密过程都非常复杂，系统运行速度比较慢。

与其他的密码体制一样，尝试每一个可能的 d 来破解密码是不现实的。那么分解模数 n 就成为最直接的攻击方法之一。只要能够分解 n 就可以求出 $\varphi(n)$，然后通过扩展的欧几里得算法可以求得加密指数 e 模 $\varphi(n)$ 的逆 d，从而达到破解密码的目的。目前还没有找到分解大整数的有效方法，但随着人们计算能力的不断提高和计算成本的不断降低，许多被认为是不可能分解的大整数已被成功分解。例如，模数为 129 比特的十进制数字的 RSA-129 已于 1994 年 4 月在因特网上通过分布式计算被成功分解出一个 64 比特和一个 65 比特的因子；更困难的 RSA-130 也于 1996 年被分解出来；紧接着 RSA-154 也被分解；据报道，158 比特的十进制整数也已被分解，这意味着模数为 512 比特的 RSA 算法已经不安全了。更危险的安全威胁来自于大数分解算法的改进和新算法的不断推出。当年破解 RSA-129 采用的是二次筛法，而破解 RSA-130 使用的算法称为推广的数域筛法，该算法使破解 RSA-130 的计算量仅比破解 RSA-129 多 10%。尽管如此，密码专家们认为一定时期内模数为 1024 比特到 2048 比特的 RSA 算法还是相对安全的。

2.6.4　ElGamal 算法

ElGamal 密码体制也是一种具有广泛应用的公钥密码体制,它的安全性基于有限域上计算离散对数问题的困难性,还有许多常用的密码体制与 ElGamal 体制具有类似的基本原理。相对来讲,ElGamal 体制比较容易理解。

1. 离散对数问题

假设 a 是群 G 中的任一元素,满足 $a^t=1$ 的最小正整数 t 称为元素 a 的阶,如果不存在这样的正整数 t,则称 a 的阶为 ∞。假设群 G 为有限乘法群 $\mathbf{Z}_p^*$(p 为素数),将满足 $a^t=1$ mod p 的最小正整数 t 称为元素 a 在模 p 下的阶。如果元素 a 模 p 的阶等于 $\varphi(p)$,则称 a 是 p 的本原根或者本原元。如果模数取任意的正整数,则以上模运算下元素的阶和本原根的概念仍然有意义。

设 a 是素数 p 的本原根,那么

$$a, a^2, \cdots, a^{\varphi(p)}$$

在模 p 下互不相同且正好产生 $1 \sim \varphi(p)=p-1$ 的所有值。因此,对于 $b \in \{1, 2, \cdots, p-1\}$,一定存在唯一的 $x \in \{1, 2, \cdots, p-1\}$ 满足 $b \equiv a^x$ mod p。称 x 为模 p 下以 a 为底 b 的离散对数,并记为 $x \equiv \log_a b (\bmod\ p)$。

如果已知 a、p 和 x,那么使用快速指数算法可以轻易地算出 b;但如果仅知 a、p 和 b,特别是当 p 的取值特别大时,要想求出 x 是非常困难的,目前还没有特别有效的多项式时间算法。因此,离散对数问题可以用于设计公钥密码算法。为了使基于离散对数问题的公钥密码算法具有足够的密码强度,一般要求模数 p 的长度在 256 比特以上。

2. ElGamal 算法描述

设 p 是一个素数,$\mathbf{Z}_p$ 是含有 p 个元素的有限域,$\mathbf{Z}_p^*$ 是 $\mathbf{Z}_p$ 的乘法群,p 的大小足以使乘法群 $\mathbf{Z}_p^*$ 上的离散对数难以计算。选择 $\mathbf{Z}_p^*$ 的一个生成元 g 和一个秘密随机数 a,要求它们都小于 p,计算

$$y = g^a \bmod p$$

公开密钥取 (y, g, p),且 g 和 p 可由一组用户共享;a 作为私有密钥,需要保密。

加密变换:对于消息 m,秘密选取一个随机数 $k \in \mathbf{Z}_{p-1}$,然后计算

$$c_1 = g^k \bmod p \quad \text{和} \quad c_2 = m y^k \bmod p$$

c_1 与 c_2 并联构成密文,即密文 $c=(c_1, c_2)$,因此密文的长度是明文的 2 倍。

解密变换

$$m = c_2 (c_1^a)^{-1} \bmod p$$

由加密变换可知

$$c_2 (c_1^a)^{-1} = m y^k (g^{ak})^{-1} = m g^{ak} g^{-ak} \equiv m \bmod p$$

所以,解密结果是正确的。

由于密文不仅取决于明文,还依赖于加密者每次选择的随机数 k,因此 ElGamal 公钥体

制是非确定性的,同一明文多次加密得到的密文可能不同,同一明文最多会有多达$(p-1)$个不同的密文。

3. ElGamal 算法的安全性分析

ElGamal 密码体制的安全性基于有限群 $\mathbf{Z}_p^*$ 上离散对数问题的困难性。有学者曾提出模 p 生成的离散对数密码可能存在陷门,一些"弱"素数 p 下的离散对数较容易求解。因此,要仔细地选择 p,且 g 应是模 p 的本原根,一般认为这类问题是困难的,而且目前尚未发现有效地解决该问题的多项式时间算法。此外,为了抵抗已知的攻击,p 应该至少是 300 比特的十进制整数,并且$(p-1)$应该至少有一个较大的素数因子。

ElGamal 算法的安全性还来自于加密的不确定性。ElGamal 体制的一个显著特征是在加密过程中引入了随机数,这意味着相同的明文可能产生不同的密文,能够给密码分析者制造更大的困难。

2.6.5　Diffie – Hellman 密钥交换协议

Diffie 与 Hellman 在 1976 年提出了一个称为 Diffie – Hellman 密钥交换的公钥密码算法,该算法能用来在两个用户之间安全地交换密钥材料,从而使双方得到一个共享的会话密钥,但该算法只能用于交换密钥,不能用于加解密。

Diffie – Hellman 密钥交换的安全性基于求解有限域上离散对数的困难性。首先,双方需要约定一个大素数 p 和它的一个本原根 g,然后整个密钥交换的过程分以下两步完成。

第一步,双方(记为 A 和 B)分别挑选一个保密的随机整数 X_A 和 X_B,并分别计算 $Y_A = g^{X_A} \bmod p$ 和 $Y_B = g^{X_B} \bmod p$,然后互相交换,即 A 将 Y_A 发送给 B,而 B 将 Y_B 发送给 A。这里 Y_A 和 Y_B 分别相当于 A 和 B 的公开密钥(但却不能用于真正的消息加密)。

第二步,A 和 B 分别计算 $K = Y_B^{X_A} \bmod p$ 和 $K = Y_A^{X_B} \bmod p$,得到双方共享的密钥 K。这是因为

$$Y_B^{X_A} \bmod p = (g^{X_B} \bmod p) X_A \bmod p$$
$$= g^{X_B X_A} \bmod p$$
$$= (g^{X_A}) X_B \bmod p$$
$$= (g^{X_A} \bmod p) X_B \bmod p$$
$$= Y_A^{X_B} \bmod p$$

由于 X_A 和 X_B 是保密的,攻击者最多能够得到 p、g、Y_A 和 Y_B。如果攻击者希望得到 K,则必须至少计算出 X_A 和 X_B 中的一个,这意味着需要求解离散对数,这在计算上是不可行的。

虽然 Diffie – Hellman 密钥交换简单易行,但它也很容易遭受中间人的攻击(man – in – the – middle attack),方法如下:

(1) 在 A 将他的公开密钥 $Y_A = g^{X_A} \bmod p$ 发送给 B 的过程中,中间人 MIM(即攻击者)截取 Y_A,并用自己的公开密钥 $Y_M = g^{X_M} \bmod p$ 取代 Y_A 发送给 B。

（2）在 B 将他的公开密钥 $Y_B = g^{X_B} \bmod p$ 发送给 A 的过程中，中间人 MIM 截取 Y_B，并用自己的公开密钥 Y_M 取代 Y_B 发送给 A。

（3）A、B、MIM 分别计算会话密钥，但计算的结果是 A 与 MIM 共享一个会话密钥 $K = Y_M^{X_A} = Y_A^{X_M} = g^{X_A X_M} \bmod p$，而 B 与 MIM 共享了另一个会话密钥 $\tilde{K} = Y_M^{X_B} = Y_B^{X_M} = g^{X_B X_M} \bmod p$。一般情况下 $K \neq \tilde{K}$，但 A 与 B 对此一无所知。

（4）接下来，在 A 与 B 通信过程中，A 用会话密钥 K 加密他发送的消息，B 则用会话密钥 $\tilde{K}$ 加密他发送的消息。中间人 MIM 可以设法截取来自 A 的消息并用 K 解密，再用 $\tilde{K}$ 重新加密后发送给 B；对于来自 B 的消息则先用 $\tilde{K}$ 解密，然后再用 K 加密后发送给 A。这样，中间人 MIM 就可以轻易监视 A 与 B 的通信，甚至还能够在其中实施篡改、伪造或假冒攻击。

2.7　数字签名原理

公钥密码体制不仅能够有效解决密钥管理问题，而且能够实现数字签名（digital signature），提供数据来源的真实性、数据内容的完整性、签名者的不可否认性以及匿名性等信息安全相关的服务和保障。数字签名对网络通信的安全以及各种用途的电子交易系统（如电子商务、电子政务、电子出版、网络学习、远程医疗等）的成功实现具有重要作用。

2.7.1　数字签名的基本概念

Hash 函数能够帮助合法通信的双方不受来自系统外部的第三方攻击和破坏，但却无法防止系统内通信双方之间的互相抵赖和欺骗。当 Alice 和 Bob 进行通信并使用消息认证码提供数据完整性保护，一方面 Alice 确实向 Bob 发送消息并附加了用双方共享密钥生成的消息认证码，但随后 Alice 否认曾经发送了这条消息，因为 Bob 完全有能力生成同样的消息及消息认证码；另一方面，Bob 也有能力伪造一个消息及消息认证码并声称此消息来自 Alice。如果通信的过程没有第三方参与的话，这样的局面是难以仲裁的。因此，安全的通信仅有消息完整性认证是不够的，还需要有能够防止通信双方相互作弊的安全机制，数字签名技术正好能够满足这一需求。

在人们的日常生活中，为了表达事件的真实性并使文件核准、生效，常常需要当事人在相关的纸质文件上手书签字或盖上表示自己身份的印章。在数字化和网络化的今天，大量的社会活动正在逐步实现电子化和无纸化，活动参与者主要在网络上执行活动过程，因而传统的手书签名和印章已经不能满足新形势下的需求，在这种背景下，以公钥密码理论为支撑的数字签名技术应运而生。

数字签名是对以数字形式存储的消息进行某种处理，产生一种类似于传统手书签名功效的信息处理过程。它通常将某个算法作用于需要签名的消息，生成一种带有操作者身份信息的编码。通常将执行数字签名的实体称为签名者，所使用的算法称为签名算法，签名操作生成的编码称为签名者对该消息的数字签名。消息连同其数字签名能够在网络上传输，可以通过一个验证算法来验证签名的真伪以及识别相应的签名者。

类似于手书签名，数字签名至少应该满足以下三个基本要求。

（1）签名者任何时候都无法否认自己曾经签发的数字签名。

（2）收信者能够验证和确认收到的数字签名，但任何人都无法伪造别人的数字签名。

（3）当各方对数字签名的真伪产生争议时，通过仲裁机构（可信的第三方）进行裁决。

数字签名与手书签名也存在许多差异，大体上可以概括为以下几点。

（1）手书签名与被签文件在物理上是一个整体，不可分离；数字签名与被签名的消息是可以互相分离的比特串，因此需要通过某种方法将数字签名与对应的被签消息绑定在一起。

（2）在验证签名时，手书签名是通过物理比对，即将需要验证的手书签名与一个已经被证实的手书签名副本进行比较，来判断其真伪。验证手书签名的操作也需要一定的技巧，甚至需要经过专门训练的人员或机构（如公安部门的笔迹鉴定中心）来执行。而数字签名却能够通过一个严密的验证算法准确地被验证，并且任何人都可以借助这个公开的验证算法来验证一个数字签名的真伪。安全的数字签名方案还能够杜绝伪造数字签名的可能性。

（3）手书签名是手写的，会因人而异，它的复制品很容易与原件区分开来，从而容易确认复制品是无效的；数字签名的拷贝与其原件是完全相同的二进制比特串，或者说是两个相同的数值，不能区分谁是原件，谁是复制品。因此，必须采取有效的措施来防止一个带有数字签名的消息被重复使用。比如，Alice 向 Bob 签发了一个带有她的数字签名的数字支票，允许 Bob 从 Alice 的银行账户上支取一笔现金，那么这个数字支票必须是不能重复使用的，即 Bob 只能从 Alice 的账户上支取指定金额的现金一次，否则 Alice 的账户很快就会一无所有，这个结局是 Alice 不愿意看到的。

从上面的对比可以看出，数字签名必须能够实现与手书签名同等的甚至更强的功能。为了达到这个目的，签名者必须向验证者提供足够多的非保密信息，以便验证者能够确认签名者的数字签名；但签名者又不能泄露任何用于产生数字签名的机密信息，以防止他人伪造他的数字签名。因此，签名算法必须能够提供签名者用于签名的机密信息与验证者用于验证签名的公开信息，但二者的交叉不能太多，联系也不能太直观，从公开的验证信息不能轻易地推测出用于产生数字签名的机密信息。这是对签名算法的基本要求之一。

一个数字签名体制一般包含两个组成部分，即签名算法（signature algorithm）和验证算法（verificaton algorithm）。签名算法用于对消息产生数字签名，它通常受一个签名密钥的控制，签名算法或者签名密钥是保密的，由签名者掌握；验证算法用于对消息的数字签名进行验证，根据签名是否有效验证算法能够给出该签名为"真"或者"假"的结论。验证算法通常也受一个验证密钥的控制，但验证算法和验证密钥应当是公开的，以便需要验证签名的人能够方便地验证。

数字签名体制（signature algorithm system）是一个满足下列条件的五元组 (M, S, K, SIG, VER)，其中：

(1)M 代表消息空间,它是某个字母表中所有串的集合;

(2)S 代表签名空间,它是所有可能的数字签名构成的集合;

(3)K 代表密钥空间,它是所有可能的签名密钥和验证密钥对(sk,vk)构成的集合;

(4)SIG 是签名算法,VER 是验证算法。对任意的一个密钥对$(sk,vk)\in K$,对每一个消息 $m\in M$ 和签名 $s\in S$,都有签名变换 $SIG:M\times K|_{sk}\to S$ 和验证变换 $VER:M\times S\times K|_{vk}\to$ $\{true,false\}$ 是满足下列条件的函数:

$$VER_{vk}(m,s)=\begin{cases} true & s=SIG_{sk}(m) \\ false & s\neq SIG_{sk}(m) \end{cases}$$

由上面的定义可以看出,数字签名算法与公钥加密算法在某些方面具有类似的性质,甚至在某些具体的签名体制中,二者的联系十分紧密,但是从根本上来讲,它们之间还是有本质的不同。例如,对消息的加解密一般是一次性的,只要在消息解密之前是安全的就行了;而被签名的消息可能是一个具体法定效用的文件,如合同等,很可能在消息被签名多年以后才需要验证它的数字签名,而且可能需要多次重复验证此签名。因此,对签名的安全性和防伪造的要求应更高一些,并且要求签名验证速度比签名生成速度还要快一些,特别是联机的在线实时验证。

2.7.2　数字签名的特性

数字签名应具备一些基本特性,这些特性可以分为功能特性和安全特性两大方面,分别描述如下。

数字签名的功能特性是指为了使数字签名能够实现我们需要的功能要求而应具备的一些特性,这类特性主要包括以下几种。

(1)依赖性。数字签名必须依赖于被签名消息的具体比特模式,不同的消息具有不同的比特模式,因而通过签名算法生成的数字签名也应当是互不相同的。也就是说一个数字签名与被签消息是紧密相关、不可分割的,离开被签消息,签名不再具有任何效用。

(2)独特性。数字签名必须根据签名者拥有的独特信息而产生,包含了能够代表签名者特有身份的关键信息。唯有这样,签名才不可伪造,也不能被签名者否认。

(3)可验证性。数字签名必须是可验证的,通过验证算法能够确切地验证一个数字签名的真伪。

(4)不可伪造性。伪造一个签名者的数字签名不仅在计算上不可行,而且希望通过重用或者拼接的方法伪造签名也是行不通的。例如,希望把一个签名者在过去某个时间对一个消息的签名用来作为该签名者在另一时间对另一消息的签名,或者希望将签名者对多个消息的多个签名组合成对另一消息的签名,都是不可行的。

(5)可用性。数字签名的生成、验证和识别的处理过程必须相对简单,能够在普通的设备上快速完成,甚至可以在线处理,签名的结果可以存储和备份。

除了上述功能特性之外,数字签名还应当具备一定的安全特性,以确保它提供的功能是安全的,能够满足我们的安全需求,实现预期的安全保障。上面的不可伪造性也可以看作是安全特性的一个方面,除此之外,数字签名至少还应当具备如下安全特性。

(1)单向性。类似于公钥加密算法,数字签名算法也应当是一个单向函数,即对于给定的数字签名算法,签名者使用自己的签名密钥 sk 对消息 m 进行数字签名在计算上是容易的,但给定一个消息 m 和它的一个数字签名 s,希望推导出签名者的签名密钥 sk 在计算上是不可行的。

(2)无碰撞性。即对于任意两个不同的消息 $m \neq m'$,它们在同一个签名密钥下的数字签名 $\mathrm{SIG}_{sk}(m) = \mathrm{SIG}_{sk}(m')$ 相等的概率是可以忽略的。

(3)无关性。即对于两个不同的消息 $m \neq m'$,无论 m 与 m' 存在什么样的内在联系,希望从某个签名者对其中一个消息的签名推导出对另一个消息的签名是不可能的。

数字签名算法的这些安全特性从根本上消除了成功伪造数字签名的可能性,使一个签名者针对某个消息产生的数字签名与被签消息的搭配是唯一确定的,不可篡改,也不可伪造。生成数字签名的唯一途径是将签名算法和签名密钥作用于被签消息,除此之外别无它法。

2.7.3　数字签名的实现方法

现在的数字签名方案大多是基于某个公钥密码算法构造出来的。这是因为在公钥密码体制里,每一个合法实体都有一个专用的公私钥对,其中的公开密钥是对外公开的,可以通过一定的途径去查询;而私有密钥是对外保密的,只有拥有者自己知晓,可以通过公开密钥验证其真实性,因此私有密钥与其持有人的身份一一对应,可以看作是其持有人的一种身份标识。恰当地应用发信方私有密钥对消息进行处理,可以使收信方能够确信收到的消息确实来自其声称的发信者,同时发信者也不能对自己发出的消息予以否认,即实现了消息认证和数字签名的功能。

图 2-20 给出公钥算法用于消息认证和数字签名的基本原理。

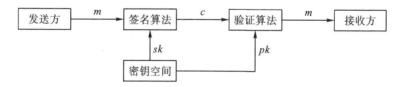

图 2-20　基于公钥密码的数字签名体制

在图 2-20 中,发送方 Alice 用自己的私有密钥 sk_A 加密消息 m,任何人都可以轻易获得 Alice 的公开秘密 pk_A,然后解开密文消息 c,因此这里的消息加密起不了信息保密的作用。可以从另一个角度来认识这种不保密的私钥加密,由于用私钥产生的密文消息只能由对应的公钥来解密,根据公私钥一一对应的性质,别人不可能知道 Alice 的私钥,如果接收方 Bob 能够用 Alice 的公钥正确地还原明文消息,表明这个密文消息一定是 Alice 用自己的私钥生成的,因此 Bob 可以确信收到的消息确实来自 Alice,同时 Alice 也不能否认这个消息是自己发送的;另一方面,在不知道发信者私钥的情况下不可能篡改消息的内容,因此收信者还可以确信收到的消息在传输过程中没有被篡改,是完整的。也就是说,图 2 - 20 表示的这种公钥算法使用方式不仅能够证实消息来源和发信者身份的真实性,还能保证消息的完整性,即实现了前面所说的数字签名和消息认证的效果。

在实际应用中,对消息进行数字签名,可以选择对分组后的原始消息直接签名,但考虑到原始消息一般都比较长,可能以千位为单位,而公钥算法的运行速度却相对较低,因此通常先让原始消息经过 Hash 函数处理,再签名所得到的 Hash 码(即消息摘要)。在验证数字签名时,也是针对 Hash 码来进行的。通常,验证者先对收到的消息重新计算它的 Hash 码,然后用签名验证密钥解密收到数字签名,再将解密的结果与重新计算的 Hash 码比较,以确定签名的真伪。显然,当且仅当签名解密的结果与重新计算的 Hash 码完全相同时,签名为真。一个消息的 Hash 码通常只有几十到几百位,如 SHA - 1 算法能对任何长度的消息进行 Hash 函数处理,得到 160 比特的消息摘要。因此,经过 Hash 函数处理后再对消息摘要签名能大大地提高签名和验证的效率,而且 Hash 函数的运行速度一般都很快,两次 Hash 函数处理的开销对系统影响不大。其原理如图 2 - 21 所示。

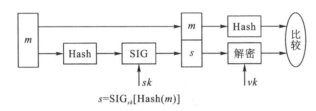

$$s = \mathrm{SIG}_{sk}[\mathrm{Hash}(m)]$$

图 2 - 21　数字签名的实现方法

2.7.4　RSA 数字签名

RSA 数字签名算法的系统参数的选择与 RSA 公钥密码体制基本一样,首先要选取两个不同的大素数 p 和 q,计算 $n = p \times q$。再选取一个与 $\varphi(n)$ 互素的正整数 e,并计算出 d 满足 $e \times d \equiv 1 \bmod \varphi(n)$,即 d 是 e 模 $\varphi(n)$ 的逆。最后,公开 n 和 e 作为签名验证密钥,秘密保存 p、q 和 d 作为签名密钥。RSA 数字签名体制的消息空间和签名空间都是 $\mathbf{Z}_n$,分别对应于 RSA 公钥密码体制的明文空间和密文空间,而密钥空间为 $K = \{n, p, q, e, d\}$,与 RSA 公钥密码体制相同。

当需要对一个消息 $m \in \mathbf{Z}_n$ 进行签名时,签名者计算

$$s = \mathrm{SIG}_{sk}(m) = m^d \bmod n$$

得到的结果 s 就是签名者对消息 m 的数字签名。

验证签名时,验证者通过下式判定签名的真伪:

$$\mathrm{VER}_{vk}(m, s) = \mathrm{true} \Leftrightarrow m \equiv s^e \bmod n$$

这是因为,类似于 RSA 公钥密码体制的解密变换,有

$$s^e \bmod n = (m^d)^e \bmod n = m^{ed} \bmod n \equiv m$$

可见,RSA 数字签名的处理方法与 RSA 加解密的处理方法基本一样,不同之处在于,签名时签名者要用自己的私有密钥对消息"加密",而验证签名时验证者要使用签名者的公钥对签名者的数字签名"解密"。

2.7.5　ElGamal 数字签名

ElGamal 签名体制是一种基于离散对数问题的数字签名方案。不同于既能用于加密又能用于数字签名的 RSA 算法,ElGamal 签名算法是专门为数字签名设计的,它与用于加密的 ElGamal 公钥加密算法并不完全一样。现在,这个方案的修正形式已被 NIST 采纳为用于数字签名标准的数字签名算法。

与 ElGamal 公钥密码体制一样,ElGamal 签名体制也是非确定性的,任何一个给定的消息都可以产生多个有效的 ElGamal 签名,并且验证算法能够将它们中的任何一个当作可信的签名接受。ElGamal 签名方案的描述如下。

ElGamal 签名方案的系统参数包括:一个大素数 p,且 p 的大小足以使 $\mathbf{Z}_p$ 上的离散对数问题难以求解;$\mathbf{Z}_p^*$ 的生成元 g 以及一个任取的秘密数 a;还有一个由 g 和 a 计算得到的整数 y,且满足

$$y = g^a \bmod p$$

这些系统参数构成 ElGamal 签名方案的密钥 $K = (p, g, a, y)$,其中 (p, g, y) 为公开密钥,a 为私有密钥。

在对一个消息 $m \in \mathbf{Z}_p$ 签名时,签名者随机选取一个秘密整数 $k \in \mathbf{Z}_p^*$,且 $\gcd[k, \varphi(p)] = 1$,计算

$$\gamma = g^k \bmod p$$
$$\delta = (m - a\gamma)k^{-1} \bmod \varphi(p)$$

将得到的 (γ, δ) 作为对消息 m 的数字签名,即签名 $s = \mathrm{SIG}_a(m, k) = (\gamma, \delta)$,ElGamal 签名体制的签名空间为 $\mathbf{Z}_p \times \mathbf{Z}_{\varphi(p)}$。

验证一个消息 m 的 ElGamal 签名时,验证者对收到的消息 m 及其签名 $s = (\gamma, \delta)$ 按下式验证其真伪:

$$\mathrm{VER}(m, \gamma, \delta) = \mathrm{true} \Leftrightarrow y^\gamma \gamma^\delta \equiv g^m \bmod p$$

这是因为,如果签名是正确构造的,那么

$$\begin{aligned}
y^\gamma \gamma^\delta &\equiv g^{a\gamma} g^{k\delta} \equiv g^{(a\gamma + k\delta)} \\
&\equiv g^{[a\gamma + k(m-a\gamma)k^{-1} \bmod \varphi(p)]} \\
&\equiv g^{[a\gamma + (m-a\gamma) \bmod \varphi(p)]} \\
&\equiv g^{m \bmod \varphi(p)} \\
&\equiv g^m \bmod p
\end{aligned}$$

在上述 ElGamal 签名方案中,同一个消息 m,对不同的随机数 k 会得到不同的数字签名 $s = (\gamma, \delta)$,并且都能通过验证算法的验证,这就是前面所说的不确定性,这个特点有利于提

高安全性。

2.7.6　DSS 数字签名标准

数字签名标准(digital signature standard,DSS)是由美国国家标准技术协会 NIST 于 1991 年 8 月公布,并于 1994 年 12 月 1 日正式生效的一项美国联邦信息处理标准。DSS 本质上是 ElGamal 签名体制,但它运行在较大有限域的一个小的素数阶子群上,并且在这个有限域上,离散对数问题是困难的。在对消息进行数字签名之前,DSS 先使用安全的 Hash 算法 SHA－1 对消息进行 Hash 处理,然后再对所得的消息摘要签名。这样一来,不仅可以确保 DSS 能够抵抗多种已知的存在性伪造攻击,同时相对于 ElGamal 等签名体制,DSS 签名的长度将会大大地缩短。

DSS 使用的算法称为数字签名算法(digital signature algorithm,DSA),它是在 ElGamal 和 Schnorr 两个方案的基础上设计出来的。

DSA 的系统参数包括以下几个。

(1)一个长度为 l 比特的大素数 p,l 的大小在 512 比特到 1024 比特之间,且为 64 的倍数。

(2)$(p-1)$ 即 $\varphi(p)$ 的一个长度为 160 比特的素因子 q。

(3)一个 q 阶元素 $g \in \mathbf{Z}_p^*$。g 可以这样得到,任选 $h \in \mathbf{Z}_p^*$,如果 $h^{\frac{(p-1)}{q}} \bmod p > 1$,则令 $g = h^{\frac{(p-1)}{q}} \bmod p$,否则重选 $h \in \mathbf{Z}_p^*$。

(4)一个用户随机选取的整数 $a \in \mathbf{Z}_p^*$,并计算出 $y = g^a \bmod p$。

(5)一个 Hash 函数 $H:\{0,1\}^* \mapsto \mathbf{Z}_p$。这里使用的是安全的 Hash 算法 SHA－1。

这些系统参数构成 DSA 的密钥空间 $K = \{p,q,g,a,y,H\}$,其中 (p,q,g,y,H) 为公开密钥,a 为私有密钥。

为了生成对一个消息 m 的数字签名,签名者随机选取一个秘密整数 $k \in \mathbf{Z}_q$,并计算出

$$\gamma = (g^k \bmod p) \bmod q$$
$$\delta = k^{-1}[H(m) + a\gamma] \bmod q$$

$s = (\gamma,\delta)$ 就是消息 m 的数字签名,即 $\mathrm{SIG}_a(m,k) = (\gamma,\delta)$。由此可见,DSA 的签名空间为 $\mathbf{Z}_q \times \mathbf{Z}_q$,签名的长度比 ElGamal 体制短了许多。

验证 DSA 数字签名时,验证者知道签名者的公开密钥是 (p,q,g,y,H),对于一个消息-签名对 $[m,(\gamma,\delta)]$,验证者计算下面几个值并判定签名的真实性:

$$w = \delta^{-1} \bmod q$$
$$u_1 = H(m)w \bmod q$$
$$u_2 = \gamma w \bmod q$$
$$v = (g^{u_1} y^{u_2} \bmod p) \bmod q$$
$$\mathrm{VER}[m,(\gamma,\delta)] = \mathrm{true} \Leftrightarrow v = \gamma$$

这是因为,如果 (γ,δ) 是消息 m 的有效签名,那么

$$v = (g^{u_1} y^{u_2} \bmod p) \bmod q$$

$$= (g^{H(m)\delta^{-1}} g^{a\gamma\delta^{-1}} \bmod p) \bmod q$$

$$= (g^{[H(m)+a\gamma]\delta^{-1}} \bmod p) \bmod q$$

$$= (g^k \bmod p) \bmod q$$

$$= \gamma$$

DSA 数字签名算法的基本框图如图 2 - 22 所示。

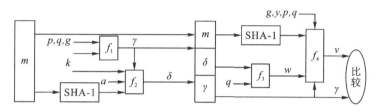

图 2 - 22　DSA 数字签名算法基本框图

习　题

1. 密码体制的构成包含哪些元素？

2. 查阅资料，谈谈对称密码体制和非对称密码体制的优、缺点。

3. 设由仿射变换对一个明文加密得到的密文是"edsgickxhukl"，又已知明文的前两个字符是"if"。请对以上密文进行解密。

4. AES 算法的基本变换有哪些？

5. 设一个 4 级线性反馈移位寄存器的反馈函数为

$$f(a_1, a_2, a_3, a_4) = c_4 a_1 \oplus c_3 a_2 \oplus c_2 a_3 \oplus c_1 a_4$$

其中，$c_1 = c_4 = 1$，$c_2 = c_3 = 0$，反馈移位寄存器的初始状态为$(a_1, a_2, a_3, a_4) = [0, 0, 0, 1]$。试给出该反馈移位寄存器的输出。

6. 什么是 Hash 函数？对 Hash 函数的基本要求和安全性要求分别是什么？

7. 在 RSA 体制中，为什么加密指数 e 必须与模数 n 的欧拉函数 $\varphi(n)$ 互素？

8. 什么是数字签名？数字签名应满足的基本要求是什么？

9. 为什么对称密码体制不能实现消息的不可否认性？

10. 在 Diffie - Hellman 密钥交换协议中，攻击者如何实施中间人攻击？

第3章 网络攻击技术

网络攻击是指任何非授权而进入或试图进入他人网络系统的行为。这种行为包括对整个网络的攻击,也包括对网络中单个主机的攻击。

实施攻击行为的"人"称为黑客、攻击者或入侵者。黑客运用计算机及网络技术,利用网络的薄弱环节,侵入网络系统进行一系列破坏性活动,如搜集、偷窃、修改和破坏信息等。

3.1 网络攻击概述

3.1.1 黑客攻击步骤

尽管黑客的攻击是很难预测的,但在整个攻击过程中,基本都可以归纳成三大步:攻击前奏、实施攻击和巩固攻击。下面就对攻击的步骤进行描述。

1. 攻击前奏

有经验的攻击者一定不是直接实施攻击,而是先进行攻击前的准备,即攻击前奏,包括隐藏 IP 和踩点扫描。

1)隐藏 IP

网络攻击是违法行为,这样做需要承担法律责任,所以攻击者需要把自己隐藏起来,即隐藏 IP,隐藏 IP 通常使用代理的方法。

隐藏 IP 可以采用一级跳板代理。首先入侵并控制互联网上的一台主机,俗称"肉鸡",然后利用这台"肉鸡"充当代理实施攻击,这样即使被发现了,也是代理"肉鸡"的 IP 地址。

对于一级跳板代理,还可以沿着"肉鸡",从而追踪到攻击者的 IP 地址。因此,为了加大追踪攻击者 IP 地址的难度,一方面,要加大追踪"肉鸡"的难度。例如,选择的"肉鸡"要与被攻击者距离远,如攻击 A 国的站点,一般选择离 A 国很远的 B 国主机作为"肉鸡",这样跨国度的攻击,一般很难被侦破。另一方面,可以采用多级跳板代理,此时要追踪到背后攻击者的真实 IP 地址,难度加大。

2)踩点扫描

踩点扫描是对被攻击目标进行信息收集,为后续的攻击做准备。

(1)踩点。

踩点是指攻击者通过各种途径对所要攻击的目标进行全面的信息收集,包括网络环境和安全状况。通过对完整轮廓的分析,攻击者将发现攻击目标可能存在的薄弱环节,为其后续的攻击提供必要的信息和指导。Web 信息挖掘和网络拓扑探查是常见的两种踩点方法。

①Web 信息挖掘。Web 搜索是把双刃剑,一方面,组织和个人可以借助这种方式更好地实现信息的发布;另一方面,也可能会被一些别有用心的攻击者所利用。攻击者可以利用各种网站,对目标组织和个人的公开或意外泄露的信息进行挖掘,从而能够找出各种对进一步攻击非常关键的重要信息,包括 IP 地址、域名、注册机构、机构本身、网络位置、联系点、邮箱等信息。

②网络拓扑探查。网络拓扑探查的主要目的是获取网络节点的存在信息和它们之间的连接关系信息,并在此基础上绘制出整个网络拓扑图。网络管理人员在拓扑图的基础上对故障节点进行快速定位;攻击者可以通过网络拓扑侦察探查去确定网络的拓扑结构和可能存在的网络访问路径。在网络拓扑探查中,Windows 使用 tracert 命令,Linux 采用 traceroute 命令。这些命令是路由跟踪指令,用于确定 IP 数据包访问目标所经过的路径,从而勾画出网络拓扑图。

(2)网络扫描。

网络扫描通常包括主机扫描、端口扫描、操作系统识别和漏洞扫描。基于踩点获得攻击目标完整轮廓后,要实施网络扫描,从而获得网络主机、端口、操作系统和漏洞信息。主机扫描是扫描目标主机是否处于可达状态,为后续的扫描奠定基础。端口扫描是探查目标端口是否开启,相应服务是否提供。只有提供服务,后续才有可能寻找并利用其存在的漏洞。操作系统识别是判断目标主机操作系统类型及版本,为漏洞扫描做准备,这是因为不同操作系统类型及版本对应的漏洞不同。基于主机扫描、端口扫描和操作系统识别,实施漏洞扫描,分析系统可被攻击者利用的弱点。

2. 实施攻击

在踩点扫描获得目标网络或主机的漏洞信息后,攻击者先掌握攻击目标的控制权,然后对其实施攻击。

(1)侵入系统,提升权限。

为了掌握系统的控制权,攻击者以一般用户的身份侵入系统,然后再获得管理员的权限,从而可以对系统进行全面的控制。

侵入系统是攻击的必要条件。侵入系统可以采用如下两种方法。

第一种是口令猜测。最原始、粗暴的方法是暴力破解,即利用所有可能的字符组口令,去一一尝试破解。根据计算机的计算能力,如果能够承受时间成本,最终一定会破解出口令。事实上,目前口令设置情况较复杂,暴力破解花费的成本过高导致破解失败,因此,可以尝试使用字典破解。字典破解就是通过比较合理的条件,筛选或者过滤掉一些全字符组合的内容,大幅降低破解口令的成本。把筛选出的口令组合成特定的字典,当然,代价可能会漏掉真正的口令。口令字典大致分为以下几类:子域名字典、默认账号密码字典、文件路径字典、Web 目录、常用变量名字典、常用文件名字典、弱口令字典(如 123456、admin、111111 等默认口令或弱口令)、社会工程学字典等。其中,社会工程学字典针对性更强,准确率也较高,因为它是根据个人信息生成的口令字典。人们在设置口令的时候,往往为了便于记忆,口令的内容和组合会与个人信息有关,比如个人生日、身份证号和手机号等。进一步地,基于暴力破解和口令字典,有许多口令破解工具,如 Hashcat、LC、Saminside 等。

第二种方法是利用漏洞。攻击目标存在多种多样的漏洞,包括系统漏洞、管理漏洞和软件漏洞。攻击者总是想方设法地去挖掘并利用漏洞,如 Unicode 漏洞、缓冲区溢出漏洞、SQL 注入漏洞、SMB 协议漏洞等,在不知道用户口令的情况下,也能另辟蹊径,侵入系统。漏洞的挖掘通常可以采用工具 Nmap、BurpSuite、afrog、CE、X - Scan 等,对于漏洞的用途,攻击者可以自己探索,也可以通过官方或黑客网站公布的漏洞库来查找。

在侵入系统后,攻击者需要获得管理员权限,目的是完全控制目标主机,进而能完成预期的攻击。通常情况下,权限的提升需要基于系统漏洞来完成。

(2)窃听、破坏或控制。

在获得系统的控制权后,攻击者才有可能达到所要实施的攻击目的。不同的攻击者有不同的攻击目的。一般说来,攻击目的可归结为以下几种:在目标系统安装探测软件来收集攻击者感兴趣的信息,下载敏感信息,修改或删除重要数据,使网络瘫痪,攻击其他被信任的主机和网络等。

3. 巩固攻击

(1)种植后门或木马。

攻击者在入侵后,为了能再次方便地进入该系统,一般会在被入侵的主机上种植后门,从而可以长期绕过安全控制而获取程序或系统的访问权,它是一种非授权的登录方法。简单的后门可能只是建立一个新的账号,或者接管一个很少使用的账号;复杂的后门通过攻击程序来绕过系统的安全认证而对系统有访问权。后门使攻击者再次进入系统花更少的时间,且具有很强的隐蔽性。

木马的功能更强大,不仅能提供侵入对方主机的非授权途径,而且还能够实施远程控制,可以更有效地配合入侵者实施攻击。

(2)隐身退出。

在成功地侵入目标主机并留下后门以后,一般已经存储了相关日志和操作记录,这样就容易被管理员发现。因此,攻击者需要不留痕迹地清除这些日志和记录,以掩盖入侵踪迹,隐身退出。

3.1.2　常见网络攻击方法

常见的网络攻击方法有如下五种,分别为网络扫描、网络嗅探、欺骗攻击、拒绝服务攻击和缓冲区溢出攻击。

1. 网络扫描

网络扫描是探测网络或主机安全性脆弱点的一种技术。网络扫描是一把双刃剑:攻击者利用网络扫描进行攻击前的信息收集,从而寻找目标网络的安全缺陷及攻击途径;管理员可以根据扫描的结果客观评估网络风险等级,及时修补安全漏洞和系统中的错误配置,在黑客攻击前进行防范。

2. 网络嗅探

网络嗅探指的是非授权获取网络上的信息流。用集线器组建的局域网基于"共享"原理,即局域网内所有的主机都接收相同的信息。网卡构造了硬件的"过滤器",通过识别MAC 地址过滤掉和自己无关的信息;只需关闭这个过滤器,将网卡设置为"混杂模式"就可以进行嗅探。用交换机组建的局域网基于"交换"原理,即交换机不是把信息发到所有的端口上,而是发到目的网卡所在的端口。这种情况下,嗅探会麻烦一些,嗅探程序一般利用ARP(address resolution protocol,地址解析协议)欺骗、MAC 地址表溢出等方法进行嗅探。

3. 欺骗攻击

欺骗攻击就是利用假冒、伪装后的身份与其他主机进行通信或者发送虚假信息,使受到攻击的主机出现错误。欺骗攻击包括 ARP 欺骗、DHCP(dynamic host configuration protocol,动态主机配置协议)欺骗、DNS(domain name system,域名系统)欺骗和 Web 欺骗等。

4. 拒绝服务攻击

拒绝服务攻击的具体实现可以是多种多样的,但是究其根本目的,就是使受害主机或者网络不能及时接收外界请求或者无法及时回应外界请求。拒绝服务攻击是阻止或拒绝合法使用者存取网络服务的一种破坏性攻击方式。广义上讲,任何能够导致不能正常提供服务的攻击都属于拒绝服务攻击。例如,把网线剪断属于广义拒绝服务攻击的范畴。狭义拒绝服务攻击是指通过向服务器发送大量垃圾信息或干扰信息的方式,导致服务器无法向正常用户提供服务的现象。

5. 缓冲区溢出攻击

缓冲区是在内存空间中预留的一定存储空间,这些存储空间被分配用来缓冲输入或输出的数据。缓冲区溢出是使用到了被分配缓冲区之外的内存空间。具体而言,计算机对接收的输入数据没有进行有效的检测,向缓冲区内填充数据时超过了缓冲区本身的容量,而导致数据溢出到被分配空间之外的内存空间,使得溢出的数据覆盖了其他内存空间的数据。

缓冲区溢出是一种非常普遍的漏洞,在各种操作系统、应用软件中广泛存在。利用缓冲区溢出攻击,可以导致程序运行失败、系统宕机、重新启动等后果。更为严重的是,可以利用它执行非授权指令,甚至可以取得系统特权,进而进行各种非法操作。

3.1.3　网络攻击趋势

随着计算机网络的不断发展,目前的网络攻击有如下几个发展趋势。

1. 攻击工具越来越先进

如今各种黑客工具唾手可得,黑客的攻击离不开攻击工具。攻击工具正被开发者利用更先进的技术进行武装,且目前具有以下两个特点。

隐蔽性:在攻击中,最重要的一部分不是成功侵入,而是清除痕迹。攻击工具具有反侦察能力,从而具有隐蔽特性,因此需要网络管理人员和网络安全专家耗费更多的时间分析和了解新攻击工具及其攻击行为。

智能化:早期的攻击通常由黑客操作来发起,即便是自动攻击也主要通过单一确定的顺序来发起攻击。然而,新的自动攻击工具则可以按照预定义的攻击模式、随机选择的攻击模式来发起攻击。

2. 有组织的攻击越来越多

在攻击方式方面,由原来的个体攻击变为了有组织的群体的攻击。各种各样的黑客组织不断涌现,进行协同作战。在攻击工具的协调管理方面,随着分布式攻击工具的出现,黑客可以容易地控制和协调分布在因特网上的大量已部署的攻击工具。

3. 发现安全漏洞越来越快

安全问题的技术根源是软件和系统存在安全漏洞,黑客利用漏洞非法入侵。管理人员不断用最新的补丁修补这些漏洞,而黑客经常能够抢在厂商修补这些漏洞前发现这些漏洞并发起攻击。

4. 攻防越来越不对称

攻防不对称有如下几个原因。第一,对于攻击者,只要找到系统的某一个安全漏洞,就有可能成功实现网络攻击;然而,防御者需要掌握所有的攻击技术和漏洞信息才能确保网络的安全。第二,每个防御措施必定针对一个漏洞或者攻击技术,但并非每个漏洞或者攻击形式都存在相应的有效防御。第三,相对于网络攻击,防御措施总是有一定的滞后。

随着因特网的日益开放、漏洞挖掘能力的不断提高、攻击技术的不断进步、攻击工具智能化程度的不断提升,黑客更容易利用分布式系统对受害者发动破坏性的攻击,使得攻防的不对称性继续增加。

5. 勒索攻击的威胁越来越严重

近几年,勒索攻击态势愈发严重,不仅数量有了较大增长,赎金、修复成本等也翻倍增长,勒索攻击成为当今社会最普遍的安全威胁之一。

3.2 网络扫描

网络扫描是信息收集的一部分。常见的网络扫描包括主机扫描、端口扫描、操作系统识别和漏洞扫描。

3.2.1 主机扫描

主机扫描的目的是发现存活的目标主机。这是信息收集的初级阶段,其效果直接影响后续的扫描。

主机扫描所需的协议是 ICMP(internet control message protocol，因特网控制消息协议)，下面先简单回顾该协议。

ICMP 是 TCP/IP 协议族的一个子协议，用于在 IP 主机、路由器之间传递控制消息。控制消息是指网络是否通畅、主机是否可达、路由是否可用等网络本身的消息。这些控制消息虽然并不传输用户数据，但是对于用户数据的传递起着重要的作用。

ICMP 的设计是为了弥补 IP 协议的两个缺陷。第一，IP 协议没有主机和网络管理查询所需要的机制。例如，主机有时候需要判断某个路由器或者对方主机是否活跃；网络管理员有时也需要来自其他主机或者路由器的信息。第二，IP 协议缺少差错报告或者差错纠正机制。当遇到网络不通、主机不可达、路由不可用等情况时，具体的原因由 ICMP 负责告知。ICMP 允许主机或路由器提供错误情况和异常情况的报告。

ICMP 分为查询报文和差错报告报文。

ICMP 查询报文总是成双成对地出现，包含请求报文和应答报文。它帮助主机或者网络管理员从某个路由器或者对方主机那里获取特定的信息。查询报文有以下几种。

类型 8 或 0：回送请求和应答。

类型 13 或 14：时间戳请求和应答。

类型 17 或 18：地址掩码请求和应答。

ICMP 差错报告报文报告了路由器或者主机在处理 IP 数据包时可能遇到的问题。差错报告报文有以下几种。

类型 3：目的不可达。

类型 4：源抑制。

类型 5：重定向。

类型 11：超时。

类型 12：参数出错。

基于 ICMP 协议，可以执行主机扫描。主机扫描分为传统技术和高级技术。

1. 传统技术

主机扫描的传统技术，通常基于 ICMP 的查询报文。

(1)ICMP Echo。ICMP Echo 方法是基于 ping 的实现机制来判断一个网络上的主机是否存活。具体为，向目标主机发送 ICMP Echo Request（类型 8）数据包，等待回复 ICMP Echo Reply(类型 0)的数据包。如果能收到，则表明目标系统可达，否则表明目标系统已经不可达或发送的包被对方的设备过滤掉。这种方法简单且系统支持，但是仅能对单个主机地址进行探测。

(2)ICMP Sweep。ICMP Sweep 的实现仍然需要基于 ping 的实现机制，该方法会轮询一个地址段的多个主机地址。可见，ICMP Echo 可以识别单个主机是否在网络中活动，而 ICMP Sweep 用于探测一个地址段的多个主机地址是否存活。

ICMP Sweep 适用于小的或中等网络，对于一些大的网络这种扫描方法就显得比较慢，原因是 ping 在处理下一个询问之前将会等待正在探测的主机的回应。ICMP Sweep 通常需要借助扫描工具,如 Nmap、X – Scan 等。

(3)Broadcast ICMP。将 ICMP Echo 请求包的目标地址设为广播地址或网络地址,则可以探测广播域或整个网络范围内的主机,该扫描方法称为 Broadcast ICMP。但这种扫描方法容易引起广播风暴,且只适合于 UNIX/Linux 系统,Windows 会忽略这种请求包。

为了防范传统技术的主机扫描,则在防火墙中设置不允许 ICMP Echo 包进出网络。

2. 高级技术

在主机扫描中,防火墙和网络过滤设备常常导致传统技术变得无效。为了突破这种限制,必须采用一些非常规的手段。通常情况下,利用 ICMP 协议提供网络间传送错误或异常信息的手段,往往可以更有效地达到目的。利用被探测主机产生的 ICMP 差错报告报文来进行复杂的主机探测被称为主机扫描的高级技术。

(1)构造异常的 IP 包头。向目标主机发送包头错误的 IP 包,如果目标主机存活,则会反馈 ICMP Parameter Problem Error(ICMP 参数问题错误)报文。常见的伪造错误字段为 Header Length 和 IP Options。不同厂家的路由器和操作系统对这些错误的处理方式不同,返回的结果也不同。

(2)在 IP 头中设置无效的字段值。在向目标主机发送的 IP 包中填充错误的字段值时,如果目标主机存活,则会反馈 ICMP Destination Unreachable(ICMP 目标不可达)报文,报文中代码域的值指明了错误的类型。

(3)构造错误的数据分片。当目标主机接收到错误的数据分片(如某些分片丢失),并且在规定的时间间隔内得不到更正时,将丢弃这些错误数据包,并向发送主机反馈 ICMP Fragment Reassembly Time Exceeded(ICMP 分片重组超时)报文,攻击者接收到这些报文,就会知道目标主机存活。

(4)通过超长包探测内部路由器。若构造的数据包长度超过目标系统所在路由器的路径最大传输单元(path maximum transmission unit,PMTU)且设置禁止分片标志,该路由器会反馈 Fragmentation Needed and Don't Fragment Bit was Set(分片位和禁止分片位已设置)差错报文。攻击者通过这些信息,就可以探测到目标网络中的内部路由器。

(5)反向映射探测。该方法用于探测被过滤设备或防火墙保护的网络和主机,构造可能的内部 IP 地址列表,并向这些地址发送数据包。当目标网络路由器接收到这些数据包时,会进行 IP 识别并路由,对不在其服务范围的 IP 包发送 ICMP Host Unreachable(ICMP 主机无法访问)或 ICMP Time Exceeded(ICMP 超时)错误报文,没有接收到相应错误报文的 IP 地址可被认为在该网络中。

为了防范高级技术的主机扫描,可以使用入侵检测系统,监视并记录 ICMP 差错报告报文。

3.2.2　端口扫描

一台拥有 IP 地址的主机可以提供许多服务,如 Web 服务、FTP(file transfer protocol,

文件传输协议)服务、SMTP(simple mail transfer protocol,简单邮件传输协议)服务等,这些服务完全可以通过 1 个 IP 地址来实现。那么,主机是怎样区分不同网络服务的呢? 显然不能只靠 IP 地址,因为 IP 地址与网络服务的关系是一对多的关系。实际上,"IP 地址＋端口号"可以区分不同的服务。

按照协议类型,端口分为 TCP(transmission control protocol,传输控制协议)端口和 UDP(user datagram protocol,用户数据报协议)端口。由于 TCP 和 UDP 两个协议是独立的,因此各自的端口号也相互独立,如 TCP 有 235 端口,UDP 也可以有 235 端口,两者并不冲突。

许多常见的服务使用标准的端口,只要扫描到相应的端口,就知道主机上运行的服务。端口扫描通过连接到目标主机的 TCP 或 UDP 端口,从而来确定运行的服务。常见的端口扫描技术有如下几种。

1. TCP 全连接扫描

TCP 全连接扫描利用"通过完整的三次握手可以与目标主机的指定端口建立连接"来进行端口探测。具体的实现方法:扫描器通过调用 Socket 的 Connect()函数发起一个正常的 TCP 连接,如果端口是打开的,则连接成功;否则,连接失败。因此,全连接扫描又被称为 TCP Connect 扫描。

TCP 全连接扫描稳定可靠,不需要特殊的权限,然而,该扫描方式不隐蔽,服务器日志会记录下大量密集的连接和错误记录,并容易被防火墙发现和屏蔽。

2. TCP SYN 扫描

TCP SYN 扫描利用"尚未完成的三次握手"来进行端口探测。具体的实现方法为:扫描程序向目标主机的指定端口发送 SYN 包。如果应答是 RST 包,那么说明端口是关闭的;如果应答中包含 SYN/ACK 包,说明目标端口处于监听状态,再传送一个 RST 包给目标主机的指定端口从而停止建立连接。由于 TCP SYN 扫描时,全连接尚未建立,所以这种技术通常被称为半连接扫描。在上面的描述中,SYN 是同步标志,用于建立连接;ACK 是确认标志,用于信息确认;RST 是复位标志,用于复位连接。

TCP SYN 扫描隐蔽性较全连接扫描好,一般系统对这种半扫描很少记录;然而,该扫描方式构造 SYN 数据包通常需要超级用户或者授权用户访问专门的系统调用。

3. FTP 代理扫描

FTP 代理扫描利用"FTP 允许数据连接与控制连接位于不同的机器,并支持代理 FTP连接"来进行端口探测。具体的实现方法:扫描程序先在本地与支持代理的 FTP 服务器建立控制连接,后使用 Port 命令向服务器声明要扫描的目标主机的 IP 地址和端口号(其中,IP地址为代理传输的目的地址,端口号为传输所需被动端口),并发送 List 命令。FTP 服务器会尝试向目标主机的指定端口发起数据连接请求。若目标主机对应端口确实处于监听状态,FTP 服务器就会向扫描程序返回成功信息;否则返回报错信息。继续使用 Port 和 List命令,直至目标主机所有选择端口扫描完毕。

FTP 代理扫描隐蔽性好,难以追踪,容易绕过防火墙;然而,该扫描方式速度慢,且目前许多 FTP 服务器已禁用代理特性。

4. TCP FIN 扫描

TCP FIN 扫描通过"向目标主机发送 FIN 数据包"进行端口探测。具体的实现方法:扫描程序向目标主机发送 FIN 数据包,如果端口关闭,那么数据包被丢弃,且返回一个 RST 数据包;如果端口开放,那么数据包被丢弃,不做任何反馈。其中,FIN 是结束标志,表示关闭连接。

TCP FIN 扫描不包含标准的 TCP 三次握手协议的任何部分,所以无法被记录下来,从而比 SYN 扫描隐蔽得多,FIN 数据包能够通过监测 SYN 包的包过滤器,又称"秘密扫描";然而,跟 SYN 扫描类似,该扫描方式需要自己构造数据包,要求由超级用户或者授权用户访问专门的系统调用;通常适用于 UNIX 目标主机,但在 Windows 环境下,该方法无效,因为不论目标端口是否打开,操作系统都返回 RST 包。

5. UDP ICMP 端口不能到达扫描

由于 UDP 协议是非面向连接的,对 UDP 端口的探测也就不可能像 TCP 端口的探测那样依赖于连接建立过程。UDP 端口扫描需要利用"ICMP 的端口不可达报文"。具体实现原理:当一个 UDP 端口接收到一个数据报时,如果它是关闭的,就会给源端发回一个 ICMP 端口不可达数据报;如果它是开放的,那么就会忽略这个数据报,也就是将它丢弃而不返回任何的信息。

UDP ICMP 端口不能到达扫描可以完成对 UDP 端口的探测。然而,扫描结果的可靠性不高。因为当发出一个 UDP 数据报而没有收到任何的应答时,有可能因为这个 UDP 端口是开放的,也有可能是因为这个数据报在传输过程中丢失了。另外,扫描的速度很慢,原因是 RFC 文档对 ICMP 错误报文的生成速度做出了限制。例如,Linux 就将 ICMP 报文的生成速度限制为每 4 秒钟 80 个,当超出这个限制的时候,还要暂停 1/4 秒。

端口扫描的防范也称为系统"加固",主要有以下几种方法。在主机中禁止所有不必要的服务,关闭闲置及危险端口(如 TCP 的 445 端口),把自己的暴露程度降到最低;在防火墙中设置过滤规则,阻止对端口的扫描,如可以设置阻止 SYN 扫描的规则;使用入侵检测系统,监视和记录系统中的端口通信情况。

3.2.3　操作系统识别

操作系统识别是检测目标主机操作系统的类型和版本。不同的操作系统,同一种操作系统的不同版本,默认开放的服务以及相应的漏洞都是不一样的。因此,操作系统的识别对于攻击者来说至关重要。

攻击者可以利用"TCP/IP 栈指纹技术"来进行操作系统识别。这是因为操作系统的识别方法和 TCP/IP 协议有关。TCP/IP 协议栈技术只是在 RFC 文档中描述,并没有一个统一的行业标准,于是各个公司在编写应用于自己操作系统的 TCP/IP 协议栈的时候,对 RFC

文档做出了不尽相同的诠释,造成了 TCP/IP 协议实现上的细微差异。也就是,TCP/IP 协议栈在不同操作系统的实现都拥有细微的独特痕迹,而这些细微的独特痕迹被称为"操作系统指纹"。

基于"TCP/IP 栈指纹技术",操作系统识别可以分为主动指纹识别和被动指纹识别。

1. 主动指纹识别

主动指纹技术是指主动向目标主机发送数据包,并对其响应进行分析。以下是几种主动指纹识别方法。

(1)FIN 探测。通过向目标主机上一个打开的端口发送 FIN 包,然后等待回应。对于多数 UNIX 操作系统,关闭的端口返回 RST 包,开放的端口什么都不做,而各种版本的 Windows操作系统都会返回 RST 包。

(2)ACK 值探测。在 TCP/IP 协议栈实现中,不同操作系统在 ACK 包的序列号值的选择上存在差异,有些操作系统返回所确认 TCP 包的序列号,另外一些则返回所确认 TCP 包的序列号加 1。

(3)分片处理方式。不同操作系统对分片重叠的情况处理不同,有的会用后到达的新数据覆盖先到达的旧数据,有的则相反。

(4)SYN 洪水测试。如果发送太多伪造的 SYN 包,多数操作系统只能处理 8 个包,而有些操作系统会停止建立新的连接。

(5)服务类型(type of service,TOS)。对于 ICMP 端口不可达信息,多数操作系统返回包的服务类型值是 0,而有些操作系统(如 Linux)的返回值却是 0xC0。

2. 被动指纹识别

主动指纹技术需要主动向目标主机发送数据包,因此其识别过程容易被网络防御设备发现。为了提高隐蔽性,需要使用被动指纹识别。被动指纹识别是分析一台网络主机中发过来的数据包的过程。这种情况下,指纹识别工具被当作嗅探工具,不会向网络发送任何数据包。称其"被动"是因为这种方法不会与目标主机进行任何交互,以下是几种被动指纹识别方法。

(1)TTL(time to live,生存时间)值检测。TTL 值是操作系统对出站数据包设置的存活时间。不同操作系统的 TTL 默认值可能不同。例如,UNIX 为 255,Linux 为 64,Win7 为 64。

(2)Window Size 检测。Window Size 是操作系统设置的 TCP 窗口大小,这个大小是在发送 FIN 信息包时包含的选项。有的操作系统总是使用比较特殊的值。

(3)DF(direction flags,方向标志)检测。DF 位表示不分段的标志。许多操作系统逐渐开始在它们发送的 IP 数据包中设置 DF 位,从而有益于提高传输性能。不同操作系统对 DF 位有不同的处理方式,有些操作系统设置 DF 位,有些不设置 DF 位,还有一些操作系统在特定场合设置 DF 位,而在其他场合不设置。因此,通过留意这个标记位的设置,可以搜集到关于目标主机操作系统的更多有用信息。

完全屏蔽所有操作系统指纹识别是一个几乎不可能完成的任务,但可以通过一些措施加大攻击者的识别难度。对于主动指纹识别,通过防火墙可以阻止外部主机扫描内部主机,通过入侵检测系统检测和记录系统中的安全事件。对于被动指纹识别,需要减少信息泄露并干扰指纹识别的结果。

3.2.4　漏洞扫描

漏洞扫描是指对指定的远程或者本地主机进行安全弱点检测,发现可利用漏洞的一种安全检测行为。

漏洞扫描主要通过以下两种方法来检查目标主机。

1. 基于漏洞库的规则匹配

基于网络系统漏洞库的漏洞扫描,关键部分是它所使用的漏洞库。通过采用基于规则的匹配技术,即根据安全专家对网络系统安全漏洞、攻击案例的分析和系统管理员对网络系统安全配置的实际经验,形成一套标准的网络系统漏洞库;然后在此基础之上构成相应的匹配规则,由扫描程序自动进行漏洞扫描的工作。

这样,漏洞库信息的完整性和有效性决定了漏洞扫描系统的性能,漏洞库的修订和更新的性能也会影响漏洞扫描系统运行的时间。因此,漏洞库的编制不仅要对每个存在安全隐患的网络服务建立对应的漏洞库文件,还应当能满足提出的性能要求。

2. 基于模拟攻击

基于漏洞库的规则匹配仅能检测已知的漏洞。对于未知的漏洞,攻击者可以采用模拟攻击的方法。

将模拟攻击的模块做成插件形式,插件是由脚本语言编写的子程序,扫描程序可以通过调用它来执行漏洞扫描,检测出系统中存在的一个或多个漏洞。添加新的插件就可以使漏洞扫描软件增加新的功能,扫描出更多的漏洞。插件编写规范化后,用户甚至自己都可以用Perl、C或脚本语言编写的插件来扩充漏洞扫描软件的功能。

这种技术使漏洞扫描软件的升级维护变得相对简单,而专用脚本语言的使用也简化了编写新插件的编程工作,使漏洞扫描软件具有更强的扩展性。

3.3　网络嗅探

网络嗅探是一种在他方未察觉的情况下捕获其通信内容的技术。网络嗅探只对受害主机发出的信息流进行操作,不与主机交换信息,也不影响受害主机的正常通信。网络嗅探利用现有网络协议的一些漏洞来实现,不直接对受害主机系统的整体性进行任何操作或破坏。

嗅探攻击的原理如图3-1所示。终端A向终端B传输信息的过程中,信息不仅沿着终端A至终端B的传输路径传输,还沿着终端A至黑客终端的传输路径传输,且终端A至黑客终端的传输路径对终端A和终端B都是透明的。

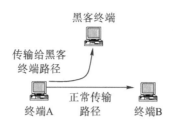

图 3 - 1 网络嗅探原理

对于攻击者,网络嗅探是内网渗透技术,可以窃取机密信息,为发起进一步攻击而收集信息。对于管理员,网络嗅探用来监听网络的流量情况,定位网络故障,为网络入侵检测系统提供底层数据来源基础。

网络嗅探技术的能力范围目前只限于局域网。由于局域网分为共享式局域网和交换式局域网,网络嗅探分别针对这两种局域网进行分析。

3.3.1 共享式局域网及其嗅探

1. 共享式局域网

共享式局域网就是使用集线器共用一条总线的局域网。它采用了载波检测多路侦听(carries sense multiple access with collision detection,CSMA/CD)机制进行传输控制。

集线器是一种重要的网络部件,主要在共享式局域网中用于将多个客户端和服务器连接到中央区的网络上(见图 3 - 2)。集线器只是一个多端口的信号放大设备(中继器),在局域网的物理环境下工作,其主要应用在 OSI(open system interconnect,开放式系统互联)参考模型的第一层。

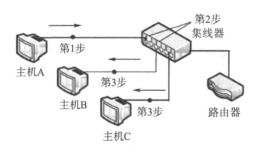

图 3 - 2 共享式局域网

共享式局域网采用广播式网络传输技术,即仅有一条通信信道,由网络上的所有机器共享。信道上传输的数据帧可以被任何机器发送并被其他所有的机器接收。这是因为集线器不能识别帧,所以它就不知道一个端口收到的帧应该转发到哪个端口,它只好把帧发送到除源端口以外的所有端口,这样网络上所有的主机都可以收到这些帧。

2. 共享式局域网的嗅探

由于共享式局域网通过集线器连接,通过网络的所有信息发往每一个主机,因此,能够嗅探整个集线器上全部网络流量。

另外,还需要关注网卡的接收模式。网卡有两种接收模式,分别是混杂模式和非混杂模式。混杂模式:不管数据帧中的目的地址是否与自己的地址匹配,都接收下来。非混杂模式:只接收目的地址与自己的地址相匹配的数据帧,以及广播数据包和组播数据包。因此,为了进行网络嗅探,必须把网卡设置为混杂模式,使网卡能接收传输在网络上的每一个数据帧。

例 3 - 1 图 3-2 中的共享式局域网由主机 A、主机 B 和主机 C 组成,主机 A 要给主机 B 发送信息,主机 C 如何进行嗅探?

答:主机 C 只需要将网卡设为混杂模式即可。

3.3.2 交换式局域网及其嗅探

1. 交换式局域网

共享式局域网中,在任意一个时刻,网络中只能有一个主机发送数据,其他主机只可以接收信息,若想发送数据,只能退避等待。同时,共享式局域网采用广播式网络传输技术,容易发生网络嗅探。交换式局域网的出现解决了这两个问题。

交换式局域网就是使用交换机实施点对点传输的局域网,如图 3-3 所示。

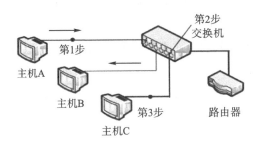

图 3 - 3 交换式局域网

交换式机是工作于数据链路层的设备,能识别 MAC 地址,通过解析数据帧中的目的主机的 MAC 地址,将数据帧快速地从源端口转发至目的端口,从而避免与其他端口发生碰撞,提高了网络的交换和传输速度。

交换式局域网采用点对点网络传输技术,即点对点网络由一对对机器之间的多条连接构成,数据的传输是通过相应的连接直接发往目标机器,因此不存在发送数据被多方接收的问题。这是因为交换机的内部维护着一张 MAC 表,表中存储的是 MAC 地址与端口号的对应关系。交换机首先将某个端口发送的数据帧先存储下来,通过解析数据帧,获得目的 MAC 地址,然后在交换机中 MAC 地址与端口号的对应关系表中,检索该目的主机所连接到的交换机端口,找到后就立即将数据帧从源端口直接转发到目的端口。可见,交换式局域网克服了共享式局域网容易发生网络嗅探的缺点。

2. 交换式局域网的嗅探

根据接收到的数据帧目的 MAC 地址,交换机决定将该数据帧发向交换机的哪个端口。

端口间的帧传输彼此屏蔽,因此节点就不担心自己发送的帧会被发送到非目的节点中去。因此,网络嗅探需要其他端口采用一些手段,如 MAC 表溢出和 ARP 欺骗。

(1)MAC 表溢出。

交换机工作时采用的是点对点的网络传输技术。交换机接收到数据帧时,查看 MAC 表是否有发送至目标 MAC 地址的条目。如果有,将这个数据帧从 MAC 条目中对应的端口转发出去;如果没有,将这个数据帧向交换机其他所有端口广播(即二层广播)。这时,交换机就退回到集线器的广播方式,向所有的端口发送数据帧,一旦如此,监听就很容易了。

例 3 - 2　图 3 - 3 的交换局域网由主机 A、主机 B 和主机 C 组成,主机 A 要给主机 B 发送数据,主机 C 如何基于 MAC 表溢出的方法进行嗅探?

答:MAC 表内存是有限的,因此可以采用 MAC 表溢出攻击来实现上面的二层广播。

攻击者用大量的错误 MAC 地址的数据帧对交换机进行攻击,如在交换机转发表中添加 MAC 地址,分别为 MAC 1,MAC 2,…,MAC n 的转发项(见表 3 - 1),这些转发项耗尽交换机 MAC 表的存储空间。如果主机 B 想添加自己的转发项时,则无法添加。此时,发给主机 B 的数据帧,由交换机以广播方式完成发送。因此,主机 A 发给主机 B 的数据帧,网卡为混杂模式的主机 C 可以进行嗅探。

表 3 - 1　MAC 表溢出攻击示例

MAC 地址	转发端口
MAC 1	8
MAC 2	8
⋮	⋮
MAC n	8

(2)ARP 欺骗。

ARP 欺骗的工作原理将在 3.4.1 节中详细讲解。如图 3 - 4 所示,通过 ARP 欺骗,主机 A 本应该给主机 B 发送的数据,发送给了作为"中间人"的黑客终端,黑客终端完成了嗅探。

中间人攻击策略是 ARP 欺骗的主要攻击方式,也是最危险的攻击方式之一。中间人攻击是指攻击者插入通信双方的连接中,截获并转发双方信息的行为。通过这种行为,攻击者可以探测到机密的信息,甚至篡改信息的内容。

图 3 - 4　ARP 欺骗

3.3.3　网络嗅探的防范

网络嗅探属于被动攻击,不易检测,重在防范。可采取的防范方法包括网络分段和加密。

1. 网络分段

有三种网络设备是嗅探器不可能跨过的:交换机、路由器和网桥。可以通过灵活地运用这些设备来进行网络分段。具体而言,将一些小的网段连接到集线器上,再把集线器连接到交换器上,那么数据只能在小的网段内部被网络监听器截获。

2. 加密

加密提供了另外一种解决方案。加密分为数据通道加密和数据内容加密。数据通道加密:正常的数据都是通过事先建立的通道进行传输的,以往许多应用协议中明文传输的账号、口令等敏感信息将受到加密保护。目前的数据加密通道方式主要有 SSH(secure shell,安全外壳)、SSL(secure sockets layer,安全套接层)和 IPSec(Internet Protocol security,互联网安全协议)等。数据内容加密:将使用一些可靠的加密机制对互联网上传输的邮件和文件进行加密,如 PGP(pretty good privacy,优良保密协议)等。

3.4　欺骗攻击

欺骗攻击实质上就是一种冒充身份通过认证,从而骗取信任的攻击方式。攻击者针对认证机制的缺陷,将自己伪装成可信任方,从而与被攻击者进行交流,最终攫取信息或是展开进一步攻击。

3.4.1　ARP 欺骗

ARP 协议用于解决同一个局域网中的主机或路由器的 IP 地址和硬件地址 MAC 的映射问题。在以太网中,一个主机要和另一个主机进行直接通信,必须要知道目标主机的MAC 地址。但这个目标的 MAC 地址是如何获得的呢? 它就是通过 ARP 协议获得的。ARP 协议用于将主机的网络地址(即 32 位的 IP 地址)转化为物理地址(48 位的 MAC 地址)。

1. ARP 协议的工作原理

每台主机都会建立一个 ARP 缓存表,该表存放 IP 地址和 MAC 地址的对应关系。当源主机需要将一个数据包发送到目的主机时,检查 ARP 列表中是否存在该 IP 地址对应的MAC 地址。如果有,就直接将数据帧发送到该 MAC 地址对应的主机。如果没有,运行如下的 ARP 进程。

(1)源主机向本地网段发起一个 ARP 请求的广播包,查询该目的主机对应的 MAC 地址。该 ARP 请求数据包里包括源主机的 IP 地址、MAC 地址和目的主机的 IP 地址。

（2）网络中所有的主机收到这个 ARP 请求的广播包后,会检查数据包中的目的 IP 是否和自己的 IP 地址一致。

①如果不一致,则不理睬并丢弃该数据包;

②如果一致,则该目的主机给源主机发送一个 ARP 响应包,告诉对方自己的 MAC 地址。

（3）源主机收到这个 ARP 响应包后,将得到的目的主机 IP 地址和 MAC 地址添加到自己的 ARP 缓存表中,并利用此信息开始数据传输。

ARP 缓存表对保存在高速缓存中的每一映射地址项目都设置生存时间,凡是超过生存时间的项目就会从高速缓存中被删掉。从 IP 地址到 MAC 地址的解析是自动进行的,主机的用户对这种地址解析过程是不知道的。

2. ARP 欺骗的原理

ARP 协议存在两个安全问题:第一,在局域网内,数据传输是通过 MAC 地址实现的。IP 地址与 MAC 地址的映射依赖于 ARP 缓存表。但是,ARP 缓存表的实现不具备任何认证机制。第二,在没有主机发送 ARP 请求的情况下,任何主机都可以发送 ARP 应答数据,这有可能导致源主机内 ARP 缓存表的非法更新。

基于 ARP 协议的安全问题,在同一交换式局域网内,主机利用"IP 地址 - MAC 地址"对应关系的欺骗来实施 ARP 欺骗,造成中间人攻击,从而可以在全交换环境下实现数据嗅探。如果攻击主机伪装成网关的 MAC 地址,还将使得被攻击主机无法上网。

下面以一个例子来讲解 ARP 欺骗,从而在交换式局域网中实现网络嗅探。

例 3 - 3　通过交换机连接主机 A、主机 B 和主机 C 来构成一个局域网（见图 3 - 3）。主机 A 要给主机 B 发送数据帧,问主机 C 如何利用 ARP 欺骗实施网络嗅探? 其中:

主机 A　　IP 地址:192.168.0.1,MAC 地址:AA - AA - AA - AA - AA - AA;

主机 B　　IP 地址:192.168.0.2,MAC 地址:BB - BB - BB - BB - BB - BB;

主机 C　　IP 地址:192.168.0.3,MAC 地址:CC - CC - CC - CC - CC - CC。

答:主机 A 要给主机 B 发送数据帧。正常情况下,在主机 A 的 ARP 缓存表应该出现如下信息:

192.168.0.2 BB - BB - BB - BB - BB - BB dynamic

此时,主机 B 能正常收到主机 A 发送的数据帧。

（1）ARP 欺骗。主机 C 要对主机 A 进行 ARP 欺骗。过程:在主机 C 上运行 ARP 欺骗程序,发送 ARP 欺骗包,即主机 C 向主机 A 发送一个伪造的 ARP 应答:

192.168.0.2 CC - CC - CC - CC - CC - CC dynamic

当主机 A 接收到主机 C 伪造的 ARP 应答时,就会更新本地的 ARP 缓存,并且主机 A 不知道该响应是从主机 C 发送过来的。这时,主机 C 对主机 A 的 ARP 欺骗完成。

（2）网络嗅探。基于上述 ARP 欺骗,主机 A 本应该给主机 B 发送的数据帧,就发送给了主机 C,因此,主机 C 完成了嗅探。

（3）中间人攻击。为了使上述过程更加隐蔽,主机 C 还可以将数据帧转发给主机 B,完成中间人攻击。可见,原本主机 A 应直接发送给主机 B 的数据帧,需要经过主机 C 作为"中间人"来进行转发。

（4）危害。基于上述 ARP 欺骗,主机 C 通过这种方式可以窃听主机 A 发送给主机 B 的信息;同时,可以在转发数据的时候添加恶意程序。进一步地,如果主机 B 是网关时,在上述 ARP 欺骗中,主机 C 可以监听整个网段内的数据通信,开启 IP 转发功能,完成中间人攻击或者在转发的数据中添加恶意程序。此时,主机 A 因为无法找到正确的网关而无法访问外界,使得上网中断。

3. ARP 欺骗的防范

对于 ARP 欺骗的防范,可以采用以下一些方法。

（1）不要把你的网络安全信任关系建立在 IP 基础或 MAC 基础上,理想的关系应该建立在"IP 地址-MAC 地址"对应关系的基础上。

（2）设置静态的"IP 地址-MAC 地址"对应表,不要让主机刷新你设定好的转换表。

（3）管理员定期轮询,检查主机上的 ARP 缓存。

（4）使用 ARP 欺骗防护软件,如 ARP 防火墙。

（5）及时发现正在进行 ARP 欺骗的主机并将其隔离。

3.4.2 DHCP 欺骗

1. DHCP 的概念

随着网络规模的扩大和网络复杂度的提高,网络 IP 地址配置越来越复杂,经常出现主机位置变化和主机数量超过可分配 IP 地址的情况,手工配置 IP 地址的方法无法很好地应对,这时需要用到动态主机配置协议（DHCP）。

DHCP 是局域网的网络协议,其主要功能是集中管理和分配 IP 地址。DHCP 采用客户端/服务器模型。DHCP 服务器控制一段 IP 地址范围,客户端登录 DHCP 服务器时,就可以自动获得服务器分配的 IP 地址,同时,还会获得子网掩码、网关、DNS 服务器地址等参数。

主机参数的动态分配任务由主机驱动。当 DHCP 服务器从主机接收到地址申请时,才会将相关的参数信息发送给主机,实现 IP 地址的动态配置。DHCP 应该确保:任何一个 IP 地址同一时间只能分配给一个 DHCP 客户端;能够为用户分配永久固定的 IP 地址;能够与通过其他方法（如手动配置 IP 地址）获得 IP 地址的主机共存。

DHCP 动态分配的好处是无需手动配置 IP 地址参数,避免输入错误,减少管理员的工作量。同时,由于 DHCP 服务器自动进行参数配置,避免 IP 冲突。此外,由于 DHCP 服务器具有动态分配的功能,在主机需要的时候才进行 IP 地址分配,当某一主机使用完毕断开网络时,其 IP 地址会被系统回收,可以分配给其他有需要的主机,提高了 IP 地址的利用率,在一定程度上解决了主机数量超过可分配 IP 地址的问题。

2. DHCP 欺骗

DHCP 欺骗中,攻击者可以伪造一个 DHCP 服务器并将其接入网络中,此时可以进行两种方式的欺骗。

第一,伪造的 DHCP 服务器为主机分配 IP 地址的同时,指定一个虚假的网关地址作为默认网关地址,该虚假的网关地址为攻击者的终端 IP。当终端从伪造的 DHCP 服务器获取错误的默认网关地址后,所有发送给其他网络的数据将首先发送给攻击者终端。

第二,伪造的 DHCP 服务器为主机分配 IP 地址的同时,指定一个虚假的 DNS 服务器地址,这时,当用户访问网站的时候,就被虚假的 DNS 服务器引导到错误的网站,导致了 DNS 欺骗的发生。

上述两种 DHCP 欺骗中,伪造的 DHCP 服务器需要代替真实的 DHCP 服务器提供服务。这里有两种方法,第一种:攻击者可以通过伪造大量的 IP 地址请求包,而耗尽 DHCP 服务器现有的 IP 地址。当再有主机请求 IP 地址的时候,DHCP 服务器就无法分配 IP 地址了。这时,伪造的 DHCP 服务器会为该主机提供参数配置服务。第二种:主机发起 DHCP 请求时,同一网段的 DHCP 服务器优先响应。因此,要对哪台主机实施 DHCP 欺骗,就把伪造的 DHCP 服务器同该主机置于同一网段内。

3. DHCP 欺骗的防范

造成 DHCP 欺骗的根源是 DHCP 服务器缺少认证机制。如果网络中存在非法 DHCP 服务器,无法保证客户端的 IP 地址、网关地址、DNS 服务器地址等配置信息是从真正合法的 DHCP 服务器获取的,还是从非法 DHCP 服务器获得的,从而导致欺骗的发生,网络无法正常使用。因此,对于 DHCP 欺骗攻击的防范,重在 DHCP 服务器的认证,不允许伪造的 DHCP 服务器接入局域网,采用的方法是 DHCP-Snooping。

DHCP-Snooping 方法主要应用在交换机上,作用是屏蔽接入网络中的非法 DHCP 服务器。开启 DHCP-Snooping 功能后,网络中的客户端只能从管理员指定的 DHCP 服务器获得 IP 地址等参数配置。启用 DHCP-Snooping 功能后,需要将交换机上的端口设置为信任和非信任状态,交换机只转发信任端口的 DHCP OFFER/ACK/NAK 报文,丢弃非信任端口的 DHCP OFFER/ACK/NAK 报文,以阻止非法 DHCP 服务器提供服务。

因此,使用 DHCP-Snooping 方法,把交换机连接 DHCP 服务器的端口设置为信任端口,其他端口设置为非信任端口,可以防范 DHCP 欺骗攻击。

3.4.3 DNS 欺骗

1. DNS

DNS 是互联网上域名和 IP 地址相互映射的一个分布式数据库。为了便于书写和记忆,通常使用域名来表示互联网上的主机。但是,浏览器在访问一台主机时,仍然需要使用主机的 IP 地址。为此,就需要 DNS 服务器,提供域名到 IP 地址的转换。这样能够使用户更方便地访问互联网,而不用去记住 IP。

为了降低 DNS 服务器的负担,"域名-IP 地址"的映射关系会动态存储在 DNS 服务器的高速缓存中。

在互联网中,当客户端试图访问一台 Web 服务器时,在浏览器的地址栏中输入服务器的域名,DNS 解析流程如下。

(1)客户端提出域名解析请求,并将请求发送至本地 DNS 服务器。

(2)本地 DNS 服务器收到请求后,首先查询本地缓存。

①如果有这条记录,则本地 DNS 服务器直接返回查询结果,即域名对应的 IP 地址。

②如果本地缓存没有记录,则本地 DNS 服务器通过根域名服务器、顶级域名服务器和权限域名服务器,利用递归查询或迭代查询的方法,获得域名对应的 IP 地址。

2. DNS 欺骗

常见的 DNS 欺骗有三种方法,分别是 DNS 投毒、DNS 应答伪造和伪造 DNS 服务器。

(1)DNS 投毒。

DNS 投毒就是修改 DNS 缓存中“域名-IP 地址”映射关系,将域名解析结果指向一个虚假 IP 地址。在这种情况下,用户再次对该网站发起请求时,虚假的映射关系会将用户引导至虚假站点上,从而造成信息泄露,财产安全受到影响。

(2)DNS 应答伪造。

由于 DNS 本身的设计缺陷,在 DNS 报文中只使用一个序列号来进行有效性鉴别,即 DNS 应答报文中序列号等于查询报文中的序列号 ID,则认为该应答有效。可见,DNS 没有提供适当的认证机制,使得 DNS 容易受到应答伪造。对于应答伪造方式,又分为下面两种情况。①对于可以嗅探的 DNS 服务器,可以直接获得 DNS 查询报文中的 ID,那么只要在伪造的 DNS 应答报文中使用相同的 ID,“域名-IP 地址”映射关系的欺骗就可以成功。②对于无法实现嗅探的 DNS 服务器,利用“生日攻击”,发送大量的 DNS 应答包。如果所发送的伪造应答包中存在和请求包 ID 一致的情况,也就是产生了所谓的“碰撞”,则“域名-IP 地址”映射关系的欺骗可以成功。

(3)伪造 DNS 服务器。

伪造 DNS 服务器,需要结合 DHCP 欺骗。具体而言,伪造的 DHCP 服务器先为主机指定一个虚假的 DNS 服务器,这时,当用户访问网站的时候,就被虚假 DNS 服务器解析到错误 IP 地址对应的虚假站点,导致了 DNS 欺骗的发生。

3. DNS 欺骗的防范

DNS 欺骗攻击大多数本质上都是被动的。通常情况下,除非已经发生了欺骗攻击,否则很难感觉到 DNS 欺骗。对 DNS 欺骗可以采取下述的一些防范方法:直接使用 IP 地址访问重要服务器,可以避开 DNS 对域名的解析过程,因此也就避开了 DNS 欺骗攻击;如果遇到 DNS 欺骗,先断开本地连接,然后再启动本地连接,这样就可以清除 DNS 缓存了。

3.4.4 Web 欺骗

Web 欺骗,又称网络钓鱼,它是通过引诱用户登录一个著名网站的假网站,骗取用户账号、口令等的一种攻击。

1. Web 欺骗

Web 欺骗有下面几种方法。

(1)钓鱼链接。钓鱼链接一般通过电子邮件传播,此类邮件中一个经过伪装的域名链接将收件人链接到钓鱼网站。钓鱼网站通常伪装成为著名网站,窃取访问者提交的账号、口令等信息。

(2)伪造的相近 Web 站点。对于著名站点域名的某些字符,钓鱼网站一般用外观字形容易混淆的字符来代替。用户在使用敏感信息和进行电子交易时,要仔细辨别其不同之处,如 c 和 o、O 和 0、a 和 e、I 和 L、I 和 1、L 和 1 等,这些字母和数字从外形上看非常相近。例如,用 http://www.1cbc.com.cn/假冒工商银行网站 http://www.icbc.com.cn/。

(3)虽然用户在浏览器地址栏中输入著名站点的域名,但实际访问的是黑客模仿该著名站点的假站点。该方法需要结合 DNS 欺骗,即"域名-IP 地址"映射关系的欺骗。

2. Web 欺骗的防御

对于 Web 欺骗的防御,不要轻易点开链接;交换机开启 DHCP-Snooping 功能,防止伪造的 DHCP 服务器接入;终端具有鉴别 Web 服务器的能力,证实 Web 服务器身份后,才对Web 服务器进行访问。

3.5　拒绝服务攻击

拒绝服务(denial of service,DoS)攻击的目的是使网络或服务器无法提供正常的服务。拒绝服务攻击是利用协议漏洞、系统漏洞、应用程序漏洞等,通过向服务器发送大量的服务请求来耗尽带宽资源或系统资源(如中央处理单元 CPU、内存、磁盘空间等),或造成缓冲区溢出等错误,使得服务器无法向合法用户提供正常服务的一种攻击。拒绝服务攻击就是让攻击目标瘫痪的一种"损人不利己"的攻击手段。

拒绝服务攻击主要有以下几种实现方法:ping 洪水、UDP 洪水、SYN 洪水、局域网拒绝服务(local area network denial,LAND)、Smurf、恶意访问、死亡之 ping 和泪滴等。

3.5.1　ping 洪水

为了耗尽网络带宽,短时间内向被攻击者发送大量 ping 命令的攻击被称为 ping 洪水攻击。

最简单的方式是直接攻击。如果网络 A 的带宽大于网络 B 的带宽,则网络 A 可以对网络 B 发起 ping 洪水的直接攻击。例如,网络 A 的带宽为 20000 包/秒,网络 B 的带宽为10000 包/秒。网络 A 可以每秒向网络 B 发送 20000 个攻击包,由于网络 B 每秒处理数据包的能力只有 10000 个,会发生网络拥塞。此时,当还有合法用户向网络 B 进行服务请求时,将会被拒绝。

上述直接 ping 洪水攻击有两个缺点。第一,攻击者直接对被攻击者进行攻击,因此攻击的源被明确确定。第二,对于 ping 请求包,被攻击者将试图响应,因此,攻击者网络性能会受到影响。

为了克服上述两个缺点,在进行 ping 洪水攻击时,需要结合源 IP 地址欺骗的手段,即源 IP 地址的欺骗攻击。TCP/IP 协议在设计时只使用数据包中的目标地址进行转发,而不对源地址的真实性进行验证。攻击者可以修改 IP 包头,使其包含一个虚假源 IP 地址,而接收到该欺骗数据包的主机则会向假冒的源 IP 地址对应主机发回响应包。这就是源 IP 地址的欺骗攻击。

对于 ping 洪水,攻击者可以结合源 IP 地址的欺骗攻击,又称为欺骗 ping 洪水攻击。在这种攻击中,被攻击者 B 追踪到的是假冒的 IP 地址,而非攻击者 A 的真实 IP 地址,真实攻击源的确定变得困难;其次,ping 的响应包不再反馈到攻击者 A,而是反馈到被冒充的主机。可见,此方法克服了直接 ping 洪水攻击的两个缺点。

对于 ping 洪水攻击的防御,一方面,可以进行防火墙规则设置,禁止 ICMP 包入网;另一方面,建立流量曲线,一旦曲线变化过大,就触发检测机制。

3.5.2　UDP 洪水

UDP 洪水攻击也是耗尽网络带宽的一种拒绝服务攻击。

在正常情况下,服务器在特定端口上收到 UDP 数据包时,将通过以下两个步骤进行响应:①服务器首先检查指定端口是否打开,且是否有相应的应用程序正在运行。②如果该端口打开且有程序接收数据包,则服务器正常提供服务;如果指定端口关闭或端口虽然开放但没有程序接收数据包,则服务器就会产生一个目的地址无法连接的 ICMP 数据包,以告知发送方目标不可达。

如果短时间内向目标服务器发送了足够多的 UDP 数据包时,不管端口是否打开、打开的端口是否有程序接收这些数据包,都会导致网络可用带宽迅速缩小,正常的连接不能进入。

与 ping 洪水攻击类似,UDP 洪水攻击也有两种方式,一种是直接攻击,另一种是欺骗攻击。

对于 UDP 洪水攻击的防御,一方面,可以进行防火墙规则设置,过滤掉未开启 UDP 端口数据包的访问;另一方面,建立流量曲线,一旦曲线变化过大,则触发检测机制。

3.5.3　SYN 洪水

SYN 洪水攻击是利用 TCP 三次握手过程的缺陷,由攻击者向被攻击者发送大量的 TCP 连接请求,从而耗尽攻击者 CPU 或内存资源的一种攻击方式。

在 TCP 连接的三次握手中,假设客户端向服务器端发送了 SYN 报文后突然死机或掉线,那么服务器端在发出 SYN/ACK 应答报文后是无法收到客户端的 ACK 报文的,即第三次握手无法完成,这种情况下服务器会在内存中保存这个半连接状态,同时会重试,即再次发送 SYN/ACK 应答报文给客户端,并等待一段时间后丢弃这个未完成的连接,这段时间称为 SYN Time out,一般来说这个时间大约为 30 秒到 2 分钟。

一个 TCP 连接出现异常导致服务器等待 30 秒到 2 分钟并不困难,但如果有一个恶意的攻击者大量模拟这种情况,服务器端可能会耗尽资源。这是因为服务器将维护一个非常大的 TCP 半连接列表而耗尽资源。这是因为,首先,服务器需要分配内存空间来保存大的半连接列表;其次,服务器需要消耗 CPU 的时间资源来遍历该列表,同时,需要不断地对这个半连接列表中的 IP 地址进行 SYN/ACK 的重试,并对超出 SYN Time out 的半连接进行丢弃。

实际上,服务器中分配用于 TCP 连接队列的内存空间是有限的,大量的半连接有可能会导致内存的堆栈溢出而系统崩溃。即使服务器端的内存足够大,服务器端的 CPU 也将忙于处理攻击者大量 TCP 半连接请求而无暇理睬其他合法客户的正常请求。此时,从正常客户的角度看来,服务器失去响应,受到了 SYN 洪水攻击。

SYN 洪水攻击,分为两大类,一类是直接 SYN 洪水攻击,另一类是欺骗 SYN 洪水攻击。

攻击者用自己真实的 IP 地址在短时间内发送大量的 SYN 数据包,这就是所谓的直接 SYN 洪水攻击。直接攻击不涉及攻击者修改 IP 数据包中的源 IP 地址,因此,可以简单地发送很多的 TCP 连接请求。然而,这种攻击的关键点是攻击者必须阻止系统对 SYN/ACK 包进行响应,因为任何 ACK、RST 或 ICMP 包都将让服务器无法达到半连接状态。因此,攻击者可以通过设置防火墙规则阻止一切要到达服务器的除 SYN 外的其他数据包,或者阻止所有进入本地的 SYN/ACK 包。

SYN 洪水攻击的另一种方式是欺骗 SYN 洪水攻击,这里指的也是结合源 IP 地址欺骗的 SYN 洪水攻击。攻击者发送的 SYN 包带有虚假的源 IP 地址,目标主机收到 SYN 包后,会按照该请求中的源 IP 地址回复 SYN/ACK,然而,由于源 IP 地址是一个虚假的地址(甚至该 IP 地址对应的主机未开启),目标主机的 SYN/ACK 包不会得到响应,因此,半连接状态建立。

上述两种攻击方式,为了达到拒绝服务,攻击者需要在短时间内发送大量的 SYN 攻击包。

对于 SYN 洪水攻击的检测,需要监视系统的半连接数。例如,使用 Netstat 命令就能看到系统 SYN_RECV 的半连接数,如果半连接的数量大于 500 或占总连接数的 10% 以上,则有可能遭受了 SYN 洪水攻击。

对于 SYN 洪水攻击的防范,有以下三种方法。

(1)缩短 SYN Time out 时间。缩短 SYN Time out 时间的目的是让服务器端更早地释放半连接状态所消耗的资源,可以成倍地降低服务器的负荷。

(2)设置 SYN Cookie。给每一个请求连接的 IP 地址分配一个 Cookie,如果短时间内连续收到某个 IP 地址的重复 SYN 报文,就认定是受到了攻击,以后从这个 IP 地址发来的包会被一概丢弃。

(3)使用 SYN 代理防火墙。SYN 代理防火墙位于客户端和服务器之间,它能有效地保护内部的服务器。

3.5.4 LAND

LAND 攻击利用了 TCP 三次握手过程的缺陷。这种攻击方式采用了源地址欺骗的方式构造了特殊的第一次握手 SYN 数据包,该 SYN 数据包的源 IP 地址与目标 IP 地址都是目标主机,因此,目标主机将第二次握手的 SYN/ACK 数据包发送给自己。接着,目标主机又给自己发送第三次握手的 ACK 数据包,并建立一个空连接。可见,被攻击的目标主机每收到一个 SYN 数据包,都会建立一个空连接,这些连接会保持直到超时。如果短时间收到大量的这种连接,则会消耗系统资源直至崩溃。不同操作系统对 LAND 攻击的反应不同,多数 UNIX 操作系统将崩溃,而 Windows 会变得极其缓慢(大约持续 5 分钟)。

对 LAND 攻击的防范,可以设置防火墙规则,过滤掉源 IP 地址等于目的 IP 地址的包。

3.5.5 Smurf

Smurf 攻击是以最初发动这种攻击的程序"Smurf"来命名的。这种攻击方法结合使用 IP 欺骗和反射网络来获得大量 ICMP 回复从而攻击系统,引起目标系统拒绝为正常系统进行服务。

Smurf 攻击的原理如图 3-5 所示。攻击者 A 对被攻击者 B 进行攻击,需要借助一个反射网络。Smurf 攻击仍然需要采用源 IP 地址欺骗的手段,作为攻击者 A,其源 IP 地址为被攻击者 B 的 IP 地址,目的 IP 地址为反射网络的 IP 地址。此时,若攻击者 A 按照上述地址进行 ICMP Echo 请求,请求包会发送给反射网络。之后,反射网络会进行 ICMP Echo 响应,按照其接收数据包的源 IP 地址,反射网络会将该响应发送给被攻击者 B。

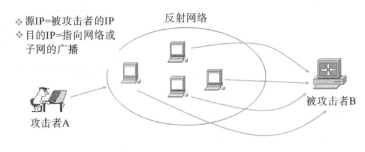

图 3-5　Smurf 攻击

从上述攻击原理可以看出以下四个特点。

(1)Smurf 攻击用很少的数据包就能获得拒绝服务攻击的效果,这是因为反射网络的存在。假定反射网络内有 M 台主机,攻击者 A 发送 L 千比特/秒的 ICMP Echo 请求报文,经过反射网络的 M 台主机,则被攻击者 B 将收到 $(L \times M)$ 千比特/秒的 ICMP Echo 应答报文。

例如,当 $L=1,M=1000$ 时,Smurf 攻击产生的应答流量可以达到 1 兆比特/秒。当 $L=1,M=$ 100 万时,Smurf 攻击产生的应答流量可以达到 1 吉比特/秒。

(2)Smurf 攻击使用伪造的数据包,源 IP 地址为被攻击者 B 的 IP 地址,目的 IP 地址为反射网络的 IP 地址。

(3)Smurf 攻击具有一定的隐蔽性。Smurf 攻击是"借刀杀人",直接对攻击者 B 实施攻击的是反射网络,但真正的攻击者 A 隐藏在反射网络之后。

(4)反射网络是受害者。反射网络被攻击者 A 利用,向被攻击者 B 发起 ICMP Echo 请求。为了便于实现,反射网络通常是一个广播网络。

对于 Smurf 的防范,可以在防火墙上进行规则设置,禁止 IP 广播包进网;同时,禁止主机对目标地址为广播地址的 ICMP Echo 包响应。

3.5.6　恶意访问

在访问应用程序时经常会使用到验证码。验证码的作用是防御"恶意访问"的拒绝服务攻击。

对于应用程序,客户端可以发出请求,运行应用服务器中的程序,服务器端程序访问数据库,得到结果后应答给客户端(见图 3-6)。

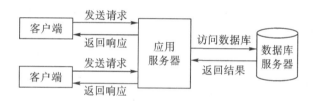

图 3-6　应用程序的访问

一般情况下,合法用户的访问是正常的,然而,会出现恶意用户发起的恶意访问攻击。恶意访问攻击通常可以通过恶意查询和恶意添加来实现。

恶意查询。编写一个机器人程序,短时间内重复输入用户名和口令进行登录试探等。该攻击的目的并不是登录该系统,而是要让服务器做无用功,服务器短时间反复做如下工作:按照用户名去数据库中查询其对应的口令,然后将该用户输入的口令和保存的口令做比较,根据是否相同来判断该用户是否为合法用户。该查询工作会消耗系统的 CPU 时间资源。

恶意添加。编写一个机器人程序,通过客户端页面,短时间内向服务器端提交大量的垃圾信息(如注册新用户、发表评论等)。该攻击不仅会消耗服务器的 CPU 时间资源,而且会向数据库服务器中添加大量垃圾数据,消耗其磁盘空间。

由于上述恶意访问攻击短时间内可能耗尽系统资源,系统性能极大地降低甚至崩溃,造成正常用户访问得不到及时响应。

要想防范该恶意攻击,问题的关键在于判断用户是合法用户还是恶意用户。通常情况下,能达到该恶意操作效果的用户是机器人程序,防范的关键是机器人程序。因此,一般采用"验证码"来实现。

验证码必须满足以下两个性质。

(1)随机性。验证码是服务器端随机产生的,这才能保证验证码对于机器人程序是无法预知的。同时,每登录一次服务器,客户都需要提供一次验证码,验证码每次都是不同的,这样可以避免机器人程序短时间的反复登录。

(2)可区分性。验证码能够区分合法访问的人和恶意访问的机器人程序。这是因为,对于验证码而言,人容易识别或操作,而机器人程序难以识别或操作。

基于可区分性,特殊处理的图形可以作为验证码,特殊处理包括歪斜、模糊、添加条纹等,这是因为经过特殊处理的图形,人容易识别,而图像处理算法难以识别。行为操作可以作为验证码,如拖动式和点触式等,这是因为这些行为操作,人容易完成,而机器人程序难以完成。

3.5.7　死亡之 ping

死亡之 ping 的攻击原理是攻击者向受害者发送尺寸超大的 ping 包对其进行攻击,受害者在接收到一个这样的数据后,会造成系统崩溃、死机或重启。

IP 包的最大长度是 $2^{16}-1=65535$ 字节,那么去除 IP 首部的 20 个字节和 ICMP 首部的 8 个字节,实际数据部分长度最大为 $65535-20-8=65507$ 字节。所谓尺寸超大的 ICMP 报文就是指数据部分长度超过 65507 字节的 ICMP 报文。

由于 IP 包的最大长度为 65535 字节,操作系统事先为每个 IP 包分配了 65535 字节的内存缓冲区。一旦发送来的 ICMP 数据部分超过 65507 字节的报文,即 IP 包的实际尺寸超过 65535 字节,操作系统将收到的数据报文向缓冲区填写时,报文长度大于 65535 字节,就会产生一个溢出,结果将导致 TCP/IP 协议堆栈的崩溃,引起系统死机、重启或崩溃。

为了对死亡之 ping 攻击进行防范,现在的操作系统都已对这一漏洞进行了修补,对可发送的 ping 数据包大小进行了限制。同时,针对死亡之 ping 攻击,也可以通过防火墙设置禁止 ICMP 报文入网。

3.5.8　泪滴

泪滴攻击通过构造错误的分片信息来实施。这是因为,某些操作系统收到含有重叠偏移的伪造分片数据包,在重组这些分片数据时内存计算错误,导致协议栈崩溃,无法为正常用户提供服务。

每一种数据链路层协议都规定了一个数据帧中数据部分的最大长度,这被称为最大传输单元(maximum transmission unit,MTU)。当一个 IP 数据包封装成链路层的帧时,此 IP 数据包的总长度一定不能超过下面的数据链路层所规定的 MTU 值。例如,以太网的 MTU 为 1500 字节,令牌总线网络的 MTU 为 8182 字节,令牌环网和光纤分布式数据接口(fiber distributed data interface,FDDI)对数据包没有大小限制。

若所传送的 IP 数据包经过封装长度超过数据链路层的 MTU 值,则就需要把过长的 IP 数据包分成多个部分,这一过程被称为分片。例如,令牌总线网络中一个大小为 8000 字节的数据包要发送到以太网中,由于令牌总线网络的数据包要比以太网的大,为了能够完成数据的传输,需要根据以太网数据包的大小要求,将令牌总线网络的 IP 数据包进行分片。

在 IP 包头中有一个偏移字段和一个分片标志位 MF(more fragment,更多分片)。如果 MF 标志设置为 1 或者偏移字段为非 0,则表明这个 IP 包是一个大 IP 包的片段,其中偏移字段指出了这个片段在整个 IP 包中的位置。例如,对一个 3800 字节的 IP 包进行分片 (MTU 为 1500 字节),则三个片段中偏移字段的值依次为 0、1500、3000。这样接收端就可以根据这些信息成功地组装该 IP 包。

攻击者要实施泪滴攻击,可以打破这种正常情况,把偏移字段设置成不正确的值。例如,把上述偏移字段的值设置为 0、1300、3000,则可能出现重合或断开的情况,从而导致目标操作系统崩溃,无法为正常用户提供服务。

对于泪滴攻击的检测,可以对接收到的分片数据包进行分析,计算数据包的片偏移量是否有误。对于泪滴攻击的防御,可以添加系统补丁程序,丢弃收到的病态分片数据包并对这种攻击进行审计。

3.5.9　分布式拒绝服务攻击

分布式拒绝服务(distributed denial of service,DDoS)攻击是一种基于 DoS,采用分布式方式的大规模攻击,所谓分布式方式是指不同位置的多个攻击者协作攻击一个或多个目标。与单一的 DoS 攻击相比,DDoS 攻击瞬间能产生极大流量,造成被攻击主机资源耗尽,因此,该攻击主要瞄准商业公司、搜索引擎和政府部门网站等比较大的站点。

1. DDoS 攻击的体系结构

如图 3-7 所示,DDoS 攻击体系由攻击者、主控端、代理服务器和被攻击者四部分组成。

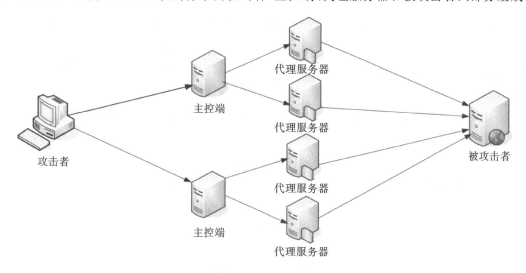

图 3-7　DDoS 攻击

（1）攻击者：发布 DDoS 攻击指令的是整个 DDoS 攻击的总控制台。攻击者为了逃避追踪，一旦将攻击指令传送到主控端，便可以关闭或离开网络，而由主控端将命令发布到各个代理服务器。

（2）主控端：接收到来自攻击者的指令后，发布到各个代理服务器。主控端是攻击者非法侵入并控制的一些主机。攻击者首先需要入侵主控端，在获得对主控端的写入权限后，安装特定的主控程序，该程序能够接收攻击者发来的特殊指令，而且可以把这些指令发送至代理服务器。

（3）代理服务器：是攻击目标的真正攻击实施者。代理服务器上的守护程序在指定端口上监听来自主控端发送的攻击命令。接收到来自主控端的攻击指令后，发布到攻击目标。同样地，代理服务器也是攻击者入侵并控制的一批主机，安装特定的代理服务程序。每一个攻击代理服务器都会向攻击目标发送 DDoS 攻击，因为有大量的代理服务器，所以有可能在瞬间消耗大量的系统资源，造成攻击目标无法提供服务。值得注意的是，每个代理服务器发出的攻击包都经过伪装，使得其来源难以被识别。

（4）被攻击者：攻击目标通常是商业公司、搜索引擎和政府部门网站等比较大的站点。

2. DDoS 攻击的步骤

DDoS 攻击中，在攻击者的控制下，主控端和代理服务器协同作战，对被攻击者进行攻击，其攻击可以分为信息收集、占领傀儡和实施攻击三个步骤，具体如下。

（1）信息收集：在实施攻击前，有经验的攻击者会对攻击目标有一个全面和准确的了解，包括主机数目、地址、配置、性能和带宽等。在攻击某个大型站点之前，先要确定到底有多少台主机在支持这个站点，因为大型站点通常需要有很多台主机利用负载均衡技术提供服务。攻击目标信息收集阶段关系到后面的攻击策略，能使攻击更有效。

（2）占领傀儡：该步骤又分为选择傀儡、获得权限和植入程序三个过程。最有可能成为攻击者傀儡主机的机器包括链路状态好、性能好、管理水平差的主机，即选择傀儡。对于获得权限而言，在这些主机中，攻击者进一步利用已有的系统或者应用软件的漏洞，取得可以实施后续攻击所需的控制权，甚至是管理员的权限，即获得权限。在傀儡主机获得相应的权限后，攻击者安装相应攻击程序，一部分充当攻击的主控端，安装主控程序；另一部分充当攻击的代理服务器，安装守护程序。早期的占领傀儡主机这一步主要是攻击者自己手动完成，但是后来随着 DDoS 攻击和蠕虫的融合，占领傀儡主机变成了一个自动化的过程，威力更大。

（3）实施攻击：攻击者通过主控端向代理服务器发出攻击指令，代理服务器不停地向攻击目标发送大量的攻击包来吞没攻击目标，达到拒绝服务的最终目的。有经验的攻击者会在攻击的同时监视攻击效果，在攻击过程中动态调整攻击策略，并尽可能地清除主控端和代理服务器上留下的痕迹。

3.6　缓冲区溢出攻击

第一个缓冲区溢出攻击是莫里斯(Morris)蠕虫,发生在 1988 年,它曾造成了全世界 6000 多台网络服务器瘫痪。目前,利用缓冲区溢出漏洞进行的攻击已经占所有系统攻击总数的 80% 以上。缓冲区溢出攻击日益普遍的原因在于各种操作系统和应用软件上存在的缓冲区溢出问题数不胜数,而其带来的影响不容小觑。

从程序的角度来看,缓冲区就是存放临时数据的内存空间。缓冲区溢出攻击的原理:当输入缓冲区的数据超过了为其分配的空间时,将会出现覆盖掉其他信息的情况,使应用程序异常、系统崩溃或者控制系统。

3.6.1　内存分类

缓冲区是存放临时数据的内存空间,缓冲区溢出和内存是息息相关的,因此,先对内存进行分析。依据不同用途,内存分成以下四个区域(见图 3-8)。

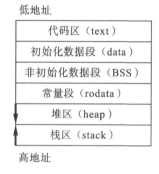

图 3-8　内存分类

(1)代码区(text):存放 CPU 执行的二进制代码。代码区是共享的,共享的目的是对频繁被执行的程序,只需要内存中有一份代码即可;代码区是只读的,使其只读的原因是防止程序意外地修改它的指令。

(2)全局内存区:该区域又分为三部分。

初始化数据段(data):用于存储初始化的非零全局变量和静态变量。Data 段包含在可执行程序中,大小是确定的;加载到进程中,所在内存区域可读可写。Data 段属于静态内存分配。

非初始化数据段(block started by symbol,BSS):用于存储未初始化的全局变量和静态变量。可执行程序不含 BSS 段,只记录区域大小;进程为 BSS 段开辟内存空间,并清零。为了优化考虑,编译器把初始化为零的全局变量,也会当作 BSS 段处理。所在内存区域可读可写。

常量段(rodata):存放的是只读数据(ro 代表 read only),如字符串常量、全局 const 变量。Rodata 段在程序中大小确定;在进程中内存只读,程序运行结束自动释放。

（3）堆区(heap):由程序员分配释放,若程序员不释放,程序结束时由操作系统回收。分配方式类似于链表。例如,C 程序中 malloc 函数和 free 函数;C++程序中的 new 运算符和 delete 运算符。

（4）栈区(stack):由编译器自动分配释放,存放函数的参数值、局部变量值和返回地址等,该区域的数据在程序结束后由操作系统释放,其操作方式类似于数据结构中的栈。

例 3-4 根据下面的代码理解变量在内存中保存的位置。

```
int a = 3;              // data 段
char *p1;               // BSS 段
main()
{
    int b;              //栈区
    char s[] = "abc";   //字符串"abc"在内存中共有两个,一个是字符串字面值"abc",存放在 rodata 段;另一个是字符数组 s[],其数组内也存放着"abc",但它们被存放在栈中
    char *p2;           //栈区
    char *p3 = "123456";//"123456"作为字符串字面值在 rodata 段,p3 在栈区
    static int c = 2;   // data 段
    p1 = (char *)malloc(10);
    p2 = (char *)malloc(20);//分配得来的 10 字节和 20 字节的区域就在堆区
    strcpy(p1, "123456");//"123456"放在 rodata 段,编译器可能会将它与 p3 所指向的"123456"优化成一块
}
```

例 3-5 根据下面的代码理解静态变量和局部变量。

```
f(int a)
{
    auto b=0;
    static c=3;
    b=b+1;
    c=c+1;
    return(a+b+c);
}
main()
```

```
    {
        int a=2,i;
        for(i=0;i<3;i++)
            printf("%d",f(a));
    }
```

上述例子的运行结果为 7、8、9。这是因为变量 a 和 b 属于局部变量,位于栈区;而 c 为初始化的静态变量,位于 data 段。

按照在内存的缓冲区溢出位置,分为三类:栈溢出、堆溢出和 BSS 溢出。

3.6.2　栈溢出

栈用于存储中间结果,如函数调用参数、返回地址、局部变量等。它的操作类似于操作系统的栈,因此,先进后出,大小可变。在这里,栈的空间由高地址向低地址分配,由编译器管理。

1. 函数调用

1)相关基础知识

(1)实参和形参。

实参,全称为"实际参数"。在调用有参函数时,主调函数和被调函数之间有数据传递关系。在主调函数中,函数名后面括号中的参数称为"实参"。实参可以是常量、变量、表达式、函数等,无论实参是何种类型的量,在进行函数调用时,它们都必须具有确定的值,以便把这些值传送给形参。因此,应预先用赋值、输入等办法使实参获得确定值。

形参,全称为"形式参数"。在被调函数中,函数名后面括号中的参数称为"形参"。在调用函数过程中,系统会把实参的值传递给被调用函数的形参。或者说,形参从实参得到一个值。形参变量只有在函数被调用时才会分配内存,调用结束后,立刻释放内存,所以形参变量只有在函数内部有效,不能在函数外部使用。

在调用函数时,实参将赋值给形参。因而,必须注意实参的个数、类型应与形参一一对应。需要注意的是:函数调用中发生的数据传送是单向的,即只能把实参的值传送给形参。

(2)寄存器与函数栈帧。

每一个函数独占自己的栈帧空间。当前正在运行的函数的栈帧总是在栈顶。Win32 系统提供两个特殊的寄存器用于标识位于系统栈顶端的栈帧。

基址指针寄存器(extended base pointer,EBP),其内存放着一个指针,该指针永远指向系统栈最上面一个栈帧的栈底。

栈指针寄存器(extended stack pointer,ESP),其内存放着一个指针,该指针永远指向系统栈最上面一个栈帧的栈顶。

每个函数都有自己的 EBP 和 ESP。当前运行哪个函数,那么该函数的栈帧位于系统栈的栈顶,EBP 和 ESP 中存放的指针要指向该栈的栈底和栈顶。

在函数调用时,前帧 EBP 指针需要入栈。以 main 函数调用 func_A 函数为例来说明。

当在 main 函数执行时,其栈帧入栈[见图 3-9(a)],EBP 和 ESP 中的指针要指向 main 函数栈帧的栈底和栈顶。

当 func_A 函数执行时,其栈帧入栈[见图 3-9(b)],EBP 和 ESP 中的指针进行调整,指向 func_A 函数栈帧的栈底和栈顶。

func_A 函数执行完毕后,EBP 和 ESP 中存放的指针要进行调整,重新指向 main 函数栈帧的栈底和栈顶[见图 3-9(c)]。main 函数栈帧的栈顶指针 ESP 容易调整,因为它是 func_A 函数栈帧的栈底,而其栈底指针 EBP 呢? 事实上,在 func_A 函数执行且其新栈帧入栈时,就已经将前栈帧(main 函数栈帧)的栈底指针 EBP 压入系统栈了。因此,在系统栈中可以找到 main 函数栈帧的栈底指针。

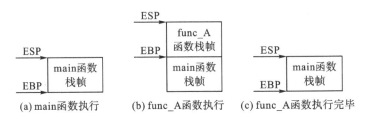

图 3-9 函数调用时 EBP 和 ESP 的变化

2)函数调用基本步骤

步骤 1:参数入栈,将参数从右向左依次压入系统栈中。

步骤 2:返回地址(ret)入栈,将当前代码区调用指令的下一条指令地址压入栈中,供函数返回时继续执行。

步骤 3:代码区跳转,处理器从当前代码区跳转到被调用函数的入口处。

步骤 4:栈帧调整,具体包括①保存当前栈帧状态值(即前帧 EBP 指针入栈),以备后面恢复本栈帧时使用(EBP 入栈)。②将当前栈帧切换到新栈帧,即将 ESP 值装入 EBP,更新栈帧底部。③给新栈帧分配空间,即把 ESP 减去所需空间的大小,抬高栈顶。

例 3-6 栈帧布局的示例。

```
main()
{
    char small_string[10];
    int i;
    for(i=0;i<10;i++)
            small_string [i]= 'A';
    func_A(small_string)
}
void func_A (char * input)
{
```

```
        char buf[10];
        strcpy(buf,input);
        printf("buf: % s\n",buf);
    }
```

在 main 函数调用 func_A 函数时,栈的操作如下:首先将 main 函数的返回地址 ret 压入栈底(为内存高端),接着将 main 函数栈帧的栈底指针 EBP 内容再压入栈,将 ESP 内容复制给 EBP,之后 ESP 减 10,即栈向上增长 10 个字节,用来存放 buf 数组。现在栈的布局如图 3 - 10(a)所示。当执行完 strcpy(buf,input)后,栈中的内容如图 3 - 10(b)所示。

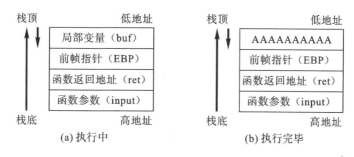

图 3 - 10　例 3 - 6 中栈的布局

2. 栈溢出

现在来分析栈溢出的示例。

例 3 - 7　栈溢出示例,其中函数 func_A 和例 3 - 6 相同,main 函数如下。

```
    main()
    {
        char large_string[100];
        int i;
        for(i=0;i<100;i++)
                large_string[i]='A';
        func_A (large_string)
    }
```

即 input 为 100 个 A,会出现什么后果?

从图 3 - 10 可以看出,返回地址可能会被覆盖。具体而言,function_A()函数调用完成后,把 large_string 的 100 个 A 复制到 buf 内,然而 buf 仅有 10 个字节的空间,装不下 100 个 A,因此会依次复制到 buf 数组为起始地址的 100 个字节的内存空间,发生缓冲区溢出,覆盖前帧 EBP 和返回地址 ret,函数返回时就返回到地址"0x41414141",所以会发生内存访问错误。

事实上,栈溢出中,根据覆盖数据的内容不同,可能会导致以下几种结果。

（1）其他局部变量或函数参数被覆盖。修改其他局部变量或函数的参数，可能改变当前函数的执行流程或结果。

（2）前帧 EBP 被覆盖。栈帧的正确恢复依赖于这个 EBP，该 EBP 被覆盖会导致函数不能正常退出，程序无法继续执行，出现难以预料的内存访问违例，甚至崩溃。

（3）返回地址被覆盖。代码跳转到溢出的返回地址进行执行。如果覆盖的地址是一个无效的错误值，程序不能正确执行，出现难以预料的内存访问违例，甚至崩溃；如果覆盖的地址是攻击者精心设计的，则该地址会指向攻击代码，甚至控制权被窃。

因此，根据上述分析，栈溢出的后果：程序运行结果异常或错误；出现难以预料的内存访问违例，不能正确执行，甚至崩溃；执行攻击代码，甚至控制权被窃。

3.6.3　堆溢出

栈溢出的问题已经广为人知，越来越多的操作系统商家增加了不可执行栈的补丁，也有一些人开发了一些编译器来防止栈溢出，这些方法在一定程度上可以减少由栈溢出导致的安全问题，但并不能防止堆的溢出。在大多数的操作系统中，堆可写可执行，这就使得堆的溢出成为可能。

在程序运行过程中，堆可以提供动态内存的分配，如 New()、malloc()等。它由应用程序管理分配及释放，大小可变，且由低地址向高地址分配。堆溢出指的是在缓冲区的堆中发生数据的覆盖。下面通过一个例子，通过 malloc()函数动态地申请两块内存空间，观察两个内存空间的位置和间隙，通过一定方式的填充来实现堆溢出。其中，两块内存空间均为 16 个字节的字符数组 buf1[16]和 buf2[16]。

例 3-8　堆溢出示例。

```
main()
{
    unsigned long diff ;
    char * buf1 = (char * )malloc (16) ;
    char * buf2 = (char * )malloc (16) ;
    diff = (unsigned long) buf2 - (unsigned long) buf1;
    printf("buf1 存储地址：%p：\n", buf1);
    printf("buf2 存储地址：%p：\n", buf2);
    printf("两个地址间距离：0x%x (%d) bytes \n", diff);
    memset (buf2,'A',15), buf2[16] = '\0'; //把数组 buf2 的 15 个元素都赋
                                                 值为 'A'
    printf ("buf1 输入但 buf2 未输入：buf2 = %s \n",buf2);
    memset (buf1,'B',16);                    //把数组 buf1 的 16 元素都赋值
```

为 'B'

```
        printf ("buf1 输入且 buf2 输入的第一种情况: buf2 = %s \n",buf2);
        memset(buf1,'B',(u-int)diff);           //把数组 buf1 的 diff 个元素都
                                                   赋值为 'B'
        printf ("buf1 输入且 buf2 输入的第二种情况: buf2 = %s \n",buf2);
        memset (buf1,'B',(u-int) (diff+8));      //把数组 buf1 的 diff + 8 个元
                                                   素都赋值为 'B'
        printf ("buf1 输入且 buf2 输入的第三种情况: buf2 = %s \n",buf2);
        return 0 ;
    }
```

最终的运行结果如下:

buf1 存储地址:0x8049870

buf2 存储地址:0x8049888

两地址间距离:0x18(24) bytes

buf1 输入但 buf2 未输入: buf2 = AAAAAAAAAAAAAAA

buf1 输入且 buf2 输入的第一种情况: buf2 = AAAAAAAAAAAAAAA

buf1 输入且 buf2 输入的第二种情况: buf2 = AAAAAAAAAAAAAAA

buf1 输入且 buf2 输入的第三种情况: buf2 = BBBBBBBBAAAAAAA

　　　　　　　　　　　　　buf1　　　　　　　间距　　　　　　buf2

分析:buf1 和 buf2 内存分配为 [xxxxxxxxxxxxxxxx][xxxxxxxx][xxxxxxxxxxxxxxxx]。

　　　　　　　　　低址┄┄┄┄┄┄┄┄┄┄┄┄┄┄┄┄→高址

可以看到 buf1 和 buf2 相继分配了 16 个字节的内存空间,但并不是紧挨着的,有 8 个字节的间距,这个间距可能随不同的系统环境而不同。

往 buf2 中存放了 15 个 A 后,在 buf1 中再进行填写数据,内存如下。

第一种情况:[BBBBBBBBBBBBBBBB][xxxxxxxx][AAAAAAAAAAAAAAA]。

第二种情况:[BBBBBBBBBBBBBBBB][BBBBBBBB][AAAAAAAAAAAAAAA]。

第三种情况:[BBBBBBBBBBBBBBBB][BBBBBBBB][BBBBBBBBAAAAAAA]。

对三种情况的内存分析如下。

第一种情况:若填写 16 个 B,没有超出 buf1 区域,未发生溢出,不影响 buf2 的结果。

第二种情况:若填写 24 个 B,超出 buf1 区域,溢出到间距,但不影响 buf2 的结果。

第三种情况:若填写 32 个 B,超出 buf1 区域,溢出到间距和 buf2,buf2 的结果错误。

3.6.4　BSS 溢出

BSS 段存放全局和静态的未初始化变量。BSS 溢出指的是在内存中的 BSS 段中发生数

据的覆盖。BSS 溢出工作方式和堆溢出类似,不同的是,堆中分配的两个内存空间是有间隙的,要达到溢出并产生运行结果的错误需要获得间隙的大小;BSS 溢出更简单,因为 BSS 段中,内存分配比较简单,变量与变量之间是连续存放的,没有间隙存在。

　　下面的例子中,定义了两个未初始化的静态字符数组 buf1[16] 和 buf2[16](即位于 BSS 段)。若要进行 BSS 溢出攻击,可进行如下操作。事先向 buf2 中写入 16 个字符 A,之后再往 buf1 中写入 24 个 B,由于 buf1[16] 和 buf2[16] 是连续存放的。字符数组 buf1 写入后,就会覆盖其相邻区域字符数组 buf2 的前 8 个字节。

例 3 - 9　BSS 溢出示例。

```
main()
{
    unsigned long diff ;
    static char buf1[16], buf2[16];
    diff = (unsigned long) buf2 — (unsigned long) buf1;
    printf("buf1 存储地址:%p:\n", buf1);
    printf("buf2 存储地址:%p:\n", buf2);
    printf("两个地址间距离:0x%x(%d) bytes \n", diff);
    memset (buf2,'A',15), buf2[16] = '\0'; //把数组 buf2 的 20 个元素都赋
                                                   值为'A'
    printf ("buf1 输入但 buf2 未输入:buf2 = %s \n",buf2);
    memset (buf1,'B',16);                 //把数组 buf1 的 20 元素都赋值
                                                   为'B'
    printf ("buf1 输入且 buf2 输入的第一种情况:buf2 = %s \n",buf2);
    memset (buf1,'B',(u—int)diff);        //把数组 buf1 的 diff 个元素都
                                                   赋值为'B'
    printf ("buf1 输入且 buf2 输入的第二种情况:buf2 = %s \n",buf2);
    memset (buf1,'B',(u—int) (diff+8));   //把数组 buf1 的 diff + 10 个
                                                   元素都赋值为'B'
    printf ("buf1 输入且 buf2 输入的第三种情况:buf2 = %s \n",buf2);
    return 0 ;
}
```

当我们运行它后,得到下面的结果:

　　buf1 = 0x8049874, buf2 = 0x8049884, diff = 0x10(16) bytes

　　buf1 输入但 buf2 未输入:buf2 = AAAAAAAAAAAAAAA

　　buf1 输入且 buf2 输入的第一种情况:buf2 = AAAAAAAAAAAAAAA

　　　　buf1 输入且 buf2 输入的第二种情况：buf2 = BBBBBBBBAAAAAAA

　　　　buf1 输入且 buf2 输入的第三种情况：buf2 = BBBBBBBBAAAAAAA

　　　　　　　　　　　　　　　　　　　　buf1　　　　　　　　buf2

　　分析：buf1 和 buf2 内存分配为 [xxxxxxxxxxxxxxxx] [xxxxxxxxxxxxxxxx]。

　　　　　　　　　　　　　　低址 ·················→高址

　　可以看到 buf1 和 buf2 相继分配了 16 个字节的内存空间,且紧挨着。

　　往 buf2 中存放了 15 个 A 后,在 buf1 中再进行填写数据,内存如下。

　　第一种情况：[BBBBBBBBBBBBBBBB] [AAAAAAAAAAAAAAA]。

　　第二种情况：[BBBBBBBBBBBBBBBB] [BBBBBBBBAAAAAAA]。

　　第三种情况：[BBBBBBBBBBBBBBBB] [BBBBBBBBAAAAAAA]。

　　对三种情况的内存分析如下。

　　第一种情况：若填写 16 个 B,没有超出 buf1 区域,未发生溢出,且不影响 buf2 的结果。

　　第二种情况：若填写 24 个 B,超出 buf1 区域,溢出到 buf2,buf2 的结果错误。

　　第三种情况：由于 buf1 和 buf2 之间没有间隙,因此和第二种情况相同。

　　可见,利用 BSS 溢出,攻击者可以改写 BSS 中的值。特别地,如果 BSS 中的值是指针或函数指针,则有可能还会改变程序原先的执行流程,使指针跳转到特定的内存地址并执行指定操作。

3.6.5　缓冲区溢出的防范

　　缓冲区溢出是一种流行的网络攻击方法,防火墙对这种攻击方式无能为力。可以采用以下几种方法保护缓冲区免受溢出攻击。

　　(1)数组边界检查。由于 C/C++程序中的一些函数调用时,没有进行边界检查,如 C 程序函数库中的 strcpy()、strcat()、sprintf()等,是不安全的。程序员可能由于粗心,未检查用户输入数据的长度就将其直接复制到缓冲区中去,造成溢出。

　　(2)改进函数库。一些函数不能自动检测字符串空间的大小。例如,C 程序函数库中的 strcpy()、strcat()、sprintf()等。为了解决这一问题,使用改进的函数库。例如,strcpy()改为 strncpy(),其中 strncpy()即 char * strncpy(char * dest, const char * src, int n),把 src 所指向的字符串中以 src 地址开始的前 n 个字节复制到 dest 所指的数组中,并返回 dest。

　　(3)非执行缓冲区保护。通过使被攻击程序的全局内存区(初始化或非初始化的数据段)不可执行,从而使得攻击者不可能在该区域植入代码,这就是非执行缓冲区保护。

　　(4)程序指针完整性检查。这种检查可在程序指针被引用之前检测到它的改变。因此,即便一个攻击者成功地改变了程序的指针,由于系统事先检测到了指针的改变,这个指针就不会被使用。

习　题

1. 网络攻击一般有哪几个步骤?

2. 分别简述主机扫描、端口扫描、操作系统识别和漏洞扫描的作用及常见的实现方法。

3. 简述共享式局域网中网络嗅探的原理。

4. 在交换式局域网中,举例解释如何使用 ARP 欺骗实施网络嗅探。

5. 常见的拒绝服务攻击实现方法有哪些?

6. 缓冲区溢出攻击的危害有哪些? 试着编程实现缓冲区溢出。

7. 结合身边的网络环境,了解攻击者使用的其他网络攻击技术。

第 4 章　恶意代码

随着计算机网络的不断普及,信息资源已经成为各国重要的战略资源和基础设施,信息化已成为经济社会发展的重要推动力。与此同时,信息安全问题也日益凸显,恶意代码往往与网络犯罪有关。恶意代码可以感染文件,破坏网络的正常运行,窃取个人隐私、商业秘密和军事机密,通过非法手段获取经济利益等。可见,恶意代码的泛滥在很大程度上影响和谐网络的建设,给国家、社会及个人带来了巨大的危害,已经成为全球共同关注的重大问题。

4.1　恶意代码概述

4.1.1　恶意代码的概念

恶意代码是未授权操作且会对网络或系统产生威胁的计算机代码。恶意代码包括传统计算机病毒、蠕虫、木马、恶意脚本、逻辑炸弹、后门、僵尸网络、流氓软件等。

恶意代码按照是否可以独立运行可以分为两大类:基于宿主的恶意代码和独立运行的恶意代码。前者是程序片段,它通过插入宿主,随宿主的运行而执行,不能脱离宿主而单独运行;传统计算机病毒、木马、逻辑炸弹和后门是基于宿主的恶意代码。后者是完整的程序,可以独立运行和操作,操作系统可以调度和运行它们;蠕虫是独立运行的恶意代码。恶意代码按照是否具有感染性可以分为两大类:有感染性的恶意代码和无感染性的恶意代码。对于有感染性的恶意代码,其感染分两种情况,一种是一个宿主感染另一个宿主,如传统计算机病毒;另一种是程序的自我复制,会复制出一个或多个自身的副本,如蠕虫。无感染性的恶意代码有木马、逻辑炸弹和后门。

值得注意的是,随着恶意代码的发展,各种技术之间都在取长补短、相互交叉、相互借鉴。因此,一种恶意代码可能也包含其他恶意代码的特点。例如,特洛伊木马具有蠕虫的特点,可以方便、快速地植入更多的主机来实施远程监控。

各种恶意代码表现不同,但与正常代码相比,总结起来,具有以下四个共同特征。

(1)计算机程序:恶意代码是独立运行或者随宿主运行的计算机程序。

(2)非授权性:非法用户的操作或者合法用户的越权操作。

(3)隐蔽性:不为人知的情况下侵入用户的计算机系统或网络。

(4)破坏性:破坏网络安全的属性,包括机密性、完整性、不可否认性、可用性和可控性。

恶意代码又被称为计算机病毒,这里的计算机病毒指的是广义计算机病毒。

4.1.2　恶意代码的发展历史

早在 1949 年,计算机的先驱者冯·诺依曼(Von Neumann)在他的著作《自我复制自动机理论》中已把病毒的蓝图勾勒出来了,认为存在自我复制的程序。当时,绝大部分的计算机专家还无法想象这种程序。

1977 年,捷瑞安(Ryan)的科幻小说《P-1 的春天》成为美国的畅销书,这本书描写了一种可以在计算机中互相传染的病毒,病毒最后控制了 7000 台计算机,造成了一场灾难。虚拟科幻小说世界中的东西,几年后终于逐渐开始成为计算机使用者的噩梦。

同年,在现实世界中,真正实现了计算机病毒感染性的概念。美国著名的贝尔实验室中,三个年轻人在工作之余,设计了磁芯大战游戏:编写出能够吃掉别人程序的程序来互相作战。在作战过程中,如果部分指令被破坏,则允许停下来修复;如果遇到险境,允许程序复制一次而逃离险境。

第一个具备完整特征的计算机病毒 C-BRAIN 出现于 1987 年,由一对巴基斯坦兄弟巴斯特(Basit)和阿姆捷特(Amjad)所写,目的是防止他们的软件被任意盗拷。只要有人盗拷他们的软件,C-BRAIN 就会发作,将盗拷者的硬盘剩余空间全部吃掉。

1988 年 11 月 2 日,最早通过互联网传播的计算机蠕虫——Morris 蠕虫诞生。它由美国康奈尔大学学生莫里斯(Morris)所写。他利用 UNIX 操作系统寄发电子邮件的公用程序中的一个缺陷,把他首创的人工生命“蠕虫”放进因特网。在他看来,这只是一个检验网络安全的无害计划。但他根本没想过,这小小的举动几乎颠覆了整个互联网。一夜之间,这条“蠕虫”闪电般地自我复制,并向着整个因特网迅速蔓延,使美国 6000 余台基于 UNIX 的小型电脑和工作站受到感染和攻击,网络上几乎所有的机器都被迫停机,直接经济损失在 9000 万美元以上,莫里斯本人也因此受到了法律的制裁。随后,随着网络的发展,出现了红色代码、SQL Server 蠕虫王、冲击波、震荡波、爱虫、求职信等臭名昭著的蠕虫。

随着微软 Office 软件的普及,宏病毒也相继涌现。第一个宏病毒出现于 1996 年。宏病毒利用 Microsoft Office 的开放性,即 Office 中提供的 Basic 编程接口,主要感染 Word、Excel、Acces、PowerPoint、Visio 等文件。由于宏病毒不再局限于晦涩难懂的汇编语言,书写简单,越来越多的该类病毒出现了。例如,Word 宏病毒基于 Visual Basic for Applications 宏语言。Word 宏病毒的集合会影响计算机使用,并能通过 DOC 文档及 DOT 模板进行自我复制及传播。该病毒不仅会对数据文档进行破坏,而且会调用系统命令对系统造成危害。

1998 年出现了 CIH 病毒,该病毒打破了病毒不能破坏硬件的说法。该病毒产自中国台湾,最早随国际两大盗版集团贩卖的盗版光盘在欧美等地广泛传播,随后进一步通过因特网传播到全世界各个角落。CIH 病毒,属于文件型病毒,主要感染 Windows 系统下的可执行文件。CIH 病毒属恶性病毒,其传播的实时性和隐蔽性都特别强。当其发作条件成熟时,CIH 病毒以 2048 个扇区为单位,从硬盘主引导区开始依次往硬盘中写入垃圾数据,直到硬盘数据被全部破坏为止。同时,该病毒破坏计算机主板基本输入输出系统(basic input/output system,BIOS)中的程序,导致主板损坏。1999 年 4 月 26 日,CIH 病毒在世界范围内暴发,一次共造成全球 6000 万台电脑瘫痪,估计经济损失在 100 万美元左右。

2005—2006 年特洛伊木马流行,除了 BO2K、冰河、灰鸽子等经典木马外,其变种层出不穷。据江民病毒预警中心监测的数据显示,2006 年 1 月至 6 月全国共有 7322453 台计算机感染了病毒,其中感染木马的计算机为 2384868 台,占病毒感染计算机总数的 32.56%。从木马技术发展的历程考虑,木马技术自出现至今,大致可以分为四代。第一代是伪装型木马,将病毒伪装成一个合法的程序让用户运行,如 1986 年的 PC-Write 木马。第二代木马在隐藏、自启动和操纵服务器等技术上有了很大的发展,可以进行密码窃取、远程控制,如 BO2000 和冰河木马。第三代木马在连接方式上有了改进,利用端口反弹技术完成运行,如灰鸽子木马。第四代木马在进程隐藏方面做了较大的改动,让木马服务器运行时没有进程,由网络操作插入系统进程或者应用进程中完成,如广外男生木马。

众所周知,勒索病毒 WannaCry(永恒之蓝)于 2017 年在世界范围内暴发,仅仅一天的时间就有 242.3 万个 IP 地址遭受该病毒攻击,近 3.5 万个 IP 地址被该勒索软件感染,其中我国境内受影响 IP 地址约 1.8 万个,造成以高校、医院、政府、企业等单位为主的网络大范围瘫痪。近年来勒索型病毒仍在持续演变,勒索软件不断扩大的市场规模催生了新的盈利模式,现已公认勒索病毒是危害全球网络安全的最主要因素之一。这种病毒的暴发很大程度上与加密算法的日益完善有关。密码学保证了数据传输和保存的安全性。遗憾的是,勒索型病毒的制造者也利用了这个特性,使得受害者虽然知道了加密算法,但由于不知道密钥,也就没有办法恢复被恶意加密的文件。

网络时代,病毒越来越多地融合如蠕虫、木马、流氓软件、网络钓鱼等多种技术。

4.1.3　恶意代码的种类

随着恶意代码的发展,恶意代码的种类不断增加,功能也在不断发生变化。根据国内外的研究成果,下面介绍几种恶意代码。

1. 传统计算机病毒

传统计算机病毒指编制者在计算机程序中插入的破坏计算机功能或者破坏数据,继而影响计算机正常使用并且能够自我复制的一组计算机指令或程序代码。传统计算机病毒和生物病毒有类似的性质,如不能独立存在,需要依附于宿主;具有传染性,可以由一个宿主感染到另一个宿主上;具有潜伏性和隐蔽性,为了更好地感染,传统计算机病毒并不是一旦感染马上发作,而是有一定的潜伏期,当触发条件成立才会对系统进行破坏。传统计算机病毒又被称为狭义计算机病毒。广义上的病毒是一切恶意程序的统称。

2. 网络蠕虫

与传统计算机病毒不同,网络蠕虫不需要将其自身附着于宿主程序,是独立的个体。蠕虫作为恶意代码的一种,以占用系统和网络资源为主要目的,是一种智能化、自动化技术,不仅无须用户干预即可运行,而且可以自动扫描网络上存在漏洞的节点主机,通过网络从一个节点传播到另外一个节点,即能通过自我复制来进行广泛传播。蠕虫非常强大,可以在短短的数小时内蔓延并造成网络瘫痪。

3. 计算机木马

木马是非授权远程控制计算机的程序。木马分为两部分,控制端程序和木马端程序。攻击者通过控制端程序对植入木马端程序的受害者主机实施远程控制,包括隐私窃取,控制鼠标、键盘、操作系统、文件系统等。木马端程序寄生于被控制的计算机系统中。

4. 恶意脚本

脚本病毒需要依靠脚本语言(如 VBScript、JavaScript、PHP 等)起作用,同时需要应用环境能够正确识别和翻译这种脚本语言中嵌套的命令。恶意脚本可以在多个产品环境中运行。JavaScript 恶意脚本和 PHP 恶意脚本主要包含在网页文件中,通过用户浏览网页来运行和传播;而 VBScript 恶意脚本既可通过网页文件进行传播也可在系统中直接运行。恶意脚本具有编写简单、感染力强、破坏力强、传播范围广等特点。

5. 逻辑炸弹

逻辑炸弹是满足特定逻辑条件时,对目标系统实施破坏的计算机程序。逻辑触发条件包括事件、时间、计数器等。逻辑炸弹在不具备触发条件的情况下深藏不露,系统运行情况良好,用户也察觉不到任何异常;但是,一旦触发条件得到满足,逻辑炸弹就会"爆炸",对目标系统造成破坏,包括硬件破坏、文件破坏、数据破坏及系统瘫痪等。因此,对系统管理员和用户来说,这样的恶意程序如同埋藏在计算机中的一颗炸弹,惊心动魄。历史上曾经出现过一个非常有名的逻辑炸弹的例子,一个公司的含有逻辑炸弹的程序每天核对员工工资发放清单;如果连续在两次发放中,某程序员的代号没有出现在这个清单中,逻辑炸弹就被触发。

6. 计算机后门

从最早计算机被入侵开始,就已经有了"后门"技术。一方面,在软件开发时,程序员设置后门可以方便修改和测试程序。另一方面,攻击者利用漏洞来设置后门,绕过安全控制而获取对程序或系统的访问权,从而破坏系统的安全性,其最主要目的就是方便以后再次秘密进入系统。

7. 僵尸网络

攻击者通过各种途径传播僵尸程序感染互联网上的大量主机,而被感染的主机将通过一个控制信道接收攻击者的指令,组成一个僵尸网络。僵尸网络是利用一对多的命令与控制信道控制大量主机来实施攻击,从而达到攻击者恶意目的的网络。利用僵尸网络可以实施在线欺诈、窃取数据、发起分布式拒绝服务攻击等。

8. 网络钓鱼

网络钓鱼是"姜太公钓鱼,愿者上钩"。攻击者利用欺骗性的电子邮件、伪造的 Web 站点等来进行网络诈骗活动,受骗者往往会泄露自己的私人资料,如信用卡号、银行卡账户、身份证号等内容。诈骗者通常会将自己伪装成网络银行、在线零售商和信用卡公司等可信的品牌,骗取用户的私人信息。

9.流氓软件

流氓软件是指在未明确提示用户或未经用户许可的情况下,在用户计算机或其他终端上安装运行,侵害用户合法权益的软件,但不包含相关法律法规规定的恶意代码。流氓软件虽然不会影响用户计算机的正常使用,但当用户启动浏览器时会常弹出不期望、不相干的网页。

4.1.4　恶意代码的命名

对于恶意代码,并没有一个指定的机构负责命名,因此,可能会出现一个恶意代码有几个名称的现象。这是因为,恶意代码的传播性易同时被多个研究者发现,研究者们在研究的过程中会对恶意代码进行命名,因此,只有一个名称反而显得不太正常。

1991 年,计算机反病毒研究组织(Computer Antivirus Researchers Organization,CARO)提出了 CARO 命名规则。CARO 不实际命名,只是提出了一系列命名规则来帮助研究者给恶意代码命名。

根据 CARO 命名规则,每一种恶意代码的命名包括五个部分,分别为①家族名;②组名;③大变种;④小变种;⑤修改者。

CARO 的一些附加规则包括①不用地点命名;②不用公司或商标命名;③如果已经有了名字就不再另起别名;④变种恶意代码是原恶意代码的子类。

基于上述规则,反病毒公司将恶意代码进行分类命名。虽然每个反病毒公司的命名规则都不太一样,但大体都是采用一个统一的命名方法来命名的。一般格式:<前缀>.<恶意代码名>.<后缀>。例如,"Worm.Sasser.b"指震荡波蠕虫的变种 b,因此一般称为"震荡波 b 变种"或者"震荡波变种 b"。

表 4-1 列出了常见的恶意代码前缀。

表 4-1　恶意代码的前缀

前缀	恶意代码
Trojan	计算机木马
Script	恶意脚本
Worm	网络蠕虫
Macro	宏病毒
Backdoor	计算机后门
Joke	玩笑病毒
Binder	捆绑机病毒
Java	用 Java 编写的恶意代码

续表

前缀	恶意代码
Harm	破坏性程序病毒
Win32	感染 Windows 操作系统的 32 位环境

恶意代码的后缀用来区别其家族变种。恶意代码后缀的数量可以有一个或多个,一般采用英文中的 26 个字母、数字等来表示,如"Worm. Sasser. b"就是指震荡波蠕虫的变种 b。恶意代码的后缀也可以用来表明恶意代码其他更明确的特征,如"@m"表示其可以通过邮件传播,"@mm"表示其具有邮件群发(mass – mailer)功能。如果该恶意代码变种非常多,表明该病毒生命力顽强。

4.2　传统计算机病毒

传统计算机病毒和生物病毒有类似的性质,需要依附于宿主,且具有传染性,可以从一个宿主感染到另一个宿主。传统计算机病毒又被称为狭义计算机病毒,简便起见,本节"传统计算机病毒"简称为"计算机病毒"。

4.2.1　计算机病毒概述

计算机病毒是依附于宿主(如程序、文档等),能够自我复制的恶意代码,其目的是影响计算机系统的正常使用、破坏计算机系统的功能或其数据。

传统意义的计算机病毒有以下几个特点。

1. 寄生性

和生物病毒类似,计算机病毒不能单独存在,需要插入宿主(正常程序或文档)中,随着宿主的执行来发挥作用,这就是计算机病毒的寄生性。宿主一旦执行,病毒被激活,从而可以进行自我复制。

2. 传染性

计算机病毒可以像生物病毒一样进行繁殖。传染也叫作感染、自我复制。是否具有传染性是判别一个程序是否为计算机病毒的重要条件。当宿主运行时,潜入的病毒也随之悄悄地执行。此时,计算机病毒能感染其他满足条件的宿主。只要一台主机染上病毒,如不及时处理,那么病毒会在这台计算机上迅速扩散,大量程序或文档就会被感染。而被感染的程序或文档又成了新的传染源,当与其他机器进行数据交换或通过网络进行通信时,病毒会继续扩散。

3. 隐蔽性

计算机病毒寄生于宿主之中,通常通过隐蔽技术使宿主的大小不发生改变,以至于很难被发现。如果不经过代码分析或专用的杀毒软件,很难区别染毒程序与正常宿主。

4. 潜伏性

病毒感染后,如果立即实施破坏,很容易暴露,因此,计算机病毒还需要有良好的潜伏性。在潜伏期内,病毒不进行破坏,从而可以很好地得到隐蔽,更易传播。潜伏性越好,病毒在系统中存在的时间就会越长,传染范围就会越广。

5. 破坏性

在触发条件满足后,计算机病毒对被感染的主机或宿主进行破坏或干扰。对于良性病毒,它们只是为了表现自身,并不会严重地破坏系统和数据,但会大量占用 CPU、内存和硬盘等资源,增加系统开销,降低系统工作效率。对于恶性病毒,它们会对感染主机或宿主产生严重破坏,甚至使计算机系统运行崩溃。

4.2.2　计算机病毒的结构及工作机制

一个计算机病毒通常由三个模块组成:感染模块、触发模块和破坏模块。图 4-1 展示的是计算机病毒的通用描述,其中 subroutine infect - executable(感染子程序)对应感染模块,subroutine trigger - pulled(触发子程序)对应触发模块,subroutine do - damage(破坏子程序)对应破坏模块。

```
program V:=
{goto main;
1234567;
            subroutine infect-executable: =
            {loop;
            file: =get-random-executable-file;
            if (first-line-of-file=1234567) goto loop
                    compress file;
                    prepend V to file; }
            subroutine do-damage: =
                    {whatever damage is to be done}
            subroutine trigger-pulled:=
                    {return turn if some condition holds}
main:       main-program:=
            {infect-executable;
            if trigger-pulled then do-damage;
            goto next;}
next:       uncompress rest-of-file.
}
```

图 4-1　计算机病毒的通用描述

1. 感染模块

计算机病毒的感染,就是病毒将自身潜入合法程序或文档中,执行合法程序或文档的操作导致病毒的共同执行或以病毒程序的执行取而代之。随着计算机病毒的执行,它会搜寻其他符合传染条件的宿主,确定目标后再将自身代码插入其中,达到繁殖的目的。

病毒感染宿主时,还把感染标记写入宿主,作为被感染的标记,该感染标记被称为病毒签名。病毒签名的作用是用于防止宿主被再次感染。不同病毒的病毒签名位置不同,内容也不同。一般情况下,病毒进行感染时,都要给被感染对象加上病毒签名。例如,对于 1575 文件型病毒,病毒签名是在文件尾部添加"0CH"和"0AH"两个字节。对于梅丽莎(Melissa)病毒,病毒签名会在 Windows 注册表项"HKEY_CURRENT_USER\Software\Microsoft\Office"中,增加子表项"Melissa",并给其赋值为"by Kwyjibo"。

传统计算机病毒的感染由感染模块来完成。感染模块一般包括感染条件判断和实施感染两个部分。

感染条件判断:先对符合感染条件的对象进行搜索,找到后,查看其是否携带病毒签名。

实施感染:若存在病毒签名,则病毒不对该对象进行感染;若不存在病毒签名,则病毒就对该对象实施传染,并写入病毒签名。

2. 触发模块

计算机病毒感染后不会马上发作,会长期隐藏在系统中,只有满足特定触发条件时,才启动其破坏模块执行破坏。因此,计算机病毒需要有触发模块,并在触发模块中定义触发条件。

触发条件的设定要便于实现,通常可以利用计算机内的时钟提供的时间、计算机病毒体内自带的计数器、计算机内执行的某些特定操作等作为触发器。目前,病毒采用的触发条件主要有以下几种。

(1)日期触发:特定日期触发,月份触发,前半年、后半年触发等。

(2)时间触发:染毒后累计工作时间触发、文件最后写入时间触发等。

(3)键盘触发:击键次数触发、组合键触发、热启动触发等。

(4)感染触发:感染文件个数触发、感染磁盘数触发、感染失败触发等。

(5)启动触发:病毒对机器的启动次数计数,并将此值作为触发条件称为启动触发。

(6)计数触发:访问磁盘次数计数、中断次数计数、系统启动次数计数等,当计数满足一定条件时触发。

计算机病毒的触发可以利用单一条件,也可以利用多个条件的组合。

3. 破坏模块

计算机病毒会影响计算机的正常使用、破坏计算机功能或其数据。这些功能由破坏模块来完成。破坏模块执行的常见操作列举如下。

(1)窃取信息:悄悄窃取系统中的机密信息,包括账户、口令、重要数据、重要文件等。

(2)攻击文件和硬盘:改变磁盘文件信息,如删除特定的可执行文件或数据文件、修改或破坏文件中的数据等。

（3）攻击内存：占用内存、改变内存总量、禁止分配内存、蚕食内存等。

（4）干扰系统的运行：不执行命令、干扰内部命令的执行、虚假报警、打不开文件、内部栈溢出、时钟倒转、重启动、死机、强制游戏、扰乱串并行口等。

（5）扰乱输出设备：屏幕显示异常，如字符跌落、环绕、倒置、显示前一屏幕、光标下跌、滚屏幕、抖动、乱写、吃字符等；声音发出异常，如演奏曲子、警笛声、炸弹噪声、鸣叫、咔咔声或嘀嗒声等；打印机打印异常，如错误打印、间断性打印等。

（6）扰乱键盘：击键响铃、封锁键盘、换字、抹掉缓存区字符、重复和输入紊乱等。

4.2.3　PE 文件型病毒

计算机病毒的种类众多，对操作系统而言，有针对 DOS、Windows、UNIX 和 Linux 操作系统的病毒。DOS 操作系统目前已经被淘汰，而 UNIX 和 Linux 下的病毒要远少于 Windows 下的病毒，因此，本节主要讲述 Windows 下两种常见的病毒：PE 文件型病毒和宏病毒。

1. PE 文件基础知识

PE(portable executable)文件意为可移植且可执行的文件，是 Win32 环境自带的可执行文件格式。常见的 EXE、DLL、OCX、SYS、COM 等都是 PE 文件。

PE 可执行文件在 Win32 环境下被运行的机会多，因此容易被利用。在了解 PE 文件型病毒之前，先要了解 PE 文件。

1）节对齐

PE 文件主要有两种状态，分别是未加载和加载。未加载时在硬盘中存放，加载时进入内存运行。PE 文件的内容划分成块，称为节。

PE 节无论是在内存中存放还是在磁盘中存放都是需要对齐的，且它们的对齐值是不同的，下面对两种节对齐分别进行描述。

PE 文件定义了节在磁盘中的对齐值，称为磁盘对齐粒度。每一节从对齐值的倍数的偏移位置开始存放。而节的实际大小不一定刚好是这么多，所以在多余的地方一般以"0H"来填充，这就是节的间隙。在 PE 文件中，一个典型的对齐粒度是 200H，这样，每节都将从200H 的倍数的文件偏移位置开始存放，假设某节从 400H 处开始，长度为 90H，那么文件的400H 到 490H 为这节内容，而由于文件的对齐粒度是 200H，所以为了使这一节的长度为200H 的整数倍，490H 到 600H 这一个区间都会被"0"填充，这段空间被称为区块间隙，下一节的开始地址为 600H。

节在内存中的对齐值，称为内存对齐粒度。PE 文件被映射到内存中时，节总是至少从一个页边界开始。通常情况下，节的内存对齐粒度一般等于 1000H，每节按 1000H 的倍数在内存中存放。

2)虚拟地址和相对虚拟地址

PE 文件的结构在磁盘和内存中基本一致,但在装入内存时又不完全复制。Windows 装载器把 PE 文件加载到内存时,仅需建立好虚拟地址和 PE 文件之间的映射关系,只有真正执行某个内存页中的指令或访问某一页中的数据时,该页才会从磁盘被提交到物理内存。

虚拟地址(virtual address,VA)是程序被加载到内存中的地址。相对虚拟地址(relative virtual address,RVA)在虚拟地址前边加上了"相对的",但它还是虚拟地址,只不过不是从 0 开始,而是把一个基准位置作为参考点,即从某个基准位置(ImageBase)开始的相对地址。VA 与 RVA 满足下面的换算关系:RVA ＋ ImageBase＝VA。

PE 文件大多以 RVA 形式存在。原因在于,PE 文件被加载到内存的特定位置时,该位置可能已经加载了其他 PE 文件。此时,必须通过重定位(relocation)将其加载到其他空白的位置。如果使用 VA,则 PE 文件无法被正常加载。因此,使用 RVA 定位信息,即使需要重定位,只要相对于基准位置的相对地址没有变化,就能正常访问指定信息,不会出现任何问题。

3)PE 文件格式

PE 文件结构如图 4－2 所示,从起始位置开始依次是 DOS 头、PE 文件头、节表以及具体的节。

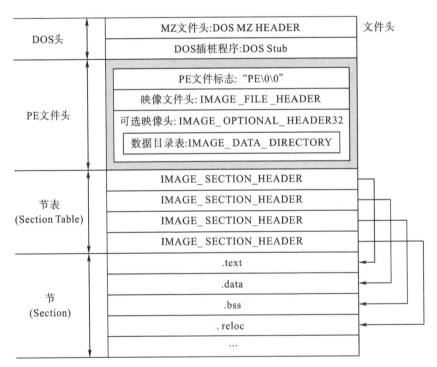

图 4－2　PE 文件结构

DOS 头:它是 PE 文件的开始。DOS 头用来兼容 MS－DOS 操作系统,目的是当这个文件在 MS－DOS 上运行时提示一段文字,大部分情况下:This program cannot be run in DOS mode(此程序无法在 DOS 模式下运行)。

PE 文件头:PE 文件头又包含 PE 文件标志、映像文件头和可选映像头。①PE 文件标志:PE\0\0。②映像文件头:包含整个 PE 文件的概览信息,包括节的个数,创建和修改文件的日期,关于文件信息的标记(如文件是 EXE 还是 DLL 等)。③可选映像头:包含内存对齐粒度 SectionAligment、磁盘对齐粒度 FileAligment、ImageBase、AddressOfEntryPoint、数据目录表等。其中,ImageBase 是内存镜像基址,表示文件载入内存首选的 VA 地址,首选不是必须,如果该值为 400000H,但是被其他模块占用,PE 装载器会选择其他空闲地址;AddressOfEntryPoint 程序入口 RVA 地址,表示程序从这里开始执行,即程序真正开始的位置是 ImageBase+ AddressOfEntryPoint;数据目录表包含各节节表的大小、RVA 等。

节表:包含各节实际字节数、RVA、在文件中的位置等。

节:PE 文件的真正内容被划分成块,称为 Section(节)。一般的 PE 文件有代码节、数据节、资源节、重定位节、引入函数节和导出函数节。其中,代码节(.text)含有程序的可执行代码;数据节包含已初始化数据节(.data)和未初始化数据节(.bss);资源节(.rsrc)存放程序要用到的菜单、字符串表和对话框等资源;重定位节(.reloc)存放一个重定位表,如果装载器不是把程序装载到程序编译时默认的基地址时,就需要这个重定位表来做一些调整;引入函数节(.idata)包含从其他 DLL 中引入的 API 函数;导出函数节(.edata)可以向其他程序提供调用 API 函数的列表。

2. PE 病毒的一般流程

未感染病毒时 PE 文件的工作流程如下。

(1)用户点击或系统自动运行宿主程序。

(2)装载宿 PE 文件到内存。

(3)通过 PE 文件中的 AddressOfEntryPoint,定位第一条语句的位置(即程序入口)。

(4)PE 文件继续执行直到完毕。

PE 病毒将病毒体代码写入 PE 文件中,使得修改后的 PE 文件仍然是合法的 PE 文件。一般来说,PE 病毒在系统运行 PE 文件时,病毒代码可以获取控制权,在执行完感染或破坏代码后,再将控制权转移给正常的程序代码。可见,PE 病毒往往先于 PE 文件获得控制权。PE 病毒的一般流程如下。

(1)用户点击或系统自动运行宿主程序。

(2)装载宿主程序到内存;AddressOfEntryPoint 为第一条语句的位置的相对虚拟地址。

(3)保存宿主真正的 AddressOfEntryPoint 地址;修改 AddressOfEntryPoint,使其指向病毒入口位置。

(4)通过修改的 AddressOfEntryPoint,执行病毒代码。

(5)病毒主体代码执行完毕,依据保存的旧 AddressOfEntryPoint,将控制权交给宿主程序原来的入口代码。

（6）宿主程序继续执行。

上面的第（3）步很关键，因为病毒感染 PE 文件时，修改 AddressOfEntryPoint，使得程序入口指向病毒入口位置，同时保存旧的 AddressOfEntryPoint，以便返回宿主并继续进行。

随着反病毒技术的进展，更多的病毒并不是在程序的入口获取控制权，而是在程序运行中或退出时获取控制权。

3. PE 文件病毒的感染

PE 文件病毒的感染方式分为添加节、扩展节和插入节。

（1）添加节的感染方式：在文件的最后建立一个新节，同时在节表结构的后面建立一个节表，用以描述该节。当 PE 文件加载到内存时，程序的入口地址 AddressOfEntryPoint 被修改，指向最后含有病毒代码的节。上述过程如图 4-3 所示。

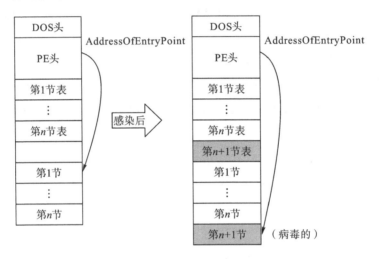

图 4-3　添加节的感染方式

观察染毒 PE 文件的变化可以发现：节的个数增加，文件尺寸变大，并且程序入口地址改变。

（2）扩展节的感染方式：通过加长最后一节来进行感染，具体而言，是将病毒附加在最后一节，同时修改最后一节的节表结构。上述过程如图 4-4 所示。当 PE 文件加载到内存时，程序的入口地址 AddressOfEntryPoint 被修改，指向最后一节的病毒代码。

观察染毒 PE 文件的变化可以发现：节的个数不变，文件尺寸变大，并且程序入口地址改变。

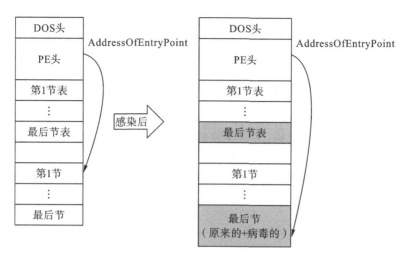

图 4 - 4　扩展节的感染方式

(3)插入节的感染方式:病毒搜寻到一个可执行文件后,分析每个节,查询节的空白空间是否可以容纳病毒代码,如果可以,则把病毒代码插入空白空间感染。当 PE 文件加载到内存时,程序的入口地址 AddressOfEntryPoint 被修改,指向插入的空白空间。上述过程如图 4 - 5 所示。CIH 病毒就是采用这种感染方式实施感染。

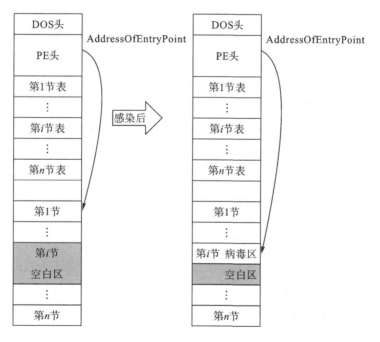

图 4 - 5　插入节的感染方式

观察染毒 PE 文件的变化可以发现:节的个数不变,文件尺寸不变,程序入口地址改变。

上面三种方式中,添加节和扩展节的感染方式会改变 PE 文件的尺寸大小,容易被杀毒软件或者用户发现;而插入节的感染方式克服了这一缺点,因为文件长度不变。

4. 病毒的重定位

编写正常程序时,不需要关心变量的位置,因为编译器会计算源程序在内存中的位置。当程序加载到内存中时,系统不会对其重新定位。需要访问变量,在编程时,使用变量名称直接访问;当编译时,可以通过偏移地址访问。

病毒也需要使用变量,但当病毒感染宿主程序时,变量在宿主程序中的位置会改变。如果病毒直接引用变量,则不再准确,这将导致病毒无法正常运行。因此,病毒必须重新定位所有病毒代码中的变量。一个病毒重新定位示例如下。

```
call delta
delta：pop ebp
lea eax，[ebp ＋(offset var1－offset delta)]
```

当 pop 语句执行完之后,ebp 寄存器中存放的是病毒程序中标号 delta 在内存中的真正地址。如果病毒程序中有一个变量 var 1,那么该变量实际在内存中的地址应该是 ebp＋(offset var 1 – offset delta)。由此可知,参照量 delta 在内存中的地址加上变量 var 1 与参考量之间的距离就等于变量 var 1 在内存中的真正地址。

5. 获取 API 函数

操作系统除了协调应用程序的执行、内存分配、系统资源管理外,同时也是一个很大的服务中心,可以帮助应用程序达到开启视窗、描绘图形、使用周边设备等目的。应用程序要想获得这些服务,需要通过 API 函数来实现,其中 API(application programming interface)为应用程序接口。名字中的"应用程序"表示这些函数服务的对象是应用程序。

和 PE 文件一样,病毒进行各种操作时需调用 API 函数。但是,PE 病毒只有一个代码段,不存在 PE 程序中的引入函数节和导出函数节,不具有直接调用 API 函数的权限。因此,如果病毒想要调用 API 函数,必须先找出这些 API 函数的地址。

由于 PE 文件引入函数节和导出函数节中包含 API 函数的相关信息,因此病毒有两种方法获得 API 函数地址。

第一种,感染前遍历宿主的函数引入表。函数引入表中记载着一个程序中使用的所有 API 函数及其地址。感染 PE 文件时,可以搜索宿主的引入表,如果在该表中发现要使用的函数已经被引入,则将对该 API 的调用指向该引入表的函数地址。

第二种,解析 DLL 的导出表。DLL 有上千个,全部解析显然是不合适的,需要一定的策略。首先解析那些最常用的 DLL,其中 Kernel32. DLL 是优先要考虑的,因为它在几乎所有 Win32 进程中都要被加载,而且其中包含大部分的最常用的 API 及其地址。如果获得 Kernel32. DLL 函数地址,那么几乎就获得了任何所需要的 API 地址。

4. 2. 4　宏病毒

"宏"译自英文单词"Macro",它是微软公司为其 Office 软件包设计的一个特殊功能。宏的主要功能是利用简单的语法,把一些指令组织在一起,作为一个单独的命令完成一个特定任务。用户在工作时,就可以直接利用事先编好的宏自动运行,完成某项特定的任务,而不必再重复相同的动作,目的是让用户文档中的一些任务自动化。

随着微软 Office 软件的大量应用,以及宏病毒编写相对简易,宏病毒已成为现今最流行的病毒之一。

所谓宏病毒,指的是专门制作的一个或多个具有病毒特点的宏的集合,这种集合影响计算机的使用,并能通过文档及模板进行自我复制及传播。

支持宏病毒的应用系统有微软公司的 Word、Excel、Access、PowerPoint、Project、Visio 等产品,Inprise 公司的 Lotus AmiPro 字处理软件,此外,还包括 AutoCAD、Corel Draw、PDF 等。

本节主要以 Microsoft Word 为例来描述宏及宏病毒的工作原理。

1. Word 宏基础知识

Word 宏有两种类型,如表 4-2 所示。一类是内建宏,如 FileSave、FileSaveAs、File-Print、FileOpen 等。用户需要执行打开文档、保存文档、打印文档和关闭文档等操作时,Word 查找指定的"内建宏"。例如,在关闭文件之前查找"FileSave"宏,如果存在,则执行这个宏;打印文档之前首先找"FilePrint"宏,如果存在,则执行这个宏。Word 中还有一些以"Auto"开始的宏,如 AutoOpen、AutoClose 等,这些宏是全局宏。如果建立了这些宏,打开、关闭文档时将自动执行这些宏,对任何 Word 文档都有效。

表 4-2　Word 宏的类型

类　别	宏　名	运行条件
内建宏	FileSave	保存文档
	FileSaveAs	改名另存为文档
	FilePrint	打印文档
	FileOpen	打开文档
全局宏	AutoExec	启动 Word 或加载全局模板时
	AutoNew	每次创建新文档时
	AutoOpen	每次打开已存在的文档时
	AutoClose	每次关闭文档时
	AutoExit	退出 Word 或卸载全局模板时

2. Word 宏病毒的感染

Word 宏病毒的感染,需要解决如下两个关键问题。

第一,宏病毒的控制权获取。宏病毒的作用就是插入原有的正常宏中,如 AutoOpen、FileSave、FilePrint 等。当某项功能被调用时,对应的宏病毒就会得到控制权限,实施病毒所定义的非法操作。因此,宏病毒第一步是改写宏,以取得运行权限。由于内建宏只有文档执行特定的操作才能获得权限,而全局宏对任何文档都有效,因此,这些自动执行的全局宏当然是最好的宿主。因此,为了更好地获得控制权,宏病毒通常通过 AutoOpen、AutoClose、AutoNew 和 AutoExit 等全局宏获得控制权。

第二,宏病毒的传播。普通文档的宏只能在本文档打开时才被调用,而模板文档的宏是在所有文档打开时都会被自动调用。为了感染其他文件,当宏病毒获得运行权限之后,把宏病毒复制到该模板之中。因此,为了使宏病毒通过模板更好地传播,需要将其转换成文档模板的宏。

基于上述两个关键问题,Word 宏病毒感染过程如图 4-6 所示,具体描述如下。

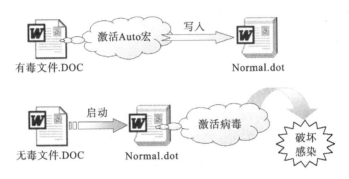

图 4-6 Word 宏病毒感染过程

(1)通过全局宏获得控制权。Word 宏病毒一般都隐藏在指定 Word 文档的某个宏中,一旦打开了这个 Word 文档并执行相应的操作,宏病毒就取得了运行权限。为了更好地获得控制权,宏病毒要做的第一件事情就是将自己拷贝到全局宏的区域。

(2)全局宏感染 Word 模板。当 Word 退出的时候,全局宏将被写入某个全局的模板,这个文件的名字通常是"Normal. dot"。

(3)感染其他 Word 文档。由于全局宏模板被感染,当其他的 Word 文件被打开时,自动调用该模板时会自动运行宏病毒,从而感染宏病毒。

3. Word 宏病毒的预防与清除

从 Word 宏病毒的特性可以看出,宏病毒主要是利用存在于 Normal. dot 之中的自动宏(AutoOpen、AutoClose、AutoNew 等),清除和预防宏病毒的方法主要从以下两方面入手。

一方面,模板备份。找到一个无毒的 Normal. dot 模板文件进行备份,将位于"MSOffice\Template"文件夹下的通用模板 Normal. dot 替换掉;若找不到一个干净的 Normal. dot 模板备份文件,就将原来的 Normal. dot 删除。这样,当用户启动 Word 时,Word 会自动生成一个带有标准 Word 文档格式的新 Normal 模板。

另一方面,宏的安全性设置。对于已染病毒的文件,先打开一个无毒 Word 文件,按照菜单"工具→宏→安全性"打开对话框,设置安全级为高。然后打开有宏病毒的 Word 文件,清除全局宏(AutoOpen、AutoClose、AutoNew 等),按照菜单"工具→宏"打开对话框,清除带病毒的宏或编辑宏,清除病毒相关代码。

4.2.5　计算机病毒的免疫、检测和清除

1. 病毒的免疫

病毒的免疫是指系统曾感染过病毒,已经被清除,如果再被同类病毒攻击,将不再受感染。目前常用的免疫方法有如下两种。

第一种,基于病毒疫苗的计算机病毒免疫方法。该方法对感染时需要加上病毒签名(即感染标记)的计算机病毒有效,如 1575 文件病毒、梅丽莎病毒。对于这一类病毒,根据感染机制,仿照人类生物世界中的疫苗原理,人们发明了计算机病毒疫苗,这种疫苗会在正常程序中加上病毒签名,这样当病毒准备感染时,病毒签名不会进行再次感染。

第二种,基于自我完整性检查的计算机病毒免疫方法。还有一类病毒,感染时不需要病毒签名,即病毒只要找到一个可感染宿主就进行一次感染。这样,一个宿主可能被同一病毒反复地感染多次,像滚雪球一样越滚越大。"黑色星期五"就属于这一类的病毒,病毒疫苗对此类病毒无效,需要采用基于自我完整性检查的计算机病毒免疫方法。

基于自我完整性检查的计算机病毒免疫方法为文件增加了一个免疫外壳,同时在免疫外壳中记录有关自身程序的信息(大小、校验和、生成日期和时间等情况)和用于恢复自身的信息,免疫外壳占 1～3 千比特/秒。

执行具有这种免疫功能的程序时,免疫外壳首先运行,检查自身的程序大小、校验和、生成日期和时间等情况。如果没有发现异常,再转去执行受保护的程序;如果发现异常,不论什么原因使这些程序本身的特性受到改变或破坏,免疫外壳都可以被检查出来,并发出告警。依据告警,用户可选择自毁、自我恢复到未受改变前的情况、重新引导启动计算机或继续执行等操作。

2. 病毒的检测

病毒的检测就是采用各种检测方法将病毒识别出来。识别病毒包括对已知病毒的识别和对未知病毒的识别。目前,对病毒的检测分为静态检测和动态检测。

1)静态检测

病毒的静态检测是指在被检测对象不运行的情况下进行检测。常用的检测方法包括特征代码串法、比较法和校验和法。

(1)特征代码串法。

特征代码串法被认为是检测已知病毒的最简单、开销最小的方法之一。特征代码串的工作原理:首先,提取已知病毒的特征代码串,形成特征代码库;然后利用扫描程序对待检测对象扫描。扫描检测时,将待检测对象与病毒库中的病毒特征码进行一一对比,如果发现有相同的代码串,则可判定该程序为病毒。例如,对于"熊猫烧香"病毒,经过分析可以知道,其最开始会使用"xboy"以及"whboy"这两个特征字符串来进行解密操作,则可以在待检测程序中尝试搜索"xboy"或"whboy"。

特征代码串的选择是非常重要的。选择代码串的规则：特征串必须能将病毒与正常的非病毒程序区分开，不然误报警会造成正常程序的查杀；代码串较具代表性，足以将该病毒区别于其他病毒或该病毒的其他变种；特征代码长度尽量短，从而减少检测时间和空间开销；代码串不应含有病毒的数据区，因为数据区会经常变化。

同时，病毒扫描程序能识别的计算机病毒数目完全取决于特征代码库内所含病毒的种类数目。显而易见，库中病毒种类越多，扫描程序能识别的病毒就越多。

使用特征代码串的扫描法被杀毒软件广泛应用。其优点是，由于特征代码串来源于名称确定的病毒，因此，病毒一旦被检测，则可识别出病毒的名称。其缺点是，由于特征代码库中只能收集已知病毒的特征代码串，因此只可发现已知病毒；由于多态病毒变化多端，其特征代码无法提取，因此多态性病毒无法根据特征代码法被检测出来；随着病毒种类的增多，检索时间变长，如果检索 5000 种病毒，就必须对 5000 个病毒特征代码逐一检查，如果病毒种数再增加，检查病毒的时间开销就变得十分可观，因而此类工具检测的高效性将变得不可保证。

（2）比较法。

比较法的工作原理是将被检测对象与其原始备份进行比较，如果发现不一致则说明有染毒的可能性。比较法包括长度比较法、内容比较法等。由于要进行比较，保留好原始备份就显得非常重要，制作备份必须在无毒环境里进行，制作好的备份必须妥善保管，否则比较法就失去意义了。

比较法的优点是简单易行，不需要专用查毒软件。其缺点是无法确认发现的异常是病毒造成的，还是正常修改、程序失控等造成的，误报率高；即使检测出病毒，也不能识别病毒的种类和名称。

（3）校验和法。

校验和法也是病毒检测的常用方法。校验和法的工作原理：首先，对正常文件的内容计算其校验和，将该校验和保存；然后，在文件使用的过程中，检查文件当前内容算出的校验和与原来保存的校验和是否一致。

这种方法既能发现已知病毒，也能发现未知病毒。但是，该方法不能识别病毒种类，不能报出病毒名称；同时，校验和法常常误报警，这是因为文件正常的修改（如版本更新、变更口令或修改运行参数等）都会导致校验和的改变。

2）动态检测

病毒的动态检测是指被检测对象在运行的情况下进行检测，如行为监测法和软件模拟法。

（1）行为监测法。

用病毒的特有行为特性监测病毒的方法，称为行为监测法。通过对病毒多年的观察、研究，人们发现病毒有一些共同的特殊行为，而这些行为在正常程序中比较罕见。所以，在程序运行的过程中，如果发现了病毒行为，则立即报警。例如，PE 文件病毒的行为特征是对

PE 文件做写入操作。

行为监测法的优点在于不仅可以发现已知病毒,而且可以准确地预报未知的多数病毒。但行为监测法也有其短处,即可能误报警和不能识别病毒名称,而且实现起来有一定难度。

(2)软件模拟法。

软件模拟法专门用来检测多态性病毒。软件模拟技术又称为解密引擎、虚拟机技术、虚拟执行技术或软件仿真技术。软件模拟技术是一种软件分析器,用来模拟和分析程序的运行。具体而言,用该方法模拟一个程序运行环境,将可疑程序载入其中运行,在执行过程中,待计算机病毒对自身进行解码后,再运用特征代码法来识别病毒的种类,并进行清除,从而实现对各类多态病毒的查杀。

不管采用哪种判定技术,一旦病毒被检测出来,就可以采取相应措施,如防止病毒进入内存对系统进行破坏及控制,防止病毒在网络中传播,同时,对病毒进行及时清除等。

3.病毒的清除

病毒的清除有如下几种方法。

(1)程序或文件覆盖法。对于 PE 文件型病毒,一旦发现某些程序或文件感染了该病毒,可重新安装该程序,安装过程根据提示信息对所有文件进行覆盖,即可清除病毒。对于 Word 宏病毒,可以用备份的无毒模板或文档覆盖有毒的模板进行清除。

(2)格式化磁盘法。它是最彻底清除计算机病毒的办法之一。对于一些较顽固的计算机病毒,只能采用格式化或者低级格式化磁盘的方法来进行清除。

(3)手工清除法。该方法适合于所有的计算机病毒,可以把计算机病毒从宿主中摘除。不过这种方法要求的专业性稍高一些,一般适用于计算机类专业人员操作。

(4)杀毒软件清除法。该方法可以借助杀毒软件对计算机病毒进行检测并清除。

4.3　计算机木马

一般情况下,狭义计算机病毒是依据其是否具有感染性而定义的。严格意义上,木马一般不具有这一特性,但其被纳入广义计算机病毒,说明木马是广义计算机病毒的一个子类。

4.3.1　木马概述

木马的全称是特洛伊木马(Trojan horse),来源于古希腊神话。希腊军队为攻打特洛伊城,特制了一匹巨大的木马,打算来个"木马屠城计"。希腊军队在木马中安排了一批勇士,待两军激战正酣时,借故战败撤退,诱敌上钩。果然,获悉敌军撤退喜讯,特洛伊人当晚把木马拉进城中开庆功宴。谁知,木马中的希腊精锐悍将已暗中打开城门,里应外合攻下特洛伊城。

网络世界中,攻击者将木马植入被控制的远程计算机系统中,里应外合,对被植入木马的计算机实施操作。因此,木马是一种非授权的能够远程控制的恶意代码。

客户端/服务器端程序的工作原理:服务器的程序通常会开启一个预设的连接端口进行

监听,当客户端向服务器端的这一连接端口提出连接请求时,服务器端的相应程序就会自动执行,来回复客户端的请求,并提供其请求的服务。

对于一个完整的木马恶意软件,一般是由客户端程序(控制程序)和服务器端程序(木马程序)组成。客户端程序用于攻击者实施远程控制,它可以发出控制命令,并接收服务器端传来的信息,因此客户端程序又被称为控制程序。服务器程序在受害者主机上运行,可以接收客户端发来的命令并执行,从而按照攻击者的意图实现各种功能,并将客户端需要的信息发回。由于服务器端是木马大部分功能的实现端,因此服务器端程序又被称为木马程序。

木马自出现至今,大致可以分为以下四代。

第一代木马是伪装型木马,将木马伪装成一个合法的程序让用户运行,如 1986 年的 PC-Write 木马。

第二代木马在隐藏、自启动和操纵服务器等技术上有了很大的发展,可以进行密码窃取、远程控制,如 BO2000 和"冰河"木马。

第三代木马在连接方式上有了改进,利用了端口反弹技术,如"灰鸽子"木马。

第四代木马在进程隐藏方面做了较大的改动。具体而言,让木马插入系统进程中,从而让其运行时没有进程,如"广外男生"木马。

4.3.2　木马攻击步骤

运用木马实施网络入侵的基本过程,大致分为六步。

第一步,配置木马。

一般来说,一个设计成熟的木马都有木马配置程序,从具体的配置内容看,主要是为了实现以下两个目的。

(1)木马伪装:木马配置程序为了在服务器端尽可能地隐藏好,会采用多种伪装手段,如修改图标、捆绑文件、定制端口、自我销毁等。

(2)信息反馈:木马配置程序会根据信息反馈的方式进行设置,如设置信息反馈的邮件地址、QQ 号等。

第二步,传播木马。

配置好木马后,就要传播出去。木马可以通过以下几种方式进行传播。第一种,电子邮件。控制端通过 E-mail 将木马程序以附件的形式夹在邮件中发送出去,收信人只要打开附件就会感染木马。第二种,软件下载。一些非正规的网站以提供软件下载为名义,将木马捆绑在软件安装程序上,下载后,只要运行这些程序,木马就会自动安装。第三种,移动存储设备。移动存储设备包括常见的光盘、移动硬盘、U 盘等,木马通过这些移动存储设备在计算机间进行传播。第四种,即时通信软件。木马可以通过微信、QQ 等即时通信软件进行传播。

第三步,运行木马。

木马程序传播给对方后,接下来是运行木马。运行木马通常有两种方式,一种方式是被动地等待木马或捆绑木马的程序被用户运行;另一种方式是在系统启动时木马自动运行。木马运行后,进入内存并打开木马端口,等待控制端的连接。

第四步,信息收集与反馈。

被植入木马的服务器主机 IP 地址可以通过以下方式获得。

(1)端口扫描获得主机 IP。因为服务器的木马端口处于开放状态,所以只需要扫描此端口开放的主机,并将主机的 IP 地址添加到列表中。

(2)信息反馈。设计成熟的木马通常都有一个信息反馈机制,木马安装后会收集系统的软硬件信息,并通过 E-mail、QQ、UDP 通知等方式通知控制端。

第五步,建立连接。

一个木马连接的建立必须满足三个条件:一是服务器已安装木马程序;二是控制端在线;三是控制端已获得服务器的 IP 地址和端口号,其中端口号是攻击者事先设定的,IP 地址可以通过信息收集与反馈获得。在此基础上,控制端端口与木马服务器端口可以建立连接。

第六步,远程控制。

木马连接建立后,控制端端口和木马服务器端口之间将会出现一条通道。控制端上的控制端程序可以通过这条通道与服务器端的木马程序取得联系,并对木马服务器进行远程控制,实现的远程控制就如同本地操作。

4.3.3　木马的关键技术

一个木马程序要通过网络入侵并控制计算机,需要采用以下四个关键技术:植入技术、自启动技术、隐藏技术和远程控制技术。

1. 植入技术

木马的第一个关键技术是向目标主机植入木马,即通过网络将木马程序植入被控制的计算机中。木马植入技术可以分为被动植入与主动植入两类。

(1)被动植入:指攻击者预设某种环境,等待受害用户某种可能的操作来植入目标系统。植入过程必须依赖于受害用户的手工操作。通常,被动植入主要通过将木马程序伪装成合法的程序,结合社会工程学方法诱骗受害用户植入。下面介绍三种方法:文件捆绑、邮件附件和 Web 网页。

文件捆绑。由于一般的木马程序比较小,攻击者将木马捆绑到一些常用的应用软件包中,当用户安装该软件包时,木马就在用户毫无察觉的情况下被植入系统。

邮件附件。攻击者将木马程序伪装成邮件附件,然后发送给目标用户,若用户执行邮件附件就将木马植入该系统。

Web 网页。攻击者将木马程序隐藏在 html 文件中,当受害用户点击该网页时,就将木马植入目标系统。

(2)主动植入:攻击者通过网络将木马程序自动安装到目标系统中,植入过程无须受害用户的操作。主动植入通常伴随着蠕虫的一些特征,它基于各种漏洞,通过程序来自动完成木马的植入。下面介绍两种方法：利用系统漏洞植入和利用第三方软件漏洞植入。

利用系统漏洞植入。系统漏洞通常是指操作系统在逻辑设计上的缺陷或错误，会被不法者利用来植入木马。例如，基于 IIS 服务器的溢出漏洞，一个"IISHack"的攻击程序就可使 IIS 服务器崩溃，并同时在被攻击服务器中植入和执行木马程序。

利用第三方软件漏洞植入。第三方软件，如 Office 办公软件、IE 浏览器、Adobe Reader 等，可能存在多个安全漏洞。同时，第三方软件用户数量大，一旦存在的漏洞被木马利用，会造成大量用户受感染。例如，利用 IE MIME Header Attachment Execution Vulnerability 漏洞把木马程序作为邮件的附件，并声明邮件为音频或视频文件，这样存在该漏洞的 IE 就会自动打开邮件，从而使木马程序得以执行，完成植入。

2. 自启动技术

只有木马程序被启动运行，才能实现对受害主机的控制。木马程序在被植入目标主机后，不可能寄希望于用户启动木马程序，只能不动声色地自动启动和运行。木马程序一般是一个单独文件，需要一些系统设置来让计算机自动启动。自启动也被称为自运行或自动加载。针对 Windows 系统，木马的自启动主要有以下几种方法。

(1)修改自启动列表。Windows 操作系统有自启动列表，用户可以通过该列表进行修改，从而添加或删除自启动程序。木马程序可以利用该特性来实现自启动。

(2)覆盖系统的自启动文件。在 Windows 系统中，很多程序是在系统启动时自动运行的，如自启动系统栏程序 systray. exe、注册表检查程序 scanreg. exe、计划任务程序 mstask. exe、输入法程序、电源管理程序等。木马通过覆盖相应文件就可获得自动启动的机会，而不必修改系统任何设置。

(3)注册为系统服务。Windows 内核操作系统都大量使用服务程序来实现关键的系统功能。服务程序是一类长期运行的应用程序，如 Windows Firewall、Windows Updates、Windows Time 等。它不需要界面或可视化输出，只有在任务管理器中才能观察到它们的身影，且其能够被设置为在操作系统启动时自动开始运行，而不需要通过用户登录来运行。除了操作系统内置的服务程序外，用户也可以注册自己的服务程序。一些木马程序也会注册成后台服务程序从而随着计算机的启动而运行。例如，某些版本的"灰鸽子"木马就是使用这个方法。

(4)修改注册表。Windows 操作系统的注册表提供了一些注册表子项，具体路径如下：

HKEY_LOCAL_MACHINE\SOFTWARE\Microsoft\Windows\CurrentVersion\Run

HKEY_LOCAL_MACHINE\SOFTWARE\Microsoft\Windows\CurrentVersion\RunOnce

HKEY _ LOCAL _ MACHINE \ SOFTWARE \ Microsoft \ Windows \ CurrentVersion \ RunServices

HKEY _ LOCAL _ MACHINE \ SOFTWARE \ Microsoft \ Windows \ CurrentVersion \ RunServicesOnce

通过这些表项可以实现程序的自启动。一些重要的程序也是通过这些表项来实现自启动的,如输入法程序、防火墙程序等。然而,这些表项也为木马的自启动提供了可乘之机,一些木马就利用这些子项添加项值来实现自启动。例如,当 HKEY_LOCAL_MACHINE\SOFTWARE\Microsoft\Windows\CurrentVersion\Run 子项的项值被修改为 C:\WINDOWS\SYSTEM\Trojan.exe,则木马程序 Trojan.exe 会自启动。

(5)修改文件打开关联。修改文件打开关联属性是木马程序自启动的常用手段。对于一些常用的文件,只要双击文件图标就能打开这个文件。这是因为在系统注册表中,已经把这类文件与某个程序关联起来,只要用户双击该类文件,系统就自动启动相关联的程序来打开文件。而木马可能将这类文件的关联程序修改为木马程序,这样只要打开此类文件,就能在无意中启动木马。

HKEY_CLASSES_ROOT 根项中记录的是 Windows 操作系统中所有数据文件的信息,主要记录不同文件的文件名后缀和与之对应的应用程序。正常情况下文本文件 txt 的打开方式为 notepad.exe 文件,它们的关联是通过系统注册表中子项 HKEY_CLASSES_ROOT\txtfile\shell\open\command 的项值“C:\WINDOWS\SYSTEM\NOTEPAD.EXE%1”。只要点击 txt 文件,系统就自动启动 notepad.exe 来打开 txt 文件。“冰河”木马把上述项值改为“C:\WINDOWS\SYSTEM\SYSEXPLR.EXE%1”。这样一旦双击一个txt 文件,原本应用 notepad.exe 打开该文件的,现在就变成启动木马程序了。

3. 隐藏技术

隐藏技术又分为主机隐藏和通信隐藏。

1)主机隐藏

主机隐藏指在主机系统上文件或进程表现正常,使被植入者无法感受到木马的存在。主机隐藏又包括文件隐藏和进程隐藏。

(1)文件隐藏:为了确保木马在主机中存储过程的隐蔽性,即避免受害用户发现主机中出现了异常文件。文件隐藏的方法有很多,包括木马伪装、捆绑文件、文件隐藏、木马的自我销毁和木马更名等,具体如下。

①木马伪装。木马伪装成合法的文件,如图片文件(jpg)、文本文件(txt)、视频文件(rm-vb)等。这些文件的后缀名和正常文件一样,但实际是一些可执行文件(exe),即恶意木马,具有很强的隐蔽性。下面列举两种实现木马伪装的方法。第一种,利用 Windows 系统“隐藏已知文件类型的扩展名”的特性,如果攻击者把一个木马程序命名为“readme.txt.exe”,该文件被显示为“readme.txt”;同时,将文件的图标修改为 txt 文件的默认图标来增强迷惑性。第二种,在文件名中插入 RLO 控制符,使文件名逆序显示。例如,“txt.exe”显示为“exe.txt”,从而隐藏真实扩展名,使木马的扩展名看上去是常见文件扩展名,最终伪装成正常的文件。

②捆绑文件。把木马和一个安装程序进行捆绑,一旦运行安装程序,木马也就偷偷运行,入侵计算机。被捆绑的程序文件往往是.exe、.sys、.com、.bat 之类的可执行文件。

③文件隐藏。木马可以使用文件的“隐藏”属性来隐藏。在 Windows 系统中,如果木马

文件设置为"隐藏"属性,并且系统设置为"不显示隐藏的文件和文件夹",则用户浏览文件夹时不会显示相应的文件。如果不注意,将无法发现木马文件。

④木马的自我销毁。木马的自我销毁功能是指安装完木马后,当用户打开含有木马的文件,该文件会自动销毁,木马便将自己复制到 Windows 系统文件夹中,这样用户就很难找到木马,没有木马查杀工具的帮助,很难被删除。

⑤木马更名。木马程序的命名也是有些讲究的。如果没有进行修改,还用原来的名字,容易被认出,因此木马有各种各样的命名。通常情况下,木马的命名都跟系统文件很像,所以要多了解系统文件。

(2)进程隐藏:为了确保木马在被植入主机运行过程中的隐蔽性,即避免用户发现主机中出现了异常进程。进程隐藏分为伪隐藏和真隐藏,具体如下。

①伪隐藏。伪隐藏是让系统管理员看不见木马进程。伪隐藏有下面三种实现方法。

第一,木马运行时无可视化输出。这是最基本的隐藏方式之一。木马执行时,不仅不能出现任何窗口,而且不能在任务栏里出现图标。例如,VB 编程实现在任务栏中隐藏,只要把 Form(窗体)的 Visible 属性设置为"False",ShowInTaskBar 设为"False",程序就不会出现在任务栏里了。

第二,把木马进程注册为服务。在 Windows 系统下,把木马进程注册为一个服务就可以了,这样,程序就会从任务列表中的进程选项卡中消失了,因为系统不认为它是一个进程,就看不到这个程序的进程。然而,在任务管理器中的服务选项卡会发现在系统中注册过的服务。

第三,通过 Hook(钩子)技术实现进程列表欺骗来隐藏木马进程。Windows 任务管理器和其他第三方查看进程信息的软件一般利用 API 函数(如 PSAPI、PDH 和 ToolHelp API)获取进程信息。木马的进程隐藏工作原理:通过 Hook 技术拦截这些 API 函数的调用,一旦指定的 API 函数被调用,木马将立即得到通知,处理 API 调用返回的进程信息,将木马进程从进程列表中移除。

②真隐藏。真隐藏是指木马不使用进程,即不以单独的进程出现。方法是木马作为 DLL 文件运行,不具备一般进程的表现,即成为进程的一部分。

DLL 文件本身就是一个个独立的功能函数,它本质上是一种函数库。由于没有程序逻辑,DLL 文件不能独立运行,需要进程调用。因此,在进程列表中不会出现 DLL,只会出现调用它的进程。木马可以将需要实现其功能的代码再加上一些特殊代码写成 DLL 文件。此时,通过其他进程调用该 DLL 中的功能函数达成相应的远程监控。例如,编写一个 QQ 盗号 DLL 木马,该木马被 QQ.exe 调用,在进程列表中看到的是 QQ 的进程信息,盗号 DLL 木马很难被发现。进一步地,通常情况下每个进程都有自己独立的地址空间,而且每个进程可以访问自己地址空间中的数据,由于该盗号 DLL 木马进入 QQ 进程内部,成为了 QQ.exe 的一部分,在用户输入密码时,就能够接收到用户传递给 QQ 的密码键入。

2)通信隐藏

木马在通信过程中由于要开放端口以及使用命令控制,就有可能被防火墙和入侵检测等网络防御设备发现而删除,因此要进行通信隐藏来保护自身。通信隐藏又分为端口隐藏和内容隐藏。

(1)端口隐藏:一些木马在感染后,主机会打开端口进行监听,容易被发现。端口隐藏可以采取下面的几种方法。

①使用可变的高端口。一台机器有 65536 个 TCP 端口,1023 及以下是系统服务端口,如果木马占用这些端口可能会使系统不正常,很容易暴露。大多数木马使用的端口通常为 1024 及以上,而且呈越来越大的趋势。

②端口复用。端口复用技术,指重复利用系统打开的端口(如 25、80、135 和 139 等常用端口)传送数据,这样既可以欺骗防火墙,又可以少开新端口。端口复用需要使用隧道技术,即协议封装,把一种协议作为数据部分放在另一种协议里。端口复用是在保证端口默认服务正常工作的条件下复用,具有很强的欺骗性。例如,内部网络某台主机上搭建了 HTTP服务器(见图 4-7),默认情况下开启了 80 端口,通过端口复用就可以直接使用 80 端口完成木马的通信,实现的方法是将木马作为数据部分放在 HTTP 协议里。此时进行检测,不会发现有多余的端口被打开,也不会被防火墙阻拦。

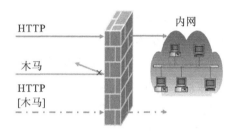

图 4-7 HTTP 服务器端口复用

③端口反向连接:端口反向连接技术也叫反弹端口技术。该技术指被植入木马的服务器主动连接控制端。防火墙对于连入的链接往往会进行严格的检查,能对非法数据有效地进行过滤,将非法连接拦在墙外。所以,控制端连接的木马,现已很难穿过防火墙。然而,防火墙对于连出的链接则疏于防范;同时,防火墙不能禁止从内网向外网发出的连接,否则内网将无法访问外网服务(如 HTTP 服务)。木马的端口反向连接技术正是利用这些特点来突破防火墙的限制。与一般的木马相反,木马端会主动连接控制端。例如,为了让"灰鸽子"木马端正确连接到控制端,需要把控制端的地址存放在一个固定的可以访问的 Web 网页中。当控制端地址发生改变,只需要修改该网页的内容即可。

采用其他不需要端口的协议进行通信。对于 TCP/UDP 木马,其弱点是等待和运行的过程中,需要有端口打开来建立连接,而该连接容易遭受防火墙的拦截。由于 ICMP 报文由系统内核或进程直接处理而不通过端口,这就给了木马一个摆脱端口的绝好机会。由于防火墙、入侵检测系统等网络防御设备通常只检查 ICMP 报文的首部,因此,木马往往直接把数据放到选项数据中来实现木马端和服务器端的通信。

(2)内容隐藏:主要采用加密技术进行隐藏。加密技术是恶意代码自我保护的一种手段,加密技术和反跟踪技术的配合使用,使得分析者无法正常调试和阅读木马,不知道木马的工作原理,也无法抽取特征串,从而达到隐蔽的目的。

4. 远程控制技术

木马与控制端连接建立后,攻击者就可以通过控制端远程控制受害者的主机。木马程序一般具有超级用户权限,因此木马程序几乎可以在受害者的主机上为所欲为,它一般可能会进行以下一些操作。

(1)窃取口令。窃取口令分两种情况,第一,自动搜索内存、Cache、Cookie、临时文件夹以及其他各种包含口令的文件;第二,获得口令的方式是通过设置钩子截获受害者主机的键盘消息,从而获得口令。通过口令,攻击者可以进一步控制主机,甚至利用信用卡账号,牟取经济利益。

(2)实施破坏。这种木马的主要功能就是破坏计算机上的文件系统,轻则使重要文件被损坏或删除,重则使系统崩溃。破坏型木马的功能与计算机病毒有些相似,不同的是破坏型木马的激活是由攻击者控制的,并且它不具有传播能力。

(3)程序杀手。程序杀手型木马的功能就是关闭对方计算机上运行的某些程序,多为专门的防病毒或防木马程序,从而木马可安全进入。

(4)远程操纵。该功能类似于在被植入主机上启动了 Telnet 或 SSH 服务。操纵包括重启或关闭被植入木马的服务器的操作系统,断开服务器端网络连接,控制服务器端的鼠标、键盘,监视服务器端桌面操作,查看服务端进程等。

(5)代理攻击。代理其实就是一个跳板或中转,即两台主机之间的通信必须借助另一台主机(该主机在网络中称为代理服务器)来完成。代理型木马被植入主机后,该主机本身不会遭到破坏,攻击者利用它作为攻击信息的发起源头来攻击其他的计算机。其实,代理型木马这样做的初衷便是掩盖自己的足迹,谨防别人发现自己的身份。例如,可以借助代理攻击发起 DoS 攻击,代理攻击的主机数越多,发起的 DoS 攻击也就越具有破坏性。

另外,随着比特币、勒索软件等应用的流行,在已有木马不断产生新的变种的同时,还出现了一些新的木马类型,如挖矿木马可以利用网络中的计算机帮助攻击者进行挖矿,以赚取比特币;另外,新的木马与僵尸程序结合,实施网络勒索攻击等。

4.3.4　木马的特点

一个典型的木马通常具有以下五个特点。

(1)欺骗性。在植入过程中,木马程序伪装成合法的程序,通过社会工程学方法诱骗受害用户植入。同时,木马实现隐藏的主要手段之一也是欺骗。

(2)自运行性。木马的启动不能寄希望于用户。木马通过对系统的修改,可以实现在目标主机系统启动时自动运行。

（3）隐蔽性。木马可以长期存在的主要因素是隐藏。为了更好地保护自身，木马可以伪装成合法程序，不产生任何图标，不在进程中显示出来，以及伪装成系统进程。同时，在远程控制的过程中通过隐藏端口和加密使得其难以被防火墙和入侵检测等网络防御设备发现。这些都是木马隐蔽性的体现。

（4）功能的特殊性。木马用于非授权的远程控制。木马的控制端程序通常安装在攻击者主机上，用来控制被植入木马的受害者主机，向其发出各种命令，并按照攻击者的意图实现各种功能。只要向一台主机植入木马，攻击者便可以任意操作该主机，就像在本地使用一样。

（5）顽固性。现在很多的木马程序具有多重备份，可以相互恢复。系统一旦被植入木马，只删除某一个木马文件是无法清除干净的。

4.3.5　木马的检测和清除

木马的危害很大，如何检测和清除木马，是值得关注的问题。

1. 木马的检测

虽然木马具有隐蔽性，但从木马的自运行性和功能的特殊性出发，可以对木马实施检测。除了这两类手工检测木马的方法之外，还可以基于查杀软件进行检测。

（1）基于自运行性的检测。如果检测出现了自启动列表中有可疑程序、系统自动运行的文件被替换、有异常的自运行服务存在和自启动相关的子键被修改等情况，则说明主机有可能被植入了木马。

（2）基于功能的特殊性的检测。功能的特殊性是指木马的远程控制，体现了木马的特点。如果检测出现程序打开了某个可疑的端口（如"冰河"木马使用的监听端口是 TCP 的 7626）、任务管理器出现了可疑进程等情况，则说明主机有可能被植入了木马。为了查看开放端口，可以使用 Windows 本身自带的 netstat 命令，使用 Windows 下的命令行工具 Fport，以及使用图形化界面工具 Active Ports 等；为了查看运行进程，可以在 Windows 系统下进入任务管理器。

（3）基于查杀软件的检测。用户还可以通过各种杀毒软件、防火墙软件和木马专杀工具等检测木马。杀毒软件主要有 KV3000、Kill3000、瑞星等，防火墙软件主要有 Lockdown、天网、金山网镖等，木马专杀工具主要有 The Cleaner、木马克星、木马终结者等。

2. 木马的清除

检测到主机中了木马后，就要根据木马的特征来进行清除。手动清除方法主要包括删除可疑的启动程序、停止可疑的系统进程和还原注册表等。当然，还可以使用查杀软件进行清除。

4.4　网络蠕虫

4.4.1　蠕虫概述

1988 年 11 月 2 日,莫里斯蠕虫诞生,它是最早通过互联网传播的蠕虫。莫里斯蠕虫由康奈尔大学的研究生莫里斯编写,首先于麻省理工学院的计算机系统发布。莫里斯为了求证计算机程序能否在不同的计算机之间进行自我复制传播,编写了一段试验程序。为了让程序能顺利进入另一台计算机,他还写了一段破解用户口令的代码。11 月 2 日早上 5 点,这段被称为"蠕虫"的程序开始了它的旅行。它果然没有辜负莫里斯的期望,爬进了几千台计算机,让这些计算机死机。莫里斯蠕虫利用 sendmail 的漏洞、fingerD 的缓冲区溢出及REXE 的漏洞进行传播。莫里斯在证明其结论的同时,也开启了蠕虫新纪元。

莫里斯蠕虫爆发后,为了区分蠕虫和病毒,给出了蠕虫的定义:可以独立运行,并能利用漏洞,把自身的一个包含所有功能的版本传播到其他计算机上的恶意代码。

4.4.2　蠕虫与传统病毒的区别

传统病毒需要寄生于宿主,而蠕虫是一个独立的有生命的个体。基于这两个重要的区别,可以进行如下分析。

病毒需要依附于宿主,如可执行文件、Word 文档等。病毒感染宿主后,会保持休眠状态,直到用户启动被感染的宿主时,病毒也随之启动,进入内存。同时,病毒会搜索系统中的文件系统,去寻找满足条件的感染对象实施感染。进一步地,一旦触发条件满足,病毒就会对被感染系统实施破坏。对于病毒的防治,需要将病毒从宿主中摘除。

相反,蠕虫无须借助宿主,是独立的个体。蠕虫的运行不需要人为干预,即蠕虫可以自启动。蠕虫的感染也无须人为干预,具体而言,蠕虫会自行创建副本,通过网络感染有漏洞的主机;蠕虫的每个后续副本也可以自我复制,因此可以通过网络迅速地进行传播。在感染之前,为了寻找满足条件的有漏洞的主机,蠕虫会进行网络扫描。可见,蠕虫会降低网络性能和主机性能。对于蠕虫的防治,需要为系统打补丁,消除漏洞(见表 4 - 3)。

表 4 - 3　病毒和蠕虫的区别

项目	传统计算机病毒	蠕虫
存在形式	寄生	独立个体
启动机制	随宿主启动	自启动
感染机制	随宿主运行	系统存在漏洞
感染形式	插入宿主	复制自身
感染目标	主要针对本地文件	主要针对网络上的其他主机

项目	传统计算机病毒	蠕虫
搜索机制	扫描本地文件系统	扫描网络主机 IP
攻击目标	破坏主机资源	降低网络性能和主机性能
用户参与	需要	不需要
防治措施	将病毒从宿主中摘除	为系统打补丁

4.4.3　蠕虫的工作机制

蠕虫的工作机制分为三个阶段,分别是信息收集、攻击渗透和现场处理。

(1)信息收集:在网络上搜索易感染目标主机。按照一定的策略搜索网络中存活的主机,收集目标主机的信息,如开放的服务、操作系统类型等,并远程进行漏洞的分析。如果目标主机有可以利用的漏洞,则确定为一个可以攻击的主机,否则放弃攻击。

(2)攻击渗透:将蠕虫代码传送到易感染目标主机上。通过收集的漏洞信息尝试攻击,这一步关键的问题是对漏洞的理解和利用。一旦攻击成功,则获得控制该主机的权限。然后,建立传输通道,将蠕虫代码渗透到被攻击主机上。

(3)现场处理:执行蠕虫代码,对被攻击的主机进行处理。攻击渗透成功后,蠕虫代码运行,要对被攻击的主机进行一些处理。这些处理通常为蠕虫将其代码隐藏、将蠕虫程序设为自启动状态、为感染其他主机做准备等。进一步地,由于蠕虫程序可能具有完全的系统管理员权限,它就可以完成它想完成的任何动作使系统出现各种异常,如恶意占用 CPU 资源、收集被攻击主机的敏感信息、删除关键文件等。

为了理解蠕虫的工作机制,下面给出 2004 年出现的一个蠕虫实例 Worm. Sasser. B。

蠕虫 Worm. Sasser. B 的中文名称是震荡波变种 B。该蠕虫是"震荡波"的第二个变种,它利用微软 Windows 操作系统的本地安全授权服务(local security authority subsystem service,LSASS)缓冲区溢出漏洞进行远程主动攻击和传染,导致系统异常和网络严重拥塞,具有极强的危害性。Worm. Sasser. B 的工作过程如下。

1. 信息收集

(1)以本地 IP 地址为基础,取随机 IP 地址实施主机扫描。

(2)对于存活的主机,扫描 TCP 的 445 端口。若该端口开启,则将目标的 IP 地址保存到"c:\win2. log"。

(3)对目标主机,执行 LSASS 缓冲区溢出漏洞扫描。

2. 攻击渗透

(1)通过 445 端口,发送非法数据,向被连接主机发动 LSASS 缓冲区溢出攻击,获取管理员的权限,从而可执行任意指令。

(2)被攻击的计算机将自动连接被感染主机的 5554 端口,并通过 FTP 下载蠕虫的副本并运行,名称一般为 4 到 5 个数字加上"_up"的组合,如"78456_up. exe",保存路径为"c:\WINDOWS\systems32\78456_up. exe"。

3. 现场处理

(1)被感染主机在本地建立 FTP 服务器。具体而言,它开启 TCP 的 5554 端口来建立一个 FTP 服务器,用来当作感染其他主机的服务器。

(2)蠕虫运行后,将自身复制到系统目录下,并更名为"avserve2. exe"。其中,保存路径为"c:\WINDOWS\avserve2. exe"。

(3)在注册表 HKEY_LOCAL_MACHINE\SOFTWARE\Microsoft\Windows\Current Version\Run 子项中创建项值"c:\WINDOWS\avserve2. exe"。这样,蠕虫在 Windows 启动时就得以运行。

Worm. Sasser. B 蠕虫占用大量的系统和网络资源。由于当时 Windows 操作系统广泛存在 LSASS 漏洞,此蠕虫会在网络上迅速传播,造成网络瘫痪,同时使被感染计算机的运行变得很慢。"震荡波"蠕虫由德国下萨克森州罗滕堡的 18 少年乔森(Jaschan)编写。德国费尔登市法院认定他制造"震荡波"蠕虫、四次改变数据和三次对计算机实施破坏有罪,判处他 1 年零 9 个月的缓刑。在"震荡波"蠕虫传播的几天内,相继出现了 Sasser. B、Sasser. C、Sasser. D、Sasser. E、Sasser. F 等变种蠕虫。其中的变种 E 和变种 F 是编写者被逮捕之后出现的,因此,专家们普遍估计该蠕虫的源代码已经外泄。

4.4.4　蠕虫的扫描

蠕虫的扫描策略直接决定了它的传播速度。蠕虫扫描越是能够尽快发现有漏洞的易感染主机,那么蠕虫的传播速度就越快。蠕虫扫描策略就是如何使蠕虫在最短的时间内找到网络中的易感染主机。扫描策略有如下几种。

(1)随机扫描。随机扫描是指随机选取某一段 IP 地址,然后对这一地址段上的主机逐一进行扫描。随着蠕虫的传播,新感染的主机也开始进行这种扫描。这些扫描程序不知道哪些地址已经被扫描过,它只是简单地随机扫描互联网。于是,蠕虫传播得越广,网络上的扫描包就越多。可见,一方面,这种技术会产生大量的网络通信,甚至可能在实际攻击发动之前已造成大面积的瘫痪。另一方面,由于不知道哪些主机已经感染了蠕虫,且很多随机地址的主机在网络上并不存在,因此,许多扫描是无用的。

(2)黑名单扫描。黑名单扫描是指网络蠕虫在寻找受感染的目标之前预先生成一份可能存在漏洞的机器列表,然后对该列表进行攻击尝试和传播。由于蠕虫编写者已经事先取得了存在漏洞的主机信息,而且这些机器都具有良好的网络连接,所以该过程速度极快,几秒内就能完成。可见,用该扫描方法要比采用随机扫描针对性更强,扫描效果更好。

(3)顺序子网扫描。顺序子网扫描是指感染主机上的蠕虫按照一定顺序依次扫描自己所在网段内的地址。若蠕虫扫描的目标地址 IP 为 x,则扫描的下一个 IP 地址为 $x+1$ 或 $x-1$。假设感染主机 A 的 IP 地址为 x,采用 IP 地址递增方法,该蠕虫就从主机 A 开始依次扫描 $x+1, x+2, \cdots$。不失一般性,若 IP 地址为 $x+2$ 的主机 B 被主机 A 感染,则主机 B 依次扫描

$x+3,x+4,\cdots$。该扫描方法对易感主机密度比较大的网络有效,短时间内可以感染大量主机,但会产生大量的重复扫描,引起网络拥塞。

（4）分治扫描。分治扫描是网络蠕虫之间相互协作、快速搜索易感染主机的一种方式。网络蠕虫发送地址库的一部分给每台被感染的主机,然后每台被感染的主机再去扫描它所获得的地址,即主机 A 感染了主机 B 以后,主机 A 将它自身携带的地址分出一部分给主机 B,然后主机 B 开始扫描这一部分地址。分治扫描方式的不足是存在"坏点"问题,即在蠕虫传播的过程中,如果一台主机死机或崩溃,那么所有传给它的地址库就会丢失。"坏点"问题发生得越早,影响就越大。常用解决"坏点"问题的方法有三种:在蠕虫传递地址库之前产生目标列表;通过计数器来控制蠕虫的传播情况,蠕虫每感染一个节点,计数器加 1,然后根据计数器的值来分配任务;蠕虫传播时随机决定是否重传数据库。

（5）基于路由的扫描。基于路由的扫描是网络蠕虫根据网络中的路由信息,对 IP 地址空间进行选择性扫描的一种方法。采用随机扫描的蠕虫会对未分配的地址空间进行探测,而这些地址大部分在因特网上是无法路由的(保留的私有 IP 地址),因此会影响到蠕虫的传播速度。如果蠕虫能够知道哪些 IP 地址是可路由的,则它就能够更快、更有效地进行传播。基于路由扫描的不足是蠕虫传播时必须携带一个路由 IP 地址库,蠕虫代码量大。CodeRed(红色代码)使用的就是基于路由的扫描。

（6）基于 DNS 服务器扫描。基于 DNS 扫描是指蠕虫从 DNS 服务器上获取 IP 地址来建立目标地址库。由于该方式中被扫描的对象是为因特网提供实时域名解析服务的 DNS 服务器,所以该扫描方式的优点是获得的 IP 地址具有针对性,且可用性强。基于 DNS 服务器扫描的不足是较难得到 DNS 记录的完整地址列表,而且蠕虫代码需要携带较大的地址库,传播速度慢,同时,目标地址列表中的地址数受公共域名主机的限制。

（7）基于本地子网扫描。有的网络保护措施严格,使得蠕虫无法对任何一台主机完成扫描。然而,有的网络缺乏保护,如果可以感染防火墙之后的一个目标,那么意味着防火墙缺乏相应安全保护策略,蠕虫可以通过防火墙,并在该网络中寻找其他目标。

4.4.5 蠕虫传播模型

蠕虫的传播过程可以分为如下三个阶段(见图 4-8)。

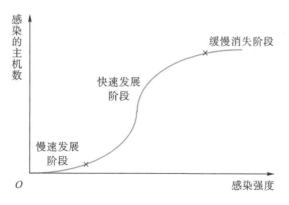

图 4-8 蠕虫病毒的传播模型

(1)慢速发展阶段:漏洞被蠕虫设计者发现,并利用漏洞把蠕虫传播到互联网,大部分用户还没有下载补丁,蠕虫只感染了网络中的少量主机。

(2)快速发展阶段:如果每个蠕虫可以扫描并感染的主机数为 W, n 为感染次数,那么感染主机数为 W^n。可见,感染蠕虫的主机数成指数幂急剧增长。

(3)缓慢消失阶段:随着蠕虫的爆发和流行,人们通过分析蠕虫的传播机制,采取一定的措施,如及时更新补丁包、删除本机存在的蠕虫等,感染蠕虫数量开始缓慢减少。

4.4.6 蠕虫的特点

蠕虫作为一种恶意代码,具有下面六个典型特点。

(1)利用漏洞。蠕虫利用系统、软件等漏洞获得被攻击主机的相应权限,使之进行复制和传播成为可能。

(2)主动攻击。从搜索漏洞,到利用搜索结果攻击系统,再到攻击成功后复制副本,整个流程全由蠕虫自身主动完成。

(3)造成网络拥塞。一方面,在信息收集过程中,蠕虫要实施主机扫描,判断其他计算机是否存活;实施端口扫描,判断特定应用服务是否提供;实施漏洞扫描,判断漏洞是否存在;等等。这将产生大量的网络数据流量。另一方面,在传播过程中,蠕虫对网络中主机的感染也可以产生大量的恶意流量。当大量的主机感染蠕虫时,就会产生巨大的网络流量,导致整个网络瘫痪。

(4)消耗系统资源。一方面,蠕虫在信息收集过程和传播过程中,不仅会消耗网络资源,也会消耗主机的系统资源;另一方面,许多蠕虫会恶意消耗被感染主机的系统资源。

(5)反复性。即使清除了蠕虫留下的痕迹,如果没有修补网络中计算机系统的漏洞,主机还是会被重新感染。

(6)破坏性。越来越多的蠕虫开始包含恶意代码,从而对被感染主机实施破坏,造成一定的经济损失。

4.4.7 蠕虫的检测与清除

1. 对未知蠕虫的检测

对未知的蠕虫进行检测,通常使用流量异常的统计分析、ICMP 数据异常分析等方法,可以更全面地检测网络中的未知蠕虫。通过对被感染主机进行隔离,对蠕虫进行分析,进而采取防御措施。

(1)流量异常的统计分析。

蠕虫的信息收集阶段和传播过程会产生大量的网络数据流量,导致某一段时间流量异常。如果网络中存在大量的网络数据流量,则可能遭到了蠕虫攻击。

(2)ICMP 数据异常分析。

在蠕虫的信息收集阶段,蠕虫会随机地或者伪随机地生成大量的 IP 地址进行扫描,探测有漏洞的主机。这些被扫描主机中会存在许多空的或者不可达的 IP 地址,因此,被感染主机会接收到大量的来自不同路由器的 ICMP 目标不可达报文。通过对这些数据包进行检测和统计,可在蠕虫的扫描阶段将其发现。

2. 对已知蠕虫的检测

对已知蠕虫而言,可以根据多个行为特征进行判断。以 Worm. Sasser. B 蠕虫为例进行分析。

(1)检测是否存在大量 445 端口的扫描。如果存在,有可能蠕虫在进行信息收集,即发现可疑主机。

(2)在 TCP 的连接建立中,检测可疑主机是否通过 445 端口建立连接,并发送非法数据,即溢出攻击的特征串。如果满足,蠕虫可能在试图获得系统的控制权限,此时,需要将该主机进行隔离。

(3)检测被攻击主机是否与攻击者的 5554 端口建立连接,并通过传播文件的特征(如名称为 4 到 5 个数字加上“_up”的组合的 exe 文件)来进一步确认“震荡波”B 变种。如果满足,则蠕虫对受害者主机进行了感染,报警通知管理员。

3. 蠕虫的清除

蠕虫的清除仍然以 Worm. Sasser. B 为例来说明。首先,打开任务管理器,查看是否存在名为“avserve2.exe”的进程,存在则终止。然后,在注册表 HKEY_LOCAL_MACHINE\ SOFTWARE\Microsoft\Windows\Current Version\Run 子项中删除项值“c:\WINDOWS\ avserve2.exe”的病毒项值;接着,删除 avserve2.exe 文件。

要想达到对 Worm. Sasser. B 蠕虫的防御,需要为主机打上最新补丁,修复 LASSAS 漏洞。

4.5　恶意代码的加密和多态

对于恶意代码的检测,特征代码法是常见的方法,即通过恶意代码的特征代码去检测恶意代码。在早期的恶意代码中,一般都没有对恶意代码做变形,其特征代码容易被杀毒软件提取,从而被查杀。近些年来,为了对抗杀毒软件的检测,恶意代码通常采用加密和多态的技术,试图使特征代码消失来以提高生存能力。

4.5.1　恶意代码的加密

恶意代码的加密是指对恶意代码的某些主体代码采用密钥进行加密,这样静态反汇编出来的代码就是经过加密处理过的,在某些程度上可以起到保护恶意代码的目的。

对于恶意代码的加密,共需要执行两个操作,加密和解密。对于恶意代码的加密操作,其方式有很多种,一般采用 XOR、OR、SUB、ADD 等一些简单的变换。加密操作中使用的密钥,通常都不固定,可以随机产生,并且将密钥保存在某个位置,供解密使用;密钥也可以采用被感染计算机里面的某些特征,如被感染文件的文件名、计算机名、IP 地址、计算机时间等。恶意代码的解密操作是加密的逆操作,目的是还原恶意代码本体。

经过加密技术处理的恶意代码主要包括如下两个部分:一部分是加密的恶意代码,即对某些主体代码采用密钥进行加密;另一部分是解密代码,该解密代码对加密的恶意代码实施解密,以便恶意代码能够执行。例如,下面一段解密程序:

```
MOV ECX , VIRUS_SIZE
MOV EDI, offset EncrptStart
DecrptLoop:
    XOR byte ptr [EDI],key
    INC EDI
LOOP DecrptLoop
```

其中,VIRUS_SIZE 是加密的恶意代码长度;offset EncrptStart 是加密的恶意代码的起始地址;key 是密钥。

恶意代码在加密后,先对加密的恶意代码实施解密操作,然后执行被解密的本体代码。

对于加密的恶意代码,静态反汇编出的指令是经加密处理过的,因此在某些程度上可以起到保护恶意代码的目的。同时,加密密钥是不固定的,从而加密的恶意代码也会随之发生变化。此时,加密的主体恶意代码的特征值就消失了。通过上面的分析,恶意代码的加密技术在一定程度上可以逃避杀毒软件的检测。然而,解密代码是固定的,且有特征值,这和普通的恶意代码相比没什么改善。为了解决这一问题,一种新的恶意代码变形方法产生了,即下面要介绍的多态技术。

4.5.2 恶意代码的多态

恶意代码的多态是指其每个样本的代码都不相同,表现为多种状态。采用多态技术的恶意代码,由于其代码不固定,很难提取出特征值,所以只采用特征值查杀法的杀毒软件很难对付该类恶意代码。

恶意代码多态技术改进了恶意代码加密技术。这是因为经过加密技术处理的恶意代码主要包括加密的恶意代码和解密代码。其中,加密密钥是不固定的,从而加密的恶意代码不固定;而解密代码是固定的。恶意代码多态技术消除了解密代码的固定性。具体而言,恶意代码每次自我复制的时候,解密代码都会随机改变,几乎没有规律可循,使得整个恶意代码都不固定,无法从这些代码中找到固定的特征值,这就是多态恶意代码的思想。因此,恶意代码的多态是对加密技术中的解密代码进行变换,以产生功能相同但是代码截然不同的解密代码。恶意代码的多态方法有以下几种。

(1)指令位置变换:变换指令的相对位置,但不影响执行效果。例如,下指令的位置是任意的,可以有 3!=6 种变化。

```
MOV EBX, 23
```

```
        XOR ECX, ECX

        LODSD
```

其中,LODSD 指令是指从 DS:ESI 处一次读取四个缓冲区中的字节到 EAX。

（2）指令扩张：一条指令替换为多条等价指令。例如

```
        MOV EAX EDX   →    PUSH EDX

                           POP EAX
```

（3）指令收缩：多条指令替换为一条等价指令。例如

```
        PUSH EDX

        XCHG EAX, EDX   ↔    MOV EAX, EDX

        POP EDX
```

（4）等价指令替换：一条指令替换为另一条等价指令。例如

```
        ADD EXX, 1          INC EXX
```

（5）垃圾指令插入：插入不影响代码执行效果的指令。例如

```
        XOR EAX 0
```

（6）寄存器变换：随机选取寄存器。例如

```
        MOV REG,[123456]
```

其中,REG 可以在 EAX、EBX、ECX 等通用寄存器之间进行随机选择。

（7）运算变换：XOR、OR、SUB、ADD 等一些运算操作的随机选取。例如

```
        ×× 操作数 1,操作数 2
```

其中,×× 可以在 XOR、OR、SUB、ADD 等运算操作之间进行随机选择。

上面的多态方法说明解密代码理论上可存在无数的变形,且特征值消失。因此,这些数量众多的变形体加大了恶意代码检测的难度。

习　题

1.恶意代码的共同特征有哪些？

2.简述传统计算机病毒的结构。

3.简述 PE 文件病毒的感染方式。

4.运用木马实施网络入侵的基本步骤有哪些？

5.木马需要哪些关键技术？

6.简述网络蠕虫的工作机制。

7.传统计算机病毒、蠕虫和木马有哪些区别？

8.什么是恶意代码的加密和多态？

第5章 公钥基础设施

信息安全已成为信息化发展中不可缺少的技术基础。公钥基础设施(public key infrastructure,PKI)基于非对称密码学的优势,通过基础设施的工程理念,利用标准的接口为用户提供真实性、保密性、完整性和不可否认的安全服务。迄今为止,仍没有一种技术能够完全替代 PKI 技术来提供如此全面的安全服务。随着技术的进步,各种网络应用不断涌现,用户对安全性的要求也就越来越高,因此 PKI 的技术和原理已逐步成为现代信息技术的基础,学习和掌握 PKI 也就成为现代网络维护人员和信息系统开发人员的迫切需求。

5.1 公钥基础设施概述

5.1.1 PKI 的产生背景

随着科学技术的发展,网络应运而生。因特网作为最大的互联网,其主要特点是开放性、广泛性和自发性,它向用户提供了广泛的自由度和自治权利,给整个人类带来的好处是显而易见的,我们的日常生活、学习、娱乐与因特网已经密不可分了。任何事物都有它的两面性,因特网也存在隐私、通信安全等问题。由于因特网从建立开始就缺乏安全的总体构想和设计,因此与生俱来带有缺陷——过分自由、缺乏约束,这给以数字形式在因特网上传输的用户的银行账号、信用卡账号、登录口令、电子邮箱密码、机密邮件等敏感信息带来巨大的威胁,这些信息在网络上是明文传输的,很容易被网络窃听软件截获。

ISO 7498-2 确定了五大类安全服务,网络安全服务包含了信息的真实性、完整性、机密性和不可否认等几个方面的内容。与之对应的威胁主要有假冒、截取、篡改、否认等方式。为了防范用户身份的假冒,数据的截取和篡改,以及行为的否认等安全漏洞,因特网亟需一种技术或体制来实现对用户身份的认证,建立可信的网络应用环境,保证因特网上所传输数据的安全。

目前,能够实现用户身份认证的技术有很多,常见的有静态口令、动态口令、生物识别和PKI 数字证书等。

"用户名＋静态口令"是当前最基本、最常用的网络身份认证技术之一,具有使用方便、成本低等优点,但存在容易被截获与破解的安全隐患,可以说是最不安全的身份认证技术之一。

动态口令是对传统静态口令技术的改进,它采用双因子认证的原理,即用户既要拥有一些东西,如令牌,又要知道一些东西,如启用令牌的口令。当用户要登录系统时,首先要输入启用令牌的口令,其次还要将令牌上所显示的数字作为系统的口令输入。令牌上的数字是不断变化的,而且与认证服务器同步,因此用户登录到系统的口令也是不断变化的,即“动态口令”,它能提供比静态口令更高强度的安全保护。

生物识别是利用人体生物特征进行身份认证的一种技术。生物特征具有唯一性和终生稳定的特征,可以利用计算机图像处理和模式识别技术来实现身份认证。与传统身份认证相比,生物识别技术的安全性较高,使用方便,既不需要记忆复杂的密码,又不需要随身携带密钥和智能卡。但生物身份识别产品的成本较高,特征的识别精度有待进一步提高。

PKI 数字证书是网络世界中各主体之间信任的基石,帮助解决网络身份的认证和网络信任的建立及维护等问题。网上信息系统需要保护其真实性、保密性、完整性以及可追究性。PKI 利用非对称密码学的优势,通过基础设施的工程理念,利用标准的接口为用户提供除可用性以外的全面的安全服务。到目前为止,还没有一种技术能够完全替代 PKI 技术来提供如此全面的安全服务。

5.1.2　PKI 的基本概念

PKI 是指用公开密钥的概念和技术来实施和提供安全服务的具有普适性的安全基础设施。这个定义涵盖的内容比较宽,是一个已被很多人所接受的概念。这个定义说明,任何以公钥技术为基础的安全基础设施都是 PKI。当然,没有好的非对称算法和好的密钥管理就不可能提供完善的安全服务,也就不能叫作 PKI,即 PKI 的定义中已经隐含了该技术具有密钥管理功能。PKI 是适应网络开放状态应运而生的一种技术,目前许多网络安全技术,如防火墙、入侵检测、防病毒等基本上只能解决网络安全在某一方面的问题,而 PKI 则是比较完整的网络安全解决方案,能够全面保证信息的真实性、完整性、机密性和不可否认性。

X.509 标准中,为了使 PKI 有别于权限管理基础设施(privilege management infrastructure, PMI),将 PKI 定义为支持公开密钥管理并能支持认证、加密、完整性和可追究性服务的基础设施。这个概念与 PMI 相比,不仅叙述 PKI 能提供的安全服务,更强调 PKI 必须支持公开密钥的管理。也就是说,仅仅使用公钥技术还不能叫作 PKI,还应该提供公开密钥的管理。因为 PMI 仅仅使用公钥技术并不管理公开密钥,所以,PMI 可以单独进行概念描述而不会与公钥证书等概念混淆。X.509 标准从概念上分清了 PKI 和 PMI,有利于该标准的执行。然而,由于 PMI 使用了公钥技术,PMI 的使用和建立必须先有 PKI 的密钥管理支持,因此 PMI 不得不把自己与 PKI 绑定在一起。当将两者合二为一时,PMI＋PKI 就完全落在了 X.509 标准定义的 PKI 范畴。根据 X.509 标准的定义,PMI＋PKI 仍旧可以叫作PKI,而 PMI 完全可以被看成 PKI 的一个部分。

美国国家审计总署在 2001 年和 2003 年的报告中都把 PKI 定义为由硬件、软件、策略和人构成的系统,当这个系统正确实施后,能够为敏感通信和交易提供一套信息安全保障,包括保密性、完整性、真实性和不可否认性。尽管这个定义没有提到必须提供公开密钥技术,但到目前为止,满足上述条件的也只有公钥技术构成的基础设施。也就是说,只有第一个定义描述的基础设施才符合这个PKI的定义,所以这个定义与第一个定义并不矛盾。

综上所述,可以认为:PKI是用公钥概念和技术实施的,支持公开密钥的管理并提供真实性、保密性、完整性以及可追究性安全服务的具有普适性的安全基础设施。换句话说,PKI以公钥技术为基础,以数字证书为媒介,结合对称加密技术将个人、组织、设备的标识身份信息与各自的公钥捆绑在一起,其主要目的是通过自动管理密钥和证书,为用户建立一个安全、可信的网络运行环境,使用户可以方便地使用加密和数字签名技术,从而能保证所传输信息的机密性、完整性和不可否认性。

5.1.3　PKI 的目标

PKI就是一种基础设施,其目标就是要充分利用公钥密码学的理论基础,建立起一种普遍适用的基础设施,为各种网络应用提供全面的安全服务。公开密钥密码为用户提供了一种非对称性质,使得安全的数字签名和开放的签名验证成为可能。而这种优秀技术的使用却面临着理解困难、实施难度大等问题。正如让每个人自己开发和维护电厂有一定的难度一样,让每一个开发者完全正确地理解和实施基于公开密钥密码的安全系统有一定的难度。PKI希望通过开发一种专业的基础设施,让网络应用系统的开发人员从烦琐的密码技术中解脱出来的同时享有完善的安全服务。

将PKI在网络信息空间的地位与电力基础设施在工业生活中的地位进行类比可以更好地理解PKI。电力基础设施,通过延伸到用户的标准插座为用户提供能源,而PKI通过延伸到用户本地的接口为各种应用提供安全服务。有了PKI,安全应用程序的开发者可以不用再关心那些复杂的数学运算和模型,而直接按照标准使用一种接口。正如电冰箱的开发者不用关心发电机的原理和构造一样,只要开发出符合电力基础设施接口标准的应用设备,就可以享受基础设施提供的能源。

PKI与应用的分离是PKI作为基础设施的重要标志,正如电力基础设施与电器的分离一样。网络应用与安全基础设施实现分离,有利于网络应用更快地发展,也有利于安全基础设施更好地建设。正是由于PKI与其他应用能够很好地分离,才使我们能够将其称为基础设施,PKI也才能从千差万别的安全应用中有效地独立地发展壮大。PKI与网络应用的分离,实际上是网络社会的一次"社会分工",这种分工可能会成为网络应用发展史上的重要里程碑。

5.1.4　PKI 包含的内容

PKI在公开密钥密码的基础上,主要解决密钥属于谁,即密钥认证的问题。在网络上证明公钥是谁的,就如同现实中证明谁叫什么名字一样具有重要的意义。通过数字证书,PKI很好地证明了公钥是谁的。PKI的核心技术就是围绕数字证书的申请、颁发、使用与撤销等整个周期展开的。其中,证书撤销是PKI中最容易被忽视的关键技术之一,也是基础设施必须提供的一项服务。

PKI 的研究对象：数字证书，颁发数字证书的证书认证中心，持有证书的证书持有者，使用证书服务的证书用户，以及为了更好地成为基础设施而必须具备的证书注册机构、证书存储和查询服务器、证书状态查询服务器、证书验证服务器等。

PKI 作为基础设施，两个或多个 PKI 管理域的互联就显得非常重要。PKI 管理域间如何更好地互联是建设一个无缝的大范围的网络应用的关键。在 PKI 互联过程中，PKI 关键设备之间、PKI 末端用户之间、网络应用与 PKI 系统之间的互操作与接口技术是 PKI 发展的重要保证，也是 PKI 技术的研究重点。

5.1.5　PKI 的优势

PKI 作为一种安全技术，已经深入网络的各个层面。PKI 的灵魂来源于公钥密码技术，这种技术使得"知其然，不知其所以然"成为一种可证明状态，使得网络上的数字签名有了理论上的安全保障。PKI 的优势主要表现在以下几个方面。

（1）采用公开密钥密码技术。采用公开密钥密码技术，能够支持可公开验证并无法仿冒的数字签名，从而在支持可追究的服务上具有不可替代的优势。这种可追究的服务也为原始数据的完整性提供了更高级别的担保。支持可以公开的验证，或者说任意的第三方可验证，能更好地保护弱势个体，完善平等的网络系统间的信息和操作的可追究性。

（2）保护机密性。由于密码技术的采用，保护机密性是 PKI 得天独厚的优点。PKI 不仅能够为相互认识的实体之间提供机密性服务，同时也可为陌生的用户之间的通信提供保密支持。

（3）采用数字证书方式进行服务。PKI 采用数字证书方式进行服务，即通过第三方颁发的数字证书证明末端实体的密钥，而不是在线查询或在线分发，这种密钥管理方式突破了过去安全验证服务必须在线的限制。由于数字证书可以由用户直接验证，不需要在线查询，原理上能够保证服务范围的无限制扩张，这使得 PKI 能够成为一种服务巨大用户群的基础设施。

（4）提供证书撤销机制。PKI 提供了证书的撤销机制，从而使得其应用领域不受具体应用的限制。不论什么东西，被窃、丢失都是可能的。撤销机制提供了意外情况下的补救措施，在各种安全环境下都可以让用户更加放心。另外，因为有了撤销技术，不论是永远不变的身份，还是经常变换的角色，都可以得到 PKI 的服务而不用担心身份或角色被永远作废或被他人恶意盗用。为用户提供"改正错误"的途径是良好工程设计中必须的一环。

（5）具有极强的互联能力。PKI 具有极强的互联能力。不论是上下级的领导关系，还是平等的第三方信任关系，PKI 都能够按照人类世界的信任方式进行多种形式的互联互通，从而使 PKI 能够很好地服务于符合人类习惯的大型网络信息系统。PKI 中各种互联技术的结合使建设一个复杂的网络信任体系成为可能。PKI 的互联技术为消除网络世界的信任孤岛提供了充足的技术保障。

5.2　公钥基础设施的组成

5.2.1　PKI 的体系结构

简单而言,PKI 是基于公钥密码技术、支持密钥管理、提供安全服务、具有普适性的安全基础设施。PKI 的核心技术围绕数字证书的申请、颁发、使用与撤销等整个周期展开,主要目的是安全、高效地分发公钥。

一个完整的 PKI 应用系统必须具有权威认证机构(certification authority,CA)、数字证书库、密钥备份及恢复系统、证书作废系统、应用编程接口(API)等基础构成部分,如图 5-1 所示。

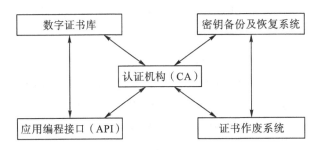

图 5-1　PKI 体系结构

1.认证机构(CA)

CA 是 PKI 的核心机构,是 PKI 的主要组成部分,人们通常称它为认证中心,它负责管理密钥和数字证书的整个周期。CA 是数字证书生成、发放的运行实体,也有可能是证书撤销列表(certificate revocation list,CRL)的发布点,在其上常常运行着一个或多个注册机构(registration authority,RA)。CA 必须具备权威性特征。

2.数字证书库

证书库是 CA 颁发证书和撤销证书的集中存放地,可供公众进行开放式查询。一般来说,查询的目的有两个:一是想得到与之通信实体的公钥;二是要验证通信对方的证书是否已进入"黑名单"。此外,证书库还提供了存取 CRL 的方法。目前广泛使用的是 X.509 证书。

3.密钥备份及恢复系统

如果用户丢失了用于解密数据的密钥,则密文将无法被解密,这将造成合法数据丢失。为避免这种情况,PKI 提供备份与恢复密钥的机制,但是密钥的备份与恢复必须由可信的机构来完成。需要注意的是,密钥备份及恢复系统只能针对解密密钥进行备份,签名密钥为确保其唯一性而不能够做备份。

4. 证书作废系统

证书作废系统是 PKI 必备的一个组件。当用户的私钥泄露或用户身份更改时,与用户私钥相配对的公钥证书就要进行作废。在 PKI 体系中,作废证书一般通过将证书列入 CRL 来完成,其中 CA 负责创建并维护一张及时更新的 CRL,用户在验证证书时负责检测该证书是否在 CRL 之列。发布证书作废还可以通过在线证书状态协议(online certificate status protocol,OCSP)服务器和证书撤销树(certificate revocation tree,CRT)等手段。

5. 应用编程接口(API)

PKI 的价值在于使用户能够方便地使用加密和数字签名等安全服务。因此,一个完整的 PKI 必须提供良好的 API,以便各种应用都能够以安全一致可信的方式与 PKI 交互,确保安全网络环境的完整性和易用性。

5.2.2　认证机构

PKI 系统的关键在于实现对公钥密码体制中公钥的管理,主要通过数字证书来管理用户的公钥。数字证书是存储和管理密钥的文件,主要作用是证明证书中所列出的用户名称和证书中的公钥是一一对应的,并且所有信息都是合法的。为了确保用户身份和他所持有密钥的正确匹配,必须有一个可信任的主体对用户的证书进行公证,证明证书主体和公钥之间的绑定关系。CA 便是一个能提供相关证明的机构。CA 的功能类似于办理身份证、护照等证件的权威发证机关。CA 必须是各行业、各部门及公众共同信任并认可的、权威的、不参与交易的第三方机构。

CA 是 PKI 体系的核心,它负责管理公钥的整个周期,其功能包括证书审批、证书签发、规定证书的有效期,在证书发布后还要负责对证书进行更新、撤销和归档等操作。每一个 CA 都要按照上级 CA 的策略,负责具体的用户公钥的生成、签发,以及 CRL 的生成、发布等职能。CA 的主要功能有以下几种。

(1)证书审批:接收并验证最终用户数字证书的申请,确定是否接受最终用户数字证书的申请。

(2)证书签发:向申请者颁发或拒绝颁发数字证书。

(3)证书更新:接收、处理最终用户的数字证书更新请求。

(4)证书查询:接收用户对数字证书的查询,提供目录服务以供查询用户证书的相关信息。

(5)证书撤销:产生和发布 CRL,或者提供在线证书查询服务,验证证书状态。

(6)证书归档:当前证书归档和历史数据归档。

(7)各级 CA 管理:产生和管理下级 CA 的证书;管理认证中心及其下级 CA 的密钥。

一个典型的 CA 系统包括安全服务器、RA、CA 服务器、LDAP 目录服务器和数据库服务器,如图 5-2 所示。其中,LDAP 指轻量级目录服务访问协议(lightweight directory access protocol)。

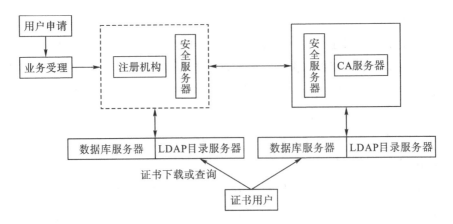

图 5-2　典型 CA 的构成

　　安全服务器是面向证书用户提供安全策略管理的服务器，主要用于保证证书申请、浏览，证书申请列表和证书下载等安全服务。CA 颁发了证书后，该证书首先交给安全服务器，用户一般从安全服务器上获得证书。用户与安全服务器之间一般采用 SSL 安全通信方式，但不需要对用户身份进行认证。

　　CA 服务器是整个认证机构的核心，负责证书的签发。CA 首先产生自身的私钥和公钥，然后生成数字证书，并将数字证书传输给安全服务器。CA 还负责给操作员、安全服务器和注册服务器生成数字证书。CA 服务器中存储 CA 的私钥和发行证书的脚本文件。出于安全考虑，一般来说 CA 服务器与其他服务器隔离，以保证其安全。

　　RA 是可选的元素，可以承担一些 CA 的管理任务。RA 在 CA 体系结构中起着承上启下的作用，一方面向 CA 转发安全服务器传过来的证书申请请求，另一方面向 LDAP 目录服务器和安全服务器转发 CA 颁发的数字证书和证书撤销列表。

　　LDAP 服务器提供目录浏览服务，负责将 RA 传输过来的用户信息及数字证书加入服务器。用户访问 LDAP 服务器就可以得到数字证书。

　　数据库服务器是 CA 的关键组成部分，用于数据（如密钥和用户信息等）、日志等统计信息的存储和管理。实际应用中，此数据库服务器采用多种安全措施，如双机备份和分布式处理等，以维护其安全性、稳定性和可伸缩性等。

5.2.3　注册机构

　　注册机构（RA）是 PKI 信任体系的重要组成部分，是用户与 CA 之间的一个接口，可以承担一些 CA 的管理任务。RA 在 CA 体系结构中起着承上启下的作用，一方面向 CA 转发用户的证书申请请求，另一方面向用户转发 CA 颁发的数字证书或向 LDAP 目录服务器转发证书撤销列表。RA 接收用户的注册申请，获取并认证用户的身份，主要完成收集用户信息和确认用户身份的功能。

　　当然，对于一个规模较小的 PKI 应用系统而言，注册管理的职能可由 CA 来完成，而不设立独立运行的 RA。但这并不是取消了 PKI 的注册功能，而只是将其作为 CA 的一项功能而已。PKI 国际标准推荐由独立的 RA 来完成注册管理的任务,可以增强应用系统的安全性。

RA 可以认为是 CA 的代表处、办事处,负责证书申请者的信息录入、审核及证书发放等具体工作。RA 的具体职能包括以下几项。

(1)审核用户的信息。

(2)登记黑名单。

(3)自身密钥的管理,包括自身密钥的更新、保存、使用和销毁等。

(4)接收并处理来自受理点的各种请求。

5.3　数字证书

数字证书就是标志网络用户身份信息的一系列数据,用来在网络通信中识别通信各方的身份,即要在因特网上解决"我是谁"的问题,就如同现实中我们每一个人都要拥有一张身份证或驾驶执照一样,以表明个人身份或某种资格。

PKI 在公钥密码体制的基础上,主要解决密钥属于谁以及如何管理密钥的问题。通过数字证书,PKI 能很好地解决上述问题。PKI 的核心技术就围绕着数字证书的申请、颁发、撤销、更新等整个周期展开。数字证书,简称为证书,又称为"数字身份证""网络身份证"或"电子证书",它是由认证中心发放并经过认证中心签名的,包含证书拥有者及其公开密钥相关信息的一种电子文件,可以用来证明数字证书持有者的真实身份。数字证书是 PKI 体系中最基本的元素之一,PKI 系统的所有安全操作都是通过数字证书来实现的。

数字证书采用公钥体制,即利用一对相互匹配的密钥进行加密、解密。每个用户自己设定一把特定的仅为本人所知的专有密钥(私钥),用它进行解密和签名;同时设定一把公共密钥(公钥)以证书形式公开,用于加密和验证签名。当发送一份保密文件时,发送方使用接收方的公钥(证书)对数据加密,而接收方则使用自己的私钥解密,这样的信息在传输和存放时就可以保证安全性。

5.3.1　证书基本结构

数字证书存在的意义在于回答"公钥属于谁"的问题,以帮助用户安全地获得对方的公开密钥。证书中应包含公钥和公钥拥有者等信息,并由可被信任的 CA 签署,即 CA 对这些信息进行数字签名。一张数字证书由证书内容、签名算法和签名结果组成,如图 5-3 所示。

| 证书内容 |
| 签名算法 |
| 签名结果 |

图 5-3　证书的基本结构

需要使用他人证书的用户,依照签名算法,用 CA 的公钥验证签名结果,从而保证证书的完整性,安全地获得公钥。

证书内容应包括如下几部分。

(1)版本号。数字证书应该有自己的格式,而这个格式可能会不断改进。为了让所有应用系统正确地识别证书内容,需要考虑向前和向后兼容。因此,在证书中标明自己的格式版本有利于应用程序根据不同的格式定义来正确地阅读不同的证书。数字证书的格式采用 X.509 国际标准,X.509 证书格式的版本到目前为止共有 3 个,通常用 v1、v2 和 v3 表示。

(2)证书主体。每张证书应该表明这张证书的持有者(对于 CA 而言,称为"订户"),证书主体就是证书的持有者。证书持有者不仅具有证书的使用权,而且具有证书的所有权。证书主体不仅可以把自己的证书复制或传递给别人,更重要的是,证书主体拥有证书中的身份、公钥和对应的私钥。

(3)证书主体公钥信息。数字证书最重要的概念就是证明证书主体和公钥的绑定关系,从而证明其拥有相应的私钥,因此主体的公钥信息是证书中的重要内容。由于 PKI 是与算法无关的,实际中可以使用多种算法,所以公钥信息中首先需要指明所用的公钥算法,随后才是公钥信息本身。

(4)签发者。签发者是利用数字签名证明该证书内容真实性的实体,是该证书是否被信任的基础,签发者一般来说就是签发该证书的 CA。证书的验证者需要用该 CA 的公钥验证签名是否正确。

(5)序列号。如同现实中管理证书一样,通过给每张证书编号可以更好地进行证书的查询、归档等,在数字证书中也给每个证书一个序列号。序列号一般用一个整数表示,且一个 CA 签发的证书序列号应互不相同。

(6)有效期。持有数字证书也就享有证书签发机构通过证书提供的安全服务,其中还包含着责任与一些法律义务。由于订户享受的服务是有时效性的,所以数字证书应该具有一个有效期。另外,长期使用同一密钥是不安全的,而且证书持有者的信息经过一段时间可能会改变,所以需要为证书设置一个包含起、止时间的"有效期"。"有效期"既不是证书实际可用时间的限定,也不能笼统地认为是密钥的有效期。证书有效期本质上是 CA 负责维护证书状态的时间范围,在此期间 CA 担保证书持有者和公钥绑定关系的正确性。

5.3.2　数字证书格式

数字证书的格式采用 X.509 国际标准。X.509 是 ITU-T 组织制定的有关标准,它在 PKI 的发展过程中起到举足轻重的作用,许多与 PKI 相关的协议标准,如 PKIX、S/MIME、SSL、IPSec 等都是在 X.509 基础上发展起来的。X.509 证书格式的版本到目前为止共有 3 个,通常用 v1、v2 和 v3 表示。X.509 v3 证书主要包含下列各域,如表 5-1 所示。

表 5 - 1　X. 509 v3 证书格式

字段名	说明
Version	版本号
Serial number	证书序列号
Signature algorithm ID	CA 签名使用算法
Issuer name	CA 名
Validity period	证书生效日期和失效日期
Subject (user) name	证书主体
Subject public key information	证书主体公开密钥信息
Issuer unique identifier	CA 唯一标识
Subject unique identifier	证书主体唯一标识
Extensions	证书扩充内容
Signature on the above field	CA 对以上内容的签名

(1)版本号。该域用于区分各连续版本的证书,像 v1、v2 和 v3。版本号域同样允许包括将来可能的版本。

(2)证书序列号。该域含有一个唯一标识每个证书的整数值,它由认证机构产生。

(3)签名算法标识符。该域用来说明签发证书所使用的算法及相关的参数。

(4)签发者。该域用于标识生成和签发该证书的认证机构的唯一名。

(5)有效期。该域含有两个日期/时间值——"NotValidBefore"和"NotValidAfter",分别代表证书的生效时间和失效时间。

(6)证书主体。该域标识证书拥有者的唯一名,也就是拥有与证书中公钥所对应私钥的主体。

(7)证书主体公钥信息。该域含有拥有者的公钥、算法标识符以及算法所使用的任何相关参数。

(8)签名信息。该域含有 CA 对以上内容的签名信息。

5.3.3　证书管理

PKI 的核心工作具体包括证书申请、证书生成、证书发布、证书撤销、证书更新、证书归档等。

1. 证书申请

PKI 系统的证书申请、审核、制作、发放、发布、存储、验证和使用的工作流程,如图 5 - 4 所示。

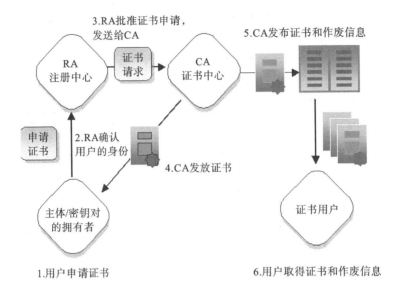

图 5 - 4　证书申请流程图

证书的申请有离线申请方式和在线申请方式两种。

（1）离线申请方式：用户持有关证件到 RA 进行书面申请。

（2）在线申请方式：用户通过因特网，到 CA 的相关网站下载申请表格，按内容提示进行填写；也可以通过电子邮件和电话呼叫中心传递申请表格的信息，但有些信息仍需要人工录入，以便进行审核。

CA 应对申请材料进行相应的审核，目的是判断资料的真实性和审定可以签发的数字证书种类。审核检查可分为两个方面：身份信息审核和 POP 检查。

（1）身份信息审核：一般用带外方式（out of band）进行审核，带外方式是指采用 PKI 技术范畴之外的其他方法来进行审核。例如，直接面对面审核检查，申请者到 CA 向相关工作人员出示可以证明身份的文书等。CA 根据安全要求的不同，对资料审核的力度可能也有所不同，如果申请者请求的是较低等级的数字证书，则检查力度就会相应地降低，此时很可能部分信息是没有进行检查的。

（2）POP 检查：申请者放在申请材料中的公钥会出现在 CA 签发的证书中，因此公钥信息的正确性很重要。如果最终签发出来的证书所绑定的公钥与订户手里的私钥并不是对应的，这样的"证书"对该证书的订户和依赖方都会带来严重的安全问题。例如，CA 发布的 Alice 的证书的公钥所对应的私钥不在 Alice 的手上，那么 Alice 的签名将不能得到验证。更糟的情况是，如果该私钥在 Darth 的手上，那么 Darth 可以冒充 Alice 进行签名，且依赖方可以成功地验证签名。所以，CA 在签发证书之前必须确认该订户确实拥有公钥对应的私钥，这就是 POP 检查。

2.证书生成

如果证书的申请被批准，CA 就把证书请求转化为证书。CA 首先按照数字证书的标准格式(现在一般采用 X.509 标准)组合出证书所需的各项数据内容,然后用自己的私钥对这些数字内容进行签名,并在数据内容后附上签名结果。这些反映公钥和身份的内容及 CA 的签名结果组合在一起就构成了证书。

CA 在创建证书的各项内容时可能改变申请者的某些申请请求,CA 可能还会设定一些申请者没有设定的内容。例如,CA 出于安全考虑会把证书的有效期缩短,还可能加上一些证书扩展等。

PKI 体系中,除根 CA 之外可能还有其他的下级 CA,所以订户的数字证书可能不是根 CA 签名的,而是由某一个下级 CA 签名的。下级 CA 也会有一份数字证书,用来证明它从上级 CA 获得了签发证书的许可。所以应注意到,这里存在一个层次级别,订户证书不一定是由根 CA 签名的,但这并不影响该订户证书的可验证性。

3. 证书发布

CA 签署证书后就应把证书公开发布,供各依赖方使用。CA 会给申请者本人发送其获得的数字证书,同时 CA 也会把证书放入数字证书资料库中供其他人来获取。

证书必须发布到以下两类实体。

(1)数字签名的验证实体。验证实体通过证书获得签名实体可信的公开密钥,验证消息发送方的数字签名,对消息发送实体进行身份认证。

(2)加密数据的解密实体。加密数据的实体通过证书获得对方公钥,对发送的数据进行加密,解密实体使用自己的私钥对信息进行解密。

证书的发布方式有以下三种。

(1)离线发布:证书制作完成后,通过 Email 和软盘等存储介质的方式,离线分发给申请的用户。该方式在小范围的用户群内使用得很好,但不适合企业级的应用。

(2)资料库发布:将用户的证书信息和证书撤销信息存储在用户可以方便访问的数据库中或其他形式的资料库中。例如,LDAP 服务器、Web 服务器、FTP 服务器等。

(3)协议发布:证书和证书撤销信息也可以作为其他信息通信交换协议的一部分。例如,通过 S/MIME 安全电子邮件协议、TLS 协议证书的交换。

4. 证书撤销

证书由于某种原因需要作废,如用户身份姓名的改变、私钥被窃或泄露、用户与所属企业关系变更等,PKI 需要使用一种方法,通知其他用户不要再使用该用户的公钥证书,这种通知、警告机制被称为证书撤销。

证书撤销的方法有以下两种。

(1)利用周期性的发布机制,如使用 CRL。在 CRL 中列出所有在有效期内但被撤销的数字证书的序列号及撤销原因。证书撤销的流程:①订户向 RA 提出撤销请求;②RA 审查撤销请求;③审查通过后,RA 将撤销请求发送给 CA 或 CRL 签发机构;④CA 或 CRL 签发机构修改证书状态,并签发新的 CRL。

如何让 PKI 用户能容易、及时、正确地得到他们需要了解的证书撤销信息,这涉及证书撤销状态的发布方式和发布时间两个方面。

首先,CA 一般会初始化和维持一个 CRL,罗列着已经被撤销的数字证书。CRL 的发布方式一般是通过网络,包括 Web、FTP 等,数字证书扩展中一般会存放 CRL 的地址。除此之外,本地一般会通过一个 CRL 缓存机制来缓存一份最新的 CRL。

其次,CRL 的发布时间间隔也是一个值得考虑的问题。这里存在一个博弈,如果 CA 非常频繁地更新 CRL,那么 CA 运营的成本将提高,但是可以把作废证书可能造成的损失降低;反之,降低 CRL 的更新频率,CA 在节省这方面成本的同时,也加大了作废证书由于没有及时发布而使得依赖方蒙受损失的风险。CA 应该选择合适的 CRL 发布策略来达到最优化的成本和风险控制。

(2)了解证书撤销状态的方式是使用 OCSP。该协议为依赖方提供对证书状态的实时在线查询。依赖方不用检查 CRL 而是向 OCSP 服务器在线询问某证书的状态。但是 OCSP 服务器必须对查询的结果进行数字签名,而签名是消耗计算资源的操作,所以对 OCSP 服务器的要求很高。由于查询者可以是任何实体,没有办法进行身份验证,所以 OCSP 服务器的这种在线的响应方式很可能会遭到 DoS/DDoS 攻击。

CRT 是一个比较折中的方案,是基于二叉 Hash 树的对传统 CRL 的改造,它基本上拥有 CRL 和 OCSP 的优势,且可以快速返回查询结果,是一种介于 CRL 和 OCSP 之间的证书撤销机制。首先,与 CRL 一样,CRT 将所有被撤销的证书信息(通常是证书序列号)集中在一起,由 CA 对其进行数字签名;其次,与 OCSP 一样,查询时只返回与特定证书相关的部分信息,克服了 CRL 文件庞大的缺点,降低了通信带宽要求。

与 OCSP 协议一样,CRT 也需要专门的服务器来响应验证者的请求。CRT 服务器只是根据查询请求来构造响应消息,而不需要像 OCSP 服务器一样,对每一个响应消息进行数字签名。但是 CRT 服务器不能实施像 CRL 一样的延迟撤销,它只是减少了 CRL 的传输带宽要求,并不能缩短 CRL 机制的撤销延迟。

5. 证书更新

为确保各方面信息的准确,证书的初始申请过程是非常复杂的,需要检查很多信息。此外,数字证书都有有效期的限制,那么订户在数字证书即将过期的时候就需要一份新的证书。如果此时重新完成一次初始申请时的申请过程,订户需要重新收集自己的各种信息,CA 也同样需要重复劳动来审核,这显然不是一个很明智的方法。因此,一种安全快捷的方式就应该是在合适的情况下,尽可能地省略一些流程,尽可能地复用已有的信息,使得 CA 能够尽快地签发新的证书。这种正常状态下仅更换有效期或更换密钥的过程就是证书更新。

订户要进行证书的更新操作,需要满足以下条件。

(1)订户现持有一份尚且有效的数字证书。

(2)该证书绑定的公钥所对应的私钥不存在泄露等安全问题。

(3)更新请求仅是要求延后失效日期或更换一对密钥。

更新操作并不是 PKI 技术方面的必然需要,仅是为了在某些情况下缩减审核操作。证书更新包括两种情况:最终实体证书更新和 CA 证书更新。

对于最终实体证书更新,有以下两种方式。

(1)执行人工密钥更新:用户向 RA 提出更新证书的申请,RA 根据用户的申请信息更新用户的证书。

(2)实现自动密钥更新:PKI 系统对快要过期的证书进行自动更新,生成新的密钥对。

6. 证书归档

PKI 系统的数字证书失效或者撤销后应该归档,以满足依赖方对过去信息的阅读和验证要求。

PKI 系统所产生过的数字证书的总量会远远大于当前有效的数字证书的总量。如果把 CA 所颁发的数字证书看作一个集合,则集合中元素的个数为该 CA 自建立以来所颁发的所有数字证书的个数。由于在证书失效、证书更新、证书撤销以及新的证书签发这个周期中,这个集合是不断膨胀的,证书的失效、更新和撤销形成的动态形式,造就了大量的无效证书。

PKI 系统不能放弃或试图“忘记”这些已经失效的数字证书,反而必须存储和“记住”这些已经失效的数字证书,这就是证书的归档。此外,CA 所发布的 CRL 信息,跟数字证书具有类似性,也必须归档。

PKI 系统希望提供有延续性的验证服务,则必须通过归档来做到。如果数字证书没有进行合适的归档处理,那么 PKI 系统就可能无法对过去的一些签名提供验证服务。

证书的归档没有固定的形式,但是它确实是必须的,PKI 系统必须支持对无效证书和 CRL 等数据的归档处理,以确保能在需要的时候为 PKI 系统依赖方找到所需要的验证或解密用的信息,如旧的数字证书或 CRL。

5.3.4　数字证书的验证

PKI 用户拿到一份数字证书后,不能直接读取其中的公钥信息,必须验证后才能使用证书。对数字证书的验证包括三个方面:有效期、证书上的签名、撤销状态查询。

对数字证书的验证在很多时候都不是一个单一的操作,它可能需要多个操作才能完成。例如,一个由非根 CA 签发的数字证书的验证就会涉及下面的步骤。

(1)首先审查持有者的证书是否依然有效。这包括查看证书是否处于有效期,并且查看证书的撤销状态。

(2)获取该证书的签发者的数字证书来验证该证书上的签名。拿到签发者的数字证书后,同样需要检查证书是否已过失效日期,并且查看证书的撤销情况。该签发者的数字证书上会有一个根 CA 的签名。

(3)获取根 CA 证书,同样查看失效日期和证书撤销情况。由于根 CA 是自签名证书,那么不需要其他的证书来验证根证书上的签名。

(4)用根 CA 的公钥来验证签发者 CA 证书上的签名,确保签发者 CA 的公钥。

（5）用签发者 CA 的公钥来验证证书上的签名，因此可确知证书持有者的公钥。

（6）注意查看 CRL，CRL 也会有根 CA 或者下级 CA 的签名，验证 CRL 证书的过程也类似于上述五步。

可见，数字证书的验证不是一个简单的一步操作，而是一个复杂的流程，这个流程牵涉很多份证书的验证操作，直到信任路径的终点。实际使用中，这些复杂的流程都是由 PKI 系统自动完成的，不需要用户操心。

图 5-5 展示了 PKI 使用者对 Bob 的数字证书的验证流程，其中 Bob 的数字证书由子 CA 签发，子 CA 的证书由根 CA 签发。

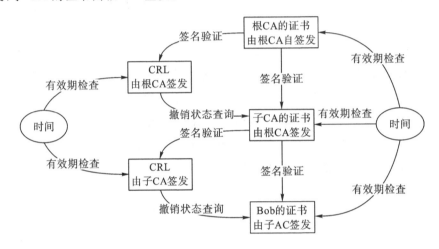

图 5-5　Bob 证书的验证

除上述基本流程之外，证书验证还可能会涉及更多的方面，如查看数字证书的一些扩展。

5.3.5　数字证书的使用

一个可信的 CA 给每个用户签发一个包含用户名称和公钥的数字证书。如果证书持有者 A 想和证书持有者 B 通信，他必须验证 B 的证书后方能使用 B 的证书。

如果证书持有者 A 需要向证书持有者 B 传送数字信息，为了保证信息传送的机密性、完整性和不可否认性，需要对要传送的信息进行加密和数字签名，其传送过程如下。

（1）A 准备好需要传送的数字信息（明文）；

（2）A 对数字信息进行散列运算，得到一个信息摘要；

（3）A 用自己的私钥 SK_A 对信息摘要进行签名得到 A 的数字签名，并将其附在数字信息上；

（4）A 随机产生一个会话密钥 K，并用此密钥对要发送的明文信息和 A 的数字签名信息进行加密，形成密文；

（5）A 从 B 的数字证书中获取 B 的公钥 PK_B，对会话密钥 K 进行加密，将加密后的会话密钥连同密文一起传给 B；

(6)B 收到 A 传送过来的密文和加密的会话密钥,先用自己的私钥 SK_B 对加密的会话密钥进行解密,得到会话密钥 K;

(7)B 用会话密钥 K 对收到的密文进行解密,得到明文的数字信息和 A 的数字签名,然后将会话密钥 K 作废;

(8)B 从 A 的数字证书中获取 A 的公钥 PK_A,对 A 的数字签名进行验证,得到信息摘要。B 用相同的散列算法对收到的明文再进行一次运算,得到一个新的信息摘要,对两个信息摘要进行比较,如果一致,说明收到的信息没有被篡改过。

5.4　密钥管理

密钥管理也是 PKI(主要指 CA)中的一个核心问题,主要是指密钥对的安全管理,包括密钥产生,密钥存储,密钥备份与恢复,密钥撤销、更新和归档等。

1. 密钥产生

密钥对的产生是证书申请过程中重要的一步,其中产生的私钥由用户保留,公钥和其他信息则交于 CA 产生证书。公私密钥对是由加密算法生成的,因此要求 CA 应支持多种加密算法。密钥生成中有一个重要的环节,是随机数的生成。因此,具备可靠的随机数源是对 CA 的重要要求。以软件方式产生的随机数,只能是伪随机数,在大批量产生密钥对时其固定的产生算法中的规律有可能被泄露,从而不能保证密钥的安全。因此,密钥管理中心应使用真正的随机数源,如自激振荡器、二极管热噪声等。目前,可以使用专门的物理噪声源芯片,高速地产生可靠的随机数。

2. 密钥存储

密钥管理中心生成的用户密钥以及订户的关联信息,必须得到安全的存储。这包含两个方面。

(1)用户密钥必须是加密后存储的,可使用对称算法,也可使用非对称算法对密钥进行加密;密钥管理中心自己的密钥本身要足够的安全。

(2)为了满足密钥恢复的需求,用户密钥要存储足够长的时间,既保证设备的可靠性,也要有容灾、抗毁的设计。

总之,要保证密钥不丢失、不滥用。

存储密钥的数据库可分为以下三部分。

(1)待用库。待用库用于存放等待使用的密钥对。密钥生成模块预生成一批密钥对,存放于备用库中;CA 需要时可以及时调出,提供给 CA 后转入在用库。

(2)在用库。在用库用于存放当前使用的密钥对,其中的密钥记录包含用户证书序列号、密钥 ID 号和有效时间等内容。

(3)历史库。历史库用于存放过期或已撤销的密钥对,其中的密钥记录包含用户证书序列号、密钥 ID 号、有效时间和作废时间等内容。

3.密钥备份与恢复

密钥的备份和恢复也是 PKI 密钥管理中的重要一环。使用 PKI 的企业和组织必须能够确认:即使密钥丢失,受密钥加密保护的重要信息也能够恢复,并且不能让一个独立的个人完全控制最重要的主密钥,否则将引起严重后果。

企业级的 PKI 产品至少应该支持密钥的安全存储、备份和恢复。一旦用户丢失密钥,也应该能够让用户在一定条件下恢复该密钥。通常情况下,用户可能有多对密钥,至少应该有一个加密密钥、一个签名密钥。需要说明的是,签名密钥不需要备份,因为签名密钥备份后容易被用来冒充某个用户的签名,且用于验证签名的公钥已经广泛发布,即使签名私钥丢失,任何用相应公钥的人都可以对已签名的文档进行验证。但 PKI 系统必须备份用于解密的私钥,并允许用户进行恢复,否则,用于解密的私钥丢失将意味着加密数据的完全不可恢复。

4.密钥撤销、更新和归档

当用户私钥泄露、丢失或用户所属组织机构发生改变时,用户就要向 CA 提出申请来撤销当前使用的密钥,这就称为"密钥撤销"。

每一个由 CA 颁发的证书都会有有效期,密钥对周期的长短由签发证书的 CA 来确定,各 CA 系统的证书有效期限不同,一般为 2～3 年。当证书有效期快到或订户需要时,密钥管理中心根据 CA 的请求为订户生成新的密钥对,这被称为"密钥更新"。

密钥撤销或更新后,对于不再使用的密钥,密钥管理中心不能立即删除,而应该转入历史库安全地存储足够长的时间,这被称为"密钥归档"。

5.5　PKIX 的相关协议

IETF(internet engineering task force,因特网工程任务组)的 PKIX(public key infra-structure X.509)工作组在 X.509 的基础上,建立了可以用来构建网络认证体系的一系列协议,可分为以下几个部分。

1. PKIX 基础协议

PKIX 的基础协议以 RFC2459 和 RFC3280 为核心,定义了 X.509 v3 公钥证书和 X.509 v2 CRL 的格式、数据结构和操作等,用以保证 PKI 基本功能的实现。此外,PKIX 还在 RFC2528、RFC3039、RFC3279 等文件中定义了基于 X.509 v3 的相关算法和格式等,以加强 X.509 v3 公钥证书和 X.509 v2 CRL 在各应用系统之间的通用性。

2. PKIX 管理协议

PKIX 体系中定义了一系列的操作,它们是在管理协议的支持下进行工作的。管理协议主要完成以下任务。

(1)用户注册。这是用户第一次进行认证之前进行的活动,它优先于 CA 为用户颁发一个或多个证书。这个进程通常包括一系列的在线和离线的交互过程。

（2）用户初始化。在用户进行认证之前，必须使用公钥和一些其他来自信任 CA 的确认信息（确认认证路径等）进行初始化。

（3）认证。在这个进程中，CA 通过用户的公钥向用户提供一个数字证书并在数字证书库中进行保存。

（4）密钥对的备份和恢复。密钥对可以用于数字签名和数据加解密。对于数据加解密来说，当用于解密的私钥丢失时，必须提供机制来恢复解密密钥，这对于保护数据来说非常重要。密钥的丢失通常是由密钥遗忘、存储器损坏等原因导致的，可以在用数字签名的密钥认证后恢复加解密密钥。

（5）自动的密钥对更新。出于安全原因，密钥有其一定的周期，所有的密钥对都需要经常更新。

（6）证书撤销请求。一个授权用户可以向 CA 提出要求撤销证书，当发生密钥泄露、从属关系变更或更名等时，需要提交这种请求。

（7）交叉认证。如果两个 CA 之间要交换数据，则可以通过交叉认证来建立信任关系。一个交叉认证证书中包含此 CA 用来发布证书的数字签名。

3. PKIX 安全服务和权限管理的相关协议

PKIX 中安全服务和权限管理的相关协议主要是进一步完善和扩展 PKI 安全架构的功能，这些协议通过 RFC 3029、RFC 3161、RFC3281 等定义。

在 PKIX 中，不可抵赖性通过数字时间戳（digital time stamp，DTS）和数据有效性验证服务器（data validation and certification server，DVCS）实现。在 CA/RA 中使用的 DTS 是对时间信息的数字签名，主要用于确定在某一时间某个文件确实存在或者确定多个文件在时间上的逻辑关系，是实现不可抵赖性服务的核心。DVCS 的作用则是验证签名文档、公钥证书或数据存在的有效性，其验证声明称为数据有效性证书。DVCS 是一个可信第三方，是用来实现不可抵赖性服务的一部分。权限管理通过属性证书来实现，属性证书利用属性和属性值来定义每个证书主体的角色、权限等信息。

5.6　信任模型

实际网络环境中不可能只有一个 CA，多个 CA 之间的信任关系必须保证：原有的 PKI 用户不必依赖和信任专一的 CA，否则将无法进行扩展、管理和包含。信任模型建立的目的是确保一个 CA 签发的证书能够被另一个 CA 的用户所信任。

在 PKI 中有五种常用的信任模型：认证机构的严格层次结构模型（strict hierarchy of certification authorities model）、分布式信任结构模型（distributed trust architecture model）、网状模型（mesh model）、列表模型（list model）和桥 CA 模型（bridge model）。

5.6.1　认证机构的严格层次结构模型

认证机构的严格层次结构模型可以被描绘为一棵倒转的树，根在顶上，树枝向下伸展，树叶在最下面,如图 5-6 所示,上层 CA 为下层 CA 颁发证书。最上层的是一个特殊的 CA,称为根 CA(root CA),它充当信任的根或信任锚(trust anchor),即认证的起点或终点。在根 CA 的下面是多层中间 CA,也称为子 CA。最下层的叶子节点对应终端实体,相当于 CA 给每个用户颁发的终端证书。在层次结构模型中,所有实体都信任唯一的根 CA。证书的验证就是构建一条从根 CA 到终端证书的逐级认证路径的过程。

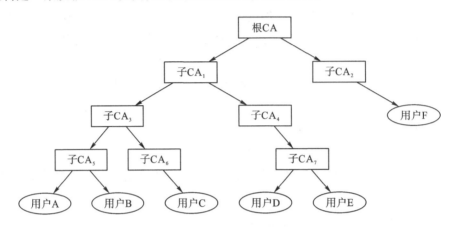

图中矩形框为 CA;椭圆形框为用户;箭头为起点 CA 向终点 CA 或用户颁发数字证书。

图 5-6　严格层次模型

严格层次结构模型,具有以下优点。

(1)更好地保护根 CA 密钥。由于根 CA 只需给少量的子 CA 签发证书,维护子 CA 的证书撤销状态,所以根 CA 密钥可以采取非常严格的保护措施。如果直接让根 CA 面对大量的末端实体,就要频繁地使用根 CA 密钥,容易造成根 CA 密钥的泄露。

(2)各子 CA 的职权分明,安全级别不同,便于管理。大规模用户中,会有不同的应用场合和安全需求,通过建立多个不同的子 CA,每一个 CA 可以分别负责不同安全级别、不同应用的证书,实施不同的安全策略。

(3)在物理位置上分散部署多个子 CA,方便用户的证书申请。在用户第一次申请证书时,一般要求 CA 对用户进行全面的身份信息核查。对于分散在不同物理位置的用户,就会非常不方便。如果建立了多个的子 CA,那么只需子 CA 为用户签发证书,减少了根 CA 的工作量。

(4)避免根 CA 成为系统的性能瓶颈。CA 需要参与证书签发、撤销、更新、归档以及撤销信息发布等各种操作,如果所有证书都由同一个 CA 来负责,就有可能成为性能的瓶颈。

在实际应用中,终端实体证书由其父节点 CA 颁发,但是用户信任的都是唯一 CA,即根 CA,下面说明其认证过程。

假设用户 F 收到另一个用户 A 的证书(见图 5-6),而用户 A 的证书是由子 CA_5 签发的,而子 CA_5 的证书是由子 CA_3 签发的,子 CA_3 的证书是由子 CA_1 签发的,而子 CA_1 的证书又是由根 CA 签发的。用户 F 拥有子 CA_2 签发的证书和根 CA 证书,从而信任根 CA;利用根 CA 的公钥可以验证子 CA_1 的证书,从而信任子 CA_1;利用子 CA_1 的公钥可以验证子 CA_3

的证书,从而信任子 CA_3;利用子 CA_3 的公钥可以验证子 CA_5 的证书,从而信任子 CA_5;利用子 CA_5 的公钥就能够验证用户 A 的证书。

在严格层次的 PKI 体系中,用户 F 只需配置一张根 CA 自签名证书作为信任锚,就可以验证"所有用户"的证书。而且,验证时的证书认证路径是唯一的,便于依赖方构造证书认证路径。

5.6.2　分布式信任结构模型

认证机构的严格层次结构模型中,所有的实体都信任唯一 CA 也就是根 CA,分布式信任结构模型则相反,信任结构模型把信任分散在两个或多个 CA 上,而每个 CA 所在的子系统构成系统的子集,并且是一个严格的层次结构。如图 5-7 所示,用户 A、用户 B 和用户 C 把根 CA_1 作为它的信任锚,用户 D 和用户 E 把根 CA_2 作为它的信任锚,根 CA_1 和根 CA_2 所在子集则分别是一个严格层次结构。在这些子系统中,所有的根 CA 实际上是互相独立的。为建立两个子系统之间的信任关系,不同的 CA 所签发的数字证书能够互相认证,就需要使用交叉认证技术。

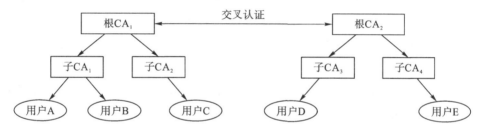

图 5-7　分布式信任结构模型

交叉认证就是通过 CA 为其他 CA 签发证书的方式,扩大自己的信任范围,使得信任自己的依赖方能够与更多的证书持有者进行安全通信。通过交叉认证签发的证书,被称为交叉证书(cross certificate)。

交叉认证并不改变任何人的信任锚,如图 5-6 所示,根 CA_1 仍然是用户 A 的信任锚,在用户 A 验证其他用户证书的时候,根 CA_1 具有信任起点的作用。

交叉认证是 PKI 技术中连接两个独立的信任域的一种方法,每个 CA 都有自己的信任域,在该信任域中的所有用户都能够互相信任,而不同信任域中的用户需要通过交叉认证建立相互信任。交叉认证的作用就是能够扩大信任域的信任范围,使用户可以在更广泛的范围内建立起信任关系。

交叉认证可以是单向的,一个 CA 可以承认另一个 CA 在其域内的所有被授权签发的证书。交叉认证也可以是双向的,即 CA 之间互相承认其签发的证书。在交叉认证之后,CA 为自己的依赖方扩大了信任传递所能够到达的范围,使得依赖方也信任了许多原来没有信任关系的实体。

交叉认证过程类似于现实中的集团平等合作的信任关系,通过 CA 之间的相互信任,从而使集团之间的成员相互信任。

5.6.3 网状模型

当多个 CA 两两进行交叉认证时就会形成网状结构,如图 5-8 所示。

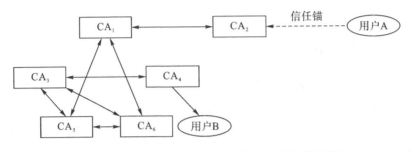

虚线箭头:箭头终点"CA"是箭头起点"用户"的"信任锚"。

图 5-8 交叉认证形成的网状结构

如果交叉认证形成网状结构,就可能会给依赖方的证书认证路径处理带来如下困难。

(1)证书认证路径有可能很长,使得依赖方要查找大量的证书。例如,当用户 A 要验证用户 B 的证书时,由于用户 A 的信任锚是 CA_2,所以所用的证书认证路径上包括了 CA_2、CA_1、CA_6、CA_5、CA_3、CA_4 和用户 B 的证书,用户 A 需要从不同的资料库上查找大量的交叉证书。

(2)证书认证路径很长,会有多种选择,还包括了环路,证书认证路径构建非常复杂。例如,在 CA_1、CA_5 和 CA_6 之间,就存在交叉证书的环路。用户 A 在 PKI 客户端构建证书认证路径时,就有可能进入循环。

5.6.4 列表模型

列表模型也称为以用户为中心的信任模型,即用户自己决定信任哪些证书。列表模型包括用户自主列表和权威列表两种。用户自主列表是指用户根据自己的应用需求和风险判断,自主地选择合适的根 CA 作为自己的信任锚,如图 5-9 所示,假如用户 F 添加了 CA_1 作为自己的信任锚,从而能够与用户 A 进行安全通信。

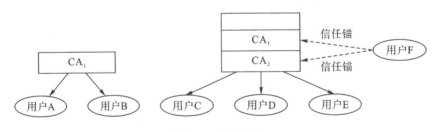

图 5-9 列表模型

用户自主列表解决方案中的信任关系,相当于现实交往中的自主控制。但这种方案要求用户拥有专业的判断能力,能够正确衡量增加信任锚所带来的利益(能够与某方安全通信)和风险(引入了多余的信任),这就对每一个用户都提出了较高要求,每一个用户都要重复地进行操作,都要重复地对 CA 进行考察。

权威列表是指由权威的第三方来统一地对多家 CA 进行考察,然后给出其中可信度高的一部分 CA 形成权威列表,然后以各种方式分发给用户,帮助用户确定自己的信任列表。然后,用户就可以在权威列表的基础上进行选择,从而能够减少用户的风险。国家信任源根 CA 中心的权威列表方案如图 5-10 所示。

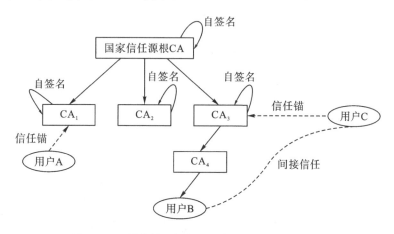

图 5-10　国家信任源根 CA 中心的权威列表方案

使用列表方案能够解决互联问题,使得用户能够快速地验证更多的证书,与其他用户建立信任关系。但是列表方案具有以下问题。

(1)每一个用户都要重复地配置自己的信任锚,虽然权威列表能够给用户一定的帮助,但是修改信任锚配置仍然需要用户的参与。

(2)不同依赖方的配置不一致,无法确定整个系统的 PKI 互联情况。每一个依赖方都会有自己的判断,所以,他们的信任锚配置并不一致。

5.6.5　桥 CA 模型

利用交叉认证在各 CA 之间建立信任关系,能够为 CA 用户扩展信任范围,实现 PKI 系统之间的互联。由于每一个 CA 是独立地与其他 CA 建立信任关系,而不是统一地进行,这就增加了交叉证书的数量,也增加了用户进行证书验证的难度,同时增加了各个 CA 互相审查的社会成本。因此,引入桥 CA 作为各 CA 与其他 CA 对话交流的中介。当每一个 CA 与桥 CA 相互信任(双向交叉认证)之后,就能够成为信任方和被信任方。

桥 CA 模型如图 5-11 所示。在桥 CA 模型中,有专门的桥 CA 作为周边各个 CA 的信任传递的中介。加入桥 CA 体系的 CA,与桥 CA 进行交叉认证,相互签发交叉证书,从而使得中介能够信任其他的 CA,同时也被其他 CA 所信任。

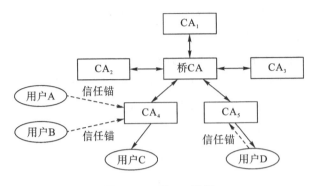

图 5-11　桥 CA 模型

桥 CA 并不是信任锚,桥 CA 的作用在于扩展其他信任锚的信任传递范围。相比网状结构,桥 CA 具有如下特点。

(1)证书认证路径更加简单,不会形成环路。因为每一个 CA 只与桥 CA 进行交叉认证。

(2)与桥 CA 进行交叉认证,就同时与多个 CA 建立了信任关系,实现了对等的系统互联。如果直接使用交叉认证方式,为了与多个 CA 互联,就需要进行多次的交叉认证,网状结构中的这种交叉认证可能造成系统互联不对等,但桥 CA 结构中的互联是对等的。

习　题

1.简述 PKI 的产生背景,解释什么是 PKI。

2. PKI 系统由哪些部分组成? 各部分的作用是什么?

3.描述数字证书的申请、生成、更新过程。

4.什么是证书的撤销? 不及时撤销会有哪些后果?

5.简述密钥管理的功能。

6. CA 之间的信任模型有哪些? 各有什么特点。

7.你的周围的网络环境中,哪些应用是基于数字证书的?

第6章 身份认证和访问控制

身份认证是网络安全的第一道关口,它是指证实用户的真实身份与其所声称的身份是否相符的过程,其目的是防止非授权用户访问网络资源。当用户通过了身份认证后,便成为系统的合法用户。访问控制是在身份认证之后保护系统资源安全的第二道屏障,它是指根据用户的真实身份进行权限分配的过程,其目的是防止合法用户滥用系统资源。身份认证和访问控制在网络中的位置如图6-1所示。

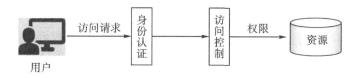

图6-1 身份认证和访问控制

6.1 身份认证

在现实生活中,个人的身份主要是通过各种证件来确认的,如身份证、户口本、学生证等。而在网络世界中,计算机只能识别用户的数字身份,所有对用户的授权也是针对其数字身份的授权。如何保证以数字身份进行操作的操作者就是这个数字身份的合法拥有者,即保证操作者的物理身份与数字身份相对应,就是身份认证技术需要解决的问题。作为防护网络资源的第一道关口,身份认证有着举足轻重的作用。

6.1.1 身份认证概述

身份认证是对用户身份进行验证的过程。在这个过程中,用户必须提供"他是谁"的证明依据,如他是某个雇员、某个组织的代理、某个软件过程(如交易过程)等。

身份认证的依据应该包含只有该用户所特有且可验证的信息,主要包括如下三种。

第一类型:基于所知道的秘密。用户知道的秘密是其身份认证的依据,示例包括口令、个人标识码(personal identification number,PIN)等。

第二类型:基于所拥有的装备。用户拥有的装备是其身份认证的依据,示例包括身份证、信用卡、钥匙、智能卡、令牌等。

第三类型:基于所具有的特征。用户某个身体部位的特征是其身份认证的依据,示例包括视网膜、虹膜、笔迹、声音、面容、指纹、掌纹和手形等。

身份认证中包含两个角色,一个角色是出示身份认证依据的用户,称为示证者 P(prover)。另一个角色为验证者 V(verifier),检验示证者提出证据的正确性和合法性,决定其身份认证是否通过,即是否满足示证者声称的身份。

下面将介绍一些身份认证技术,包括明文口令认证、散列口令认证、一次性口令认证、挑战/应答认证、认证令牌认证、基于可信第三方认证、基于可信第三方密钥分发中心的认证、零知识认证和生物特征认证。在这些技术描述中,如果不做特殊说明,则遵循下述约定:用户通过客户端向认证服务器发出身份认证请求,认证服务器端完成对用户身份的认证。下面的描述中,认证服务器可以简称为服务器。

6.1.2　明文口令认证

口令是身份认证中广泛使用的一种方式。当一个用户需要访问一个系统时,就要用到口令。每一个用户有一个公开的用户名和一个需要保密的私有口令。最初,在基于口令的身份认证中,口令以明文的形式在网络中传输,因此被称为明文口令身份认证方式。

基于明文口令的身份认证方式是较常用的一种技术。认证过程主要分为以下三步。

第一步,注册。用户在服务器中注册自己的用户名和登录口令。服务器将用户名和口令以明文的形式存储在内部数据库中,该数据库被称为口令数据库。

第二步,客户端输入用户名和口令。在身份认证时,用户在客户端输入用户名和口令,两者都以明文的方式发送给服务器。

第三步,服务器验证用户名和口令。基于用户名,服务器在口令数据库中查找口令。如果数据库中保存的口令和收到的口令一致,则身份认证通过;否则不通过。

基于明文口令的身份认证技术因其简单和低成本而得到了广泛使用,但这种方式存在下面三个安全问题。

(1)口令明文存储在口令数据库。攻击者可以非法进入认证服务器并访问口令数据库。由于口令明文存储,攻击者可以查找用户口令。进一步地,攻击者还可能更改口令,当然,口令数据库可以使用写保护来避免这种风险。然而,口令数据库的读取却通常不能被禁止,因此,攻击者可以非法查找获得口令。

(2)口令以明文形式传递到服务器。口令以明文的形式传递到服务器,黑客可以进行窃听。如果黑客在客户端和服务器的通信线路之间进行在线监听,就可以轻易窃听到口令,从而进行身份冒充。

(3)口令猜测攻击。口令猜测一般根据用户定义口令的习惯猜测用户口令,像名字缩写、生日、手机号、部门名等。在详细了解用户的信息之后,可以列举出几百种可能的口令,并在很短的时间内就可以完成猜测攻击。为了避免遭受猜测攻击,长随机口令是值得推荐的。然而,在这种随机口令的应用上,也可能会有一个问题:由于可能会忘记口令,因此需要把它复制到某个地方,使得口令面临被窃听的风险。

6.1.3　散列口令认证

为了克服明文口令的以明文形式存储在口令数据库和以明文形式传递到服务器这两个缺点,研究人员提出了基于散列口令的身份认证方式。在这种方式中,服务器的口令数据库中保存的不是口令本身,而是口令散列值,并且客户端到认证服务器传输的也是口令散列值。其中,口令散列值是口令经过 Hash 函数计算生成的。

基于散列口令的身份认证过程如下。

第一步,注册。用户在服务器中注册自己的用户名和登录口令,并将用户名和口令的散列值存储在口令数据库中。

第二步,在客户端输入用户名和口令。用户和平常一样,在客户端输入用户名和口令。此时,客户端计算口令的散列值,并将用户名和口令的散列值发送给认证服务器。口令的散列值被称为散列口令。

第三步,服务器验证用户名和口令。基于用户名,服务器在口令数据库中查找散列口令。如果数据库中保存的散列口令和收到散列口令一致,则身份认证通过;否则不通过。

可见,不管在口令数据库中还是传输过程中,黑客窃听到的都是散列口令。Hash 函数是一个单向函数,基于散列口令要猜出原口令本身是一个困难。可见,散列口令克服了明文口令被直接窃听的风险。然而,基于散列口令的身份认证仍然面临下面两个安全问题。

(1)暴力攻击。针对散列口令值,黑客可以通过暴力攻击来还原口令本身。例如,口令是六位数,黑客可以创建一个列表,该列表保存所有的六位数(即从 000000 到 999999)及每一个数对应的散列值。基于该列表,黑客去查询口令数据库,找出一个与之相匹配的散列值,并同时得到其用户名。这样,黑客基于相应的用户名/口令来进行身份认证,达到身份的欺骗。

(2)重放攻击。重放攻击是指黑客发送一个目的主机已接收过的数据来达到欺骗的目的。基于散列口令的身份认证面临重放攻击的风险,黑客无法使用散列口令取得原口令,但事实上黑客根本不需要口令本身。黑客只要监听客户端与服务器之间涉及登录请求/响应的通信,就可以获得传输的用户名和散列口令。黑客只要复制用户名和散列口令,过一段时间在新的登录请求中将其提交,发送到同一服务器;服务器不知道这个登录请求不是来自于合法用户,而是来自黑客,从而造成身份的冒充。

6.1.4　一次性口令认证

一次性口令即仅用一次的口令,属于动态口令。因此,它可以防御消息重放攻击。这里讨论两种生成动态口令的方式。

1.共享口令列表

用户和认证服务器共享一个秘密口令列表,列表中的每一个口令只能使用一次。用户登录时,认证服务器需要检查用户的口令是否使用过。

这种方式存在三个缺点。首先,用户和认证服务器都要保存一个长的口令列表。其次,如果用户不按次序使用口令,认证服务器就要执行一个长的搜索才能找到匹配。最后,口令列表面临被窃听的风险。

2. 口令序列

为了克服口令列表"用户和认证服务器都要保存一个长的口令列表"的缺点,提出了口令序列的方法。该方法中,用户和认证服务器仅共享一个初始口令。基于该口令,使用某种单向算法(如 Hash 函数),可以依次生成后续的口令,从而形成序列$(P_1, P_2, \cdots, P_M)$。因此,该口令序列中共有 M 个口令,每次登录只需一个口令,当用户登录 N 次后,必须重新选择初始口令来生成口令序列。

基于该方法,用户第 i 次登录过程:用户用第 i 个口令 P_i 登录,认证服务器用单向算法计算第 i 个口令,并与自己保存的口令 P_i 比对,实现对用户的身份认证。在实现的过程中,需要借助一个计数器,计数器的初始值为 0,每一次登录结束,计数器的值加 1,直到 M 次登录结束,计数器的值变为 M,此时需要重新选择初始口令。

这种方法仍有缺点:一旦初始口令泄露,整个口令序列也发生泄露。好在每 M 次登录后,都会更换初始口令,在一定程度上避免了这种风险。

除此之外,基于挑战/应答的身份认证也是一次性口令的实现方法,将在下文进行详细介绍。

6.1.5 挑战/应答认证

在挑战/应答的身份认证中,为了生成一次性口令,每次认证时,认证服务器都给客户端发送一个不同的"挑战",客户端程序收到这个"挑战"后,做出相应的"应答"。如果客户端能够对"挑战"进行正确"应答",则身份认证通过;否则不通过。为了表述方便,下面称客户端为 Alice,服务器为 Bob。

1. 基于对称密码体制的挑战/应答

Alice 要向 Bob 证明自己的身份。Alice 和 Bob 共同拥有秘密,且 Alice 基于该秘密向 Bob 证明自己的身份。然而,为了防止被窃听,Alice 并没有直接给 Bob 发送该秘密,而是发送一个秘密相关值。基于该秘密相关值,Bob 能对其身份进行认证。同时,为了能够抵抗重放攻击,秘密相关值需要每次不相同。

基于上述分析,可以基于对称密码体制来实现挑战/应答认证。设 Alice 和 Bob 共同拥有的秘密为 $K[AB]$,这个秘密在挑战/应答认证中作为对称加密的共享密钥 $K[AB]$。进一步地,为了抵抗重放攻击,需要引入了一次性随机数。下面有两种方案来实现 Bob 对 Alice 的身份认证。

第一种方案[见图 6 - 2(a)]。

(1)Alice→Bob:我是 Alice。

(2)Bob→Alice:N_B。

(3)Alice→Bob:$E_{K[AB]}(N_B)$。

（4）Bob 验证。

下面是对认证过程的解释。

（1）Alice 向 Bob 声称其身份。

（2）Bob 生成一次性随机数 N_B 作为"挑战"发给 Alice。

（3）Alice 收到 N_B 后，把 $E_{K[AB]}(N_B)=C$ 作为"应答"发送给 Bob，其中 $E_{K[AB]}(N_B)=C$ 表示基于共享密钥 $K[AB]$，使用对称加密算法 E 对一次性随机数 N_B 进行加密，且结果记为 C。

（4）当 Bob 收到这个 C 后，对 Alice 的身份进行验证，有以下两种方法。①对 C 进行解密得到 $\overline{N}_B$，验证是否 $N_B=\overline{N}_B$。若相等，则身份认证成功；若不相等，则身份认证失败。②进行和 Alice 同样的加密运算，得到 $\overline{C}$。判断是否有 $C=\overline{C}$。若相等，则身份认证通过；若不相等，则身份认证不通过。

第二种方案［见图 6 - 2(b)］。

（1）Alice→Bob：我是 Alice。

（2）Bob→Alice：$E_{K[AB]}(N_B)$。

（3）Alice→Bob：$\overline{N}_B$。

（4）Bob 验证。

下面是对认证过程的解释。

（1）Alice 向 Bob 声称其身份。

（2）Bob 生成一次性随机数 N_B，把 $E_{K[AB]}(N_B)=C$ 作为"挑战"发给 Alice。

（3）Alice 收到 C 后，使用共享密钥 $K[AB]$ 对 C 进行解密得到 $\overline{N}_B$，把 $\overline{N}_B$ 作为"应答"发送给 Bob。

（4）当 Bob 收到 $\overline{N}_B$ 后，验证是否有 $N_B=\overline{N}_B$。若相等，则身份认证通过；若不相等，则身份认证不通过。

图 6 - 2　基于对称密码体制的挑战/应答认证

2. 基于带密钥 Hash 的挑战/应答

Alice 要向 Bob 证明自己的身份。Alice 和 Bob 共同拥有秘密，且 Alice 基于该秘密向 Bob 证明自己的身份。然而，为了防止被窃听，Alice 并没有直接给 Bob 发送该秘密，而是发送一个秘密相关值。基于该秘密相关值，Bob 能对其身份进行认证。同时，为了能够抵抗重放攻击，秘密相关值需要每次不相同。

基于上述分析，可以基于带密钥 Hash 来实现挑战/应答认证。设 Alice 和 Bob 共同拥

有的秘密为 $K[AB]$，这个秘密在挑战/应答认证中作为带密钥 Hash 的共享密钥 $K[AB]$。进一步地，为了抵抗重放攻击，需要引入一次性随机数。

下面给出方案（见图 6-3）来实现 Bob 对 Alice 的身份认证。

（1）Alice→Bob：我是 Alice。

（2）Bob→Alice：N_B。

（3）Alice→Bob：Hash($K[AB] \parallel N_B$)。

（4）Bob 验证。

下面是对认证过程的解释。

（1）Alice 向 Bob 声称其身份。

（2）Bob 生成一次性随机数 N_B 作为"挑战"发给 Alice。

（3）Alice 收到 N_B 后，把 Hash($K[AB] \parallel N_B$)=H 作为"应答"发送给 Bob，其中 Hash($K[AB] \parallel N_B$) 表示使用 Hash 函数 Hash 对共享密钥 $K[AB]$ 和 N_B 进行运算，且结果记为 H。

（4）当 Bob 收到这个 H 后，对 Alice 的身份进行认证。方法：和 Alice 进行相同的哈希运算，得到 $\overline{H}$。判断是否有 $H=\overline{H}$。若相等，则身份认证通过；若不相等，则身份认证不通过。

图 6-3 基于带密钥 Hash 的挑战/应答认证

3. 基于非对称密码体制的挑战/应答

Alice 要向 Bob 证明自己的身份。Alice 有一个仅有自己知道的秘密，且 Alice 基于该秘密向 Bob 证明自己的身份。然而，为了防止被窃听，Alice 并没有直接给 Bob 发送该秘密，而是发送一个秘密相关值。基于该秘密相关值，Bob 能对其身份进行认证。同时，为了能够抵抗重放攻击，秘密相关值需要每次不相同。

基于上述分析，可以基于非对称密码体制来实现挑战/应答认证。设 Alice 有一个密钥对(PK[A]，SK[A])，其中 PK [A]和 SK[A]分别为 Alice 的公、私钥。Alice 基于私钥 SK[A] 来进行身份认证。同样地，为了抵抗重放攻击，引入了一次性随机数。下面有两种方案来实现 Bob 对 Alice 的身份认证。

第一种方案：数字签名模型下的挑战/应答[见图 6-4(a)]。

（1）Alice→Bob：我是 Alice。

（2）Bob→Alice：N_B。

（3）Alice→Bob：$\text{Sig}_{SK[A]}(N_B)$。

（4）Bob 验证。

下面是对认证过程的解释。

(1)Alice 向 Bob 声称其身份。

(2)Bob 生成一次性随机数 N_B 作为"挑战"发给 Alice。

(3)Alice 收到 N_B 后,使用 $Sig_{SK[A]}(N_B)$ 作为"应答"发送给 Bob,其中 $Sig_{SK[A]}(N_B)=S$ 表示基于数字签名算法 Sig,使用 Alice 私钥 SK[A]对 N_B 进行签名,且结果记为 S。

(4)当 Bob 收到 S 后,对 Alice 的身份进行验证,方法:Bob 使用验证算法 Ver,使用 PK[A]对签名值进行验证,若 $Ver_{PK[A]}(S,N_B)=Ture$,则身份认证通过;若 $Ver_{PK[A]}(S,N_B)=False$,则身份认证不通过。

第二种方案:非对称加密模型下的挑战/应答[见图 6-4(b)]。

(1)Alice→Bob:我是 Alice。

(2)Bob→Alice:$E_{PK[A]}(N_B)$。

(3)Alice→Bob:$\overline{N_B}$。

(4)Bob 验证。

下面是对认证过程的解释。

(1)Alice 向 Bob 声称其身份。

(2)Bob 生成一次性随机数 N_B,把 $E_{PK[A]}(N_B)=C$ 作为"挑战"发送给 Alice,其中 $E_{PK[A]}(N_B)=C$ 表示基于 Alice 的公钥 PK[A],使用非对称加密算法 E 对一次性随机数 N_B 进行加密,且结果记为 C。

(3)Alice 收到 C 后,使用自己的私钥 SK[A]对其 C 进行解密得到 $\overline{N_B}$,把 $\overline{N_B}$ 作为"应答"发送给 Bob。

(4)当 Bob 收到 $\overline{N_B}$ 后,验证是否有 $N_B=\overline{N_B}$。若相等,则身份认证通过;若不相等,则身份认证不通过。

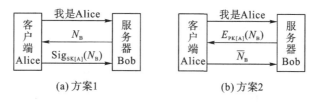

(a)方案1　　　　　　　(b)方案2

图 6-4　基于非对称密码体制的挑战/应答认证

6.1.6　认证令牌认证

认证令牌是实现一次性口令的小设备,通常大小同 U 盘、计算器。认证令牌在每次使用时生成一个新的随机数,这个随机数是认证的基础。

(1)令牌组成:一个处理器、一个液晶显示屏、一块电池和安全存储空间。

(2)令牌为双因子认证:PIN 码和硬件。

(3)每个令牌都有唯一值：种子(seed)。种子可确保每个令牌产生唯一的输出代码。认证服务器必须知道每个令牌的种子。种子不在计算机内存储，且不在网络中传输。

(4)硬件实现对称密码体制或 Hash 函数：令牌中对称加密或 Hash 的密钥就是种子。

(5)令牌分为两类：挑战/应答令牌和时间令牌。

下面分别对挑战/应答令牌和时间令牌进行介绍。在方案中，假设用户是 Alice，种子用 S 来表示。

1. 挑战/应答令牌

挑战/应答令牌是基于挑战/应答的身份认证技术来实现的。认证令牌中的种子是唯一的秘密，它是挑战/应答令牌的基础。事实上，这个技术把种子作为对称加密或者 Hash 的密钥。

挑战/应答令牌又分为两种，一种是基于对称密码体制的令牌，另一种是基于带密钥 Hash 的令牌。

基于对称密码体制挑战/应答令牌的工作步骤如图 6-5 所示，过程如下。

(1)客户端→服务器：我是用户 Alice。

(2)服务器→客户端：N。

(3)客户端→令牌：N。

(4)令牌→客户端：$E_S(N)$。

(5)客户端→服务器：$E_S(N)$。

下面是对认证过程的解释。

(1)客户端发送登录请求，且只发送用户名 Alice，表明身份。

(2)服务器端生成一次性随机数 N 作为"挑战"，以明文的形式发送到客户端。

(3)当客户端收到 N 时，用户对令牌进行如下操作：使用 PIN 码打开令牌，在令牌中通过小键盘输入从客户端收到的 N。

(4)令牌加密：$E_S(N)$，其中，E 为对称密码算法(如 DES)，N 为随机挑战，令牌种子作为密钥。加密结果 C 通过令牌 LCD 显示给用户 Alice，用户 Alice 可以将其输入到客户端。

(5)客户端应答。在客户端屏幕的口令字段输入 $E_S(N)=C$ 作为"应答"发送给服务器。服务器收到 C 进行和令牌同样的加密操作，得到 $\overline{C}$，验证是否有 $C=\overline{C}$。若相等，则身份认证通过；否则身份认证不通过。

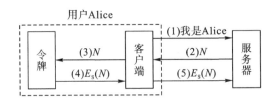

图 6-5　基于对称密码体制的挑战/应答令牌

对于基于带密钥 Hash 的挑战/应答令牌,工作的步骤如图 6-6 所示,过程如下。

(1)客户端→服务器:我是用户 Alice。

(2)服务器→客户端:N。

(3)客户端→令牌:N。

(4)令牌→客户端:Hash $(S \parallel N)$。

(5)客户端→服务器:Hash $(S \parallel N)$。

下面是对认证过程的解释。

(1)客户端发送登录请求,且只发送用户名 Alice,表明身份。

(2)服务器端生成一次性随机数 N 作为"挑战",以明文的形式发送到客户端。

(3)当客户端收到 N 时,用户 Alice 对令牌进行如下操作:使用 PIN 码打开令牌,在令牌中通过小键盘输入从客户端收到的 N。

(4)令牌哈希:Hash $(S \parallel N)$,其中 Hash 是哈希算法(如 MD5),N 为随机挑战,令牌种子作为密钥。哈希结果通过令牌 LCD 显示给用户 Alice,用户 Alice 可以将其输入到客户端。

(5)客户端应答。在客户端屏幕的口令字段输入 Hash $(S \parallel N)$=H 作为"应答"发送给服务器。服务器收到 H 进行和令牌同样的加密操作,得到 $\overline{H}$,验证是否有 $H=\overline{H}$。若相等,则身份认证通过;否则身份认证不通过。

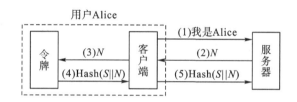

图 6-6　基于带密钥 Hash 的挑战/应答令牌

在挑战/应答令牌中,需要注意一点:不管是基于对称加密,还是基于 Hash 函数,都可能生成长的字符串。例如,基于分组密码 AES,如果使用 128 比特种子加密 128 比特的"挑战",其结果也是 128 比特,即用户要从认证令牌的 LCD 读取 16 个字符,并在客户端屏幕上作为口令输入,这对大多数用户来说是相当麻烦的。因此,令牌可以截取最左边的预定比特数(字符数)作为其输出,如最左边的 64 比特,此时用户只需要读取并输入这 8 个字符作为口令即可。

2. 时间令牌

挑战/响应令牌需要用户进行三次输入:首先,要输入 PIN 码以访问令牌;其次,要从客户端屏幕上阅读随机挑战(即一次性随机数),并在令牌中输入;最后,要从令牌 LCD 上阅读随机挑战的加密或哈希值,截取输入到客户端的口令字段。用户在这些过程中容易出错,并在令牌、客户端和服务器中造成信息流的浪费。

时间令牌可以克服该缺点。在时间令牌中,令牌和服务器各自有内部时钟,"时间 T"将代替"随机挑战 N"来作为输入变量抵抗重放攻击,因此令牌上也不需要输入键盘。

对于基于对称密码体制时间令牌的工作步骤如图 6-7 所示,过程如下。

(1)客户端→服务器:我是 Alice。

(2)令牌→客户端:$E_s(T)$。

(3)客户端→服务器:$E_s(T)$。

下面是对认证过程的解释。

(1)客户端发送登录请求,且只发送用户名 Alice,表明身份。

(2)用户 Alice 对令牌进行如下操作:使用 PIN 码打开令牌。令牌每 60 秒进行一次加密:$E_s(T)$。加密结果 C 通过令牌 LCD 显示给用户 Alice,用户 Alice 可以将其输入到客户端。

(3)在客户端屏幕的口令字段输入 $E_s(T)=C$ 作为"应答"发送给服务器。服务器收到 C 进行和令牌同样的加密操作,得到 $\overline{C}$,验证是否有 $C=\overline{C}$。若相等,则身份认证通过;否则身份认证不通过。

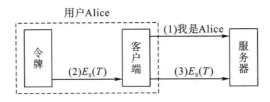

图 6-7　基于对称密码体制的时间令牌

对于基于带密钥 Hash 的时间令牌,工作的步骤如图 6-8 所示,过程如下。

(1)客户端→服务器:我是用户 Alice。

(2)令牌→客户端:$Hash(S\parallel T)$。

(3)客户端→服务器:$Hash(S\parallel T)$。

下面是对认证过程的解释。

(1)客户端发送登录请求,且只发送用户名 Alice,表明身份。

(2)用户对令牌进行如下操作:使用 PIN 码打开令牌。令牌每 60 秒进行一次哈希:$Hash(S\parallel T)$。哈希结果通过令牌 LCD 显示给用户 Alice,用户 Alice 可以将其输入到客户端。

(3)客户端应答。在客户端屏幕的口令字段输入 $Hash(S\parallel T)=H$ 作为"应答"发送给服务器。服务器收到 C 进行和令牌同样的加密操作,得到 $\overline{C}$,验证是否有 $C=\overline{C}$。若相等,则身份认证通过;否则身份认证不通过。

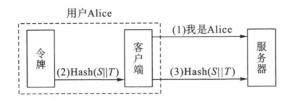

图 6-8　基于带密钥 Hash 的时间令牌

基于时间令牌的身份认证需要注意两个细节。

第一,客户端登录请求和服务器验证完成之间有 60 秒的时间窗口。如果服务器验证的时间窗口和客户端登录请求的时间窗口相同,则服务器正常执行验证;如果不同,则服务器不予验证,需要重试。假设客户端发送登录请求时间为 9 时 29 分 58 秒;请求到达服务器和开始验证时间为 9 时 30 分 2 秒,则服务器认为验证无效,因为其 60 秒时间窗口与客户端的时间窗口不一致。

第二,时间令牌没有键盘,用户如何输入令牌的 PIN? 要解决这个问题,可以在客户端登录屏幕上输入 PIN。

6.1.7　基于可信第三方认证

在前面的身份认证中,认证方是认证服务器,被认证方是客户端,客户端信任服务器。但实际的认证中,还存在另外一种问题,被认证方和认证方互相不信任。

Woo - Lam(伍-拉姆)协议是基于可信第三方的挑战/应答认证,如图 6 - 9 所示。在该协议中,被认证方 Alice 和认证方 Bob 开始互不相识,Alice 仍然能够向 Bob 证明其身份,方法是引入特伦特(Trent)作为可信第三方。作为可信第三方,Alice 信任 Trent,且和 Trent 共享对称密钥 $K[AT]$;Bob 信任 Trent,且和 Trent 共享对称密钥 $K[BT]$。Woo - Lam 协议如下。

(1)Alice→Bob:ID_A。

(2)Bob→Alice:N_B。

(3)Alice→Bob:$E_{K[AT]}(N_B)$。

(4)Bob→Trent:$E_{K[BT]}(ID_A \parallel E_{K[AT]}(N_B))$。

(5)Trent→Bob:$E_{K[BT]}(N_B)$。

下面是对认证过程的解释。

(1)Alice 向 Bob 声称其身份 ID_A。

(2)Bob 生成一次性随机数 N_B 作为"挑战"发给 Alice。

(3)Alice 收到 N_B 后,把 $E_{K[AT]}(N_B)$ 作为"应答"发送给 Bob。

(4)Bob 无法对"应答"$E_{K[AT]}(N_B)$ 进行验证,而是再次加密后转交 Trent 来协助完成认证,转交值为 $E_{K[BT]}(ID_A \parallel E_{K[AT]}(N_B))$,其中 ID_A 表示需要对 Alice 的身份进行认证。

(5)Trent 收到 $E_{K[BT]}(ID_A \parallel E_{K[AT]}(N_B))$ 后,首先用密钥 $K[AT]$ 解密得到 N_B,然后再用密钥 $K[BT]$ 加密得到 $E_{K[BT]}(N_B)$ 转发给 Bob。Bob 收到后进行解密获得 $\overline{N_B}$,并验证是否有 $N_B = \overline{N_B}$。若相等,则身份认证通过;否则身份认证不通过。

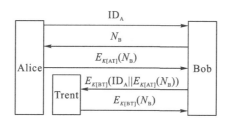

图 6 - 9　Woo - Lam 协议

6.1.8　基于可信第三方密钥分发中心的认证

Needham - Schroeder(尼达姆-施罗德)协议是一个基于对称密码体制的协议,它要求有可信任的第三方密钥分发中心(kerberos distribution center,KDC)参与。同样,在该协议中,被认证方 Alice 和认证方 Bob 互不信任。该协议采用挑战/应答的方式,目的是提供身份认证,即 Alice 对 KDC 进行身份认证,Bob 对 Alice 进行身份认证;同时,KDC 安全地分发一个会话密钥 $K[AB]$ 给 Alice 和 Bob,该会话密钥 $K[AB]$ 将用于 Alice 和 Bob 的安全通信来保护数据的传输。

图 6 - 10 展示的是 Needham - Schroeder 协议。该图中,KDC 是可信任的第三方密钥分发中心;ID_A 和 ID_B 分别表示 Alice 和 Bob 的身份标识;密钥 $K[A]$ 和 $K[B]$ 分别是 Alice 和 KDC、Bob 和 KDC 的共享对称密钥。N_A 和 N_B 分别表示 Alice 和 Bob 生成的两个一次性随机数。$K[AB]$ 表示 KDC 为 Alice 和 Bob 分发的会话密钥。具体过程如下。

(1)Alice→KDC:$ID_A \parallel ID_B \parallel N_A$。

(2)KDC→Alice:$E_{K[A]}(K[AB] \parallel ID_B \parallel N_A \parallel E_{K[B]}(K[AB] \parallel ID_A))$。

(3)Alice→Bob:$E_{K[B]}(K[AB] \parallel ID_A)$。

(4)Bob→Alice:$E_{K[AB]}(N_B)$。

(5)Alice→Bob:$E_{K[AB]}(f(N_B))$。

下面是对认证过程的解释。

(1)Alice 向 KDC 发送信息的含义:ID_A 表示"我是 Alice";ID_B 表示向 KDC 申请与 Bob 通信的共享密钥;一次性随机数 N_A 表示需要对 KDC 的身份进行认证。

(2)KDC 向 Alice 发送如下信息:KDC 对 N_A 进行"应答"来证明自己的身份;KDC 发送给 Alice 和 Bob 共享的会话密钥 $K[AB]$;KDC 给 Alice 发送消息 $E_{K[B]}(K[AB] \parallel ID_A)$,目的是要其转发给 Bob。上述这些消息都以密文的形式在公开信道中传输,加密密钥为 $K[A]$。

(3)Alice 把消息 $E_{K[B]}(K[AB] \parallel ID_A)$ 转发给 Bob,Bob 解密获得与 Alice 共享的会话密钥 $K[AB]$。

(4)Bob 生成一次性随机数 N_B 并加密 $E_{K[AB]}(N_B)$ 作为"挑战"发给 Alice,说明需要对 Alice 的身份进行认证。

(5)Alice 收到 $E_{K[AB]}(N_B)$ 后,用 $E_{K[AB]}(f(N_B))$ 作为"应答"来证明自己的身份。Bob 对该值进行解密得到 $\overline{f}(N_B)$,然后验证是否有 $f(N_B) = \overline{f}(N_B)$。若相等,则身份认证通过;否则身份认证不通过。

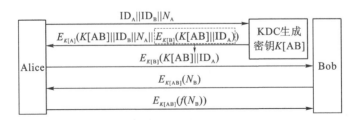

图 6 - 10　Needham - Schroeder 协议

上述协议中，Alice 在第(1)(2)步中安全地得到了一个新的会话密钥 $K[AB]$，并验证了 KDC 的身份。第(3)步只能由 Bob 解密并理解，并且 Bob 得到了 $K[AB]$。第(4)(5)步 Bob 验证了 Alice 的身份。

6.1.9　零知识认证

20 世纪 80 年代初，麻省理工学院研究人员 Goldwasser(戈德瓦塞尔)和 Micali(米卡利)等提出了"零知识证明"的概念。当你向别人证明你知道某个事物或具有某个东西时，别人并不能通过你的证明知道这个事物或这个东西，也就不会泄露你掌握的信息。

一个零知识的身份认证至少应满足以下两个条件。

(1)示证者 P 能向验证者 V 证明他的确是 P。

(2)在示证者 P 向验证者 V 证明他的身份后，验证者 V 没有获得任何有用的信息，不能模仿 P 向第三方证明他是 P。

零知识认证最通俗的例子是图 6-11 中的山洞问题。设 P 知道咒语，可打开 C 和 D 之间的秘密之门。现在来看 P 如何向 V 证明 P 知道这个咒语，但又不泄露该咒语。

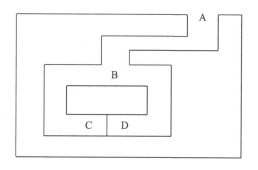

图 6-11　山洞问题

按照下面的步骤进行。

(1)V 站在 A 点。

(2)P 进入洞中任一点 C 或 D。

(3)当 P 进洞之后，V 走到 B 点。

(4)V 发指令给 P：从左边出来，或从右边出来。

(5)P 按要求实现，其间可以用咒语打开门。

(6)P 和 V 重复执行(1)～(5)共 n 次。

可见，协议执行一次，若 P 不知道咒语，则 P 只有 50% 的概率能按照 V 的指令正确走出；协议执行 n 次，则 P 只有 2^{-n} 的概率正确走出。若 $n=16$，则 P 每次均能按照 V 的指令正确走出的概率仅为 1/65536；若 $n=100$ 左右，P 能正确走出的概率就可以忽略不计了。

依据上述山洞问题，P 如果知道咒语，不仅可以向 V 证明他知道该咒语，而且还不会向 V 泄露该咒语。

6.1.10　生物特征认证

基于生物特征的身份认证是以人体具有的唯一、可靠、终生稳定的生物特征为依据,采用计算机图像处理和模式识别技术实现身份认证的一种方法。

只有满足以下条件的人体生物特征才可以用来作为个人身份认证的依据。

(1)普遍性:每个人都应该具有这一特征。

(2)唯一性:每个人在这一特征上有不同的表现。

(3)稳定性:这一特征不会随着年龄的增长、时间的改变而改变。

(4)易采集性:这一特征应该是容易度量的。

目前利用生物特征进行身份认证的主要方法有指纹、声纹、虹膜、视网膜、面部、掌纹和DNA等。

由于生物特征具有所固有的不可复制性和唯一性,很难被伪造和假冒。同时,用来证明自己身份的恰恰是其本身,因此这些生物特征不会丢失、被盗或遗忘。而常见的口令、IC卡、条纹码、磁卡或身份证则存在着被复制、丢失、遗忘及盗用等诸多不利因素。因此采用生物特征具有更强的安全性与方便性。

生物特征认证并不是真正的匹配。系统没有生物特征的完整记录,而只拥有一些典型的特征数据。例如,指纹特征包括图中的交叉、核心、分叉、岭末端、岛部、三角部和孔等。

一个利用生物特征进行身份认证的系统可以分为注册阶段和匹配识别阶段。

在注册阶段,提取合法用户的生物特征作为模板。首先,由传感器获取合法用户原始生物信息,如指纹识别中的原始信息是指纹图像。然后,通过特征提取模块进行特征提取,从而获得生物特征的数字化描述,该描述称为模板。模板需要具有能快速匹配和存储量少的特点。最后,将模板存入生物认证系统数据库。

在匹配识别阶段,通过匹配模块,把待认证用户的生物特征与模板进行比较。首先,由传感器获取待认证用户的原始生物信息。然后,通过特征提取模块进行特征提取,并转化成数字描述。最后,特征匹配模块把特征的数字描述与模板进行比较,以确定用户身份是否合法。

因此,生物认证的关键技术在于生物特征值的提取和匹配。

由于生物特征认证不是真正的匹配,会存在两种错误:错误接受率和错误拒绝率。错误接受率是衡量用户本应该遭到拒绝却被系统接受的可能性。错误拒绝率是衡量用户本应该被系统接受却遭到拒绝的可能性。

6.2　访问控制

访问控制是在身份认证之后保护系统资源安全的第二道屏障。访问控制是通过某种途径给出准许或者限制访问能力及范围的一种方法。访问控制用于确定:谁能访问系统何种资源,以及在何种程度上使用这些资源。

身份认证解决的是"你是谁?　你是否真的是你所声称的身份?"访问控制技术解决的是"你能做什么?　你有什么样的权限?"身份认证的目的是阻止非法用户,访问控制的目的是阻止合法用户的滥用权限。

有关资料显示,80％以上的信息安全事件是内部人员和外部勾结所致,而且该数据呈上升趋势。因此很有必要通过技术手段对用户实施访问控制。

访问控制包括三个要素:主体、客体和策略。

主体 S(subject):提出访问资源的具体请求。它可以是某一用户,也可以是用户启动的进程、服务和设备等。

客体 O(object):被访问资源的实体。所有可以被操作的信息、资源、对象都可以是客体。客体可以是信息、文件、记录等集合体,也可以是网络上硬件设施、无线通信中的终端等。

策略:指主体对客体的相关访问规则集合,用以确定一个主体是否对某个客体拥有某种访问权力。策略体现了一种授权行为,确保主体对客体在授权范围内的合法使用。

通常情况下,信息系统采用下述三种访问控制策略:自主访问控制、强制访问控制和基于角色的访问控制。

6.2.1　自主访问控制

自主访问控制(discretionary access control,DAC)的策略是客体属主自主地管理对客体的访问权限,属主自主负责赋予或回收其他主体对客体资源的访问权限,且授权主体可以直接或者间接地向其他主体转让访问权。

在自主访问控制中,主体访问客体的访问权限通常有如下几种:拥有(own)、读(read,R)、写(write,W)和执行(execute,E)。

拥有:一种特殊的权限。客体由主体所创建,则主体对客体具有拥有权,主体是客体的拥有者和管理者,称该主体为客体的属主。

读:允许客体进行读和复制操作。

写:允许主体进行写入、修改、添加和删除等操作。

执行:允许将客体作为一种可执行文件运行,在系统中要同时拥有读权限。

可见,自主访问控制中的属主具有很高的权限,通常所有客体都有属主,而属主能够修改访问该客体的权限。进一步地,自主访问控制允许主体将权限转让给其他主体。

自主访问控制的实现通常有三种方法,包括访问控制矩阵、访问能力列表和访问控制列表。

1. 访问控制矩阵

访问控制矩阵的基本思想就是将所有的访问控制信息存储在一个矩阵中集中管理。该实现机制以矩阵形式阐述了主体和客体的关联关系,以及主体对客体的访问权限。直观地看,访问控制矩阵是一张表格,每行代表一个主体,每列代表一个客体,表中纵横对应的项是该主体对该存取客体的访问权集合。表 6-1 给出了一个访问控制矩阵示例。

表 6-1　访问控制矩阵

主体	客体		
	文件 1	文件 2	文件 3
张三	Own, R, W		Own, R, W
李四	R	Own, R, W	
王五		W	

访问控制矩阵易于理解。然而,如果系统中主体较多且需要管理的客体很多,则查找和实现起来有一定的难度。如果访问控制矩阵是一个稀疏矩阵,即很多单元是空白项;如果要进行用户和文件的增加,那么访问控制矩阵的规模将会呈几何级数增长。因此,为了减轻系统开销与浪费,有两种改进方法。一种是从主体出发,用访问能力列表表示矩阵某一行的信息;另一种是从客体出发,用访问控制列表表示矩阵某一列的信息。

2. 访问能力列表

访问能力列表从主体出发描述控制信息,能力标记了某一主体对任意一个客体的访问权限,即该主体能访问哪些客体,以及能对这些客体的每一个进行一些什么样的访问。在访问能力列表的实现机制中,每个主体都附加一个该主体可访问的客体明细表。

针对表 6-1 的访问控制矩阵,可以以单链表形式给出相应的访问能力列表(见图 6-12)。

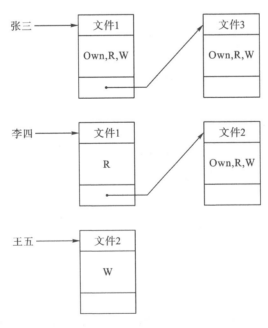

图 6-12　访问能力列表

3. 访问控制列表

访问控制列表从客体出发描述控制信息,可以用来对某一客体指定任意一个用户的访问权限,即哪些主体能够访问该客体,以及能对该客体进行一些什么样的访问。在访问控制列表的实现机制中,每个客体都附加一个可以访问它的主体明细表。

访问控制列表是以文件为中心建立的访问权限表。目前,大多数服务器和主机都使用访问控制列表作为访问控制的实现机制。

针对表 6-1 的访问控制矩阵,可以以单链表形式给出相应的访问控制列表(见图 6-13)。

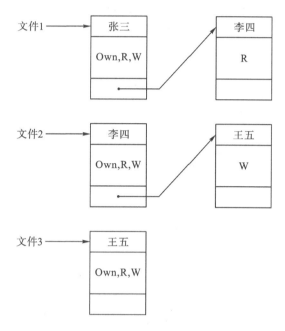

图 6-13　访问控制列表

对于自主访问控制,根据主体身份及权限进行决策,属主能够自主地将访问权的某个子集授予其他主体,其灵活性高,被大量采用,如 Windows、UNIX 等。然而,访问权限关系会改变,会导致无法控制信息(即权限)的流动,给系统带来了安全隐患。

6.2.2　强制访问控制

强制访问控制(mndatory access control,MAC)是根据主体的安全级别和客体的安全级别来确定的访问模式。它主要用于保护那些处理敏感数据(如政府、军事部门和企业的保密信息)的系统。

强制访问控制中,每个主体及客体都被系统管理者赋予一定的安全级别,通过比较主体和客体的安全级别来决定主体是否可以访问该客体。其中,安全级别一般有五级:绝密级(top secret)、机密级(secret)、秘密级(confidential)、限制级(restricted)和公开级(unclassified),其中安全级别从前到后依次降低。

强制访问控制的主要特征是对所有主体及其所控制的客体(如进程、文件、设备等)按照严格的安全规则实施强制访问控制。具体而言,主体与客体都有一个固定的安全级别,系统利用安全级别来决定一个主体是否可以访问某种客体。它对客体的访问控制权不是由客体的所有者来决定的,而是由主体和客体的安全级别来决定的。强制访问控制可以通过安全等级的比较,实现信息流的单向流通。强制访问控制常常用来保护高安全级别系统的信息。

强制访问控制的过程有如下三步。

(1)主体被分配一个安全等级。

(2)客体被分配一个安全等级。

(3)访问控制执行时,对主体和客体的安全等级进行比较。

访问控制标签列表可以给出主体安全级别和客体安全级别。访问控制标签列表的一个示例如表 6-2 所示。

表 6-2　访问控制标签列表

要素		安全级别
主体	用户 1	绝密
	用户 2	秘密
	用户 3	机密
客体	文件 1	机密
	文件 2	绝密
	文件 3	秘密

在强制访问控制中,主体对客体的访问通常指的是读、写操作,有以下几种。

(1)向下读:$SC(S) > SC(O)$ 的读操作。

(2)向上读:$SC(S) < SC(O)$ 的读操作。

(3)同级读:$SC(S) = SC(O)$ 的读操作。

(4)向下写:$SC(S) > SC(O)$ 的写操作。

(5)向上写:$SC(S) < SC(O)$ 的写操作。

(6)同级写:$SC(S) = SC(O)$ 的写操作。

(7)不上读:$SC(S) \geqslant SC(O)$ 的读操作。

(8)不下读:$SC(S) \leqslant SC(O)$ 的读操作。

(9)不上写:$SC(S) \geqslant SC(O)$ 的写操作。

(10)不下写:$SC(S) \leqslant SC(O)$ 的写操作。

上述 SC(security class)表示安全级别。

强制访问控制常见的模型有三种,分别是 Lattice 模型、BLP 模型和 Biba 模型。

1. Lattice 模型

在 Lattice 模型中,主体的安全级别必须比客体的安全级别高,才能进行读/写,其访问控制策略如下:

向下读:SC(S)>SC(O)的读操作。

向下写:SC(S)>SC(O)的写操作。

Lattice 模型并不能实现信息流的单向流动,即不能保证系统的保密性或完整性。

例 6 - 1　主体和客体的安全级别如表 6 - 2 所示。在 Lattice 模型中,主体 3 是否被允许对文件 1、文件 2 和文件 3 进行读/写操作?

答:SC(用户 3)= SC(文件 1),因此禁止读/写操作;

SC(用户 3)<SC(文件 2),因此禁止读/写操作;

SC(用户 3)>SC(文件 2),因此允许读/写操作。

例 6 - 2　依据 Lattice 模型的访问控制策略,机密级主体是否被允许对绝密级、机密级和公开级客体进行读/写操作? 请在图 6 - 14 的括号里填"允许"或"禁止"。

图 6 - 14　主体对客体的读/写操作

答:对于左边的读操作,从上到下依次是禁止、禁止、允许。

对于右边的写操作,从上到下依次是禁止、禁止、允许。

2. BLP 模型

BLP 模型是 Bell - Lapudula 模型的简称,是贝尔(Bell)和拉帕杜拉(Lapadula)在 1973 年提出的一种模拟军事安全策略的计算机访问控制模型,主要用于保证系统信息的保密性。客体在处理高安全级别数据和低安全级数据时,要防止处理高安全级别数据的系统把信息泄露给处理低安全级别数据的系统。BLP 模型的出发点是维护系统的保密性,有效地防止信息泄露,这与后面要讲的维护信息系统完整性的 Biba 模型正好相反。

BLP 模型中,为了确保高安全级别系统的保密性,信息流在系统中不能自上而下流动,即信息流不能流到低安全级别的系统。又因为读操作和信息流的方向相反,而写操作和信息流的方向一致,所以,BLP 模型的访问控制策略如下:

不上读:SC(S)≥SC(O)的读操作。

不下写:SC(S)≤SC(O)的写操作。

直观地理解,在 BLP 模型中,不允许低安全级别用户能读高安全级别信息,不允许高安全级别用户往低安全级别系统写入信息。例如,下级不能看上级的信息,但下级对上级可提意见;上级不能给下级写信,但上级可以查看下级的工作记录。

例 6-3　用户和文件的安全级别如表 6-2 所示。在 BLP 模型中,主体 3 是否被允许对文件 1、文件 2 和文件 3 进行读/写操作?

答:SC(用户 3)= SC(文件 1),因此允许读/写操作。

SC(用户 3)<SC(文件 2),因此禁止读操作,允许写操作。

SC(用户 3)>SC(文件 2),因此允许读操作,禁止写操作。

例 6-4　依据 BLP 模型的访问控制策略,机密级主体是否被允许对绝密级、机密级和公开级客体进行读/写操作? 请在图 6-14 的括号里填"允许"或"禁止"。

答:对于左边的读操作,从上到下依次是禁止、允许、允许。

对于右边的写操作,从上到下依次是允许、允许、禁止。

3. Biba 模型

在研究 BLP 模型时,发现该模型只解决了信息保密问题,而没有采取有效措施限制未经授权的信息被修改。Biba 模型是比巴(Biba)在 1977 年提出的完整性访问控制模型,解决了系统内数据的完整性问题,从而避免了未授权篡改等行为。

Biba 模型中,为了确保高安全级别系统的完整性,信息在系统中不能自下而上流动,即信息流不能从低安全级别的系统流入。又因为读操作和信息流的方向相反,而写操作和信息流的方向一致,所以,Biba 模型的访问控制策略如下:

不下读:SC(S)≤SC(O)的读操作。

不上写:SC(S)≥SC(O)的写操作。

直观地理解,在 Biba 模型中,不允许低安全级别用户往高安全级别系统写入信息,不允许高安全级别用户读低安全级别信息。例如,下级能看上级的红头文件,但下级不能修改上级的红头文件;上级不能看下级的工作记录,但上级可以对下级的工作提建议和意见。

例 6-5　主体和客体的安全级别如表 6-2 所示。在 Biba 模型中,主体 3 是否被允许对文件 1、文件 2 和文件 3 进行读和写?

答:SC(用户 3)= SC(文件 1),因此允许读/写操作。

SC(用户 3)<SC(文件 2),因此允许读操作,禁止写操作。

SC(用户 3)>SC(文件 2),因此禁止读操作,允许写操作。

例 6-6　依据 Biba 模型的访问控制策略,机密级主体是否被允许对绝密级、机密级和公开级客体进行读/写操作,请在图 6-14 的括号里填"允许"或"禁止"。

答:对于左边的读操作,从上到下依次是允许、允许、禁止。

对于右边的写操作,从上到下依次是禁止、允许、允许。

Biba 模型和 BLP 模型是相对立的。Biba 模型修正了 BLP 模型所忽略的信息完整性问题,但在一定程度上却忽视了保密性。

强制访问控制的特点主要有两个。①强制性,这是强制访问控制的突出特点,除了代表系统的管理员以外,任何主体、客体都不能直接或间接地改变它们的安全属性;②限制性,限制主体对客体执行某种操作的能力。强制访问控制通过上述两个特点严格控制了信息流的流向,确保了系统的安全性。然而,强制访问控制缺乏灵活性,很难满足商业应用的需要。

6.2.3　基于角色的访问控制

自主访问控制和强制访问控制是将客体的访问权限分配给特定的用户。系统中的用户规模,尤其是大型企业,通常是较大的,此时,两者权限配置的工作量也较大,不便管理。例如,1000 个用户访问 10000 个客体,需 1000 万次配置,如每次配置需 1 秒,每天工作 8 小时,就需 $10000000/(3600 \times 8) \approx 347.2$ 天。为了克服这一缺点,提出了基于角色的访问控制。

基于角色的访问控制(role - based access control,RBAC)是将客体的访问权限分配给特定的角色,主体通过扮演不同的角色获得该角色拥有的权限。即用户通过所分配的角色获得相应客体的访问权限,实现对信息资源的访问。

基于角色的访问控制优点在于,不必在每次创建用户时都进行分配权限的操作,只要分配用户相应的角色即可,而且角色的权限变更比用户的权限变更要少得多,这样将简化用户的权限管理,减少系统的开销。基于角色的访问控制有效地克服了自主访问控制和强制访问控制的缺点,也为管理员提供了更好的安全策略环境。目前,基于角色的访问控制策略已经得到了广泛的商业应用。

对于基于角色的访问控制策略,美国乔治梅森大学信息安全技术实验室(laboratory for information security technology,LIST)提出的 RBAC96 模型最具有代表,并得到了普遍的公认。RBAC96 模型已成为标准化基础,包括四个互相联系的模型(见图 6-15)。$RBAC_0$ 反映了 RBAC 的基本需求;$RBAC_1$ 在 $RBAC_0$ 的基础上加上了角色继承,反映了多级安全需求;$RBAC_2$ 在 $RBAC_0$ 的基础上加上了约束集合;$RBAC_3$ 包含 $RBAC_0$、$RBAC_1$ 和 $RBAC_2$ 的所有功能。

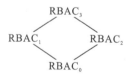

图 6-15　RBAC96 模型

1. $RBAC_0$

$RBAC_0$ 是 RBAC 模型的核心(见图 6-16),是 RBAC 模型的最低需求,$RBAC_1$、$RBAC_2$、$RBAC_3$ 都是在其基础上扩展得到的。

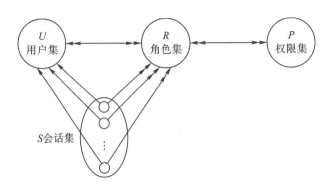

图 6 - 16   RBAC$_0$

RBAC$_0$主要由用户集、角色集、权限集三个元素构成,其中,角色集位于用户集与权限集之间。因此,对系统的各种权限不是直接授予具体的用户,而是授予角色,且每一种角色对应一组相应的权限。一旦用户被分配了适当的角色后,该用户就拥有此角色的所有操作权限。

用户与角色的关系是多对多的,角色与权限也是多对多的。在大多数环境下,系统角色集基本保持不变,仅偶尔地添加或删除;权限集及权限与角色的对应关系也很少改变。不同的是,用户集及用户与角色的对应关系可能改变频繁。

由于用户是静态概念,不能满足系统的运行需求,因此 RBAC$_0$ 还定义了会话这一动态概念。会话是用户的一个活跃进程,代表用户与系统交互。系统在会话中为用户分配激活的角色,具体而言,一个会话构成一个用户到多个角色的映射,即会话激活了用户被授予角色集的某个子集,这个子集就是活跃角色集。从这里可以看出,用户仅与完成特定任务所必需的角色建立会话,这是最小特权的体现。

RBAC$_0$模型如下。

(1)U:用户集。用户是一个可以独立访问计算机系统中各种资源的主体。

R:角色集。角色是权限分配的单位与载体,角色命名依据其职责模式。

P:权限集。权限表示对系统中的客体进行特定模式访问的操作许可。

S:会话集。会话代表用户与系统进行交互。用户与会话是一对多关系。

(2)$PA \subseteq P \times R$:权限分配集。权限分配表示权限到角色的多对多指派,指角色按其职责范围与一组权限相关联。

(3)$UA \subseteq U \times R$:用户分配集。用户分配表示用户到角色的多对多指派,指根据用户在组织中的职责和权利被赋予相应的角色。

(4) $\text{user}(s_i)$:创建会话 s_i 的用户。

(5) $\text{roles}(s_i)$:会话 s_i 对应的角色集合。

(6) Ps_i:会话 s_i 具有的权限集。

例 6 - 7   设 $U = \{u_1, u_2, u_3\} = \{张医生,李医生,王医生\}$;

$R = \{r_1, r_2\} = \{外科医生,内科医生\}$;

$P = \{p_1, p_2, p_3\} = \{开外科药,做手术,开内科药\}$;

$PA = \{(p_1, r_1), (p_2, r_1), (p_3, r_2)\}$；

$UA = \{(u_1, r_1), (u_1, r_2), (u_2, r_1), (u_3, r_2)\}$。

则每个用户对应的角色集和权限集是什么?

答:依据题目中的权限分配集 PA 和用户分配集 UA,有

$u_1 \rightarrow \{r_1, r_2\} \rightarrow \{p_1, p_2, p_3\}$；

$u_2 \rightarrow \{r_1\} \rightarrow \{p_1, p_2\}$；

$u_3 \rightarrow \{r_2\} \rightarrow \{p_3\}$。

例 6-8　在例 6-7 中,定义会话集 $S = \{s_1, s_2, s_3\} = \{$病人挂外科号,病人挂内科号,病人挂内、外科号$\}$。假设张医生 u_1 建立了一个会话,即 $\mathrm{user}(s_i) = u_1$,则会话激活了张医生对应角色集的子集和权限集的子集分别是什么?

答:若病人挂外科号,则 $\mathrm{roles}(s_1) = \{r_1\}$，$Ps_1 = \{p_1, p_2\}$；

若病人挂内科号,则 $\mathrm{roles}(s_2) = \{r_2\}$，$Ps_2 = \{p_3\}$；

若病人挂内、外科号,则 $\mathrm{roles}(s_3) = \{r_1, r_2\}$，$Ps_3 = \{p_1, p_2, p_3\}$。

2. RBAC$_1$

RBAC$_1$ 在 RBAC$_0$ 的基础上引入了角色继承,目的是避免角色权限的重复设置,提高效率。在角色继承中,每个角色都有自己的权限,还能继承其他角色的权限。角色继承大大简化了定义权限的工作,角色可以共享某些权限,而且用户可以共享某些角色。

角色继承可用祖先关系来表示。一方面,高级别的角色继承了低级别角色的所有权限,即高级别的角色包含了低级别角色的所有权限,低级别角色是高级别角色的子集。另一方面,所有分配了高级别角色的用户,也分配了低级别角色,即用户具有高级别角色的同时也具有低级别角色。如图 6-17 所示,角色 2 是角色 1 的"父角色",继承了角色 1 的权限;若一个用户扮演角色 2,同时也可扮演角色 1。继承关系是偏序关系,因此可以用图 6-18 来描述,处于上面的角色拥有较多的权限,处于下面的角色拥有较少的权限。

图 6-17　角色继承　　　　　　　　图 6-18　角色继承的偏序关系

值得注意的是,一个角色可以从多个下级角色继承,并且多个角色可以继承同一个下级角色。

例 6-9　$U = \{u_1, u_2, u_3, u_4\} = \{$张医生,李医生,王医生,赵医生$\}$；

$R = \{r_1, r_2, r_3\} = \{$外科医生,内科医生,保健医生$\}$；

$P = \{p_1, p_2, p_3, p_4\} = \{$开外科药,手术,开内科药,开保健药$\}$；

$PA = \{(p_1, r_1), (p_2, r_1), (p_3, r_2), (p_4, r_3)\}$；

$UA = \{(u_1, r_1), (u_1, r_2), (u_2, r_1), (u_3, r_2), (u_4, r_3)\}$。

若有偏序关系 $RH = \{(r_1, r_1), (r_2, r_2), (r_3, r_3), (r_3, r_1), (r_3, r_2)\}$，如图 6-19 所示，则每位医生对应的角色集和权限集是什么？

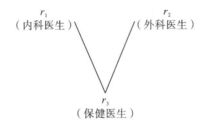

图 6-19　例 6-9 中的偏序关系

答：依据题目中权限分配集 PA 和用户分配集 UA，以及偏序关系定义的角色继承，有

$u_1 \rightarrow \{r_1, r_2, r_3\} \rightarrow \{p_1, p_2, p_3, p_4\}$；

$u_2 \rightarrow \{r_1, r_3\} \rightarrow \{p_1, p_2, p_4\}$；

$u_3 \rightarrow \{r_2, r_3\} \rightarrow \{p_3, p_4\}$；

$u_4 \rightarrow \{r_3\} \rightarrow \{p_4\}$。

例 6-10　在例 6-9 中，定义会话 $S = \{s_1, s_2, s_3, s_4\} = \{$病人挂外科号，病人挂内科号，病人挂内、外科号，病人挂保健科号$\}$。假设张医生 u_1 建立了一个会话，即 $user(s_i) = u_1$，则会话激活了张医生角色集的子集和权限集的子集分别是什么？

答：若病人挂外科号，则 $roles(s_1) = \{r_1\}$，$Ps_1 = \{p_1, p_2, p_4\}$；

若病人挂内科号，则 $roles(s_2) = \{r_2\}$，$Ps_2 = \{p_3, p_4\}$；

若病人挂内、外科号，则 $roles(s_3) = \{r_1, r_2\}$，$Ps_3 = \{p_1, p_2, p_3, p_4\}$；

若病人挂保健科号，则 $roles(s_4) = \{r_3\}$，$Ps_4 = \{p_4\}$。

3. RBAC$_2$

RBAC$_2$ 在 RBAC$_0$ 的基础上引入了角色约束，包括职责分离和角色容量限制。

(1)职责分离。职责分离是指遵循不相容职责相分离的原则，实现合理分工。通俗一点说，就是同一用户不能拥有两种特定的角色，如运动员不能是裁判。系统中职责分离主要有静态职责分离和动态职责分离两种。①静态职责分离，也称为互斥限制，要求同一个用户至多只能指派到相互排斥的角色集合中的一个角色。②动态职责分离，也称为运行时的互斥限制，可以允许一个用户同时具有两个互斥角色中的一个角色，但要求在系统运行时不可同时激活这两个角色。

(2)角色容量限制，即在一个特定的时间段内，要求一个角色的用户成员数目受限。在创建新的角色时，要指定角色容量。例如，部门领导角色或部门主管角色一般被限制为一个用户或几个。

4. RBAC$_3$

RBAC$_3$ 是 RBAC$_1$ 与 RBAC$_2$ 的合集，所以既具有角色继承又有角色约束。RBAC$_3$ 有五个特点：角色作为访问控制的主体、角色继承、职责分离、角色容量限制和最小特权原则。

角色作为访问控制的主体这一特点体现在角色访问控制的定义中。角色继承是 $RBAC_1$ 的主要特点；职责分离和角色容量限制是 $RBAC_2$ 的主要特点。最小特权原则前面没有提到，但最小特权原则非常重要。

最小特权原则一方面给予用户"必不可少"的特权，这就保证了所有的用户都能在所赋予的特权之下完成所需要完成的任务或操作；另一方面，它只给予用户"必不可少"的特权，这就限制了每个用户所能进行的操作。换句话说，最小特权原则是指用户所拥有的权利不能超过他执行工作时所需的权限，从而避免越权操作带来的损失。例如，一个论坛系统，一个用户本来只有查看和发表帖子的权限，结果却额外赋予了删除帖子的权限，有可能对系统造成很大的破坏。所以，在访问控制中，最小特权原则能避免越权操作，保障基本安全。

基于角色的访问控制具有便于角色分级、权限管理和大规模实现等优点，适用于政府机构、商业应用等需求。

习　题

1. 阐述身份认证和访问控制在网络安全中的地位。
2. 简述基于散列口令的身份认证过程。
3. 实现挑战/应答身份认证的方法有哪些？
4. 一个零知识的身份认证需要满足什么条件？
5. 自主访问控制有哪些实现方法？Windows 操作系统常采用哪种实现方法？
6. 分别简述 Lattice、BLP 和 Biba 的强制访问控制策略。
7. 基于角色的访问控制有哪些特点？

第7章 数据安全

数据是企业业务的支柱,如技术材料、财务报表、客户材料等都是企业的重点数据。数据丢失会影响业务运营,甚至使业务无法顺利进行。以金融业的数据系统为例,据统计,数据遭到破坏的 2 天内所受损失为日营业额的 50%;如果两周内无法恢复信息系统,75% 的企业将面临业务停顿,43% 的公司将再也无法开业;没有实施灾难备份措施的企业 60% 将在灾难后 2~3 年破产。

"数据也是一种重要资产"已广泛被企业所认可,企业如何保护数据安全成为了日常工作的重中之重。本章重点研究数据完整性保护问题。

7.1 数据完整性

7.1.1 数据完整性简介

数据完整性泛指数据处于一种未受损的状态,它表明数据在可靠性和准确性上是可信赖的。

根据定义可知,数据完整性的目的就是保证计算机系统的数据处于一种未受损的状态。这意味着接收端和发送端的数据一致,且存储器中的数据必须和它输入时或最后一次被修改时一致,不会由于有意或无意的事件而改变或丢失。数据完整性的破坏则意味着发生了导致数据改变或丢失的事件。

为此,导致数据完整性被破坏的常见原因需要被进一步检查,以便采用适当的方法予以解决,从而提高数据的完整性。

7.1.2 数据完整性破坏的原因

一般来说,破坏数据完整性的因素主要有硬件故障、网络故障、逻辑问题、灾难性事件和人为因素。

1. 硬件故障

任何一种机器都不可能一直持续地运行而不发生硬件故障。常见的影响数据完整性的硬件故障有磁盘故障、I/O 控制器故障、电源故障、存储器故障、芯片故障和主板故障等。

2. 网络故障

在网络中,数据在机器之间通过传输介质进行传输。网络故障通常发生在如下三个方面：网络设备故障、通信线缆故障和网络接口卡故障等。

（1）网络设备故障：指网络设备的错误配置而导致的网络异常或故障，常见的有路由器、光纤收发器、交换机、服务器等故障。

（2）通信线缆故障：通信线路出现断点、线缆接口松动等原因导致线路中断。

（3）网络接口卡故障：网络接口卡和驱动程序实际上是不可分割的。如果出现网络接口卡故障和驱动程序故障，则导致用户无法访问网络。

3. 逻辑问题

软件也是威胁数据完整性的一个重要因素。由于软件问题而影响数据完整性的有下列五种途径：软件设计错误、文件损坏、数据交换错误、容量错误和操作系统错误。

（1）软件设计错误：包括语法错误、逻辑错误、开发错误和运行错误等。

（2）文件损坏：损坏的文件被其他过程调用后将会产生新的含缺陷数据。

（3）数据交换错误：数据交换是指依据一定的原则，采取相应的技术，实现不同信息系统之间数据资源共享的过程。在数据交换过程中，如果采用不正确的数据格式，可能会产生错误。

（4）容量错误：软件在运行时，可能会出现内存或磁盘等可用容量不够的情况，这种错误为容量错误。

（5）操作系统错误：所有的操作系统都有自己的漏洞。系统的应用程序接口（API）被第三方开发商用来为最终用户提供服务。如果 API 工作不正常，则会发生数据异常。

4. 灾难性事件

常见的灾难性事件有水灾、火灾、风暴、工业事故、恐怖活动等。

5. 人为因素

许多数据的完整性破坏，都和人有意或无意的错误操作相关。人类给数据完整性带来的常见威胁包括意外事故、缺乏经验和蓄意的破坏等。

7.1.3　保障数据完整性的方法

提高数据完整性有两个方面的内容：一方面，采用预防性的技术防范危及数据完整性的事件发生；另一方面，一旦数据的完整性受到损坏，则采取有效的手段来恢复数据。下面列出的是一些防止数据完整性丧失的恢复技术。

（1）磁盘阵列：先进磁盘阵列技术不仅能通过多个磁盘的组合来扩充存储容量、提高读写性能，同时能通过冗余技术来提供良好的容错能力，从而提高数据的可靠性。在磁盘阵列中，一块或多块磁盘中的数据丢失时，可以用其余磁盘数据进行恢复，从而可以保证系统的正常运行。

（2）网络存储：随着数据量的不断增加，传统的存储方式具有不便于统一管理、数据共享等缺点。因此，网络存储技术应运而生，该方式为海量数据的存储、实时数据备份、异地容灾等提供了技术支持。

(3)备份:用来保证信息系统安全等的常见方法。备份是把文件或数据从原来存储的地方复制到其他地方的活动,目的是在设备发生故障或发生其他威胁数据安全的灾害时恢复数据,将数据遭受破坏的程度减到最低。

(4)快照:数据在某个时间点的映像。快照的作用主要是能够进行在线数据备份与恢复。当存储设备发生应用故障或者文件损坏时,快照可以快速地进行数据恢复,将数据恢复到某个可用的时间点状态。

(5)容灾:利用地理上的分离来保证系统和数据对灾难性事件的抵御能力。容灾是系统高可用性技术的一个组成部分,容灾系统更加强调处理外界环境对系统的影响。虽然灾难并不经常发生,但是灾难恢复计划必不可少,它可以将业务恢复到灾难发生前的正常状态。

7.2 RAID 技术

7.2.1 什么是 RAID

计算机发展的初期,"大容量"硬盘的价格还相当高。1987 年,Patterson(帕特森)、Gibson(吉布森)和 Katz(卡茨)这三位工程师提出了 RAID(redundant array of inexpensive disks,廉价磁盘冗余阵列),其基本思想是将多只容量较小的、相对廉价的磁盘进行有机组合,使其性能超过一只昂贵的大磁盘。

后来,除了性能上的提高之外,RAID 还可以提供良好的容错能力,在任何一块磁盘出现问题的情况下都可以继续工作,不会受到损坏磁盘的影响。同时,RAID 在节省成本方面的作用就不明显了。因此,RAID 就演化为"redundant array of independent disk"的缩写,中文意思是独立冗余磁盘阵列。

因此,RAID 是由一个磁盘控制器来控制多个磁盘的相互连接,从而提高数据存取效率和可靠度的技术。RAID 技术的广泛应用,使数据存储进入了更大容量、更快速、更安全的新时代。

与单个小容量的磁盘相比,RAID 具有三个显著的优点:扩大存储能力,提高存取速度,提供容错功能。

(1)扩大存储能力。在 RAID 中,由一个磁盘控制器来控制多个磁盘,最终组成容量巨大的存储空间。

(2)提高存取速度。单个磁盘存取速度的提高受到各个时期技术条件的限制,要更进一步往往是很困难的。使用 RAID,可以让多个磁盘并行地读写,因此整体速度可成倍地提高,系统的数据吞吐量也随之大幅提高。

(3)提供容错功能。容错功能指的是如有单块或多块磁盘出错,不会影响到整体系统的继续使用,甚至还可以恢复数据。单个磁盘无法提供容错功能,而 RAID 可以采用基于冗余的镜像或校验方法实现容错,提高了数据可靠性。

7.2.2　RAID 关键技术

RAID 主要有三个关键技术：数据条带（data stripping）、镜像（mirroring）和数据校验（data parity）。

1. 数据条带

数据条带是将一个完整的数据文件分成若干块，从而可以并行地读写，以提高磁盘的存取速度。

2. 镜像

镜像是一种冗余技术，它能防止磁盘发生故障而造成数据丢失。采用镜像技术，数据在任何一块磁盘存储的同时，也需要复制到镜像盘中。这样，在实际的使用中，只要两套磁盘其中之一没有发生故障，都不影响整个磁盘系统的工作。同时，并行地在两套磁盘上进行读取也可以提高读性能。但是，镜像技术的写性能相对较低，因为每次写入都必须确保两套磁盘都成功。进一步地，镜像技术不需要额外的计算和校验，故障修复非常快，直接复制即可。

3. 数据校验

数据校验是利用冗余技术进行数据错误检测和修复的过程。冗余的校验值通常采用汉明码、异或操作等算法来计算获得。利用数据校验技术，可以在很大程度上提高磁盘阵列的容错能力。与镜像技术 50% 的冗余开销相比，数据校验要小很多。不过，数据校验需要从多处读取数据并进行校验值的计算、对比或故障修复，会影响系统的性能。

可见，数据条带技术用于数据并行读写，从而提高磁盘系统的存取速度；镜像和数据校验是不同的冗余技术，用于数据容错，从而提高磁盘系统的可靠性。

7.2.3　RAID 级别

组成磁盘阵列的不同方式称为 RAID 级别，现在 RAID 已拥有了从 0 到 6 这七种基本级别。另外，还有一些 RAID 基本级别的组合形式。常用的 RAID 级别及其组合有 0、1、3、5、6、0＋1、10 等。不同的 RAID 级别采用不同的技术，提供不同的功能，具有不同的性能。因为没有一种 RAID 级别可以完美地适合任何需求，所以用户需要根据实际情况恰当选择。

1. RAID 0

RAID 0 采用数据条带化技术，将数据分块且并行地在磁盘阵列中读写。

RAID 0 示例如图 7-1 所示。系统把数据分成 2N 块（Block 1，Block 2，…，Block 2N），向 2 个磁盘组成的磁盘阵列发出读/写数据请求。这些请求被分散到 2 个磁盘中并行地执行。Disk 1 依次处理 Block 1，Block 3，…，Block（2N－1）块；同时，Disk 2 依次处理 Block 2，Block 4，…，Block 2N。

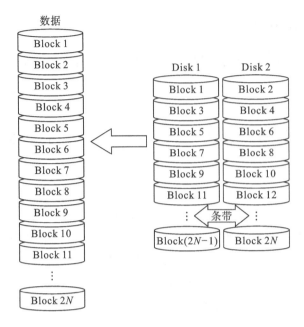

图 7 - 1　　RAID 0

　　因为 RAID 0 需要在数据分块后并行地写入多个磁盘中,所以磁盘数最少为 2。与单块磁盘相比,由于并行地进行操作,所以读写速度极高。例如,磁盘数为 2,那么与单块磁盘相比,读写时间几乎被缩短 1/2。RAID 0 无冗余,虽然磁盘利用率为 100%,但是如果阵列中任意一块磁盘发生故障,可能将会导致整个系统的数据都无法使用。

　　可见,RAID 0 具有低成本、高读写性能、高存储利用率等优点,但它不提供数据冗余容错,一旦数据损坏,将无法恢复。因此,RAID 0 一般适用于对性能要求严格但对数据可靠性要求不高的应用,如视频、音频存储和临时数据缓存等。

2. RAID 1

　　RAID 1 采用磁盘镜像技术,每一个磁盘都具有一个对应的镜像盘,任何一个磁盘的数据写入都会被复制到镜像盘中。

　　RAID 1 示例如图 7 - 2 所示。当写入时,需要把数据并行地写到磁盘 Disk 1 和 Disk 2 上,其中 Disk 1 被称为数据盘,Disk 2 被称为镜像盘。读取时,系统先从数据盘 Disk 1 中读取数据,如果成功,则系统不去管镜像盘 Disk 2 上的数据;如果失败,则系统自动转而读取镜像盘 Disk 2 上的数据,不会造成用户工作任务的中断。

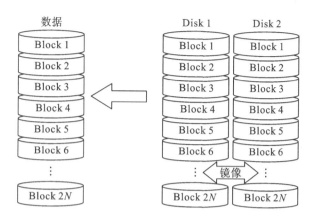

图 7 - 2　RAID 1

RAID 1 采用镜像技术,磁盘数最少为 2,且能使用的有效空间只是所有磁盘容量总和的一半,磁盘利用率仅为 50%,是所有级别中最低的,增加了系统成本。然而,RAID 1 可以在一半数量的磁盘出现问题时不间断地进行工作。例如,当数据盘失效时,系统转而使用镜像盘读写数据。与单块磁盘相比,RAID 1 的读性能有所提升,但写性能一般。

可见,虽然 RAID 1 利用率低,但可靠性高。因此,适用于对数据保护极为重视的应用,如对邮件系统的数据保护。

3. RAID 3

RAID 3 利用数据条带化和数据校验两种技术。设磁盘总数为 N,则前 $N-1$ 块是数据盘,第 N 块磁盘是校验盘。数据被分块后,并行地在前 $N-1$ 块数据盘中读写;数据盘中的校验值通过校验算法计算并存储在第 N 块磁盘中。基于数据盘的并行读写,读写速度极大地提高。基于校验盘,可以实现数据容错。具体而言,如果一块数据盘失效,则可使用校验盘及其他数据盘恢复丢失数据;如果校验盘失效,则不影响数据使用,且系统可以重新恢复完整的校验值。

RAID 3 读写操作的复杂程度不同。当从一个完好的阵列中读取数据时,只需要找到相应的数据块进行读取操作即可。然而,当向阵列写入数据时,情况会变得复杂一些。一个写入操作事实上包含了数据块写入、数据读取(读取带区中的关联数据块)、校验值计算和校验块写入四个过程。即使只是向一个磁盘写入一个数据块,也必须计算与该数据块同处一个带区的所有数据块的校验值,并将新值重新写入校验盘中,写性能相对读性能来说较低。

RAID 3 示例如图 7 - 3 所示。系统把数据分成 $2N$ 块(Block 1,Block 2,…,Block $2N$),现共有 3 个磁盘。写入时,把 $2N$ 块数据并行地写到两个数据盘 Disk 1 和 Disk 2 上;同时,将其校验值存入校验盘 Disk 3,其中,校验值为 $P(1,2)$,$P(3,4)$,…,$P(2N-1,2N)$,且基于校验算法 P 计算得到,具体如下:

$$P: P(1,2) = \text{Block 1} \oplus \text{Block 2}$$
$$P(3,4) = \text{Block 3} \oplus \text{Block 4}$$
$$\vdots$$

$$P(2N-1,2N) = \text{Block}(2N-1) \oplus \text{Block } 2N$$

读取时,若数据盘完好,则系统从两个数据盘 Disk 1 和 Disk 2 并行地读取数据;若有一块数据盘失效,则待校验盘 Disk 3 数据恢复后,再从两个数据盘 Disk 1 和 Disk 2 并行地读取。

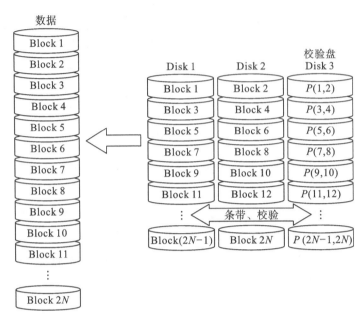

图 7-3　RAID 3

RAID 3 不仅至少需要两块数据盘并行地读写,而且需要一个校验盘,因此,磁盘数最少为 3。与单块磁盘相比,并行地进行操作使得读写的速度得到了很大的提高;同时,数据校验提高了系统的可靠性。当然,代价是增加了一个冗余的校验盘存储系统校验值,磁盘利用率为 $(N-1)/N$。由于在写入操作时,每一个带区校验值的计算和存储操作都需要通过校验盘,导致这个磁盘的操作是最频繁的,容易成为整个系统的瓶颈,也容易损坏。

因此,对于那些经常需要执行大量写入操作的应用来说,校验盘的负载将会很大,无法满足程序的运行速度,从而导致整个 RAID3 系统性能下降。鉴于此,RAID 3 适合应用于那些写入操作较少、读取操作较多的应用环境,如 Web 服务器。

4. RAID 5

RAID 5 是对 RAID 3 的改进。它不再需要用单独的磁盘作为校验盘,而是把校验数据分散到各个磁盘上。

RAID 5 示例如图 7-4 所示。系统把数据分成 $2N$ 块(Block 1,Block 2,…,Block $2N$),现共有 3 个磁盘。RAID 5 与 RAID 3 的读写操作类似,所不同的是,校验数据 $P(1,2)$,$P(3,4)$,…,$P(2N-1,2N)$分散在 3 个磁盘中。同样地,一旦某一个磁盘失效,就可以用剩下的数据和对应的校验值去恢复数据。

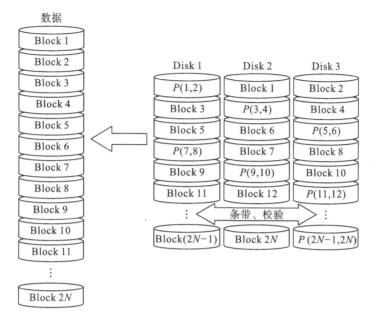

图 7 - 4　RAID 5

RAID 5 的分析也与 RAID 3 类似,磁盘数最少为 3。与单块磁盘相比,该级别的并行操作提高了系统的读写速度,数据校验提高了系统的可靠性。进一步,与 RAID 3 相比,校验值分散在各个盘中,系统瓶颈问题得到了解决。

RAID 5 是目前用得最多的一种级别,因为 RAID 5 是兼顾存储性能、数据安全、存储成本的一种方案。

5. RAID 6

RAID 5 只能保护因单个磁盘失效而造成的数据丢失。RAID 6 是 RAID 5 的扩展,引入了双重校验的概念,可以确保两个磁盘同时失效时阵列仍能够继续工作,不会发生数据丢失。

RAID 6 最常见的实现方式是采用两个独立的校验算法计算校验值,且校验值分别分散地存储在各个磁盘中。当两个磁盘同时失效时,通过求解二元方程组来重建磁盘上的数据。

RAID 6 示例如图 7 - 5 所示。系统把数据分成 $2N$ 块(Block 1,Block 2,…,Block $2N$),现共有 4 个磁盘,第一组校验数据 $P(1,2)$,$P(3,4)$,…,$P(2N-1,2N)$ 和第二组校验数据 $Q(1,2)$,$Q(3,4)$,…,$Q(2N-1,2N)$ 均分散在各个磁盘中,且分别基于校验算法 P 和 Q 计算得到,具体如下:

P:$P(1,2)=$ Block 1 $\oplus$ Block 2

$\quad P(3,4)=$ Block 3 $\oplus$ Block 4

$$\vdots$$

$\quad P(2N-1,2N)=$ Block $(2N-1)\oplus$ Block $2N$

Q:$Q(1,2)=(\alpha \otimes$ Block 1$)\oplus(\beta \otimes$ Block 2$)$

$$Q(3,4) = (\alpha \otimes \text{Block } 3) \oplus (\beta \otimes \text{Block } 4)$$

$$\vdots$$

$$Q(2N-1,2N) = (\alpha \otimes \text{Block } (2N-1)) \oplus (\beta \otimes \text{Block } 2N)$$

其中，α 和 β 是两个不同的常值系数。

此时，一旦一个或两个磁盘失效，就可以用剩下的数据和对应的校验值去恢复数据。

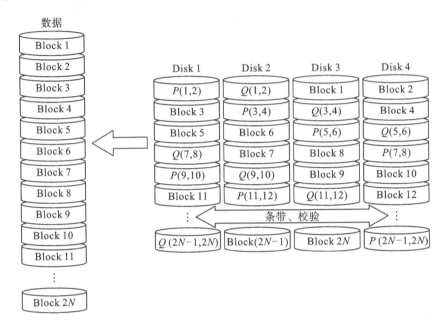

图 7-5　RAID 6

RAID 6 有更高的容错能力，允许两块磁盘出错。然而，代价是有两个校验盘存储系统校验值，所以磁盘数最少为 4，磁盘利用率为 $(N-2)/N$。可见，它的成本要高于 RAID 5，并且设计和实施相对复杂。因此，RAID 6 很少得到实际应用，主要用于对数据安全等级要求非常高的场合。

6. RAID 0+1 和 RAID 10

RAID 0+1 和 RAID 10 都是 RAID 0 和 RAID 1 的组合级别。对于 RAID 0+1，第一级进行 RAID 0 的条带操作，第二级进行 RAID 1 镜像，如图 7-6 所示。对于 RAID 10，第一级进行 RAID 1 镜像，第二级进行 RAID 0 的条带操作，如图 7-7 所示。

可见，RAID 0+1 和 RAID 10 磁盘数最少为 4，允许两块磁盘出错，具有高容错能力。

RAID 0+1 和 RAID 10 的优点是同时拥有 RAID 0 的高读写速率和 RAID 1 的高可靠性，所以应用广泛。然而，这两个组合级别的存储容量利用率和 RAID 1 一样低，只有 50%。

因为组合 RAID 0+1 和 RAID 10 具有高的读写速率和高可靠性，所以是应用比较广泛的 RAID 级别。

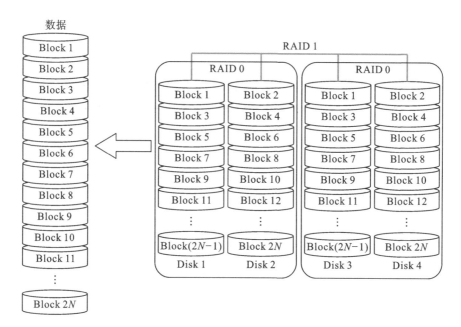

图 7 - 6　RAID 0 + 1

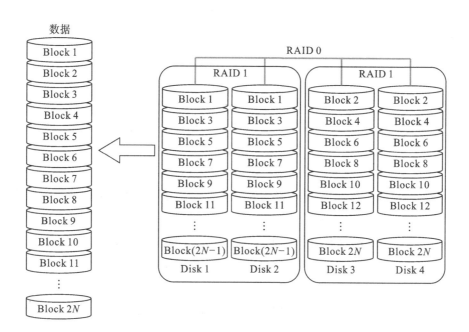

图 7 - 7　RAID 10

7.3 存储技术

对于数据而言,存储系统的重要性不言而喻。大数据时代下,服务器需要实时进行海量数据的处理与传输,存储系统的好坏直接决定了信息的"质量"。面对海量的数据,各种存储技术应运而生,本节分析目前流行的三种存储结构:直接连接存储、网络连接存储和存储区域网络。

7.3.1 直接连接存储

直接连接存储(direct attached storage,DAS)是指外部存储设备(如磁盘、磁盘阵列等)通过电缆[通常是 SCSI(small computer system interface,小型计算机系统接口)电缆]直接连接在应用服务器上,该服务器担负着整个网络的数据存取,其结构如图 7-8 所示。

图 7-8 DAS 结构

DAS 能够解决单台服务器的存储空间扩展。目前,单台外置存储系统的容量已经从不到 1 Tbit/s 发展到了 4 Tbit/s;随着大容量磁盘的推出,单台外置存储系统容量还会上升。此外,DAS 还可以构成基于磁盘阵列的高可用系统,满足数据存储对高可用性的要求。

DAS 数据存取的实现方式:应用服务器中上层的应用程序通过文件系统访问连接的存储设备。注意,文件系统在应用服务器中。具体而言,应用程序向文件系统发起文件 I/O,文件 I/O 向存储设备发起数据块 I/O,其中 I/O 指的是输入/输出或者读/写操作。

DAS 的优点是价格低廉、配置简单、使用方便、无须专业人员操作和维护。然而,DAS 还存在下面一些不足。

(1)DAS 仅有有限的扩展性,如 SCSI 总线的距离最大为 25 m,最多可以连接 15 个设备。

(2)DAS 不是独立的存储系统,存取数据时必须通过相应的应用服务器或客户端,因此占用应用服务器资源。例如,基于 DAS 的数据备份通常占用应用服务器资源的 20%~30%,影响正常业务系统的运行。

(3)DAS 各应用服务器的数据需要分别存储,数据分散管理,不能统一管理,从而不便于实现共享(见图 7-9)。每个新服务器都有自己的存储设备,随着服务器的不断增加,网络系统效率会急剧下降。

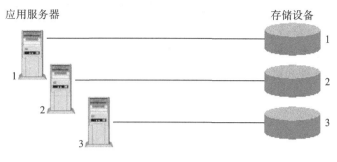

图 7 - 9　DAS 存储

　　实现数据集中管理才是企业真正的命脉,于是专家们针对这一目的采取了两种不同的实现手段,即网络连接存储和存储区域网络。

7.3.2　网络连接存储

　　网络连接存储(network attached storage,NAS)是文件级的专用数据存储服务器,直接连接到现有的 TCP/IP 网络上,不再挂在应用服务器的后端,避免给应用服务器增加 I/O 负担,其结构如图 7 - 10 所示。

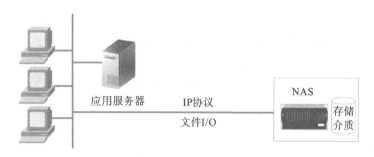

图 7 - 10　NAS 结构

　　在该存储结构中,NAS 直接接入现有以太局域网实现数据的共享,部署灵活,不会对现有网络结构产生影响。

　　NAS 被定义为一种特殊的专用数据存储服务器,该服务器不再承担应用服务,因其功能单一又被称为"瘦服务器",其包括存储设备(如磁盘、磁盘阵列或 CD/DVD 驱动器等)、CPU、内存和操作系统等。NAS 通过交换机接口连接到以太局域网中,实现与应用服务器的连接。

　　NAS 数据存取的实现方式和 DAS 类似,不同的是,其文件系统在 NAS 中,而不在应用服务器中。因此,应用程序通过局域网向远端的 NAS 文件系统发起文件 I/O,NAS 文件 I/O再向 NAS 存储介质发起数据块 I/O。

　　为了进一步理解 NAS,把 NAS 和磁盘阵列做一个比较。NAS 是一台数据存储服务器,有自己的核心,如 CPU、内存、操作系统和存储设备;而磁盘阵列只是一个存储设备。NAS直接接到交换机或集线器上;而磁盘阵列接到应用服务器后端。NAS 的数据存取不依赖于应用服务器,有自己的文件系统,把应用服务器管理文件的包袱卸掉,提高了应用服务器的性能;而磁盘阵列没有自己文件系统,完全依托于应用服务器,当数据流量很大时,会给应用服务器造成很大的压力,易形成 I/O 瓶颈,使整个网络系统性能降低。磁盘阵列技术的出现提高了数据存取的速度和可靠性;而 NAS 把磁盘阵列技术融合在它的文件系统中,提高了系统的整体性能。

NAS 具有下面几个方面的优点。

(1)数据的集中管理。NAS 实现了数据的集中管理,任何一个应用服务器都可以通过网络访问并管理 NAS,数据获得了共享,降低了总成本。

(2)独立的存储系统。由于 NAS 有独立的存储系统,可以允许客户机不通过应用服务器直接在 NAS 中存取数据,因此不占用应用服务器的资源。

(3)构架于 TCP/IP 网络之上。NAS 实际是一台专用数据存储服务器。它可以直接连接到 TCP/IP 网络上,其扩展只需添加一个节点即可,做到即插即用,并且部署位置灵活。同时,NAS 的数据存取也基于 TCP/IP 网络,管理使用很方便。

(4)跨平台使用。基于 TCP/IP 的数据传输使 NAS 可以支持多种网络文件系统,如NFS、CIFS、NCP 和 AFP 等。NAS 独立于操作系统平台,可以支持 Windows、UNIX、Mac、Linux 等不同操作系统平台的文件共享,具有文件服务器的特点。

(5)成本低。由于 NAS 只需要在一个基本的存储设备外增加一套瘦服务器系统,对硬件要求较低,软件成本也不高,因此其总成本只比 DAS 略高。

然而,NAS 还存在一些不足之处。

(1)占用带宽资源。由于数据的存取和管理需要通过以太局域网进行,因此,会占用局域网的带宽资源。即局域网除了处理用户应用需求外,还必须处理 NAS 的数据存取。

(2)可靠度不高。由于一般的数据存储服务器 NAS 中会采用精简的 CPU、内存和操作系统等,没有高可用配置,导致可靠度不高,存在单点故障。

(3)后期扩容成本高。NAS 不仅有存储设备,还要有操作系统、文件系统和 CPU 等,后期扩容成本高。

7.3.3　存储区域网络

存储区域网络(storage area network,SAN)是采用光纤通道(fiber channel,FC)技术,通过 FC 交换机连接存储设备和应用服务器,建立专用于数据存储的区域网络,其结构如图7-11 所示。可见,该网络用于应用服务器对存储设备的访问。

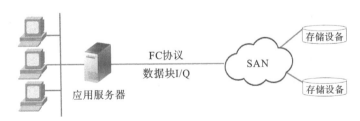

图 7-11　SAN 结构

SAN 数据存取的实现方式和 DAS 类似,首先应用程序向文件系统发起文件 I/O,文件 I/O 再通过 SAN 向远端的存储设备发起数据块 I/O,且文件系统在应用服务器中。所不同的是在数据块 I/O 中,SAN 中的数据块通常比 DAS 中的要大得多。

SAN 又被称为第二网(见图 7 - 12)。相应地,第一网指的是由以太交换机连接应用服务器和客户机组成的以太局域网。从 SAN 的结构上看,应用服务器和存储设备相互独立,同时可将应用服务器和存储设备直接连接到 FC 交换机上,便于系统扩展。

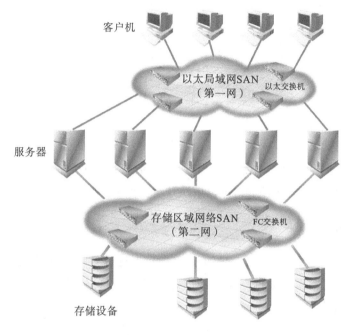

图 7 - 12　以太局域网 LAN 与存储区域网络 SAN

自从 FC 协议标准被 ANSI(American National Standards Institute,美国国家标准协会)提出后,FC 技术受到了各界的广泛关注。由于 FC 技术具有高传输速率、高可靠性和低误码率等性能,该技术已经成为实现 SAN 必不可少的一部分。FC 交换机是 SAN 的核心设备,它的性能直接影响到整个区域网络的性能。FC 交换机最初的最大传输速率为 1 Gbit/s,现在已经发展到 128 Gbit/s。同时,FC 交换机扩展能力强,一般的端口数都在 48 口以上,最高的可达 256 口。

SAN 具有以下几个方面的优点。

(1)数据的集中管理。SAN 实现了数据的集中管理,任何一个应用服务器都可以访问并管理存储网络上的任何一个存储设备,数据获得了共享,降低了总成本。

(2)不占网络带宽。由于数据的存取和管理是通过第二网 SAN 来实现的,因此,不占用局域网的带宽资源。

(3)高速存储性能。因为 SAN 采用了 FC 技术,所以它具有更高的宽带,存储性能明显提高。

(4)良好的扩展能力。SAN 是通过 FC 交换机连接应用服务器和存储设备形成的,因此扩展性很强。不管是在 SAN 中增加存储设备还是应用服务器都非常方便,使得整个系统的存储空间和处理能力得以按客户需求不断扩大和提高。

(5)远距离的连接。光纤接口提供了 10 km 的连接长度,这使得实现物理上分离的、不在机房的存储变得非常容易。

然而,SAN 还存在几个影响它继续发展的不足之处。

(1)SAN 成本太高,许多中小型企业无法承受。

(2)SAN 不采用传统的 IP 技术,一般的网管员并不熟悉,所以可能需要聘请专人或花高价培训网管员,维护和管理成本大大增加。

(3)在 SAN 中,文件 I/O 在应用服务器中,因此,会占用应用服务器的资源。

7.4 备份

为了保障数据的可靠性,技术人员提出了 RAID 技术,解决了磁盘阵列中个别磁盘失效的数据丢失问题。但万一全部磁盘阵列出现故障,数据仍然面临丢失的问题。备份是把所有数据再复制一份放在安全的地方,可以解决这个问题。

7.4.1 备份的概念

备份就是针对应用系统中一个或多个完整的数据进行复制;当应用系统出现问题时,可以随时从备份中恢复需要的数据。备份的内容包括重要数据、系统文件、应用程序、整个分区、整个磁盘和日志文件等。

备份的目的是恢复数据,减少或避免事故(如自然灾害、病毒破坏和人为损坏等)造成的数据损失。因此,备份需要保存数据的副本,同时在事故发生后可以进行数据恢复,即把数据恢复到事故之前的状态。恢复与备份相对应,实际上可以看成备份操作的逆过程。备份是恢复的前提,恢复是备份的目的,备份工作的核心是恢复,无法恢复的备份是没有意义的。完善的备份必须在数据复制的基础上,提供对数据复制的管理,彻底解决数据的恢复问题。因此,备份不仅需要复制数据,还要复制数据的历史记录、状态等信息,便于数据的完全恢复。

7.4.2 备份的策略

备份策略指确定需要备份的内容、备份时间及备份方式。各单位要根据实际情况来制订不同的备份策略。常见的备份可分为三种:完全备份、增量备份和差异备份,如图 7 - 13 所示。

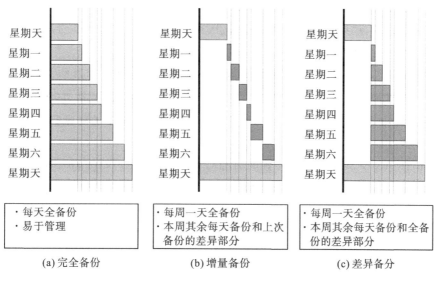

图 7 - 13　备份的策略

（1）完全备份（full backup）：复制指定系统中的所有数据，而不管它是否被改变。

（2）增量备份（incremental backup）：只备份在上一次备份后有变化（即增加或修改）的部分数据，即每一次增量都源自上一次备份后的改动部分。

（3）差异备份（differential backup）：只备份在上一次完全备份后有变化（即增加或修改）的部分数据，即每一次差异都源自完全备份后的改动部分。

这三种策略常结合使用，常用的方法有完全备份、增量备份＋完全备份、差异备份＋完全备份。

1. 完全备份

完全备份不管数据是否被改变，都对整个系统的数据进行备份。

仅基于完全备份，一个星期的备份如图 7 - 13 所示。星期天用一个磁盘对系统中的全部数据进行备份，星期一也用一个磁盘对系统中的全部数据进行备份，星期二再用一个磁盘对系统中的全部数据进行备份，依次类推。

这种备份方式的好处就是很直观，容易理解。当数据丢失时，只要用一个磁盘，即数据丢失之前的备份磁盘，就可以恢复丢失的数据。然而，它也有不足之处：首先，由于每天都对系统中的全部数据进行完全备份，因此备份中有大量的重复数据，浪费了大量的磁盘空间；其次，由于每次备份的是系统中全部数据，需要移动的数据量相当大，因此备份所需时间较长。可见，对于那些业务繁忙、备份时间有限的企业来说，选择这种备份策略是不明智的。

2. 增量备份＋完全备份

由于仅使用完全备份，移动和存储的数据量大。为了克服这一缺点，采用"增量备份＋完全备份"的方法。

基于"增量备份＋完全备份"，一个星期的备份如图 7 - 13 所示。星期天进行完全备份；

星期一做第一次增量备份,其对象是完全备份后所增加和修改的数据,这些数据存储在星期一的增量备份磁盘上;星期二做第二次增量备份,其对象是第一次增量备份后所增加和修改的数据,这些数据存储在星期二的增量备份磁盘上;依次类推。

与仅使用完全备份相比,这种备份方法最显著的优点是星期一到星期六的增量备份能保证只移动那些在最近24小时内改变了的数据,而不是所有数据,因此,它没有重复的备份数据,备份中移动和存储的数据量不大,备份所需的时间很短,占用的磁盘空间少,减少了对磁盘介质的需求。

增量备份的不足之处在于数据恢复的时间较长,效率较低。完整的恢复过程:首先,需要恢复星期天的完全备份;然后,再去按照时间顺序依次恢复每个增量备份。最坏的情况下,数据恢复需要进行7次,包括1次完全备份和6次增量备份,才能恢复原始数据状态。一旦任何一次增量备份的数据丢失或存储的磁盘损坏,就会导致恢复失败。

3. 差异备份＋完全备份

为了避免"增量备份＋完全备份"中恢复一个又一个的递增数据,提升数据的恢复效率,提出"差异备份＋完全备份"。增量备份考虑的是,自上一次全备份以来,哪些数据发生了改变;而差异备份方法考虑的是,自完全备份以来,哪些数据发生了改变。

基于"差异备份＋完全备份",一个星期的备份如图7-13所示。星期天进行完全备份;星期一做第一次差异备份,其对象是完全备份后所增加和修改的数据,这些数据存储在星期一的差异备份磁盘上;星期二做第二次差异备份,其对象也是完全备份后所增加和修改的数据,这些数据存储在星期二的差异备份磁盘上;依次类推。

尽管差异备份比增量备份移动和存储更多的数据,即备份所需的时间更多,占用的磁盘空间也更多,但恢复操作简单多了。在"差异备份＋完全备份"下,完整的恢复操作过程为:首先,恢复星期天的完全备份;然后,直接跳向最近一次的备份磁盘实施恢复。因此,数据恢复的次数通常为2次,包括1次完全备份和1次差异备份。

7.4.3　备份系统结构

基于存储结构,目前最常见的数据备份结构可以分为四种:DAS-Base备份结构、LAN-Base备份结构、LAN-Free备份结构和Server-Free备份结构。

1. DAS-Base备份结构

DAS-Base备份是基于DAS存储系统的数据备份,该结构是最简单的一种数据保护方案。在大多数情况下,这种备份大多采用在服务器上直接连接磁盘等备份设备,备份操作往往也通过手工的方式进行。DAS-Base备份结构如图7-14所示,虚线表示数据流。

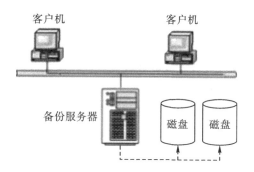

图 7 - 14 DAS - Base 备份结构

DAS - Base 备份结构适用于小型企业用户进行简单的文档备份。它的优点是维护简单,数据传输速度快;缺点是可管理的存储设备少,不利于备份系统的共享,不能满足现在大规模的数据备份要求,也不能提供实时的备份需求。

2. LAN - Base 备份结构

LAN - Base 备份结构中数据的传输是以局域网(local area network,LAN)为基础的,是小型办公环境最常使用的备份结构之一。具体而言,该结构配置一台服务器作为备份服务器,它负责整个系统的备份操作。磁盘等备份设备则接在某台服务器上,当需要备份时,将数据通过局域网传输到存储设备中实现备份。LAN - Base 备份结构如图 7 - 15 所示,虚线表示数据流。

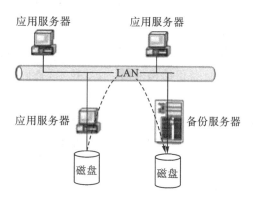

图 7 - 15 LAN - Base 备份结构

LAN - Base 备份结构的优点是简单,直接部署一台备份服务器即可完成备份,实现了集中备份管理和备份数据共享。它的缺点是不适合数据量非常大或备份频率高的环境,因为会占用局域网的带宽,导致局域网的性能下降。

可见,虽然 LAN - Base 备份结构能够实现集中备份管理和备份数据共享,但需要占用LAN 带宽。为了解决这一问题,有两种思路。第一种,除了主 LAN 外,再建立一个专用的备份 LAN,然后把备份服务器接入备份 LAN 内,可以使备份数据流与普通工作数据流相互的干扰减少,保证主 LAN 的正常工作性能。第二种,基于 SAN 可以设计两种相应的备份技术方案,分别是 LAN - Free 和 Server - Free 的备份结构。

3. LAN-Free 备份结构

LAN-Free 备份结构是指数据无须通过局域网而直接进行备份。其方法是用户将服务器和磁盘等备份设备通过 FC 交换机连接到 SAN 中,各服务器就可以把需要备份的数据通过 FC 交换机直接发送到备份设备上。LAN-Free 备份结构如图 7-16 所示,可见数据流直接从服务器经过 FC 交换机备份到磁盘,而不经过局域网,这样就不会占用 LAN 网络的带宽。

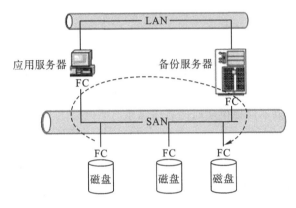

图 7-16 LAN-Free 备份结构

与 LAN-Base 备份结构相比,LAN-Free 备份结构仍然具有集中备份管理和备份数据共享的优点;同时,LAN-Free 备份结构还克服了 LAN-Base 备份结构占用 LAN 带宽资源的缺点,这是因为,服务器到备份设备的大量数据传输是通过 SAN 网络进行的,LAN 只承担各服务器之间的通信任务,而无须承担数据传输的任务,实现了控制流和数据流分离的目的。进一步地,LAN-Free 备份结构采用了 FC 技术,备份速度快。然而,LAN-Free 技术也存在不足,各服务器都参与了将备份数据从一个存储设备转移到另一个存储设备的过程,在一定程度上占用了服务器的 CPU 和内存等资源。

为了克服 LAN-Free 备份结构中服务器资源的占用问题,提出了基于 SAN 的另一备份结构 Server-Free。

4. Server-Free 备份结构

Server-Free 备份结构是指数据采用无服务器备份。它是 LAN-Free 的一种延伸,可使数据能够在 SAN 中的两个存储设备之间(如磁盘和磁盘之间)直接传输。Server-Free 备份结构的工作方式:备份数据通过数据移动器从一个存储设备传输到另一个存储设备。具体而言,数据移动器能够发送指令给某一存储设备,该存储设备收到指令后,把数据直接传到另一个设备。其中,数据移动器可以是 FC 交换机、存储路由器、磁盘设备或服务器等。Server-Free 备份结构如图 7-17 所示,虚线表示数据流。

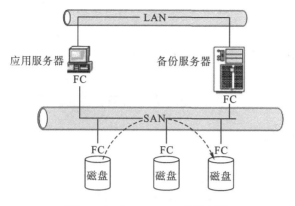

图 7 - 17 Server - Free 备份结构

与 LAN - Base 备份结构相比,Server - Free 备份结构中服务器的负担大大减轻。虽然服务器仍然需要参与备份过程,但仅仅需要向备份设备发送备份指令,而不负责数据在备份数据通道的传输。所以,它的作用基本上类似于交通警察,只用于指挥,不用于装载和运输。Server - Free 备份结构还具有备份速度快的优点。因为备份过程在 SAN 上进行,而且决定吞吐量的是存储设备的速度,而不是服务器的处理能力,所以系统性能将大大提升。当然,这种结构也有它的缺点,就是实现难度较大、成本较高。

7.5 数据快照

对于重要数据的保护,可以采用数据备份等技术来保护。数据备份中数据移动和存储的过程耗时多,且需要占用大量的存储空间,为了节省存储的时间和空间,节约成本,提出了快照技术来对数据进行保护。

7.5.1 数据快照的概念

自然界和生活是变化的,用照相机抓拍到瞬间影像快照,可以记录自然界的雄浑与壮美,留下美好生活的记忆。计算机存储的电子数据也在不断变化,为了抓拍某一时间的数据,需要通过"数据照相"获得数据快照,进而提供对数据的保护。

全球网络存储工业协会(Storage Networking Industry Association,SNIA)对快照(snapshot)的定义为:一个特定时间点对数据状态的记录,且只保存那些完整拷贝以外有变化的数据。换言之,如果数据没有变化,快照是不会保存额外数据的。快照可以看成是对某个特定时间点的数据的映像。

从实现的技术细节来看,快照保存的是存储设备中的数据状态。因此,快照的作用主要是能够进行在线数据备份与恢复。当存储设备发生应用故障或者文件损坏时,快照可以快速地进行数据恢复,将数据恢复到某个可用时间点的状态。进一步地,快照使存储设备有灵活和频繁的恢复点,通过保存多个恢复点目标,可以快速地恢复不同时间点的数据。

　　数据快照有两种实现方式,分别是首次覆盖写时复制和首次覆盖写时重定向。下面以文件系统为例对这两种方式进行描述。文件系统有两种信息:数据和元数据。数据指普通文件中的实际数据,即文件的实际内容;元数据指用来描述一个文件状态特征的数据,如指针、访问权限、文件拥有者以及文件数据块的分布信息等,其中指针是非常重要的信息,它是数据块在磁盘中的地址。下文中,元数据中的指针简称为元数据指针。

7.5.2　首次覆盖写时复制

　　首次覆盖写时复制(copy on first write,CoFW)规则为:文件系统中数据块的第一次更改,所有覆盖写操作均照常进行,但是在覆盖对应的数据块之前,需要将被覆盖的数据块复制出来,存放在一个空闲空间里,并更新指针信息。

　　例 7 - 1　最初的文件系统中,有数据块 A、B、C、D。第 1 时刻,C 数据块变成了 C′。第 2 时刻,C′数据块变成了 C″,A 数据块变成了 A′。第 3 时刻,B 数据块被改为 B′,同时增加 E 数据块。第 4 时刻,B′数据块变成了 B″,D 数据块变成了 D′。此时,需要恢复到文件系统的最初状态,请以 CoFW 规则为基础来实现。

　　分析:把最初的文件系统记为第 0 时刻,且各个时刻的数据块如下:

　　第 0 时刻:A, B, C, D

　　第 1 时刻:A, B, C′, D

　　第 2 时刻:A′, B, C″, D

　　第 3 时刻:A′, B′, C″, D, E

　　第 4 时刻:A′, B″, C″, D′, E

　　答:当文件不断地被修改或写入,实际数据块(即 A、B、C、D)及元数据指针信息也在不断变化。以 CoFW 为基础,各个时刻的操作如下。

　　第 0 时刻[见图 7 - 18(a)],将整个文件系统的元数据指针复制一份,作为快照指针。被复制出来的快照指针和活动元数据指针指向的底层数据块是相同的。

　　第 1 时刻[见图 7 - 18(b)],应用程序要将文件系统中的 C 数据块更改为 C′,属于首次覆盖写,执行 CoFW 规则。具体而言,数据块遵守:将 C 数据块复制到空闲空间,然后再在原存储位置写入 C′数据块。指针遵守:活动元数据指针不变,快照指针将指向被复制出来的 C 数据块的新地址上。

　　第 2 时刻[见图 7 - 18(c)],A 数据块更改为 A′,属于首次覆盖写,执行 CoFW 规则。C′数据块更改为 C″,属于非首次覆盖写,执行直接覆盖规则。具体而言,直接将 C′更改为 C″,指针(包括活动元数据指针和快照指针)不变。

　　第 3 时刻[见图 7 - 18(d)],B 数据块更改为 B′,属于首次覆盖写,执行 CoFW 规则。新添加了一个数据块 E,执行直接添加规则。具体而言,把 E 数据块存储在空闲位置,并且使得活动元数据指针指向该新地址。

　　第 4 时刻[见图 7 - 18(e)],D 数据块更改为 D′,属于首次覆盖写,执行 CoFW 规则。B′

数据块更改为 B″,属于非首次覆盖写,执行直接覆盖规则。

此时,系统内有两套完成的文件系统数据状态,一套是当前第 4 时刻活动文件系统的最新状态,由活动元数据给出;另一套是文件系统的最初状态,由快照给出。因此,可以恢复到文件系统的最初状态。

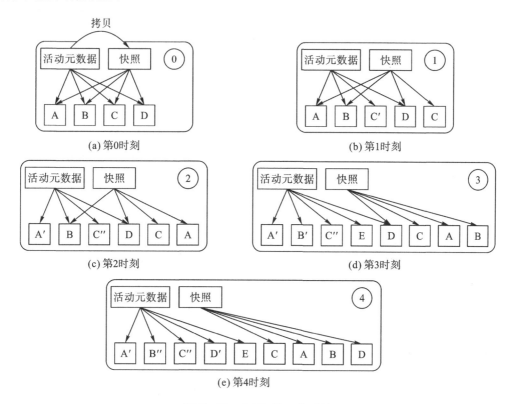

图 7 - 18　CoFW 的 5 个时刻

7.5.3　首次覆盖写时重定向

首次覆盖写时重定向(redirect of first write,RoFW)规则为:对于文件系统中数据块的第一次修改,所有更改的新数据块均在空闲的空间中存放,并更新指针信息。

例 7 - 2　最初的文件系统中,有数据块 A、B、C、D。4 个时刻数据块的变化同例 7 - 1,此时,需要恢复到文件系统的最初状态,请以 RoFW 规则为基础来实现。

答:当文件不断地被修改或写入,实际数据块(即 A、B、C、D)以及元数据指针信息也在不断变化。以 RoFW 为基础,各个时刻的操作如下。

第 0 时刻[见图 7 - 19(a)],将整个文件系统的元数据指针复制一份,作为快照指针。被复制出来的快照指针和活动元数据指针指向的底层数据块是相同的。

第 1 时刻[见图 7 - 19(b)],应用程序要将文件系统中的 C 数据块更改为 C′,属于首次覆盖写,执行 RoFW 规则。具体而言,数据块遵守:将 C′ 数据块写入空闲空间。指针遵守:活动元数据指针原本指向 C 数据块,现被重定向到 C′ 数据块的新地址上,快照指针不变,仍然指向 C 数据块。

第 2 时刻[见图 7-19(c)]，A 数据块更改为 A′，属于首次覆盖写，执行 RoFW 规则。C′数据块更改为 C″，属于非首次覆盖写，执行直接覆盖规则，具体而言，直接将 C′更改为 C″，指针（包括活动元数据指针和快照指针）不变。

第 3 时刻[见图 7-19(d)]，B 数据块更改为 B′，属于首次覆盖写，执行首次覆盖写的规则。新添加了一个数据块 E，执行直接添加规则，具体而言，把 E 数据块存储在空闲位置，并且使得活动元数据指针指向该新地址。

第 4 时刻[见图 7-19(e)]，D 数据块更改为 D′，属于首次覆盖写，执行 RoFW 规则。B′数据块更改为 B″，属于非首次覆盖写，执行直接覆盖规则。

此时，系统内有两套完成的文件系统数据状态，一套是当前第 4 时刻活动文件系统的最新状态，由活动元数据给出；另一套是文件系统的最初状态，由快照给出。因此，可以恢复到文件系统的最初状态。

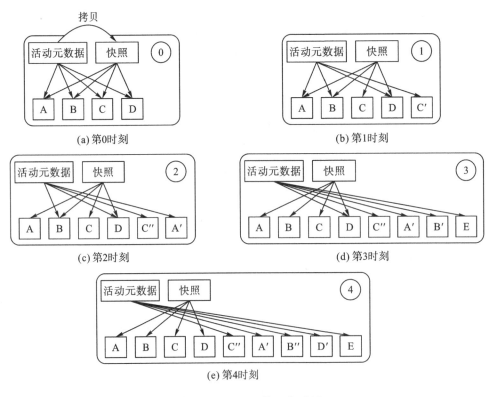

图 7-19　RoFW 的 5 个时刻

7.5.4　备份与快照的区别

虽然快照有时间和空间的优势，但快照不能代替备份。快照是在数据存储中某一时刻的状态记录，备份则是在数据存储中某一个时刻的副本，这是两种完全不同的概念。

从快照原理来看，快照对原始数据有所依赖。快照中大部分的指针依然会指向原始数据块,如果有某个数据块损坏,很有可能快照是无法恢复的,因为有可能损坏的数据块就是没有变化过的。因此,快照的作用是对一些操作的临时回滚,是一个临时手段。例如,开发测试环境及生产环境做一些可能会影响操作系统、业务系统的操作,可以用快照做一个临时的保障,在异常时快速回滚到正常状态。

另外,快照如果创建得太多了,会极大地影响业务的性能。快照的各种链接会使得数据的读写变得非常复杂,同时也会占用大量的存储空间。所以,一般生产不建议使用快照,一定要使用快照的话,也是在进行危险的操作时,如可能损坏系统的操作系统更新或配置变动。一个典型的快照应用就是 Windows 系统还原点,将系统的部分信息存放在 C 盘某个位置,并且不影响个人文件,可以在系统发生故障时迅速还原。

7.6 容灾

遇到天灾人祸,企业应该如何应对?"911"事件发生后,在金融机构聚集的世贸大厦里,大量数据化为乌有,这是对所有金融机构的重大挑战。德意志银行早在 1993 年就制订了严谨可行可信的业务连续性计划。灾难发生后,德意志银行调动 4000 多名员工及全球分行的资源,短时间内在距离纽约 30 km 的地方恢复了业务运行,得到了客户和行业的好评。摩根士丹利公司在 25 层的办公场所全毁,3000 多员工被迫紧急疏散的情况下,半小时内就在灾难备份中心建立了第二办公室,第二天就恢复全部业务,可谓是灾备的典范。很多没有建立灾难备份的企业却没有这么幸运。

"911"事件后,全球企业都认识到灾备的必要性和重要性,这是企业在灾难发生时合理避险、快速恢复和稳定运行的关键。我们永远不希望灾难发生,但灾难的发生不以人的意愿而转移。在信息时代,如何降低灾难造成的损失,每个企业必须重视。

7.6.1 容灾的概念

灾难是由于人为或自然的原因,造成信息系统严重故障或瘫痪,使信息系统支持的业务功能停顿或服务水平不可接受的突发性事件。当灾难发生时,通常信息系统需要切换到灾难备份中心运行。

在数据灾难中幸存的最佳方法就是提前为灾难做好准备。很多公司最大的错误就是在灾难发生之际才采取措施。

容灾,就是信息系统在灾难造成的故障或瘫痪状态下,能保证系统的数据尽量少丢失,从而恢复到可正常运行状态,以将其支持的业务功能从灾难造成的不正常状态恢复到可接受状态,保持业务不间断地运行。

备份与容灾所关注的对象是不同的。备份侧重于数据的恢复,但容灾侧重于业务的恢复。如果将备份称为"数据保护",那容灾则是"业务保护",备份仅仅是容灾的一部分。特别是在当前以信息技术为依托的企业,数据量呈几何级数增长。一旦灾难发生,仅用备份方式进行业务恢复,那将导致极长的业务中断时间,给企业带来无法估量的损失。目前支撑业务运行的各信息系统数据量日益增多,已从吉字节级别发展到太字节级别。因此传统的备份方式无法应对灾难性事件的发生,而采用容灾方式可将因灾难性事件产生的业务中断时间缩短在几小时、几分钟之内。甚至可以在用户无感知的情况下,实现容灾节点间的快速切换。

容灾系统是指在相隔较远的异地,建立两套或多套功能相同的信息系统,互相之间可以进行状态监视和功能切换,当一处系统因灾难停止工作时,整个应用系统可以切换到另一处,使得该系统业务功能可以继续进行。容灾系统建设的一个重要部分就是确定主数据中心与灾备中心之间的距离和地点。目前很多企业综合"同城灾备"和"异地灾备",采用如下的"两地三中心"的容灾模式。

(1)同城灾备是指几十公里或一百公里以内同城范围的容灾。通常来说,在同城两个中心的距离不宜太远,这样无论数据备份和恢复,还是切换的速度都会比较快。

(2)异地灾备是指几百或上千公里的不同城市之间的远程容灾。在异地建设的灾备中心,就要从防止"灾难"角度考虑,如火灾、地震、恶意破坏或者战争等。

7.6.2 容灾的等级

容灾的等级分为以下四级。

1. 第 0 级:仅本地备份

这一级容灾,实际上没有灾难恢复能力,它只在本地进行数据备份,并且被备份的数据只在本地保存,没有送往异地。

2. 第 1 级:本地备份,异地保存

在本地将关键数据备份,然后送到异地保存。灾难发生后,按预定数据恢复程序、系统和数据。这种方案成本低、易于配置。但当数据量增大时,存在存储介质难管理的问题,以及当灾难发生时大量数据难以及时恢复的问题。为此,灾难发生时,先恢复关键数据,后恢复非关键数据。

3. 第 2 级:热备站点备份

在异地建立一个热备站点,通过网络进行数据备份。即通过网络以同步或异步方式,把主站点的数据备份到热备站点,热备站点一般只备份数据,不承担业务。但当出现灾难时,备份站点接替主站点的业务,从而维护业务运行的连续性。

4. 第 3 级:活动备援中心

在相隔较远的地方分别建立两个数据中心,它们都处于工作状态,并进行相互数据备份。当某个数据中心发生灾难时,另一个数据中心接替其工作任务。这种级别的容灾根据实际要求和投入资金的多少,又可分为两种:①两个数据中心之间只限于关键数据的相互备份;②两个数据中心之间互为镜像,即零数据丢失等。零数据丢失是目前要求最高的一种容灾备份方式,它要求不管什么灾难发生,系统都能保证数据的安全。所以,它需要配置复杂的管理软件和专用的硬件设备,需要的投资相对而言是最大的,但恢复速度也是最快的。

7.6.3　容灾系统的指标

为了衡量容灾系统的业务恢复能力,有三个主要指标,分别是恢复点目标(recovery point objective,RPO)和恢复时间目标(recovery time objective,RTO)和成本。

1. 恢复点目标(RPO)

RPO用于衡量恢复程度,具体是指能把数据恢复到过去的哪一个时间点,刻画了业务系统所允许的在灾难过程中的最大数据丢失量。RPO可简单地描述为企业能容忍的最大数据丢失量。为了更好地理解,举个例子进行对比。每天做一次灾备,如果第二天出现错误时,可以恢复到前一天的状态,最坏的情况是丢失24小时内的数据。这种情况下,系统最大允许丢失24小时的数据,RPO就是24小时。每一周的星期天做一次灾备,如果第二周的任何一天出现错误,可以恢复到前一周星期天的状态,最坏的情况是丢失一周的数据。这种情况下,系统最大允许丢失一周的数据,RPO就是一周。可见,RPO越小,灾难发生后最大数据丢失量越少。

2. 恢复时间目标(RTO)

RTO用于衡量系统的恢复时间,具体是指信息系统从灾难状态恢复到可运行状态所需的时间,刻画了企业能容忍的恢复时间。在传统的数据保护中,灾备数据是不能立即使用的,必须先恢复,且恢复整个系统的海量数据需要一定的时间。可见,RTO越小,容灾系统的业务恢复时间越短。

3. 成本

成本指的是实施容灾方案的成本以及灾难发生后的损失成本。如果系统需要保证更高的业务连续性,也就是需要保证灾难发生时,丢失数据最少,且恢复的时间最短。虽然这需要更高的成本,但是,其带来的好处是灾难发生时,损失也最小。如果没有容灾中心,当灾难发生时,将丢失大量的生产数据,或者需要很长的时间进行业务恢复,那么企业将承受极大的损失。

从上面的分析得出,RPO和RTO越小,容灾系统的业务恢复能力越强。然而,设计一个容灾系统时,不能过分追求小的RPO和RTO。RPO越小,需要进行灾备的频率越高;RTO越小,容灾系统中的软件、硬件及网络设备等需要越完善。可见,RPO和RTO越小,投资将越大。而总体投入成本越高,投资回报率可能将越低。从经济角度考虑,最佳的容灾解决方案不一定是效益最好的容灾解决方案,因为容灾系统的总体投入和投资回报,对于许多用户来说是十分重要的设计因素。所有与容灾方案相关的计划都试图在RPO、RTO和所需成本三者之间找到一个平衡点。

值得一提的是,为了百年不遇的灾难投入巨资建设一个容灾中心,容灾中心的设备在灾难发生前不能给企业带来效益,这是企业决策者很难接受的一个问题,因此,针对企业容灾,可以合理分配投资资源,将容灾中心建设成为第二生产中心,与生产中心共同成为支持企业正常运行的中心,并实现互为容灾,既可以降低总体投入,又可以提高投资回报。

7.6.4　容灾技术:远程镜像

由于容灾系统会在相隔较远的异地建立两套或多套功能相同的信息系统,因此需要在主系统和备援系统之间的数据备份时用到远程镜像技术。

镜像是在两个或多个磁盘或磁盘子系统上产生同一份数据的存储过程,一个叫主镜像系统,另一个叫从镜像系统。主系统中的服务器(即主服务器)和镜像系统中的服务器(即镜像服务器)分别通过心跳线互相检测对方的运行状态,当主服务器因故障停机时,镜像服务器将在很短的时间内接管主服务器的应用。按主系统和镜像系统的距离可分为本地镜像和远程镜像。远程镜像又叫远程复制,是容灾备份的核心技术,同时也是保持远程数据同步和实现灾难恢复的基础。

远程镜像按请求镜像系统是否需要远程镜像系统的确认信息,又可分为同步远程镜像和异步远程镜像。

(1)同步远程镜像:通过远程镜像软件,将本地数据以完全同步的方式复制到异地,每一次本地的 I/O 事务均需等待远程复制的完成确认信息,方予以释放。同步镜像使远程拷贝总能与本地主系统要求复制的内容相匹配。当主系统出现故障时,用户的应用程序切换到镜像系统后,被镜像的远程副本可以保证业务继续执行而没有数据丢失。但它存在往返传播造成延时较长的缺点,只限于在相对较近的距离上应用。

(2)异步远程镜像:保证在更新远程存储前完成向本地存储系统的基本 I/O 操作,而由本地主系统提供给请求镜像系统的 I/O 操作完成确认信息。远程的数据复制是以后台同步的方式进行的,这使本地主系统性能受到的影响很小,传输距离长(可达 1000 km 以上),对网络带宽要求小。但是,许多远程镜像系统的写操作没有得到确认,当某种因素造成数据传输失败时,可能出现数据一致性问题。为了解决这个问题,目前大多采用延迟复制技术,即在确保本地数据完好无损后进行远程数据更新。

7.6.5　灾备建设国家标准的诞生

2003 年 8 月,中央办公厅、国务院办公厅联合下发了《国家信息化领导小组关于加强信息安全保障工作的意见》,对基础信息网络和重要信息系统灾难备份与恢复做了规定,第一次提到了重要信息系统需要具备灾难恢复能力。

2004 年 9 月,国务院信息化工作办公室下发了《关于加强国家重要信息系统灾难备份工作的意见》,要求重要信息系统的各主管部门要制定行业的灾难备份建设政策和规划,对本行业各单位的灾难备份建设进行指导和管理,确保国家和行业灾难备份政策法规的贯彻落实;要求各重要信息管理运行机构要明确灾难备份管理和执行部门,负责落实国家和行业主管部门的灾难备份建设政策和要求,确定本单位灾难备份的建设目标和建设模式,制订完善的灾难恢复计划,确保在发生灾难和出现重大事故后能快速地恢复业务系统的运行。

2005 年 4 月,国务院信息化工作办公室联合银行、电力、民航、铁路、证券、税务、海关和保险国内八大重点行业,制定发布了《重要信息系统灾难恢复指南》,为国内各行业的灾难备份与恢复工作的开展和实施提供了指导。

2007 年 7 月,经过两年的实施以及广泛征求意见,《重要信息系统灾难恢复指南》经过修改完善后正式升级成为国家标准《信息系统灾难恢复规范》(GB/T 20988—2007),并于 2007 年 11 月 1 日开始正式实施。这是中国灾难备份与恢复行业的第一个国家标准,是各行业进行灾备建设的重要参考性文件,具有重大意义。

习　题

1.数据完整性被破坏有哪些原因?

2. RAID 具有哪些优点?

3.简述存储区域网络(SAN)和网络连接存储(NAS)的优缺点。

4.备份的策略有哪些?

5.请简述数据快照首次覆盖写时复制(CoFW)和首次覆盖写时重定向(RoFW)的工作原理。

6.在容灾中,分别简述恢复点目标(RPO)和恢复时间目标(RTO)。

第8章 防火墙

随着互联网的广泛应用,黑客攻击案例层出不穷,使得信息资源面临巨大的安全威胁。作为要塞控制点,防火墙通过过滤不安全的信息流来降低风险,极大地提高了网络的安全性,在网络安全保障中有着不可替代的地位。

8.1 防火墙概述

8.1.1 防火墙的定义

防火墙的本义是指古代使用木质结构房屋的时候,为防止火灾的发生和蔓延,人们将坚固的石块堆砌在房屋周围作为屏障,这种防护构筑物被称为"防火墙"。其实与防火墙一起起作用的就是"门"。当火灾发生时,人可以通过"门"逃离现场。

网络防火墙借鉴了古代的防火墙。防火墙是置于内、外网之间的软、硬件系统,是内、外网通信的唯一通道。它能够根据设置的安全策略来检查内、外网络的通信,然后根据这些策略控制(允许、拒绝、重新定向、记录等)进出网络的访问行为,如图8-1所示。防火墙的作用就像单位门口的门卫一样,管理进出单位的人员,防止可疑人员进入。

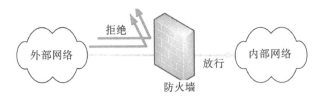

图 8-1 防火墙的位置

8.1.2 防火墙的功能

防火墙能够有效地控制内网和外网的信息传输,从而保护内网不被外网非授权访问。具体而言,防火墙应具有如下功能。

(1)隔离不同网络。防火墙通过隔离内、外网络来确保内部网络的安全。通过隔离,外部网络"看不见"内部网络的情况,机要敏感信息"拿不走",外部非法入侵者"进不来",对外非法访问"出不去"。

(2)创建要塞点。防火墙在内、外网之间建立检查点,且要求所有的通信都要通过这个检查点。具体而言,所有通过"入站"和"出站"的网络信息流都要经过防火墙;同时,通过制订一些安全策略,确保只有经过授权的流量才可以通过防火墙。

(3)报警与审计。如果所有的访问都经过防火墙,那么防火墙就能记录下这些访问并生成日志记录,同时也能提供网络使用情况的统计数据。

(4)强化网络安全策略,提供集成功能。防火墙可以集成安全方案配置,如身份认证、加密、审计和虚拟专用网 VPN 等。与将网络安全问题分散到各个主机上相比,防火墙的集中安全管理更经济。

8.1.3 防火墙的局限性

虽然防火墙可以提高内网的安全性,但防火墙也存在自身的一些局限性,主要表现为以下五个方面。

(1)不能防御不经过防火墙的攻击。首先,防火墙一般部署在内、外网络的边界,内网的攻击不需要经过防火墙,所以对于该类攻击,防火墙无能为力。其次,内、外网之间绕过防火墙的网络访问被称为旁路,防火墙也无法阻止这种攻击方式。可见,内部攻击和旁路攻击是两种不经过防火墙的攻击。

(2)不能防御"穿墙技术"。防火墙对内、外网通信的检查基于安全策略,对于符合安全策略的攻击无能为力。攻击者对安全策略进行分析,试图通过对攻击进行伪装来穿越防火墙。这是因为攻击数据经过伪装后,满足防火墙放行策略,被允许通过。大多数木马都能穿过防火墙。

(3)依赖于安全策略。防火墙在增强安全策略的同时,也限制或阻塞了某些用户期望的正常服务。因此,要求管理员必须有效地配置安全策略,既保障内网安全,也为用户提供必要、灵活的服务资源。

(4)内网瓶颈问题。防火墙是内、外网通信的唯一通道,因此它存在着流量瓶颈和安全瓶颈问题。

(5)无法控制对病毒文件的传输。由于计算机病毒具有多样性,防火墙不可能对进入内网的文件逐一扫描,并判定其是否携带病毒。因此,防火墙不能阻止染毒文件的传输,这些问题仍需要杀毒软件解决。

8.1.4 防火墙的历史

自从 1986 年美国数字(Digital)公司提出防火墙概念后,该技术得到了迅猛的发展,并趋于完善,其发展经历了以下五个阶段。

(1)第一代防火墙。第一代防火墙技术几乎与路由器同时出现,主要基于包过滤技术,是依附于路由器的包过滤功能实现的防火墙。

(2)第二代防火墙。1989 年,贝尔实验室推出了第二代防火墙,即电路层防火墙,同时提出了第三代防火墙的初步结构。

（3）第三代防火墙。到 20 世纪 90 年代初，开始推出第三代防火墙，即应用层防火墙（又称为代理服务防火墙）。

（4）第四代防火墙。1992 年，美国南加利福尼亚大学信息科学院开发出了基于动态包过滤技术的第四代防火墙，后来演变为目前所说的状态检测技术。1994 年，以色列的公司开发出了第一个采用这种技术的商业化产品。

（5）第五代防火墙。1998 年，NAI 公司推出了一种自适应代理技术，并在其产品 Gaunt-let Firewall for NT（NT 防火墙）中得以实现，给代理类型的防火墙赋予了全新的意义，称为第五代防火墙。

8.1.5　防火墙的发展趋势

随着网络应用的不断发展，防火墙成为网络安全的重要保障。未来防火墙具有如下发展趋势。

（1）智能技术的利用。传统防火墙的安全策略是静态的，静态防火墙只能识别一些已知的攻击行为，对于未知的攻击则显得力不从心。根据网络上的动态威胁，自动学习后生成相应安全策略并能自动配置的智能防火墙会成为未来的发展趋势之一。

（2）分布式技术的利用。分布式技术是发展的趋势，多台物理防火墙协同工作，组织成一个具备并行处理能力、负载均衡的逻辑防火墙。它不仅保证了大型网络安全策略的一致，而且便于集中管理，大大降低了投入的资金、人力及管理成本。

（3）成为网络安全管理平台的一个组件。随着网络安全管理平台的发展，未来所有的网络安全设备将由安全管理平台统一调度和管理，防火墙需要向安全管理平台提供接口，成为多个安全系统协同工作的网络安全管理平台中的重要一员。

（4）向模块化演进。防火墙的设计与开发离不开用户的需求。根据用户需求和网络威胁动态配置的模块化防火墙，可以实现更好的扩展性，而且在维护和升级等方面也更加方便。因此，防火墙的模块化发展是未来的重要发展趋势之一。

（5）深入应用防护。随着网络安全技术的发展，网络协议和操作系统的漏洞将越来越少，但应用层的安全问题却越来越突出。将来防火墙会把更多的注意力放在深度应用防护上，支持更多的应用层协议，不断挖掘防护的深度和广度。

（6）自身性能和安全性得到提升。随着算法、芯片和硬件技术的发展，防火墙的检测速度、响应速度和性能也会不断提升，其自身的安全性也会得到有效的提高，从而为网络提供更高效、稳定的安全保障。

8.1.6　防火墙的性能指标

性能指标是防火墙很重要的一个方面。防火墙的关键指标包括吞吐量、并发连接数、时延和背靠背缓冲。

1. 吞吐量

吞吐量指的是防火墙一秒内可以处理数据帧的最大能力，通常以比特/秒或字节/秒表示。吞吐量小会造成网络瓶颈,以致影响整个网络的性能。

随着因特网的日益普及,内部网络用户访问因特网的需求在不断增加;同时,一些企业也需要对外提供 WWW 页面浏览、SMTP 邮件传输、DNS 域名解析等服务。这些需求会导致网络流量的急剧增加,而防火墙作为内、外网之间的唯一数据通道,如果吞吐量太小,就会造成网络瓶颈,以致影响整个网络的性能。因此,吞吐能力是防火墙的重要性能指标之一

吞吐量的大小主要由防火墙内网卡及程序算法的效率决定。程序算法与安全策略的判断息息相关,如果设计不合理,将浪费大量的计算资源,导致防火墙难以快速地转发数据帧。

对于中小型企业来讲,选择吞吐量为百兆级的防火墙即可满足需要,而对于电信、金融、保险等大企业就需要采用吞吐量千兆级的防火墙产品。

2. 并发连接数

防火墙并发连接数指能够同时建立的最大连接数量,可以衡量防火墙业务信息流的处理能力。

目前,常见防火墙设备的并发连接数存在很大的差异,如低端设备并发连接数为 500、1000,高端设备并发连接数可以达到数万、数十万。防火墙的并发连接数主要由其内存、CPU 和物理链路三个因素决定。

(1)内存。防火墙需要并发连接表来存放并发连接信息。可见,并发连接数越大,允许防火墙支持的客户终端更多,需要的并发连接表越大,需要的内存也越大。以每个并发连接表项占用 300 个字节计算,1000 个并发连接将占用 $300 \times 1000 \times 8bit = 2.24$ Mb 内存空间,10000 个并发连接将占用 22.4 Mb 内存空间,100000 个并发连接将占用 224 Mb 内存空间;而如果真的试图实现 1000000 个并发连接的话,那么这个产品就需要提供 2240 Mb 内存空间。

(2)CPU。CPU 的主要任务是对进出内、外网的信息按照一定策略进行检查,并从一个网段快速地转发到另外一个网段上。如果系统的并发连接数超过了 CPU 的实际处理能力,则会延长数据包排队等待的时间,导致数据包的重发、丢弃,甚至崩溃。

(3)物理链路。尽管目前的很多防火墙提供了百兆级甚至千兆级的网络接口,但是,由于防火墙通常都部署在因特网出口处,中间的实际物理链路未必支持高速通信,低速链路无法承载太多的并发连接,即便防火墙支持大规模的并发连接数,也无法发挥其原有的性能。

3. 时延

防火墙的时延指从接收到数据包开始,经过排队、处理并转发所用的全部时间,即从数据帧的第一个比特进入防火墙到最后一个比特从防火墙输出的时间间隔。时延体现了防火墙处理数据的速度。时延越小,表明处理速度越快。如果防火墙的时延很低,网络访问的效率高,用户完全感觉不到它的存在。相反,如果防火墙的时延很高,网络访问的效率低,用户的使用感受差。

4. 背靠背缓冲

背靠背缓冲,指的是当网络流量突增而防火墙一时无法处理时,它将数据包先缓存起来

再处理。这一性能指标具有重要意义,它考察防火墙为保证连续不丢包所具备的缓冲能力。

如果防火墙的处理能力足够,则背靠背缓冲的作用相对较小。通常情况下,背靠背缓冲主要应对系统在短时间内产生大量的突发数据,如数据备份、路由更新等。针对这些数据,存入缓冲,逐步处理,防止数据丢失。

8.2　防火墙技术

从实现原理上看,防火墙的技术包括四大类:包过滤技术、状态检测技术、代理服务技术和网络地址转换(NAT)技术。

8.2.1　包过滤技术

1. 包过滤原理

包过滤技术是最早的防火墙技术,该技术在网络层上进行监测,即对 IP 头和 TCP/UCP 头进行检查,是一种网络层的访问控制机制。

包过滤技术的原理是:首先,管理员在防火墙中设置包过滤规则;然后,根据设置的过滤规则,检查所有进出防火墙的数据包包头信息,根据检查结果允许或者拒绝数据包通过。

包过滤技术通常在路由器上实现,该路由器称为包过滤路由器。普通的路由器只检查数据包的目的地址,并选择一个最佳路径。它处理数据包以目的地址为基础,存在着两种可能性:若路由器可以找到一个路径到达目的地址则发送出去;若路由器不知道如何发送数据包则通知数据包的发送者"数据包不可达"。而包过滤路由器会按照过滤规则仔细地检查数据包的包头,决定是否应该发送数据包。只有对满足规则的数据包,才会寻找路径进行发送。

2. 包过滤规则

通常情况下,包过滤规则以访问控制列表的形式给出,该表被称为包过滤规则表。包过滤规则表用以表明是否允许或者拒绝数据包通过,由序号、方向、检查的包头信息和操作这四部分组成。

(1)序号:代表过滤规则的执行顺序。

(2)方向:对于防火墙接口,存在两个方向,In 表示流入数据包,Out 表示流出数据包。

(3)检查的包头信息:指 IP 包头和 TCP/UDP 包头,一般包括源地址、目的地址、源端口、目的端口和协议类型这五项,被称为五元组。实际的应用中,可以根据需求适当增减。

(4)操作:通常包含允许、放弃、拒绝和返回。允许表示允许数据包通过防火墙传输,并按照路由表中的信息被转发。放弃表示不允许数据包通过防火墙传输,但仅丢弃,不做其他处理。拒绝表示不允许数据包通过防火墙传输,并向数据包的源端发送目的主机不可达的 ICMP 数据包。返回表示没有发现匹配的规则,执行默认规则。

3. 安全规则的两种模式

在通常情况下,所有的防火墙在两种模式下配置安全规则。

(1)白名单模式。在白名单模式中,默认规则为丢弃或拒绝,没有被允许的数据包都要被丢弃或拒绝。在该模式下,需要管理员制订能够进出数据包的规则,因此,列在白名单上的规则是允许访问的安全规则,其余的数据包执行"丢弃"或"拒绝"默认规则。该模式比较保守,根据需要,逐渐开放,但会阻塞某些用户期望的正常服务。

(2)黑名单模式。在黑名单模式中,默认规则为允许,没有被拒绝或丢弃的数据包都要被允许通过。在该模式下,需要管理员制订拒绝或丢弃进出数据包的规则,因此,列在黑名单上的规则是拒绝访问的安全规则,其余的数据包执行"允许"默认规则。该模式比较开放,可能会放过一些攻击;同时,管理员必须针对每一种新出现的攻击,及时制订新的规则。

例 8-1　在图 8-2 的包过滤防火墙中,只允许外网访问内网中 IP 地址为 123.4.6.7 主机的 HTTP 服务和 IP 地址为 123.4.5.6 主机的 FTP 服务。请给出包过滤防火墙的规则表。

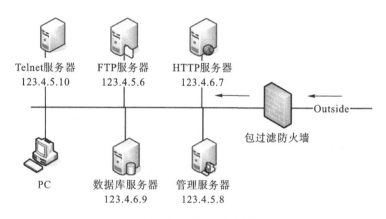

图 8-2　包过滤防火墙

答:该包过滤防火墙采用白名单模式。依据数据包包头的五元组,针对双向的数据流,制订如下包过滤规则表,如表 8-1 所示。

表 8-1　包过滤规则表(例 8-1)

规则号	方向	协议类型	源地址	目的地址	源端口	目的端口	动作
1	In	TCP	*	123.4.5.6	>1023	21	允许
2	Out	TCP	123.4.5.6	*	21	>1023	允许
3	In	TCP	*	123.4.6.7	>1023	80	允许
4	Out	TCP	123.4.6.7	*	80	>1023	允许
5	*	*	*	*	*	*	*

例 8 - 2　包过滤防火墙保护内网 123.45.0.0/16,其访问要求如下。

(1)网络 123.45.0.0/16 不愿被其他因特网主机访问其站点;

(2)但它的一个子网 123.45.6.0/24 和某大学 135.79.0.0/16 有合作项目,因此允许该大学访问该子网;

(3)然而 135.79.99.0/24 是黑客天堂,需要禁止。

请基于上述访问要求,给出包过滤防火墙的规则表。

答:如果规则之间并不互斥,要考虑顺序。依据"先特殊,后普遍"的顺序原则,可以写出满足上述访问要求的包过滤规则表,如表 8 - 2 所示。

表 8 - 2　包过滤规则表(例 8 - 2)

规则号	方向	协议类型	源地址	目的地址	源端口	目的端口	动作
1	In	*	135.79.99.0/24	123.45.0.0/16	*	*	拒绝
2	Out	*	123.45.0.0/16	135.79.99.0/24	*	*	拒绝
3	In	*	135.79.0.0/16	123.45.6.0/24	*	*	允许
4	Out	*	123.45.6.0/24	135.79.0.0/16	*	*	允许
5	*	*	*	*	*	*	*

4. 技术评价

对于包过滤技术,其实现只需要一台路由器设置合适的包过滤规则,且仅检查数据包的包头,速度快,吞吐率高;同时,包过滤工作对用户来讲是透明的,不要求用户进行任何操作。然而,包过滤技术不检查数据区,无法区分数据包的真实意图;进一步地,包过滤技术的研究对象是单个数据包,与前后数据包无关。

8.2.2　状态检测技术

1. 背景

为什么要用状态检测技术?答案是为了克服包过滤技术"前后数据包无关"的缺点。下面用一个例子来说明这一缺点带来的负面影响。

例 8 - 3　仅允许内网用户访问公网的 Web 服务。按照包过滤技术,写出规则表。

答:按照包过滤技术制订的规则表如表 8 - 3 所示。

表 8 - 3　包过滤规则表(例 8 - 3)

规则号	方向	协议类型	源地址	目的地址	源端口	目的端口	动作
1	Out	TCP	*	*	>1023	80	允许
2	In	TCP	*	*	80	>1023	允许
3	*	*	*	*	*	*	*

分析:按照题目要求,可以添加第一条规则,在"出"方向,允许内网主机访问公网的 Web 服务。但这还不够,因为这只是允许向外请求 Web 服务,但 Web 服务响应的数据包还进不来,所以还必须建立一条允许响应数据包进入的规则。因此,需要增加第二条"入"方向的规则。

可见,上述包过滤技术防火墙有三个负面影响。

(1)管理员配置规则复杂。有"出"方向的规则,需要对应一条"入"方向的规则,增加了管理员的开销。

(2)大量开放端口的安全性问题。当客户端访问公网的 HTTP 服务器时,端口是临时分配的,并不确定,只要是 1023 以上的端口都有可能。因此,Web 服务响应时,需要把"入"方向的 1023 以上(即 1024～65535)所有目的端口都开放。

(3)效率低。基于设定好的静态规则,包过滤防火墙对所有进出的数据包进行检查来判断是否允许其通过,转发效率低下。

上述负面影响是由"前后数据包无关"的缺点造成的。为了克服这一缺点,提出了状态检测技术。

2. 状态检测技术原理

状态检测技术是由 Check Point 软件技术有限公司提出的,也称为动态包过滤。状态检测技术的出现是防火墙发展历史上的里程碑,而其所使用的状态检测和会话机制,目前已经成为防火墙产品的基本功能,也是防火墙实现安全防护的基础技术。

在包过滤防火墙中,所有数据包都被认为是无状态的孤立个体。它不关心数据包的历史或未来,数据包是否被允许通过完全取决于其自身所包含的包头信息,如 IP 地址和端口等。然而,状态检测防火墙不仅跟踪数据包中包头所包含的信息,还跟踪数据包的状态信息。

状态检测技术将通信双方之间交互的一次会话所有的数据包作为一个整体来对待。那什么是会话? 客户端向服务器发送请求,服务器接受请求并生成响应返回给客户端,客户端对服务器这样一次连续的调用过程,被称为会话。例如,一个 TCP 连接属于一个会话,两个进程间的一次 UDP 传输属于一个会话,ICMP 协议中的一次 Echo 请求和 Echo 响应也是一个会话。在状态检测防火墙看来,研究的对象是会话,即同一个会话的数据包不再是孤立的个体,而是存在联系的。状态检测机制开启的情况下,会话的首包通过防火墙时建立会话状态表,后续包直接匹配该状态表项进行转发。当然,会话的首包经过防火墙时需要经过包过滤规则表的检查。

因此,状态检测技术的工作步骤如下。

(1)对于一次会话的首包,检查预先设置的包过滤规则表,允许符合规则的数据包通过。同时,记录下该次会话的状态信息,生成会话状态表。

(2)对于本次会话的后续包,只要是符合状态表的,就可以通过。

可见,状态检测技术通过包过滤规则表与会话状态表的配合,对数据包进行检查和转发。

3.状态的获取

基于状态检测技术的防火墙通过一个在网关处执行网络安全策略的检测引擎而获得非常好的安全特性。检测引擎在不影响网络正常运行的前提下,采用抽取有关数据的方法对网络通信的各层实施检测。它将抽取的状态信息动态地保存起来作为以后执行安全策略的参考。检测引擎维护一个动态的会话状态表并对后续的数据包进行检查,一旦发现某个会话的参数有意外变化,则立即将其终止。

状态检测防火墙监视和跟踪每一个有效的会话状态,并根据这些信息决定是否允许网络数据包通过防火墙。它在协议栈底层截取数据包,然后分析这些数据包的当前状态,并将其与前一时刻相应的状态信息进行对比,从而得到对该数据包的控制信息。

检测引擎支持多种协议和应用程序,并可以方便地实现应用和服务的扩充。在用户访问请求到达网关操作系统前,检测引擎通过状态监视器收集有关状态信息,结合网络配置和安全规则做出接纳、拒绝和报警等处理动作。一旦某个访问违反了安全策略,则该访问会被拒绝,同时将记录并报告有关状态信息。

状态检测防火墙试图跟踪通过防火墙的数据包,这样防火墙就可以使用一组附加的标准,以确定是否允许和拒绝通信。它是在使用了基本包过滤防火墙的通信上应用一些技术来做到这点的。为了跟踪数据包的状态,状态检测防火墙还记录有用的信息以帮助识别包,如已有的网络连接、数据的传出请求等。

4.状态检测技术示例

例8-4 仅允许内网用户访问公网的 Web 服务。若防火墙采用状态检测技术,则:

(1)写出包过滤规则表。

(2)内网主机 192.168.51.49 使用 1030 端口,向公网中的 Web 应用服务器 172.16.4.3 发起服务请求。简述该会话过程,并写出会话状态表。

答:(1)如果按照状态检测技术来制订包过滤规则表,只需要"出"方向的条目即可,如表 8-4 所示。

表 8-4　包过滤规则表(例 8-4)

规则号	方向	协议类型	源地址	目的地址	源端口	目的端口	动作
1	Out	TCP	*	*	＞1023	80	允许
2	*	*	*	*	*	*	*

(2)内网主机 192.168.51.49 使用 1030 端口,向公网中的 Web 应用服务器 172.16.4.3 进行服务请求。将该连接的会话首包与包过滤规则表比较,符合则允许通过。同时,记录下该次会话的状态信息,生成会话状态表,如表 8-5 所示。会话的后续包只要符合该状态表,就允许通过。

表 8－5　会话状态表

源地址	源端口	目的地址	目的端口	连接状态	协议类型
192.168.51.49	1030	172.16.4.3	80	已建立	TCP

5.状态检测技术数据包的类型

状态检测跟踪状态的方式取决于数据包的协议类型。下面分析 TCP 包、UDP 包和 ICMP 包。

（1）TCP 包：TCP 是一个面向连接的协议，一次连接就是一个完整会话，包含建立连接、数据传输和拆除连接。对于 TCP 包，它还会包含标志位信息。如果数据包包含 SYN 标志，说明是一次会话的首包，防火墙需要基于规则表进行检查。如果数据包不含 SYN 标志，说明不是一次会话的首包，防火墙就会直接把它的信息与状态表中的会话条目进行比较，如果信息匹配，就直接允许数据包通过，这样不再去接受规则表的检查，提高了效率；如果信息不匹配，数据包就会被丢弃或拒绝。每个会话还有一个超时值，过了这个时间，相应会话条目就会被从状态表中删除掉。在一次会话中，首包通过后，后续包信息与状态表相比后，在两个系统之间传输，直到连接结束为止。在这种方式下，只有一个已建立连接的后续包才被允许通过。

（2）UDP 包：UDP 是面向无连接的协议，两个进程间的一次 UDP 传输属于一个会话。UDP 包不包含任何连接标志位信息，只包含源 IP 地址、目的 IP 地址、检验和及携带的数据，因此，基于已有的信息，状态检测防火墙按照下面的方法跟踪包的状态：对传入的包，若它使用的 IP 地址和 UDP 包携带的协议与传出的请求匹配，该包是某次会话的后续包，且会话已建立，就被允许通过。

（3）ICMP 包：ICMP 协议中的一次 Echo 请求和 Echo 响应也是一个会话。对于传入的包，若是 ICMP 协议中的 Echo 请求包，则是一次会话的首包；若是 Echo 响应包，且它使用的 IP 地址和传出的 Echo 请求匹配，则是某次会话的后续包，且会话已建立，就被允许通过。

6.技术评价

状态检测技术的出现弥补了包过滤技术的缺陷，即减少了大量开放端口的安全性问题，降低了管理员配置规则的工作量，提高了转发效率。然而，状态检测技术仍然不检查数据区，无法区分数据包的真实意图。

8.2.3　代理服务技术

代理服务技术的核心是运行于防火墙主机上的代理服务程序，而把装有代理服务程序的防火墙主机称为代理服务器。

代理服务技术的工作原理如图 8－3 所示。当代理服务器得到一个客户端的连接意图时，它将检查客户端的请求，对于符合安全规则的连接，会代替客户端把请求传递到真实的服务器上。当此连接请求得到响应并建立起连接之后，代理服务器将从真正的服务器上得到的应答结果返回给客户端。可见,代理服务器既是客户端,又是服务器。因为接受客户端请求时,它充当服务器的角色;代替客户端向真正的服务器请求时,它充当客户端的角色。

图 8-3　代理服务器的工作原理

代理服务器在内、外网的通信过程中发挥了中转、隔离和检查的作用。具体而言,代理服务技术限制了内部主机与外部主机之间的直接通信,即双向通信必须经过代理服务器中转,因此禁止 IP 包的直接转发,内部 IP 地址被屏蔽。代理服务器进行通信数据转发前,要基于安全规则执行访问控制,只有满足规则的数据才会被转发。

代理服务分为正向代理和反向代理。正向代理指内部客户端通过代理服务器访问外部服务器。它要求内部客户端自己设置代理服务器的地址。客户端的每次请求都将直接发送到该代理服务器,由代理服务器来请求外部服务器资源,并将从外部服务器上得到的应答结果返回给内部客户端。反向代理指外部客户端通过代理服务器访问内部服务器。它指用代理服务器接收外网的连接请求,然后将请求转发给内部服务器,并将从内部服务器上得到的应答结果返回给外部客户端。这种情况下,外部客户端无须进行任何设置,代理服务器对外就表现为一个真实的服务器,即外部客户端访问的 IP 地址实际上是代理服务器的 IP 地址。

按照工作层次,代理服务器主要分为三类,分别是电路级网关、应用级网关和自适应代理。

1. 电路级网关

1)工作原理

电路级网关是一个通用代理服务器,工作在 OSI 模型的会话层或是 TCP/IP 模型的传输层。

在 TCP 协议通过三次握手来建立连接的过程中,电路级网关监视两台主机建立连接时的握手信息,检查双方的 SYN、ACK 和序列号是否符合逻辑。若符合,则本次连接的所有数据由网关复制、传递,而不再进行检查过滤。

在两台主机首次建立 TCP 连接时,电路级网关建立通信屏障。具体而言,当两台主机建立连接时,网关不允许端到端的 TCP 连接,而是①建立两个 TCP 连接,一个是与外部主机的 TCP 用户之间,另一个是与内部主机的 TCP 用户之间;②一旦两个连接建立,网关无须检查数据内容就可以直接转发。

当外部客户端要与内部服务器建立 TCP 连接,电路级网关有两种工作方式。

第一种,在外部客户端与电路级网关通过三次握手来建立连接后,电路级网关才与内部服务器进行三次握手[见图 8-4(a)]。

第二种,三次握手依次进行[见图 8-4(b)]。具体而言,对于第一次握手,外部客户端向电路级网关发送 SYN 消息,电路级网关收到后向内部服务器转发;对于第二次握手,内部服务器向电路级网关发送 SYN/ACK 消息,电路级网关收到后向外部客户端转发;对于第三次握手,外部客户端向电路级网关发送 ACK 消息,电路级网关收到后向内部服务器转发。

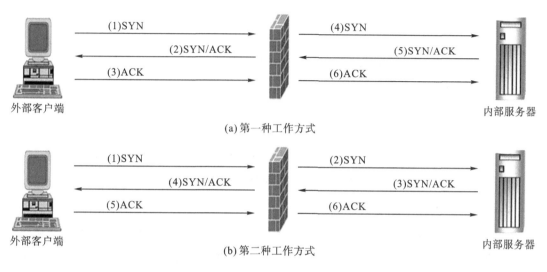

图 8-4 电路级网关

2)防御 TCP SYN Flood 攻击

如果外部客户端要对内部服务器发起 TCP SYN Flood 攻击,则电路级网关可以基于上述两种工作方式来实施防御。

(1)基于电路级网关第一种工作方式的防御。当 TCP SYN Flood 攻击发生时,攻击者首先与电路级网关建立起大量的 TCP 半连接。由于三次握手没有完成,电路级网关不会和内部服务器建立 TCP 连接,使内部服务器免于攻击。当然,电路级网关检测到正在遭遇该攻击时,会及时添加相应的规则,拒绝来自攻击主机后续的任何信息,使其免于攻击。

(2)基于电路级网关第二种工作方式的防御。当 TCP SYN Flood 攻击发生时,不仅攻击者与电路级网关会建立起大量的 TCP 半连接,同时,电路级网关与内部服务器也会建立大量的 TCP 半连接。此时,一旦电路级网关检测到大量的异常 TCP 半连接发生,一方面,向内部服务器发送 RST 信息,终止这些半连接,使内部服务器免于攻击;另一方面,及时添加相应的规则,拒绝来自攻击主机后续的任何信息,使其免于攻击。

3)技术评价

电路级网关不允许内部主机与外部主机直接地进行 TCP 连接,而是建立两个 TCP 连接。电路级网关适用于多个协议,并且它不需要对不同的应用设置不同的代理模块。然而,电路级网关不能检查应用层的数据,因此不能抵御来自应用层攻击的威胁。

2. 应用级网关

1）工作原理

应用级网关是在应用层上建立协议的检查过滤和转发功能。应用级网关能够在应用层截获进出内部网络的数据,运行代理服务程序来转发信息。它能够避免内部主机与外部不可信网络之间的直接连接。

应用级网关的检查过滤深入网络协议的应用层。应用级网关要求检测应用层数据,包括首部和数据体。例如,HTTP 网关可以检测 HTTP 首部和 HTTP 数据体。应用层网关的安全功能是对相应的应用服务器提供保护,有效地防御对该应用服务器实施的攻击。

2）技术评价

应用级网关可以将被保护网络内部的结构屏蔽起来,保证应用层的安全,易于记录日志,安全性高。然而,每个被代理的服务都要求使用专门的代理软件,开销增大,性能降低,且用户每次连接可能都要受到“盘问”,缺乏透明性。

3. 自适应代理

自适应代理技术结合了代理服务防火墙的安全性和包过滤防火墙的高速度等优点。组成自适应代理防火墙的基本要素有两个:自适应代理服务器与动态包过滤器。在自适应代理防火墙中,初始的安全检查仍在应用层中进行,保证实现传统防火墙最大的安全性。而一旦可信任身份得到认证,建立了安全通道,随后的数据包就可以重新定向到网络层。这种技术能够在确保安全性的基础上提高代理服务防火墙的性能。

8.2.4　NAT 技术

1. NAT 技术的工作原理

IETF 允许一个整体机构的局域网只需使用少量公有 IP 地址(甚至 1 个)即可实现网络内所有主机与因特网的通信需求,其中局域网内部可以采用私有地址(见表 8-6)。这些私有地址是局域网专用 IP 地址,从因特网特别划分出来,仅在机构内部使用而不需要申请,且它们不会注册给任何组织。

表 8-6　私有地址

IP 地址范围	网络类型	网络个数
10.0.0.0～10.255.255.255	A	1
172.16.0.0～172.31.255.255	B	16
192.168.0.0～192.168.255.255	C	256

IETF 还制定了一种标准:网络地址转换(network address translation,NAT)。它是一种把内部私有 IP 地址转换成合法公有网络 IP 地址的技术。简单地说,NAT 就是在局域网内部使用私有 IP 地址,而当内部局域网要与外部公有网络进行通信时,就需要在网关处将

内部私有 IP 地址替换成公有 IP 地址,从而在外部公网上正常使用。

NAT 技术很好地解决了公有 IP 地址紧缺的问题,因为只申请少量的公有 IP 地址就能把整个内部局域网中的主机接入互联网。进一步地,NAT 技术还隐藏了内网主机的 IP 地址,这样所有内网主机对于互联网来说是不可见的,从而有效地避免来自网络外部的入侵。

2. NAT 分类

NAT 有三种类型:静态 NAT、动态 NAT 和 NAPT。

1)静态 NAT

静态 NAT 是指静态地将内部网络的私有 IP 地址一一映射为公有 IP 地址。静态是指映射关系是预先设定且长期不变的。

静态 NAT 中,局域网中主机需要访问外部公网服务器的步骤如下。

(1)配置静态 NAT 表。NAT 网关从地址池中选取闲暇的公网 IP 地址,建立与私网 IP 地址间的 NAT 静态映射表。其中,已申请到的一系列合法公有 IP 地址形成的集合被称为地址池。

(2)内网主机发送公网服务器的访问请求。请求数据包先到达 NAT 网关,NAT 网关依照其源地址正向查找 NAT 表,将数据包中的私有 IP 地址转换为公有 IP 地址后,转发给公网服务器。

(3)公网服务器对访问请求进行响应。响应数据包先到达 NAT 网关。NAT 网关依照目的地址反向查找 NAT 表,将数据包中的公有 IP 地址转换为私有 IP 地址后,转发给内网主机。

可见,静态 NAT 隐藏了内部网络的真实 IP 地址,增加了网络的安全性。然而,静态 NAT 要求申请到的合法 IP 地址要与局域网内部的主机个数一样多,才能解决局域网与因特网的通信需求,并不能节约公有 IP 地址,解决 IP 地址短缺问题。所以,这种方法通常适用于实现外网对内网服务器的访问,从而来保护内网服务器的安全。

2)动态 NAT

动态 NAT 是指动态地将内部网络的私有 IP 地址一一映射为公有 IP 地址。动态是指映射关系是根据内、外网的服务访问需求临时建立的;同时,所有被授权访问因特网的私有 IP 地址可随机映射为地址池中的任何公有 IP 地址。

动态 NAT 中,局域网中主机需要访问外部公网服务器的步骤如下。

(1)内网主机发送公网服务器的访问请求,请求数据包先到达 NAT 网关。NAT 网关进行如下操作。

①配置动态 NAT 表。当请求数据包到达 NAT 网关时,网关从地址池中随机地选取闲暇的公网 IP 地址,在动态 NAT 表中建立与私网 IP 地址间的映射。

②NAT 网关向公网服务器的转发请求。NAT 网关按照动态 NAT 表中的映射关系,将请求数据包中的私有 IP 地址转换为公有 IP 地址后,转发给公网服务器。

(2)公网服务器对访问请求进行响应,响应数据包先到达 NAT 网关。NAT 网关进行如下操作。

①NAT 网关向内网主机转发响应。NAT 网关收到响应数据包后,依照其目的地址反向查找 NAT 表项,将数据包中的公有 IP 地址转换为私有 IP 地址后,转发给内网主机。

②动态 NAT 表更新。服务结束,如果过了一段时间,私网 IP 地址和公网 IP 地址映射关系没有使用,其 NAT 映射关系被删除。

对于动态 NAT,内部主机使用地址池中的公有 IP 地址来动态映射,每个转换条目(映射关系)在连接建立时动态建立,且在连接终止时会被回收,因此仅用于只访问外网服务,而不提供信息服务的内部主机。

因为动态 NAT 是临时的一对一 IP 地址映射关系,所以对于内部主机数大于公有 IP 地址数,但同时访问外网主机数却少于公有 IP 地址数的情形是适用的。可见,在一定程度上,可以解决公有 IP 地址短缺的问题。然而,当地址池中的公有 IP 地址被全部占用,以后的 IP 地址转换申请会被拒绝,因此还是不能从根本上解决 IP 地址不够用的问题。

3)NAPT

NAT 是一个私有 IP 地址对应一个公有 IP 地址,不管是静态 NAT 形成的永久一对一映射,还是动态 NAT 形成的临时一对一映射,都有可能无法同时满足所有的内网主机与公网通信的需要。因此,提出了一种新的技术:网络地址端口转换(network address port translation,NAPT)。它把私有 IP 地址映射到一个公网 IP 地址的不同端口上。由于多个私有地址对应一个公有 IP 地址,而在这种多对一的映射中,可以使用端口号来区分内部的私有 IP 地址。可见,这种方法大大节省了公有 IP 地址空间,可以解决 IP 地址不够用的问题。

NAPT 也可以分为静态 NAPT 和动态 NAPT。静态 NAPT 适用于需要向外提供信息服务的服务器,动态 NAPT 适用于只访问外网服务,不提供信息服务的主机。这两种NAPT 都可以解决 IP 地址不够用的问题。

上述充当 NAT 网关的设备有路由器、防火墙和代理服务器等。它们的基本功能相同,但其余功能强弱有别,应根据需要进行选用。

8.3　防火墙的体系结构

目前,防火墙的体系结构有四种,分别是屏蔽路由器结构、双宿主机结构、屏蔽主机结构和屏蔽子网结构。

8.3.1　屏蔽路由器结构

屏蔽路由器结构是在内、外网之间配置一台具备包过滤功能的路由器,并由该路由器执行包过滤操作,如图 8-5 所示。在这种防火墙结构中,包过滤路由器是内、外网通信的唯一通道,内、外网之间的所有通信必须经由包过滤路由器来检查。

图 8 - 5　屏蔽路由器结构

　　屏蔽路由器结构是包过滤技术的直接应用。它基于所收到数据包的包头信息,如源地址、目的地址、源端口号、目的端口号、协议类型等参数进行检查,按安全规则决定数据包的转发或丢弃,即实施过滤。

　　屏蔽路由器结构就是在路由器中加入了过滤功能,硬件成本低。若在流量适中并定义较少过滤规则时,路由器的性能几乎不受影响,处理数据包的速度比较快。然而,屏蔽路由器结构完全依赖包过滤路由器,一旦它工作异常,则防火墙功能失效。

8.3.2　双宿主机机构

　　所谓双宿主机,就是有两个网络接口的主机。在双宿主机中,每一个接口都连接着一个网络。这样的主机可以充当与这些接口相连的网络之间的路由器,可以被用于不同网络之间进行寻址,从而能把 IP 数据包从一个网络发送到另一个网络。然而,双宿主机的防火墙结构禁止这种发送功能,因而,IP 数据包并不能从连接的一个网络直接发送到另一个网络,即连接的两个网络不能直接互相通信,它们之间的直接通信被完全阻止,但每个网络都可以访问双宿主机提供的网络服务。

　　在双宿主机结构中,一台具有两块网卡的主机作为双宿主机,且两块网卡分别连接内网和外网,如图 8 - 6 所示。

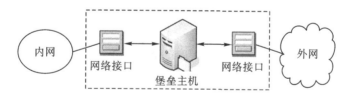

图 8 - 6　双宿主机结构

　　双宿主机属于堡垒主机。堡垒主机是防火墙的重要概念,指在关键的位置上用于防御的计算机。首先,堡垒主机通常充当代理服务器,作为进入内部网络的一个检查点,以把整个网络的安全问题集中在堡垒主机上得以统一解决,无须在其他主机中考虑,从而省时省力。其次,如果攻击者要攻击网络,那么只能攻击到这台主机。可见,堡垒主机起到一个“牺牲主机”的角色,它不是绝对安全的,存在的目的是保护内部网络。再次,从网络安全的角度来看,堡垒主机是最强壮的系统之一,如使用安全性高的操作系统;所有不是必须的服务、协议、程序和网络的端口都被删除或者禁用;所有最新的补丁程序应及时加载;记录所有安全事件的日志,而且确保日志文件的完整性;所有用户的账号和密码库应被加密保存等。通过这些措施来增强堡垒主机的安全,防止其被攻击者控制。

在双宿主机结构中,充当代理服务器的堡垒主机,在内、外网之间基于安全规则转发应用数据。转发的含义:允许内网与双宿主机进行通信,也允许外网与双宿主机进行通信,但两者之间无法直接通信,从而使得内网对外网不可见。同时,转发的前提是满足安全规则,具体而言,双宿主机监视内、外网之间的所有通信,只有满足安全规则的通信才被转发;进一步地,基于监视的通信可以做日志记录,日志记录有助于网络管理员审计网络的安全性。

双宿主机结构相对简单,可以将被保护的网络内部结构屏蔽起来,内、外网没有直接的数据交互,增强了内部网络的安全性,但一旦双宿主机被攻击者成功控制,并使其具有路由功能,那么外网主机将可以直接访问内部网络,防火墙的防护功能完全丧失。

8.3.3　屏蔽主机结构

屏蔽主机结构专门设置了一个包过滤路由器,它在执行数据包过滤的同时,把所有外网到内网的连接都路由到堡垒主机上,强迫所有的外网主机与一个堡垒主机相连,而不让它们直接与内网主机相连。

屏蔽主机结构由包过滤路由器和堡垒主机共同构成(见图8-7)。包过滤路由器连接外网和内网,它是内网的第一道防线。包过滤路由器需要进行适当的配置,执行数据包过滤且使所有的外部连接被路由到堡垒主机上。堡垒主机位于内网,且一般安装的是代理服务器程序,内、外网的通信都需要经过堡垒主机做代理。

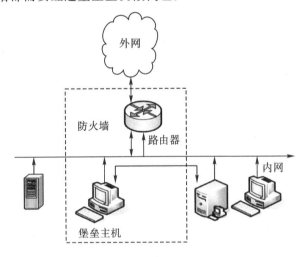

图8-7　屏蔽主机结构

在屏蔽主机结构中,当外网访问内网时,首先,经过包过滤路由器在网络层的路由和过滤;然后,通过堡垒主机的代理;最后,才能进入内网。具体为,堡垒主机在应用层对外网主机的请求做判断,如果被允许,堡垒主机就把该请求转发到某一内网主机上,否则抛弃该请求。同理,当内网主机访问外网时,请求首先通过堡垒主机进行代理,然后再经过包过滤路由器的过滤到达外网。

屏蔽主机结构通过包过滤路由器和堡垒主机的共同配合,使得内、外网的主机不能直接进行通信,必须要经过堡垒主机做代理,确保了内网的安全。同时,该结构可以对网络层和应用层的数据都实施检查和过滤,更全面。然而,这类防火墙也存在一些缺点,只要攻击设法通过了堡垒主机,那么堡垒主机和内网之间的数据转发就不再有任何阻碍,从而攻击数据也可以到达内网;同样,如果包过滤路由器中的路由表遭到破坏,数据包可能就不会被路由到堡垒主机上,使堡垒主机被绕过,那么整个内网便会完全暴露。

8.3.4　屏蔽子网结构

屏蔽子网结构是在内网和外网之间建立一个被隔离的子网,并用两台过滤路由器将这一子网分别与内网和外网分开(见图8-8)。在实际部署中,两个包过滤路由器放在子网的两端,被隔离的子网被称为非军事区(demilitarized zone,DMZ),又被称为中立区。

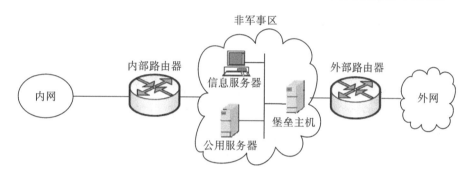

图8-8　屏蔽子网结构

1. DMZ区

DMZ区是为了解决安装防火墙后外网用户不能访问内网服务器的问题而设立的一个非安全系统与安全系统之间的缓冲区。该缓冲区位于内网和外网之间。一方面,在DMZ区可以放置一些必须公开的服务器,如企业Web服务器、FTP服务器和E-Mail服务器等。另一方面,DMZ区是内、外网之间引入的一个安全保护区域,比起一般的防火墙结构,对来自外网的攻击者来说多了一道关卡,更有效地保护了内网安全。如果攻击者仅仅侵入DMZ区,也只能监听到DMZ区的信息,而无法获取内网主机之间重要和敏感的通信数据。因此,即使攻击者侵入DMZ区,也无法直接危及内网的安全,给整个系统所带来的威胁是有限的。

2. 堡垒主机

堡垒主机位于DMZ区,且运行代理服务,是内、外网通信的唯一通道。因此,需要在堡垒主机上进行规则设置,检查并控制内、外网的通信数据流。此外,内、外网访问DMZ区中的公开服务器,也需要堡垒主机做代理。值得关注的是,堡垒主机的数据是可见的,在设计与部署防火墙时需要注意它的暴露对整个内网安全所造成的影响。

3. 外部路由器

外部路由器位于外网和DMZ区之间,主要保护DMZ区和内部网络,是屏蔽子网体系结构的第一道屏障。外部路由器上设置了对 DMZ 区和内网进行访问的包过滤规则,该规则主要针对外网主机。例如,规定外网主机仅能访问 DMZ 区,不能访问内部网络。外部路由器基本上对 DMZ 区发出的数据包不进行过滤,因为 DMZ 区发送的数据包都来自于堡垒主机或由内部路由器过滤后的数据包。

4. 内部路由器

内部路由器位于内网和 DMZ 区之间,它在保障内网与 DMZ 区和外网正常通信的同时,保护内网不受 DMZ 区和外网的攻击。内部路由器的功能主要体现在三个方面。第一,内网可以访问外网,但只能经由 DMZ 区的堡垒主机访问外网,从而有效禁止内网与外网的直接通信。第二,内网可以访问 DMZ 区,此策略是为了方便内网主机使用和管理 DMZ 区中的服务器。第三,内部路由器可以使内网避免遭受源于外网和 DMZ 区的侵扰。例如,规定外部网络不能访问内部网络,这是因为,内网中存放的是企业内部重要的私密数据,这些数据不允许外网主机随意进行访问;规定 DMZ 区有限制地访问内网,如果违背此策略,当攻击者攻陷 DMZ 后,就可以进一步获取内网的重要数据。

可见,屏蔽子网结构的提出解决了不同安全策略的执行。同时,与其他结构相比,屏蔽子网结构安全性更高。首先,有三层防御来抵御攻击者:外部路由器、堡垒主机、内部路由器。其次,内、外网的通信要经过屏蔽子网中堡垒主机的代理,但禁止它们直接通信。因此,内网对于外网来说是不可见的,保护了内网的安全。然而,屏蔽子网结构的缺点也是显而易见的,它需要的设备多,造价高。为了克服这一缺点,出现了三端口屏蔽子网结构,其结构如图 8 - 9 所示。

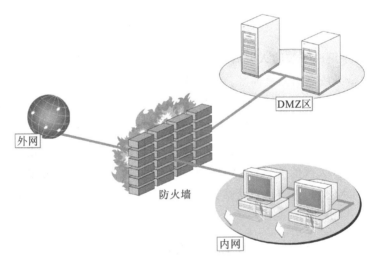

图 8 - 9　三端口屏蔽子网结构

习 题

1.什么是防火墙？简述防火墙的功能和局限性。

2.防火墙产品并发连接数主要取决于哪些因素？

3.简述包过滤防火墙技术的工作原理。

4.为什么要引入状态检测防火墙技术？简述状态检测防火墙是如何工作的。

5.简述代理服务防火墙技术的工作原理。

6.屏蔽主机防火墙由哪些组件构成？每一个组件的作用是什么？

7.在屏蔽子网防火墙中,为什么要引入非军事区(DMZ)？

第9章　入侵检测系统

随着计算机网络的迅速发展和大范围的普及,越来越多的系统遭受到网络攻击的威胁。这些威胁大多是通过挖掘操作系统或应用软件的弱点或漏洞实现的。虽然防火墙、杀毒软件能起到一定程度的防护,但随着攻击工具和手法的日趋复杂多样,人们越来越清晰地认识到仅仅依靠现有的防火措施来维护系统安全是远远不够的。入侵检测是一种能主动防御网络安全的措施,它不仅可以通过检测网络实现对内部攻击、外部攻击和误操作的实时防范,而且能结合其他网络安全产品,对网络安全进行全方位的保护,具有主动性和实时性的特点。目前,入侵检测的相关研究已成为网络安全领域的热点课题。

9.1　入侵检测系统概述

9.1.1　入侵检测系统的产生背景

防火墙是所有保护网络的方法中最能普遍接受的方法,能阻挡外部入侵者,但对内部攻击无能为力;同时,防火墙绝对不是坚不可摧的,而且某些防火墙本身也会引起一些安全问题。防火墙不能防止通向站点的后门攻击,不提供对内部的保护,无法防范数据驱动型攻击,不能防止用户由因特网上下载被病毒感染的计算机程序或将该类程序附在电子邮件上传输。

究其本质,防火墙是一种静态安全措施,静态安全措施不足以保护安全对象属性,静态安全特性可能过于简单并且不充分,或者是系统过度限制用户。例如,静态技术未必能阻止违背安全策略造成的非授权浏览数据文件,而强制访问控制仅允许满足安全策略的数据文件访问,这样造成系统使用麻烦。因此,动态方法(如行为跟踪等)的提出对安全检测和防御是必要的。

由于蓄意的未授权尝试有可能造成非授权访问信息、泄露信息、系统不可靠或不可用,因此必须设计系统的安全机制以保护系统资源与数据以防恶意入侵,但是企图完全防止安全问题的出现也是不现实的。人们可尽量检测这些入侵,以便在以后修补这些漏洞。将入侵检测作为安全技术的主要目的:①识别入侵者;②识别入侵行为;③检测和监视已成功的安全突破;④为对抗措施及时提供重要信息。

从这个角度看待安全问题,入侵检测非常必要,它将弥补传统安全保护措施的不足。入侵检测系统是处于防火墙之后的第二道安全闸门,它能对网络活动进行实时检测,帮助系统对付网络攻击,扩展系统管理员的安全管理能力(包括安全审计、监视、进攻识别和响应),提高信息安全基础结构的完整性。

相对于防火墙来说,入侵检测通常被认为是一种动态的防护手段,与其他安全产品不同的是,入侵检测系统需要较复杂的技术,它将得到的数据进行分析,并得出有用的结果。一个合格的入侵检测系统能大大地简化管理员的工作,使管理员能够更容易地监视、审计网络和计算机系统,保证网络和计算机系统的安全运行。

9.1.2　入侵检测系统的发展历程

实践证明,保障网络系统安全,仅仅依靠传统的被动防御(prevention)是不够的,完整的安全策略应该包括实时的检测(detection)和响应(response)。入侵检测作为一门安全技术,因其对网络系统实时监测和快速响应的特性,逐渐发展成为保障网络系统安全的关键部件。

1980 年 4 月,安德森(Anderson)第一次阐述了入侵检测的概念,并提出了一种针对计算机系统风险和威胁的分类方法,他将威胁分为外部攻击、内部攻击和误操作三种,同时还提出了利用系统的审计记录进行分析,以查出企图入侵的方式。

1987 年,丹宁(Denning)在 IEEE 上发表了题为“入侵检测模型”的学术报告。他首次提出了一个重要的称为入侵检测专家系统(intrusion detection expert system,IDES)的入侵检测模型。该模型由六部分组成:主体、对象、审计记录、轮廓特征、异常记录和活动规则。它基于这样的假设,通过监控系统的审计记录,可以发现系统的非正常使用,从而探测到入侵行为。这个模型与目标应用平台系统无关,它是规则基础上的模式匹配系统,通过对入侵的检测,安全人员还能够进一步发现系统弱点。

1988 年,伦特(Lunt)等改进了丹宁的入侵检测模型,开发出实时入侵检测系统。1990 年是入侵检测系统(intrusion detection system,IDS)发展史上的一个分水岭,在这之前,所有的入侵检测系统都是基于主机的,它们对于活动的检测局限于操作系统审计踪迹数据及其他以主机为中心的数据源。基于主机的入侵检测系统,早期的系统原型有 IDES 系统、Wisdom&Sense 系统和 Haystack 系统等。其中,IDES 系统是具备划时代意义的原型系统,它实现了最初的理论模型,并启动了早期的入侵检测系统研制热潮。

1990 年,加利福尼亚大学戴维斯分校的希伯莱因(Heberlein)等开发出了网络安全监视器(network security monitor,NSM)。该系统第一次将网络数据包作为检测的数据源。从此以后,入侵检测翻开了新的一页,分为基于主机的入侵检测系统和基于网络的入侵检测系统。

20 世纪 90 年代后,出现了把基于主机和基于网络的入侵检测结合起来的早期尝试,最早实现这种集成能力的原型系统是分布式入侵检测系统(distributed intrusion detection system,DIDS),它将 NSM 组件和 Haystack 组件集成在一起,因此有人称此类系统为混合型系统。

随着网络安全事件的不断增加和网络入侵手法的多样化,人们迫切需要各种入侵检测系统能够协同工作,优势共享,组成一种全新的 DIDS。由于缺乏相应的通用标准,不同系统之间缺乏互操作性和互用性,大大阻碍了入侵检测系统的发展。为了解决不同入侵检测系统之间的互操作和共存问题,1997 年 3 月,美国国防部高级研究计划局开始着手通用入侵检测框架(common intrusion detection framework,CIDF)标准的制定,试图提供一个入侵检测、分析和响应系统等部件协同防御的基础框架。加利福尼亚大学戴维斯分校的安全实验室完成了 CIDF 标准。互联网工程工作组成立了入侵检测工作组(intrusion detection working group,IDWG)负责建立入侵检测系统交换格式(intrusion detection system exchange format,IDEF)标准,并提供支持该标准的工具,以便更高效率地开发入侵检测系统。

9.1.3　入侵检测的相关概念

1. 入侵的定义

在给出入侵的定义之前,首先来了解一下计算机安全的若干基本概念。通常,计算机安全的三个基本目标是机密性、完整性和可用性。机密性要求保证系统信息不被非授权用户访问,完整性要求防止信息被非法修改或破坏,而可用性则要求保证系统信息和资源能够持续有效,并能按用户所需的时间、地点和方式加以访问。安全的计算机系统应该实现上述 3个目标,即保护自身的信息和资源、不被非授权修改和拒绝服务攻击。

安全策略用于将抽象的安全目标和概念映射为现实世界中的具体安全规则,通常定义为一组用于保护系统计算机资源和信息资源的目标、过程和管理规则的集合。安全策略建立在所期望系统运行方式的基础上,并将这些期望值完整地记录下来,用于定义系统内所有可接受的操作类型。

在入侵检测中,术语"入侵"表示系统内部发生的任何违反安全策略的事件,它不仅包括外部入侵、内部入侵和违法者的违法动作,同时还包括如下威胁。

(1)恶意程序的威胁,如病毒、特洛伊木马程序、恶意 Java 程序等。

(2)探测和扫描系统配置信息和安全漏洞,为未来攻击进行准备工作的活动。

对具体的入侵定义,存在很多种提法。美国国家安全通信委员会(National Security Telecommunications Advisory Committee,NSTAC)下属的入侵检测小组给出的关于"入侵"的定义:对信息系统的非授权访问以及(或者)未经许可在信息系统中进行的操作。

2. 什么是入侵检测

对于入侵检测的概念定义也存在很多提法,具体如下。

(1)检测对计算机系统的非授权访问。

(2)对系统的运行状态进行监视,发现各种攻击企图、攻击行为或攻击结果,以保证系统资源的机密性、完整性和可用性。

(3)识别针对计算机系统和网络系统的非法攻击,包括检测外部非法入侵者的恶意攻击或试探,以及内部合法用户的超越使用权限的非法行为。

NSTAC 下属的入侵检测小组给出的关于"入侵检测"的定义:对企图入侵、正在进行的入侵或者已经发生的入侵进行识别的过程。所有能够执行入侵检测任务和功能的系统,都可称为入侵检测系统,其中包括软件系统以及软硬件结合的系统。

国际计算机安全协会(International Computer Security Association,ICSA)入侵检测系统论坛对入侵检测系统的定义:从计算机网络或计算机系统中的若干关键点收集信息进行分析,从中发现网络或系统中是否有违反安全策略的行为和遭到攻击的迹象。

9.1.4 入侵检测系统的功能

入侵检测(intrusion detection)技术是一种动态的网络检测技术,主要用于识别对计算机和网络资源的恶意使用行为,包括来自外部用户的入侵行为和内部用户的未经授权活动。

一旦发现网络入侵现象,则应当做出适当的反应。对于正在进行的网络攻击,则采取适当的方法来阻断攻击(与防火墙联动),以减少系统损失。

对于已经发生的网络攻击,则应通过分析日志记录找到发生攻击的原因和入侵者的踪迹,作为增强网络系统安全性和追究入侵者法律责任的依据。

入侵检测系统由入侵检测的软件与硬件组合而成,被认为是防火墙之后的第二道安全闸门,在不影响网络性能的情况下能对网络进行监测,提供对内部攻击、外部攻击和误操作的实时保护。它主要执行以下任务(功能)。

(1)监视并分析用户和系统活动,查找非法用户和合法用户的越权操作。

(2)系统构造和弱点的审计。

(3)识别反映已知进攻的活动模式并向相关人士报警。

(4)异常行为模式的统计分析。

(5)评估重要系统和数据文件的完整性。

(6)操作系统的审计跟踪管理,并识别用户违反安全策略的行为。

9.2 入侵检测系统的组成

根据不同的网络环境和系统的应用,入侵检测系统在具体实现上也有所不同。从系统构成上看,入侵检测系统至少包括数据提取、入侵分析、响应处理三个部分,另外还可能结合安全知识库、数据存储等功能模块,提供更为完善的安全检测及数据分析功能。如1987年丹宁提出的通用入侵检测模型主要由六部分构成,IDES系统与它的后继版本NIDES系统都完全基于丹宁的模型;另外CIDF在总结现有的入侵检测系统的基础上提出了一个入侵检测通用模型如图9-1所示。

通用入侵检测框架(common intrusion detection framework,CIDF)把一个入侵检测系统分为以下组件。

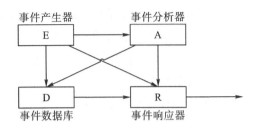

图 9 - 1　CIDF 的入侵检测通用模型

（1）事件产生器：负责原始数据采集，并将采集到的原始数据转换为事件，向系统的其他部分提供此事件。采集的信息包括系统的日志文件、网络数据包、系统目录和文件的异常变化。入侵检测能否有效检测攻击行为很大程度上依赖于收集信息的可靠性和正确性。由于攻击的复杂性，仅靠一个信息源可能无法有效检测攻击行为，需要尽可能地扩大检测范围。

（2）事件分析器：接收事件信息，对其进行分析，判断是否有入侵行为或异常现象，最后将判断结果变为警告信息。事件分析器是入侵检测系统的核心模块，包括对原始数据进行同步、整理、组织、分类、特征提取，以及各种类型的细致分析，提取其中所包含的系统活动特征或模式，用于正常和异常行为的判断。这种行为的鉴别可以实时进行，也可以事后分析。入侵分析技术也是入侵检测技术研究的难点和热点。由于攻击的复杂性和多样性，到目前为止仍然没有找到一种有效的分析方法，有效地检测各种攻击行为。入侵检测的各种分析方法将在后续章节做详细介绍。

（3）事件数据库：存放各种中间和最终入侵信息的地方，并从事件产生器和事件分析器接收需要保存的事件，一般会将数据长时间保存。

（4）事件响应器：根据入侵检测的结果，对入侵的行为做出适当的反应，包括主动响应和被动响应。主动响应以自动的或用户设置的方式阻断攻击过程或以其他方式影响攻击过程，如切断 TCP 连接、修补系统漏洞、强制可疑人员退出系统等。被动响应则只对发生的事件进行报告和记录，由安全管理员负责下一步行动。

9.3　入侵检测系统的分类

9.3.1　根据目标系统的类型

（1）基于主机的入侵检测系统（host - based intrusion detection system，HIDS）。通常，基于主机的入侵检测系统可监测系统、事件和操作系统下的安全记录以及系统记录。当有文件发生变化时，基于主机的入侵检测系统将新的记录条目与攻击标记相比较，看它们是否匹配。如果匹配，系统就会向管理员报警，以采取措施。

（2）基于网络的入侵检测系统（network - based intrusion detection system，NIDS）。基于网络的入侵检测系统使用原始网络数据包作为数据源。基于网络的入侵检测系统通常利用一个运行在混杂模式下的网络适配器来实时监视并分析通过网络的所有通信业务。

9.3.2 根据入侵检测分析方法

(1)异常入侵检测系统。异常入侵检测系统利用被监控系统正常行为的信息作为检测系统中入侵行为和异常活动的依据。对于异常阈值与特征的选择是异常入侵检测的关键。局限:并非所有的入侵都表现为异常,而且系统的轨迹难以计算和更新。

(2)误用入侵检测系统。误用入侵检测系统根据已知入侵攻击的信息(知识、模式等)来检测系统中的入侵和攻击。如何表达入侵的模式是误用入侵检测的关键。局限:只能发现已知的攻击,对未知攻击无能为力。

9.3.3 根据检测系统对入侵攻击的响应方式

(1)主动的入侵检测系统。主动的入侵检测系统在检测出入侵后,可自动地对目标系统中的漏洞采取修补、强制可疑用户(可能的入侵者)退出系统以及关闭相关服务等对策和响应措施。

(2)被动的入侵检测系统。被动的入侵检测系统在检测出对系统的入侵攻击后只是产生报警信息通知系统安全管理员,至于之后的处理工作则由系统管理员来完成。

9.3.4 根据系统各个模块运行的分布方式

(1)集中式入侵检测系统。系统的各个模块包括数据的收集与分析以及响应都集中在一台主机上运行,这种方式适用于网络环境比较简单的情况。

(2)分布式入侵检测系统。系统的各个模块分布在网络中不同的计算机、设备上,一般来说分布性主要体现在数据收集模块上,如果网络环境比较复杂、数据量比较大,那么数据分析模块也会分布,一般是按照层次性的原则进行组织的。

9.4 入侵检测的分析技术

分析技术是入侵检测系统的核心。分析技术是指如何利用采集的数据来分析当前被监控系统的状况,以发现攻击行为或者攻击企图。分析技术可以分为异常入侵检测技术和误用入侵检测技术。

9.4.1 异常入侵检测技术

1. 基本概念

在讲异常入侵检测技术的原理之前,先介绍入侵检测使用的两个性能参数:误报,漏报。它们是最能体现入侵检测系统性能的两个关键参数。

误报(false positive):实际无害的事件却被入侵检测系统检测为攻击事件。本来这个事

件是没有攻击性的,是正常范围内的活动,却被入侵检测系统检测为攻击事件并报警响应,
就是误报。

漏报(false negative):一个攻击事件未被入侵检测系统检测到或被分析人员认为是无
害的。本来这个事件是一个攻击事件,但入侵检测系统没有检测出来,或者分析人员认为它
并不是一个攻击事件,就产生了漏报。

用户轮廓(profile):正常操作应具有的活动规律。通常将其定义为各种行为参数及其
阈值的集合,用于描述正常行为范围。

异常入侵检测的主要前提条件是入侵性活动作为异常活动的子集。理想状况是异常活
动集和入侵性活动集等同。这样若能检测所有的异常活动,则就能检测所有的入侵性活动。
可是,入侵性活动并不总是与异常活动相符合。活动存在以下四种可能性。

(1)入侵而非异常:活动具有入侵性却因为不是异常而导致不能被检测到,这时候造成
漏报,结果就是入侵检测系统不报告入侵。

(2)非入侵且异常:活动不具有入侵性,但因为它是异常的,入侵检测系统报告入侵,这
时候造成虚报。

(3)非入侵且非异常:活动不具有入侵性,入侵检测系统没有将活动报告为入侵,这属于
正确的判断。

(4)入侵且异常:活动具有入侵性并因为活动是异常的,入侵检测系统将其报告为入侵。

2. 工作原理

异常检测也称基于行为的检测,是根据用户行为或资源使用状况的正常程度来判断是
否入侵,而不依赖于具体行为是否出现来检测。通过对系统审计数据的分析,建立起系统主
体(单个用户、一组用户、主机,甚至是系统中的某个关键的程序和文件等)的正常行为特征
轮廓;检测时,如果系统中的审计数据与已建立的主体的正常行为特征有重大偏离就认为是
一个入侵行为(见图9-2)。一般采用统计或基于规则描述的方法建立系统主体的行为特征
轮廓,即统计性特征轮廓和基于规则描述的特征轮廓。异常检测技术基于以下假设:入侵的
行为能够由于其偏离正常或期望的系统或用户的活动规律而被检测出来。

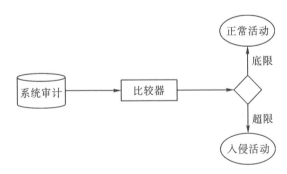

图 9-2　异常入侵检测工作原理示意图

　　异常检测试图为对象建立起预期的行为模型,并在此基础上将所有观测到的行为和对象相关的活动与模型进行比较,然后再根据比较的结果将那些与预期行为不相符合的活动判定为可疑或入侵行为。其中,行为模型的对象可以是用户、主机或其他一些能够反映系统变化并且需要被监测的目标,对象正常和合法行为的确定以及将其描述成行为模型是异常入侵检测技术的核心所在。

3. 代表性技术

　　统计分析方法是异常检测的主要方法之一,也是最早应用于入侵检测的分析模型。其原理是建立系统内部用户行为概率统计模型,实时地检测用户对系统的使用情况,如果检测到用户的行为偏离统计的模型,则认为系统受到了攻击。统计方法使用一组经时间取样的特征变量来测度用户和系统行为,并且构建基于这些变量的用户正常活动统计模型(又称为轮廓,profile)。进行入侵分析时,将收集的数据与该轮廓相比较,当偏离超过一定的阈值时即为异常,认为发现攻击行为。

　　系统中的特征变量有用户登录失败次数、CPU 和 I/O 利用率、文件访问数和访问出错率、网络连接数、击键频率、事件间的时间间隔等。

　　统计模型包括以下几种。

　　(1)均值和标准偏差模型。以单个特征变量为检测对象,假定特征变量满足正态分布,根据该特征变量的历史数据统计出分布参数(均值、标准偏差),并依次设定信任区间。在检测过程中,若特征变量的取值超出信任区间,则认为发生异常。

　　(2)多元模型。以多个特征变量为检测对象,分析多个特征变量间的相关性,是均值与标准偏差模型的扩展,不仅能检测到单个特征变量值的偏离,还能检测到特征变量间关系的偏离。

　　(3)时间序列模型。将事件计数与资源消耗根据事件排列成序列,如果某一新事件在相应事件发生的概率较低,则该事件可能为入侵。

　　以统计分析方法形成系统或用户的行为轮廓,实现简单,且在特征变量选择较好时能够可靠地检测出入侵。

　　神经网络具有检测准确度高、具有良好的非线性映射和自学习能力、具备相当强的攻击模式分析能力、建模简单、容错性强等优点。基于神经网络的异常检测方法是训练神经网络连接的信息单元,信息单元指命令。若神经网络被训练成预测用户输入命令序列集合,则神经网络就构成了用户的轮廓框架。当用神经网络预测不出某用户正确的后续命令,即在某种程度上表明了用户行为与其轮廓框架的偏离,这时有异常事件发生,以此就能进行异常入侵检测。

　　数据挖掘是一种利用分析工具在大量数据中提取隐含在其中且现在有用的信息和知识的过程。计算机联网导致了大量审计记录,而且审计记录大多是以文件形式存放的。若单独依靠手工方法去发现记录中的异常现象是不够的,往往操作不便,不容易找出审计记录间相互关系。但是海量的审计记录正好符合数据挖掘的基础要求。因此,可利用数据挖掘技术,提取感兴趣的知识,这些知识是隐含的、事先未知的潜在有用信息,并用这些知识去检测异常入侵和已知的入侵。数据挖掘算法有多种,如贝叶斯推理的异常检测方法、基于机器学习的异常检测技术,另外还有将挖掘技术的关联分析、序列分析和聚类分析等技术应用于分析入侵行为的方法。基于数据挖掘的检测方法建立在对所采集大量信息进行分析的基础之上,只能进行事后分析,即仅在入侵事件发生后才能检测到入侵的存在。

4. 关键问题

异常入侵检测技术的关键问题。

(1)特征量的选择。异常检测首先要建立系统或用户的"正常"行为特征轮廓,这就要求建立正常模型时,选取的特征量既要能准确地体现系统或用户的行为特征,又能使模型最优化,即以最少的特征量就能涵盖系统或用户的行为特征。

(2)参考阈值的选定。参考阈值是异常检测的关键因素,阈值定得过大,漏警率可能会升高;阈值定得过小,则误警率就会提高。因而合适的参考阈值选定是影响这一检测方法准确率的重要因素。

5. 优缺点

异常入侵检测的优点是可以检测出未知的、复杂的入侵行为,且检测速度比较快。其缺点是存在较高的误警率,尤其采用的训练数据包含入侵行为时,可能得到错误的训练模型或阈值。它一般不能解释异常事件,从而无法采取正确的响应措施。异常检测一般属于事后分析,不能针对攻击行为提供实时的检测和响应。

9.4.2　误用入侵检测技术

1. 基本概念

攻击特征库:误用检测中一个重要的概念是攻击特征库,把已知的入侵行为的特征总结抽象出来并建立攻击特征库,即一条条的记录规则(例子)。当监测的用户或系统行为与库中的记录相匹配时,系统就认为这种行为是入侵。这是误用检测基本原理。

误用检测的过程是在若干点进行监控,然后进行特征提取,把当前的特征与特征库比较,看是否匹配,匹配就是入侵;不匹配就是正常行为,则放行。

误用检测的前提是所有的入侵行为都有可被检测到的特征。假如没有这个前提,无法提取特征,那就无法和特征库匹配,也就检测不到入侵。特征是否容易被抽象出来,是否容易写成特定的规则则是另一回事。

2. 工作原理

误用检测技术(misuse detection)通过检测用户行为中的那些与某些已知的入侵行为模式类似的行为或那些利用系统中缺陷或是间接地违背系统安全规则的行为,来检测系统中的入侵活动,是一种基于已有的知识的检测。

误用检测技术首先对非正常操作(入侵)行为的特征,建立相关的特征库;然后,在后续的检测过程中,将收集到的数据与特征库中的特征代码进行比较,相匹配时,系统就认为这种行为是入侵。误用检测的过程是模式匹配的过程,其工作原理如图 9-3 所示。

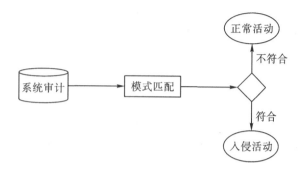

图 9-3　误用入侵检测工作原理示意图

　　误用检测技术的核心是要用恰当的方法提取和表示隐藏在某种入侵行为中的代表性特征,形成相应的入侵规则或模式库,并以此为依据实现对目标的有效检测和行为发现。这种入侵检测技术的主要局限在于它只是根据已知的入侵序列和系统缺陷的模式来检测系统中的可疑行为,而不能检测新的入侵攻击行为以及未知的、潜在的系统缺陷。它们基于已知系统缺陷和入侵模式,即事先定义了一些非法行为,然后将观察现象与之比较做出判断。这种技术可以准确地检测具有某些特征的攻击,但由于过度依赖已定义好的安全策略的实现,而无法检测系统未知的攻击行为,因而可能产生漏报。

3. 常见技术

常用的误用检测技术有以下几种。

　　(1)基于规则的专家系统模型。最早出现的误用检测大部分都是基于规则的专家系统,系统开发人员将已知的入侵行为特征编码成规则以构成规则库,通过将审计记录与规则相匹配来检测入侵。其特点是原理简单、扩展性好、检测效率高、可以实时检测,但只适用于比较简单的攻击方式。

　　(2)专家系统。基于专家系统的入侵检测方法是通过将入侵知识表示成 IF-THEN 规则形成专家知识库,然后运用推理算法进行入侵检测。专家系统可以在给定入侵行为描述规则的情况下,对系统的安全状态进行推理。在专家系统中,规则用来作为系统的条件,而推理则构成了系统的动作,只有当规则中的所有条件均得到满足时,系统才会开始执行与之相关的一系列动作。专家系统的优点:把系统的推理控制过程和问题的解答相分离,用户不需要理解或干预专家系统的内部推理过程;专家系统的检测能力强大,灵活性也很高。专家系统的缺点:缺乏处理序列数据的能力,即不能处理数据的前后相关性,性能完全取决于设计者的知识和技能;只能检测已知的攻击模式,无法处理判断不确定性;规则库难以维护,更改规则时要考虑对规则库其他规则的影响。

　　(3)状态转移分析。它是状态建模的一种类型,状态建模是将入侵行为表示成许多个不同状态的一种入侵分析方法。状态转移分析基于以下假定:入侵行为是由攻击者执行的一系列行为操作组成的,这些操作可将系统从某些初始状态迁移到危及系统安全的状态。初始状态对应于入侵开始前的系统状态,危及系统安全的状态对应于已成功入侵时刻的系统状态,在这两个状态间,则可能存在一个或多个中间状态的迁移。在识别出初始状态、危及系统安全的状态后,主要应分析在这两个状态之间进行状态迁移的关键活动,可用类似有限状态机的状态迁移图来描述状态间的迁移信息。

由于入侵方式与入侵种类的多样性,入侵的状态可能与定义的入侵状态存在一定的差异,这些可能导致检测能力的降低。另外当入侵过程比较复杂时,状态迁移图可能会过于复杂,而难以建立起状态迁移图;对于那些与状态无关的入侵行为,状态迁移也无法描述。因此目前为止,状态迁移分析仅用于学术研究而没有应用于商业开发。

4. 关键问题

入侵模式的建立与更新问题是误用入侵检测的关键。如果构建的入侵模型不够好,则可能漏掉大多数的攻击。

5. 优缺点

对于已知的攻击,误用检测可以详细、准确地报告出攻击类型,但是对未知攻击却效果有限,而且入侵模式库必须不断更新。由于可以知道攻击的类型,从而可以采用相应的响应手段,相对异常检测而言,误用检测的准确率和效率都比较高,因此也是入侵检测的主流技术。

但是误用检测也有以下缺点。

(1)如果没有特征能与某种新的攻击行为匹配,则系统会发生漏报;攻击特征的细微变化,会使误用检测无能为力。

(2)误用检测强烈依赖于模式库,如果构建的入侵模型不够好,则会漏掉大多数攻击。

(3)系统的相关性很强,对于不同的操作系统由于其实现机制不同,对其攻击的方法也不尽相同,很难定义出统一的模式库。

(4)没有能力检测那些没有明显特征的入侵。

9.4.3 其他入侵分析技术

除上述两种主流的入侵检测分析技术外,还有基于主机的入侵检测系统的文件完整性检查和系统配置分析技术。

1. 文件完整性检查

文件完整性检查的目的是检查主机系统中文件系统的完整性,及时发现潜在的针对文件系统的无意或恶意的更改。文件完整性检查的基本思想:将所要检查的每个目标文件生成一个唯一标识符,并将它们存储到一个数据库中;进行检查时,对每个目标文件重新生成新的标识符,并将新标识符与数据库中存储的旧版本进行比较;从而可以确定目标文件是否发生了更改。另外,通过对数据库中条目数目的检查,也可能发现文件系统中文件数目的增删变化。

文件完整性检查的最初实现技术包括检查列表技术。该技术的特点是使用一个检查列表来存储目标文件的标识信息,列表中的每个条目包括目标文件的诸多属性信息,如文件长度、最后修改时间、属主信息等。在检查时,系统再重新取得目标文件的属性信息,并与在检查列表中的对应项目进行比较。此种方法的优点是检查速度较快,缺陷在于无法确保文件内容不被恶意更改,因为入侵者可在获得较高权限的条件下,更改文件内容而不改变文件的属性信息。

为了解决初期的若干技术问题,基姆(Kim)设计开发了 Tripwire 的系统原型,并发展成为文件完整性检查领域内最著名的工具软件。Tripwire 的基本设计思路:使用单向消息摘要算法,计算每个目标文件的检验和信息,然后将其存储到可靠的安全存储介质上;系统定时地计算目标文件的检验和,并与预先存储的特征信息进行比较,如果出现了差异,则向系统管理员发出报告信息。

文件完整性检查也属于基于主机的入侵检测系统的分析技术,其原因在于入侵攻击的诸多后果往往体现在文件系统中,文件完整性检查技术实质上属于一种事后的入侵检测技术,针对的是特定文件对象的完整性问题。

2. 系统配置分析技术

系统配置分析技术也称为静态分析,其技术目标是检查系统是否已经受到入侵活动的侵害,或者存在有可能被入侵的危险。静态分析技术通过检查系统的当前配置情况,如系统文件的内容及相关的数据表等,来判断系统的当前安全状况。被称为"静态"分析,是因为该技术只检查系统的静态特性,并不分析系统的活动情况。

配置分析技术的基本原理是基于如下两个观点:首先,一次成功的入侵活动可能会在系统中留下痕迹,这可以通过检查系统当前的状态来发现;其次,系统管理员和用户经常会错误地配置系统,从而给攻击者以入侵的可乘之机。可以看出,配置分析技术既可以在入侵行为发生之前使用,作为一种防范性的安全措施;同样,也可以在潜在的攻击活动之后使用,以发现暗藏的入侵痕迹,从这个意义上讲,系统配置分析主要适用于基于主机的入侵检测系统的分析技术。

系统配置分析技术的一个最著名实现工具是 COPS 系统,COPS 系统的全称是 Computer Oracle Password System(计算机甲骨文和密码系统),它本质上是一组工具软件和脚本程序的集合,用来执行对预先定义好的系统配置策略的检查工作。COPS 系统所检查的系统安全范围包括如下类型。

(1)检查文件、目录和设备的访问权限模式。

(2)脆弱的口令设置。

(3)检查口令文件和组用户文件的安全性、格式和内容。

(4)对重要的二进制文件和其他文件计算 CRC 检验和,检查是否发生更改。

(5)是否具有匿名 FTP 登录服务账户。

(6)检查用户主目录下文件是否可写。

（7）各种类型的根权限检查。

（8）按照 CERT 安全报告的发布日期，检查关键文件是否已经及时进行升级或打上补丁。

COPS 系统负责报告所发现的安全问题，但是并不试图修复安全漏洞，这点与基本的入侵检测系统的设计理念相符合。

9.5　入侵检测系统的性能指标

9.5.1　评价入侵检测系统性能的标准

评价入侵检测系统性能时共有五个指标。

（1）准确性（accuracy）：入侵检测系统能正确地检测出系统入侵活动。

（2）处理性能（performance）：一个入侵检测系统处理数据的速度。当处理性能较差时，它就不可能实现实时的入侵检测。

（3）完备性（completeness）：检测系统能够检测出所有攻击行为的能力。

（4）容错性（fault tolerance）：入侵检测系统自身必须能够抵御攻击，特别是拒绝服务攻击。

（5）及时性（timeliness）：要求入侵检测系统必须尽快地分析数据并把分析结果传播出去，以使系统安全管理者能够在入侵攻击尚未造成更大危害前做出反应，阻止攻击者颠覆审计系统甚至入侵检测系统的企图。

9.5.2　影响入侵检测系统性能的参数

在分析入侵检测系统的性能时，应重点考虑检测的有效性和效率。前者研究"检测精确度和系统报警的可信度"；后者侧重检测机制性能价格比的改进。本节从有效性的角度研究。

本书期望检测系统能最大限度地把系统中的入侵行为与正常行为区分开来。

如果检测系统把系统的"正常行为"作为"异常行为"进行报警，这就是虚警（false positive）。如果检测系统对某些入侵活动不能识别、报警，这种情况被称为漏警（false negative）。

这里，通过贝叶斯理论来分析基于异常检测的入侵检测系统的检测率、虚警率与报警可信度之间的关系。假设 I 与 $\bar{I}$ 分别表示入侵行为和目标系统的正常行为，A 代表检测系统发出了入侵报警，$\bar{A}$ 表示检测系统没有报警。则可以定义检测率、虚警率和漏警率等概念。

（1）检测率：被监控系统受到入侵攻击时，检测系统能够正确报警的概率。其值为检测到的攻击数/攻击事件总数，即表示为 $P(A|I)$。

（2）虚警率：被监控系统处于正常状态时，检测系统却出现报警的概率。虚警率可表示

为 $P(A|\overline{I})$。

(3)漏警率：被监控系统受到入侵攻击时，检测系统没有报警的概率。其值为(攻击事件一检测到的攻击数)/攻击事件总数，即表示为 $P(\overline{A}|I)$。

实际应用中，主要关注一个检测系统的报警结果是否能够正确反映目标系统的安全状态。下面从报警信息的可信度方面考虑检测系统的性能。

(1)$P(I|A)$：检测系统报警时，目标系统正受到入侵攻击的概率。该参数小于 1 时，存在虚警现象。

(2)$P(\overline{I}/\overline{A})$：检测系统没有报警时，目标系统处于安全状态的可信度。该参数小于 1 时，存在漏警现象。

显然，为使入侵检测系统更有效，期望这两个参数的值越大越好。

9.6　入侵检测系统 Snort

9.6.1　Snort 概述

Snort 是一个功能强大、跨平台、轻量级的网络入侵检测系统，从入侵检测分类上来看，Snort 应该是个基于网络和误用的入侵检测软件。它可以运行在 Linux、OpenBSD、FreeBSD、Solaris、UNIX 和 Windows 等操作系统之上。Snort 是一个用 C 语言编写的开放源代码软件，符合 GNU 通用公共许可证(GNU General Public License,GPL)的要求，由于其是开源且免费的，许多研究和使用入侵检测系统都从 Snort 开始，因而 Snort 在入侵检测系统方面占有重要地位。Snort 的网站是"http://www.snort.org"。用户可以登录网站得到源代码，在 Linux 和 Windows 环境下安装可执行文件，并可以下载描述入侵特征的规则文件。

Snort 对系统的影响小，管理员可以很轻易地将 Snort 安装到系统中，并且能够在很短的时间内完成配置，方便地集成到网络安全的整体方案中，使其成为网络安全体系的有机组成部分。虽然 Snort 是一个轻量级的入侵检测系统，但是它的功能却非常强大，其特点如下。

(1)Snort 的代码极为简洁、短小，其源代码压缩包只有大约 110 千比特/秒。

(2)Snort 的跨平台性能极佳。Snort 支持的操作系统广泛，包括 Linux、OpenBSD、FreeBSD、NetBSD、Solaris、HP - UX 、AIX、IRIX、Win32(Windows 9x/NT/2000)等。

(3)Snort 的功能非常强大。①具有实时流量分析和日志 IP 网络数据包的能力。②能够进行协议分析，内容的搜索/匹配。③日志格式既可以是 TCP Dump 式的二进制格式，也可以解码成 ASCII 字符形式，便于新手检查。④可以使用 TCP 流插件，对 TCP 包进行重组，抵抗重组攻击。⑤使用 SPAD 插件，能够报告非正常的可疑包，从而对端口扫描进行有效的检测。⑥很强的系统防护能力。

（4）扩展性能较好。①有足够的扩展能力，能使用一种简单的规则描述语言，对新的网络攻击做出很快的反应。②支持插件（包括数据库日志输出插件、碎数据包检测插件、端口扫描检测插件、HTTP URI Normalization 插件、XML 插件等），用户也可以按照插件规范来自行编写插件、处理报警的方式进而做出响应，具有非常好的可扩展性和灵活性。

9.6.2　系统组成和处理流程

Snort 由数据包捕获器、数据包解码器、预处理器、检测引擎和输出插件组成，其基本处理流程如图 9－4 所示。

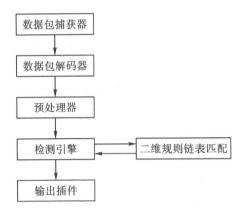

图 9－4　Snort 的组成和基本数据处理流程

1. 数据包捕获器

Snort 是一个基于网络的入侵检测系统，因而需要捕获并分析所有传输到监控网卡的网络数据，这就需要包捕获技术。Snort 通过两种机制来实现，一种方式是将网卡设置为混杂模式，另一种方式则是利用 Libpcap/Winpcap 函数库从网卡捕获网络数据包。数据包捕获器是一个独立的软件，能直接从网卡获取数据包。通过调用 Libpcap（Linux 平台）或 Winpcap（Windows 平台）库函数从网络设备上捕获数据包。

2. 数据包解码器

数据包解码器主要是对各种协议栈上的数据包进行解析、预处理，以便提交给检测引擎进行规则匹配。解码器运行在各种协议栈之上，从数据链路层到传输层，最后到应用层，因为当前网络中的数据流速度很快，如何保障较高的速度是解码器子系统中的一个重点。

3. 预处理器

预处理模块的作用是对当前截获的数据包进行预先处理，以便后续处理模块对数据包的处理操作。由于最大数据传输单元限制及网络延迟等问题，路由器会对数据包进行分片处理。但是恶意攻击者也会故意发送经过软件加工的数据包，以便把一个具有攻击性的数据包分散到各个小的数据包中，并有可能打乱数据包传输次序，分多次传输到目标主机。因此，对异常数据包的处理也是入侵检测系统的重要内容。

预处理器主要包括如下功能。

(1)模拟 IP 碎片重组、TCP 流重组插件。

(2)各种解码插件：HTTP 解码插件、RPC 解码插件以及 Telnet 解码插件等。

(3)规则匹配无法进行攻击检测时所用的插件：端口扫描插件、Spade 异常入侵检测插件、ARP 欺骗检测插件等。

4. 检测引擎

检测引擎是入侵检测系统的核心内容，Snort 用一个二维链表存储它的检测规则，其中一维为规则头，另一维为规则选项。规则头中放置的是一些公共属性特征，而规则选项中放置的是一些入侵特征。Snort 从配置文件(snort.config)中读取规则文件(snort.rules)的位置，并从规则文件中读取规则，存储到二维链表中。

Snort 的检测就是二维规则链表和网络数据匹配的过程，一旦匹配成功则把检测结果输出到输出插件。为了提高检测速度，通常把最常用的源/目的 IP 地址和端口信息放在规则头链表中，而把一些独特的检测标志放在规则选项链表中。规则匹配查找采用递归的方法进行，检测机制只针对当前已经建立的链表选项进行检测，当数据包满足一个规则时，就会触发相应的操作。Snort 的检测机制非常灵活，用户可以根据自己的需要很方便地在规则链表中添加所需要的规则模块。

5. 输出插件

Snort 的输出采用输出插件方式，输出插件使得 Snort 在向用户提供格式化输出时更加灵活。输出插件在 Snort 报警和记录子系统被调用时运行。Snort 支持多种形式的日志记录方式，如解码后的文本形式或者 TCPDump 的二进制形式。使用数据库输出插件，Snort 可以把日志记录进数据库，当前支持的数据库包括 PostgreSQL、MySQL、Oracle 以及任何 UNIX ODBC 数据库。

9.6.3　Snort 命令与工作模式

Snort 采取命令行方式运行。格式：snort −[options] <filters>。"options"中可选的参数很多，内容如下。

(1)A <alert>——设置告警方式为 full、fast 或者 none。

(2)a——显示 ARP 包。

(3)b——以 TCPDump 的格式将数据包记入日志。所有的数据包以二进制格式记入，可以提高 Snort 写日志的速度。

(4)c <文件>——读取配置文件的规则，是 Snort 最重要的选项之一。Snort 提供了标准配置文件"snort.conf"，配置文件的内容包括检测网络段、DNS 服务器的设置、输入/输出插件的设置、调用哪些规则文件等，只有仔细了解并设置 Snort 的配置文件，才能得到理想的入侵检测效果。

(5)C——仅抓取包中的 ASCII 字符。

(6)d——抓取应用层的数据包。

(7)D——在守护模式下运行 Snort。

(8)e——显示和记录网络层数据包头信息。

(9)i<if>——选择监控的网卡，"<if>"为网卡接口编号。

(10)l <ld>——将包信息记录到目录"<ld>"下。

(11)v——将包信息显示到终端时，采用详细模式。这种模式存在一个问题：它的显示速度比较慢，如果是在入侵检测系统网络中使用 Snort，最好不要使用详细模式，否则会丢失部分包信息。

(12)V——显示版本号，并退出。

(13)x——当收到骚扰 IPX 包时，显示相关信息。

(14)?——显示使用摘要，并退出。

Snort 有三种工作模式：嗅探器、数据包记录器、网络入侵检测系统。

1. 嗅探器

嗅探器模式就是 Snort 从网络上读出数据包然后显示在控制台上。相关命令如下。

(1)使 Snort 只输出 IP 和 TCP/UDP/ICMP 的包头信息并打印到屏幕上，需要使用命令：

　　　snort－v

(2)使 Snort 在输出包头信息的同时显示包的数据信息，可以使用命令：

　　　snort－vd

(3)使 Snort 显示数据链路层的信息，可以使用命令：

　　　snort－vde

2. 数据包记录器

(1)如果要把所有的包记录到硬盘上，需要用户先创建一个目录，并指定该日志目录，Snort 就会自动记录数据包。使用命令：

　　　snort－dev－l \log

(2)Snort 支持使用二进制数据存储格式。使用下面的命令可以把所有的包记录到一个单一的二进制文件中：

　　　snort－l \log－b

(3)在嗅探器模式下把一个 TCP Dump 格式的二进制文件中的包打印到屏幕上，可以输入命令：

　　　snort－dv－r packet.log

3. 网络入侵检测系统

Snort 最重要的用途是作为网络入侵检测系统，使用下面命令行可以启动这种模式：

　　　snort－dev－l log－c snort.conf

Snort 会对每个包和规则集进行匹配，发现匹配的包就会根据规则的设置采取相应的行动。如果不指定输出目录,Snort 就输出到"/var/log/snort"目录。如果想长期使用 Snort,最好不要使用"- v"选项。因为使用这个选项,会使 Snort 向屏幕上输出一些信息,大大降低 Snort 的处理速度,从而在向显示器输出的过程中丢弃一些包。可以采用如下简单的命令方式:

　　　　snort - i 2 - c snort.conf

其中,"- i"选项为选择网卡,监控的网络设置以及输出方式的设置都在"snort.conf"中。

在网络入侵检测模式下,有多种方式来配置 Snort 的输出。在默认情况下,Snort 以 ASCII 格式记录日志,使用 full 报警机制。如果使用 full 报警机制,Snort 会在包头之后打印报警消息。

Snort 有六种报警机制:full、fast、socket、syslog、smb 和 none。其中有四个可以在命令行状态下使用"- A"选项设置。

(1)A fast——报警信息包括一个时间戳、报警信息、源/目的 IP 地址和端口。

(2)A full——默认的报警模式。

(3)A unsock——使 Snort 将报警信息通过 UNIX 的套接字发往一个负责处理报警信息的主机,在该主机上有一个程序在套接字上进行监听。

(4)A none——关闭报警机制。

9.6.4　Snort 规则

规则集是 Snort 的攻击特征库,每条规则是一条攻击标识,Snort 通过它来识别攻击行为。Snort 使用一种简单的、轻量级的规则描述语言,这种语言灵活而强大。

Snort 规则分为两个部分:规则头和规则选项。规则头包含规则的动作、协议、源地址、目的地址、子网掩码、源和目的端口信息。规则选项包含报警信息以及用于确定是否触发规则响应动作而检查的数据包区域位置信息。

1. 规则头

(1)规则动作。规则头包含了定义一个包的"Who、Where 和 What 信息",以及当满足规则定义的所有属性的包出现时要采取的行动。规则的第一项是"规则动作"(rule action),"规则动作"告诉 Snort 在发现匹配规则的包时要干什么。在 Snort 中有五种动作:Alert、Log、Pass、Activate 和 Dynamic。

(2)协议。规则的下一部分是协议。Snort 当前分析可疑包的协议有 TCP、UDP、ICMP 和 IP,将来可能会更多,如 ARP、IGRP、GRE、OSPF、RIP、IPX 等。

(3)IP 地址。规则头的下一个部分处理一个给定规则的 IP 地址和端口号信息。关键字"any"可以被用来定义任何地址。

有一个操作符可以应用在 IP 地址上,它是否定运算符,用"!"表示。这个操作符告诉 Snort 匹配除了列出的 IP 地址以外的所有 IP 地址。下面这条规则对任何来自本地网络以外的流都进行报警:

alert tcp！192.168.1.0/24 any ->192.168.1.0/24 111（content："|00 01 86 a5|"；msg：“external mountd access”；）

（4）端口号。端口号可以用几种方法表示，包括“any”端口、静态端口定义、范围，以及通过否定操作符。“any”端口是一个通配符，表示任何端口。静态端口定义表示一个单个端口号。例如，“111”表示 Portmapper，“23”表示 Telnet，“80”表示 HTTP 等。端口范围用范围操作符“:”表示。

（5）方向操作符。方向操作符“->”表示规则所施加的流的方向。方向操作符左边的 IP 地址和端口号被认为是源主机，方向操作符右边的 IP 地址和端口信息是目标主机，还有一个双向操作符“<>”。它告诉 Snort 把地址/端口号既作为源，又作为目标来考虑。这对于记录、分析双向对话很方便。例如，Telnet 或者 POP3 会话。

（6）Activate 和 Dynamic 规则。Activate 和 Dynamic 规则给了 Snort 更强大的能力。用户现在可以用一条规则来激活另一条规则，当这条规则适用于一些数据包时，在一些情况下是非常有用的。例如，用户想设置一条规则：当一条规则结束后来完成记录。Activate 规则除了包含一个选择域“Activates”外就和 Alert 规则一样。

注意：在 Snort 将来的版本中，Activate 和 Dynamic 规则将完全被功能增强的 Tagging 所代替。

2. 规则选项

规则选项组成了 Snort 入侵检测引擎的核心，既易用又强大还灵活。所有的 Snort 规则选项用分号“;”隔开。规则选项关键字和它们的参数用冒号“:”分开。按照这种写法，Snort 中有以下 40 个规则选项关键字。

（1）msg——在报警和包日志中打印一个消息。

（2）logto——把包记录到用户指定的文件中而不是记录到标准输出。

（3）ttl——检查 IP 头的 TTL 的值。

（4）tos——检查 IP 头中 TOS 字段的值。

（5）id——检查 IP 头的分片 ID 值。

（6）ipoption——查看 IP 选项字段的特定编码。

（7）fragbits——检查 IP 头的分段位。

（8）dsize——检查包的净荷尺寸的值。

（9）flags ——检查 TCP Flags 的值。

（10）seq——检查 TCP 顺序号的值。

（11）ack——检查 TCP 应答（acknowledgement）的值。

（12）window——测试 TCP 窗口域的特殊值。

（13）itype——检查 ICMP Type 的值。

（14）icode——检查 ICMP Code 的值。

（15）icmp_id——检查 ICMP Echo ID 的值。

(16)icmp_seq——检查 ICMP Echo 顺序号的值。

(17)content——在包的净荷中搜索指定的样式。

(18)content－list——在数据包载荷中搜索一个模式集合。

(19)offset——Content 选项的修饰符,设定开始搜索的位置。

(20)depth——Content 选项的修饰符,设定搜索的最大深度。

(21)nocase——指定对 Content 字符串大小写不敏感。

(22)session——记录指定会话的应用层信息的内容。

(23)rpc——监视特定应用/进程调用的 RPC 服务。

(24)resp——主动反应(切断连接等)。

(25)react——响应动作(阻塞 Web 站点)。

(26)reference——外部攻击参考 IDS。

(27)sid——Snort 规则 ID。

(28)rev——规则版本号。

(29)classtype——规则类别标识。

(30)priority——规则优先级标识号。

(31)uricontent——在数据包的 URI 部分搜索一个内容。

(32)tag——规则的高级记录行为。

(33)ip_proto——IP 头的协议字段值。

(34)sameip——判定源 IP 和目的 IP 是否相等。

(35)stateless——忽略流状态的有效性。

(36)regex——通配符模式匹配。

(37)distance——强迫关系模式匹配所跳过的距离。

(38)within——强迫关系模式匹配所在的范围。

(39)byte_test——数字模式匹配。

(40)byte_jump——数字模式测试和偏移量调整。

3. 规则例子

(1)记录所有登录到一个特定主机的数据包:

    log tcp any any -> 192.168.1.1/32 23

(2)在第一条的基础上记录了双向的流量:

    log tcp any any<> 192.168.1.1/32 23

(3)这一条规则记录了所有到达用户的本地主机的 ICMP 数据包:

    log icmp any any -> 192.168.1.0/24 any

(4)这条规则允许双向的从用户的本地主机到其他站点的 HTTP 包:

    pass tcp any 80 <> 192.168.1.0/24 any

(5)这条告警规则显示了本地主机对其他主机的 111 端口的访问,并在 Log 中显示端口映射调用(portmapper call)信息：

```
alert tcp 192.168.1.0/24 any -> any 111 (msg:"Portmapper call";)
```

(6)记录其他任意地址的小于 1024 端口访问本地小于 1024 端口的流量：

```
log tcp any :1024 -> 192.168.1.0/24 :1024
```

(7)这条规则将会发现 SYN FIN 扫描：

```
alert tcp any any -> 192.168.1.0/24 any (msg:"SYN-FIN scan!"; flags:SF;)
```

(8)这条规则将会发现空 TCP 扫描：

```
alert tcp any any -> 192.168.1.0/24 any (msg:"Null scan!"; flags:0;)
```

(9)这条规则将会发现 Queso fingerprint 扫描：

```
alert tcp any any -> 192.168.1.0/24 any (msg:"Quesofingerprint";
flags:S12;)
```

(10)这条规则将进行基于内容的查找以发现溢出攻击：

```
alert tcp any any -> 192.168.1.0/24 143 (msg:"IMAP Buffer overflow!"; con-
tent:"|90E8 C0FF FFFF|/bin/sh";)
```

(11)这条规则将会发现 PHF 攻击：

```
alert tcp any any -> 192.168.1.0/24 80 (msg:"PHF attempt"; content:"/cgi-
bin/phf";)
```

(12)这条规则将会发现 Traceroute 包：

```
alert udp any any -> 192.168.1.0/24 any (msg:"Traceroute"; ttl:1;)
```

(13)这条规则将会发现其他主机对本地发出的 ICMP 包：

```
alert udp any any -> 192.168.1.0/24 any (msg:"Traceroute"; ttl:1;)
```

(14)这条规则发现 NMAP 的 TCP 的 ping 扫描：

```
alert tcp any any -> 192.168.1.0/24 any (flags:A; ack:0; msg:"NMAP TCP
ping!";)
```

(15)这条规则将会发现源路由的数据包(源路由攻击)：

```
alert tcp any any -> any any (ipopts:lsrr; msg:"Source Routed packet!";)
```

9.7　入侵防御系统

9.7.1　产生背景

　　防火墙、入侵检测都有各自的优点和缺陷,随着网络的日益普及,攻击也越来越多,许多新的攻击方法不仅仅利用基本网络协议,还会在上层应用协议中嵌入攻击数据,从而逃避防火墙的拦截。另外,各种恶意程序(蠕虫、木马等)的广泛传播,导致来自网络内部的攻击数量大大增加,更加提高了网络安全防御的难度。在这样的情况下,仅仅依靠传统的防火墙或入侵检测技术,已经无法对网络及网络内部的各种资源进行很好的防护,网络受到攻击后做出响应的时间越来越滞后,不能很好地解决日趋严重的网络安全问题。在此背景下,人们提出入侵防御系统(intrusion prevention system,IPS)的解决方案。

下面先介绍已有技术的应用缺陷。

1. 防火墙的缺陷

(1)防火墙不能防止来自网络内部的攻击。防火墙置于不同安全域的边界,一般认为防火墙内部是信任域,主要用于防范外部网络攻击,但是实际上,往往攻击来自于内部网络。

(2)防火墙是一种静态防护措施,无法应对复杂多变的网络攻击。防火墙的策略一般需要网络管理员根据其具有的网络安全知识设置防御策略。这种策略是静态的,也可能存在漏洞,无法根据当前的安全状态采用适当的防御策略。

(3)传统的防火墙工作在网络层和传输层,无法防御应用层的攻击,无法抵御病毒文件的传输。

(4)防火墙无法抵挡旁路攻击及潜在后门,入侵者可以伪造数据绕过防火墙或者找到防火墙中可能敞开的后门。

2. 入侵检测系统面临的问题

(1)缺乏有效的攻击阻断功能。传统的入侵检测系统只能在旁路上通过探测获取经过交换机端口的数据包。

(2)误警率过高。入侵检测系统不能普及的一个主要原因就是其误警率太高,大量的误警消息把真实有用的报警信息给淹没了。造成安全管理员视觉疲劳而可能漏掉真实的入侵信息。

基于以上原因,在现有入侵检测技术和防火墙的基础之上,发展了入侵防御系统。入侵防御系统提供一种主动、实时的防护,其设计旨在对常规网络流量中的恶意数据包进行检测,阻止入侵活动,预先对攻击性的流量进行自动拦截,使它们无法造成损失。入侵防御系统通过直接串联到网络链路中实现对可疑数据包的实时发现和主动拦截,即入侵防御系统如果检测到数据流量中包含攻击企图,就会自动地将攻击包丢掉或采取措施将攻击源阻断,而不把攻击流量放进内部网络。

9.7.2　工作原理

入侵防御系统作为一种网络主动防御技术是当前研究的热点。与入侵检测系统相比,它在实时发现、阻断攻击、防止未知攻击以及防御主动性等方面具有一定优势。它对分析攻击的准确性要求非常高,几乎是 100%。它继承了入侵检测系统大部分的算法规则,在数据的处理和语法规则的定义等方面做了很大的改进,使定义和添加语法规则更加容易,同时能够检测并分析出新的、未知类型的攻击。

入侵防御系统预先对入侵活动和攻击性网络流量进行拦截,避免其造成损失,而不简单地在恶意流量传送时或传送后才发出警报。它通过直接嵌入网络流量中实现这一功能,通过一个网络端口接收来自外部系统的流量,经过检查确认其中不包含异常活动或可疑内容后,再通过另外一个端口将它传送到内部系统中。

实现实时检查和阻止入侵的原理在于入侵防御系统拥有数目众多的过滤器,能够防止各种攻击。当新的攻击手段被发现之后,它就会创建一个新的过滤器。它的数据包处理引擎是专业化定制的集成电路,可以深层检查数据包的内容。如果有攻击者利用从链路层到应用层的漏洞发起攻击,它能够从数据流中检查出这些攻击并加以阻止。

入侵防御系统也采用协议重组技术,以看清具体的应用协议,在此基础上,根据不同应用协议的特征与攻击方式,将重组后的包进行筛选,将可疑数据包送入专门的特征库进行比对,可大大减少它处理的工作量,降低误警率。

9.7.3　入侵防御系统特征

一个理想的入侵防御系统应该具有以下特征。

(1)主动、实时预防攻击。入侵防御系统的解决方案应该提供对攻击的实时预防和分析。它应该在任何未授权活动开始前发现攻击,并阻止攻击进一步的活动。

(2)嵌入式运行。只有以嵌入式模式运行的入侵防御系统设备才能够实现实时的安全防护,实时阻断所有可疑的数据包,并对该数据流的剩余部分进行拦截。

(3)精确阻断能力。入侵防御系统作为串接部署的设备,确保用户业务不受影响是一个重点,错误的阻断必定意味着影响正常业务,这就需要采用深层次防御技术,准确检测攻击,在确保精确阻断的基础上,尽可能多地发现攻击行为,这也是区别入侵防御系统与入侵检测系统的重要指标之一。

(4)可管理性。理想的入侵防御系统可使安全设置和策略被各种应用程序、用户组和代理程序利用,从而降低安装和维护大型安全产品的成本。

(5)高效处理能力。由于入侵防御系统串联在网络中,所有网络数据必须通过它,因此它必须具有高效处理数据包的能力,否则可能成为网络瓶颈。其中,高效处理能力包括高吞吐量、低转发延迟以及在一定背景流量下的检测能力。

(6)可靠性和可用性。实时在线设备一旦出现故障,就会关闭某个关键的网络路径,造成拒绝服务。入侵防御系统必须具有出色的冗余能力和故障切换机制,确保不会成为网络部署中的单点故障。

入侵防御系统也有自身的缺陷,主要体现在以下方面。

(1)单点故障。入侵防御系统必须以嵌入模式工作在网络中,因而可能造成瓶颈问题和单点故障。如果入侵检测系统出现故障,最坏的情况也就是造成某些攻击无法被检测到,而嵌入式的入侵防御系统设备出现问题,就会严重影响网络的正常运转。如果入侵防御系统出现故障而关闭,用户就会面对一个由它造成的拒绝服务问题,所有客户都将无法访问企业网络提供的服务。

(2)性能瓶颈。即使入侵防御系统设备不出现故障,它仍然是一个潜在的网络瓶颈,不仅会增加滞后时间,而且会降低网络的效率。在高速网络中,它必须与数千兆级或者更大容量的网络流量保持同步,尤其是当加载了数量庞大的检测特征库时,设计不够完善的入侵防御系统嵌入设备无法支持这种响应速度。

(3)误警率和漏警率。误警率和漏警率也是需要入侵防御系统认真面对的一个重要问题。入侵检测系统产生的误报还可以通过网络管理员的仔细甄别来排除,入侵防御系统在误报的情况下,就可能阻断正常的网络事件,尤其对于实时在线的入侵防御系统来说,一旦拦截了"攻击性"数据包,就会对来自可疑攻击者的所有数据流进行拦截,造成另一种形式的拒绝服务。

9.7.4　入侵防御系统与入侵检测系统比较

入侵防御系统与入侵检测系统都基于检测技术,最初人们认为入侵防御系统将代替入侵检测系统,但是经过多年的发展发现并非如此,它们共存发展、各有优势。这主要是因为两者存在着不同的作用。

(1)使用方式不同。入侵检测系统对那些异常的、可能是入侵行为的数据进行检测和报警,检测与关联的面更广;告知使用者网络中的实时状况,并提供相应的解决、处理方法,是一种通过检测来防护、侧重于风险管理的安全产品。入侵防御系统对那些被明确判断为攻击行为以及会对网络、数据造成危害的恶意行为进行检测和防御,降低或减小使用者对异常状况的处理资源开销,是一种基于检测来监控、侧重于风险控制的安全产品。

(2)设计思路不同。入侵防御系统在线工作,相比入侵检测系统而言,增加了数据转发环节,对系统资源是一个新消耗。要保障入侵防御系统的数据处理效率,它必须与入侵检测系统资源分配重心不同,为了降低在线等待时间,它的时间响应机制要比入侵检测系统更精确、更迅速,入侵防御系统中误报率高、响应慢的事件没有存在的意义,需要直接转发而不做任何动作。因此入侵防御系统检测事件库只能是入侵检测系统检测事件库的一个子集。

(3)发展目标不同。入侵防御系统重在深层防御,追求精确阻断,是防御入侵的最佳方案。它弥补了防火墙或入侵检测系统对入侵数据实时阻断效果的不足。在提升性能效率的同时,它必须不断地追求精确识别攻击的能力,没有误阻断的深层防御才算有效,否则防御的代价就是影响正常业务。入侵检测系统重在全年检测,追求有效呈现,是了解入侵状况的最佳方案。入侵检测系统除了完善入侵行为识别全面性以外,还要通过统计数据分析、多维报表呈现等管理特性,更加直观地让用户了解入侵威胁状况和趋势,以便支撑治理入侵的最佳思路。

因此,防护与监控本是安全建设中相辅相成的两个方面,只有入侵检测系统并不能很好地实时防御入侵,但只有入侵防御系统就不能全面地了解入侵防御改善的状况。

习　题

1. 简述入侵检测系统的功能。

2. 入侵检测系统是由哪些部分组成的,各自的作用是什么?

3. 根据数据来源的不同,入侵检测系统可以分为哪些种类,各有什么优缺点?

4. 根据分析技术的不同,入侵检测系统可以分为哪些种类,各有什么优缺点?

5. 从哪些指标可以评价一个入侵检测系统的性能?

6. 简述入侵检测系统 Snort 的特点和工作模式。

7. 简述入侵防御系统与入侵检测系统的区别,及两者在网络安全综合方案中发挥的作用。

第 10 章　虚拟专用网

在互联网的地址架构中,专用网络是指遵守 RFC 1918 和 RFC 4193 规范,使用私有 IP 地址空间的网络。

专用网络基于两个特点,通信更安全。第一,专用网络使用私有 IP 地址通信,不和其他网络共享资源。第二,信息传输安全。由于信息传输路径是专用的,因此传输过程中信息的保密性和完整性是可以保证的;同时,接入专用网络的子网都是内部子网,因此发送端和接收端的身份可以保证。

假设企业要把总部网络和分支机构网络相互连接,但它们相距较远。为了安全通信,可以在两个网络之间搭建线缆或租用线缆形成专用网络。然而,专用网络的最大缺陷是成本太高,因为不管是搭建专线还是租用专线都非常昂贵。为了降低成本,虚拟专用网(virtual private network ,VPN)技术利用因特网,通过为企业两个相距较远的网络建立逻辑专用通道来确保其安全通信。

10.1　虚拟专用网概述

10.1.1　VPN 的概念

VPN 指的是在因特网等公用网络上建立专用网络的技术。具体而言,VPN 利用因特网等公共网络基础设施,通过隧道技术,提供一条与专用网络具有相同通信功能的安全数据通道,实现不同网络的或用户与网络的相互连接。IETF 草案将 IP 网络的 VPN 定义为使用 IP 机制仿真出一个专用的广域网。

VPN 与传统专用网络相比,有如下几点优势。

1. 降低成本

VPN 利用了现有因特网或其他公共网络的基础设施为用户创建安全隧道,不需要使用专门的线路,只需要接入当地的网络业务提供商(internet service provider, ISP)就可以安全地接入内部网络,从而组建自己的广域网,这样就节省了线路费用。

2. 易于扩展

如果采用专线连接,随着分部增多,内部网络节点会越来越多,网络结构也趋于复杂,费用变得越来越昂贵。如果采用 VPN,则只需要在节点处架设 VPN 设备,就可以利用因特网建立安全连接。

3.保证安全

虽然专用网络与因特网等公用网络是隔离开的,但是仍然面临搭线窃听等安全风险。VPN 技术可以利用可靠的密码技术在内部网络之间建立隧道,保证信息的安全,如信息不易被非授权窃听和篡改等。

10.1.2　VPN 的分类

根据业务用途的不同,VPN 分为三类:内联网 VPN(intranet VPN)、外联网 VPN(extranet VPN)和远程接入 VPN(access VPN),如图 10-1 所示。

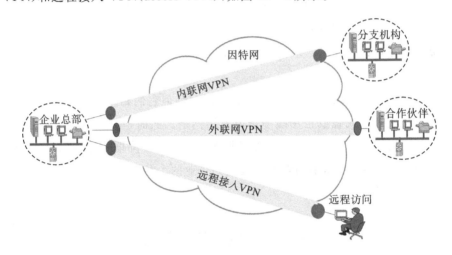

图 10-1　VPN 的分类

1.内联网 VPN

越来越多的企业需要在全国乃至世界范围内建立各种办事机构、分公司、研究所等。内联网是基于因特网建立的可支持企业内部业务处理和信息交流的综合网络信息系统,通常采用一定的安全措施与企业外部的其他因特网用户相隔离。当然,可以采用传统连接方式(即搭建专线或租用专线)构建内联网,但费用昂贵。因此,通常情况下,企业利用 VPN 特性在因特网上组建世界范围内的内联网 VPN。

内联网 VPN 通过因特网把位于不同地理位置的两个或多个内部局域网连接起来。在使用了内联网 VPN 之后,可以方便、安全地实现局域网之间的互联和互访。内联网 VPN 具体实现方法:在每一个局域网中设置一台 VPN 网关,每一个 VPN 网关都需要分配一个公有 IP 地址,以实现 VPN 网关通过因特网的远程连接。通过 VPN 网关之间形成的通道,局域网中的所有主机都可以使用私有 IP 地址进行安全通信。

对于内联网 VPN,一方面,利用因特网的线路连接分支结构,不仅保证了网络的互联性,还降低了成本;另一方面,利用加密、认证等技术,可以保证信息的安全传输。内联网 VPN 拥有与传统专用网络相同的策略,包括安全、服务质量、可管理性和可靠性。

目前,企业内部不同地理位置的局域网之间互联时采用内联网 VPN。

2. 外联网 VPN

随着信息时代的到来,各个企业之间需要通过技术、供应链、业务等合作来展开工作。外联网是基于因特网建立的可支持各企业之间业务处理和信息交流的综合网络信息系统。外联网通常不像内联网那样,可以采用隔离措施保障其安全性。因此,如何利用因特网进行有效、安全的信息交换和管理,是外联网发展的一个关键问题。而利用 VPN 技术组建的外联网,既可以向合作伙伴提供有效的信息服务,又可以保证自身的内部网络的安全。

外联网 VPN 的结构和内联网 VPN 类似。然而,企业与合作伙伴之间的访问,需要根据不同的用户身份实施授权,即需要建立相应的身份认证机制和访问控制机制。因为外联网 VPN 涉及不同企业的局域网,所以不仅要确保信息在传输过程中的安全性,更要确保合作伙伴不能超权操作。

3. 远程接入 VPN

远程接入 VPN 也称为移动 VPN,常适用于企业出差、家庭办公等流动人员远程访问企业内部网络的情况,它使这些流动人员随时随地可以安全地访问企业内部网络资源。

在远程接入 VPN 技术中,如果用户要通过因特网连接到企业内部网络,需要在企业内部网络中部署 VPN 网关,用户通过 ISP 接入因特网就可以和该 VPN 网关建立私有的隧道连接,并能安全地访问企业内部资源。首先,VPN 网关可以对远程用户进行验证和授权。基于远程用户身份,根据权限来为其分配内部网络中的相应资源。其次,隧道能够对传输的数据进行保密性和完整性保护。

目前,远程接入 VPN 方式的使用非常广泛。例如,许多高校为了方便本校师生在外部网络中能够访问其内部网络资源,部署了远程接入 VPN 系统。

10.1.3 隧道技术

VPN 网络被称为虚拟网,主要是因为其任意两个节点之间的连接不是传统专用网所需的物理链路,而是架构在公用网络之上的逻辑网络,用户数据在逻辑链路中传输。隧道技术是逻辑链路形成的关键,是 VPN 的核心技术;同时,VPN 所有的实现都依赖于隧道。

隧道技术是网络基础设施在网络之间传递数据的方式。隧道的使用是为了解决异构网络协议不兼容的问题,或为不安全网络提供一个安全路径。隧道技术的实质是利用一种协议来传输另一种协议的数据单元,其基本功能是封装,即用一种协议来封装另一种协议的数据单元。

1. 隧道技术的组成

隧道技术共涉及三种协议,包括乘客协议、隧道协议和承载协议,如图 10 - 2 所示。

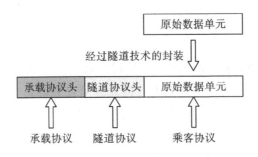

图 10 - 2 VPN 隧道技术

(1)乘客协议。乘客协议是指用户所要传输的原始数据单元所遵循的网络协议。

(2)隧道协议。隧道协议也被称为封装协议,它的作用就是用来封装乘客协议的数据单元,并添加隧道协议头部。隧道协议使原始网络协议的数据单元能够在新的网络中传输,或者在新的网络中传输更安全。

(3)承载协议。负责对经过隧道协议封装后的数据单元进行传输的网络被称为承载网络,承载网络遵循的协议被称为承载协议,也被称为传输协议。

可见,经过隧道协议的封装,乘客协议的数据单元能够在承载网络中进行安全传输。具体原因:乘客协议的数据单元经过隧道协议封装后,成为了承载协议的有效载荷;进一步地,隧道协议在封装的过程中对乘客协议的数据单元进行了安全保护。此时,再加上符合承载协议格式的头部,新数据单元就能够在承载网络中进行安全传输。

2. 隧道中数据的封装和解封

对于内联网 VPN、外联网 VPN 和远程接入 VPN 隧道,数据的封装和解封过程类似,所以以内联网 VPN 中的一个例子(见图 10 - 3)来说明。在该隧道中,乘客协议和承载协议都是网络层协议。

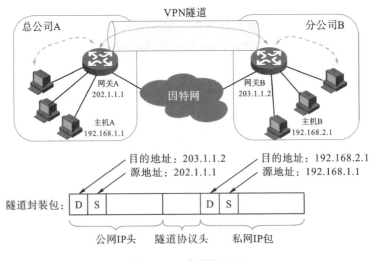

图 10 - 3 内联网 VPN

例 10-1　假设总公司 A 的局域网和分公司 B 的局域网分别连有主机 A 和主机 B,其私有 IP 地址分别为 192.168.1.1 和 192.168.2.1,总公司 A 和分公司 B 在因特网的接入点上配置了 VPN 网关 A 和网关 B,它们的公网 IP 地址分别为 202.1.1.1 和 203.1.1.2。现主机 A 需要通过 VPN 隧道向主机 B 发送数据包,请描述在隧道中数据包的封装和解封过程。

答:在 IP 包的头部中,若源 IP 地址和目的 IP 地址是私有地址,则包头称为私网 IP 头,IP 包称为私网 IP 包;同理,若源 IP 地址和目的 IP 地址是公有地址,则包头称为公网 IP 头,IP 包称为公网 IP 包。

假定主机 A 需要通过 VPN 隧道向主机 B 发送数据包,则需要在网关 A 和网关 B 之间形成 VPN 隧道,网关 A 和网关 B 分别为隧道的起点和终点。数据包封装发生在网关 A,解封发生在网关 B,其具体过程如下。

(1)网关 A 封装:先对该私网 IP 包进行安全操作(如加密和认证等);然后增加隧道协议头和公网 IP 头,其中隧道协议头包含安全参数(如加密和认证的算法、密钥等),公网 IP 头的源 IP 地址和目的 IP 地址分别是 202.1.1.1 和 203.1.1.2。此时,封装后的数据包可以通过因特网从网关 A 传输到网关 B。

(2)网关 B 解封:收到公网数据包时,查看其目的地址,当发现是网关 B 的 IP 地址 203.1.1.2 时,先去掉最外层的公网 IP 头和隧道协议头,然后对数据包进行安全验证操作(如解密和完整性验证等)后还原出私网 IP 包,其中,安全操作需要的安全参数在隧道协议头中获取。此时,解封得到原始私网 IP 包,网关 B 根据目的 IP 地址 192.168.2.1 转发给主机 B。

隧道具有以下特点:借助于 VPN 通信的私网主机并不知道任何隧道的存在;数据包在隧道对整个原始私网 IP 包来说都是透明的。

3. 隧道协议

隧道协议按照工作层次,可进行如下分类。

(1)二层隧道协议:用于传输二层网络协议的隧道协议,如 PPTP、L2F 和 L2TP。这些协议均以公共网络的拨号方式来创建隧道,并且对 PPP 帧封装。PPTP(point-to-point tunneling protocol,点对点隧道协议)由微软开发;L2F(layer 2 forwarding protocol,二层转发协议)由思科开发;L2TP(layer 2 tunneling protocol,二层隧道协议)由 IETF 结合了 PPTP 和 L2F 的优点起草制订。

(2)三层隧道协议:用于传输三层网络协议的隧道协议,如 IPSec、GRE。其中,IPSec 是 IETF 提出的使用密码学保护网络层安全通信的一个协议簇,用于乘客协议和承载协议都是 IP 协议的情形;GRE(generic routing encapsulation,通用路由封装协议)最早由思科(Cisco)公司提出,可以对某些网络层协议的数据包进行封装,使这些被封装的数据包能够在 IPv4 网络中传输。

介于二、三层间的隧道协议:MPLS。MPLS(multi-protocol label switching,多协议标签交换)是一种在开放的通信网上利用标签引导数据高速、高效传输的新技术。多协议的含义是指 MPLS 不但可以支持网络层的多种协议,还可以兼容第二层的多种数据链路层技术。

在 MPLS 中,数据传输发生在标签交换路径(label switching path,LSP)上。LSP 是每一个沿着从源端到终端路径上的节点标签序列。LSP 本身就是公网上的隧道,所以用 MPLS 来实现 VPN,有天然的优势。

高层隧道协议:用于传输应用层协议的隧道协议,如 SSL。SSL 是网景(Netscape)公司率先采用的安全协议,可以对应用层数据进行保密性和完整性保护;同时,应用层协议(如 HTTP、FTP、Telnet 等)能透明地建立于 SSL 协议之上。

10.2　IPSec 协议

在 TCP/IP 模型中,网络层没有任何安全特性,因此 IP 包在公用网络如因特网中传输可能会面临被伪造、窃取、篡改等风险。

IETF 于 1998 年颁布了一组开放协议 IPSec。IPSec 将密码技术应用于网络层,提供对等实体通信的真实性、机密性、完整性等安全服务。IPSec 对于 IPv4 是可选的,对于 IPv6 是强制执行的。

IPSec 可以实现以下四项功能。

(1)数据源认证。IPSec 接收方能够鉴别 IPSec 包的发送起源。此服务依赖数据的完整性。

(2)数据保密性。IPSec 发送方将数据包加密后再通过网络发送。

(3)数据完整性。IPSec 接收方可以验证数据包的完整性,以确保数据包在传输过程中没有发生非授权修改。

(4)反重放。IPSec 接收方可检测并拒绝接收过时或重复的报文。

10.2.1　IPSec 的结构

IPSec 不是一个单独的协议,它给出了应用于网络层上数据安全的一组开放协议的总称(见图 10-4),包括 AH(authentication header,认证头)协议、ESP(encapsulating security payload,封装安全载荷)协议和 IKE(internet key exchange,因特网密钥交换)协议。其中,AH 协议和 ESP 协议基于认证算法或加密算法提供安全服务,IKE 协议用于安全参数的协商。

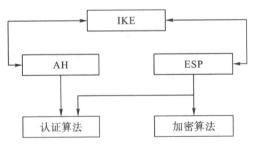

图 10-4　IPSec 结构

（1）认证算法。认证的实现主要基于带密钥的 Hash 函数来生成消息认证码(message authentication code,MAC)。IPSec 对等实体计算 MAC,如果两个 MAC 是相同的,则表示数据包是完整未经篡改的。通常使用的 MAC 算法有 HMAC － MD5 和 HMAC － SHA1。

（2）加密算法。加密的实现主要基于分组密码算法,通常使用的算法有 DES、3DES 和 AES,采用的都是 CBC 模式。

（3）AH 协议。该协议的作用主要有数据源认证、数据完整性验证和反重放。AH 协议涉及上述认证算法。

（4）ESP 协议。该协议的作用主要有数据源认证、数据加密、数据完整性验证和反重放。ESP 协议涉及上述加密算法和认证算法。

（5）IKE 协议。基于身份认证,通信双方进行安全参数(如安全协议、加密算法、认证算法和密钥等)的协商。

IPSec 提供了灵活的网络层安全服务。IPSec 允许用户选择安全协议(AH 或 ESP)、加密算法、认证算法和密钥。IPSec 可以安装在网关(如路由器、防火墙等)或主机上,若 IPSec 安装在网关上,则提供一个安全的通道;若安装在主机上,则能提高主机端对端的安全性。

10.2.2　安全策略（SP）

IPSec 安全策略(security policy, SP)管理所属 IP 流通过 IPSec 边界时的策略,共有以下三种。

（1）丢弃(discard):丢弃数据包。

（2）旁路(bypass):数据包绕过 IPSec 处理,直接转发。

（3）保护(protect):数据包进行 IPSec(AH 或 ESP)处理。

SP 被保存在安全策略数据库(SP database, SPD)中。每一个使用 IPSec 协议的通信实体都有一个 SPD。SPD 由一个五元组来唯一标识,这个五元组包括协议类型(TCP、UDP 或 ICMP)、源地址、目的地址、源端口和目的端口。除了这五元组外,SPD 还包含执行策略(丢弃、旁路和保护)。

例 10 － 2　假如企业内部有局域网 A:192.168.1.0/24 和局域网 B:192.168.2.0/24。两者距离很远,且分别通过网关 A 和网关 B 接入因特网。局域网 A 中的主机访问局域网 B 中的主机,均需使用 ESP 和 AH 的安全保护。请基于上述 SP,在网关 A 中给出其 SPD。

答:表 10－1 给出 SPD。

表 10－1　SPD

协议类型	源地址	目的地址	源端口	目的端口	策略
*	192.168.1.0/24	192.168.2.0/24	*	*	保护:ESP,AH

10.2.3　安全关联(SA)

每个 IPSec 策略需要指定一种安全协议(ESP 或 AH)、工作模式(传输模式或隧道模式）、加密算法及密钥、MAC 算法及密钥等。为使通信双方上述信息一致，两个实体之间经协商建立一种约定，被称为安全关联（security association，SA）。SA 是通过 IKE 协议在通信对等实体之间协商而生成的。一旦 SA 协商好，则在双方建立起了一个 IPSec 的安全通道。

SA 是单向的。如果两个实体 A 和 B 进行单向通信，那么实体 A 需要一个输出 SA，即出方向（outbound）的 SA，用来处理外出的数据包；实体 B 需要一个输入 SA，即入方向（inbound）的 SA，用来处理进入的数据包。例如，基于 ESP 协议，实体 A 要给实体 B 发送机密的消息，则实体 A 的输出 SA 为"ESP 协议，隧道模式，AES 算法，密钥 7572CA49F7632946"；实体 B 的输入 SA 和实体 A 的输出 SA 相同，这样实体 B 才能对收到的信息进行解密。如果实体 A 和实体 B 进行双向通信，那么实体 A 共需要两个 SA，输入 SA 和输出 SA。同理，实体 B 也需要两个 SA。

进一步地，如果实体 A 要发送信息给许多实体，实体 B 要从许多实体接收信息。这时，每一个实体也都要有输入 SA 和输出 SA，才能进行双向通信。

每一个实体的 SA 都以二维表的形式保存在数据库中，该数据库被称为安全关联数据库（SA database，SAD）。每个实体有两种 SAD，一种是输出 SAD，另一种是输入 SAD。

SAD 由一个三元组来唯一标识，这个三元组包括 SPI（security parameter index，安全参数索引）、目的 IP 地址或源 IP 地址、安全协议。

（1）安全参数索引 SPI：一个 32 比特的值。IKE 协商产生 SA 时随机生成 SPI。对于输出数据包，SPI 插入 AH 头和 ESP 头。对于输入数据包，SPI 用来将通信映射到一个合适的 SA 上，收到的数据包由该 SA 处理。

（2）目的 IP 地址或源 IP 地址：对于输出 SA，该项对应的是目的 IP 地址；对于输入 SA，该项对应的是源 IP 地址。

（3）安全协议：IPSec 具有两种不同的安全协议，分别是 AH 和 ESP。为了把运用在每个协议中的参数和信息分开，IPSec 要求为同一目的 IP 地址/源 IP 地址的每一个协议定义一个不同的 SA。

SAD 中的其他参数分为两大类，一类是加密或 MAC 参数，另一类是安全通信参数。

加密或 MAC 参数：

（1）AH 信息：MAC 算法、密钥、密钥生存期和其他 AH 的相关参数。

（2）ESP 信息：加密算法、MAC 算法、密钥、密钥生存期和其他 ESP 的相关参数。

（3）IPSec 工作模式：用于确定使用隧道模式还是传输隧道。

安全通信参数：

（1）序列号计数器：一个 32 比特的值，用于生成 AH 或 ESP 头中的序列号字段，在数据包的"输出"处理时使用。SA 刚刚建立时，该参数的值为 0，用 SA 来保护一个数据包时，序列号的值便会递增 1。目标主机可以用这个字段来探测重放攻击。

（2）序列号溢出：用于输出包处理，标志序列号计数器是否溢出。溢出时，阻止在此 SA

上继续传输包。

（3）抗重放窗口：用于确定输入的 AH 包或 ESP 包是否重放。

（4）SA 的生存期：一个 SA 最长能存在的时间。到期后，一个 SA 必须终止或用一个新的 SA 替换。

（5）路径 MTU：观察到的路径最大传输单元，即数据包不需要进行分片而能够传输的最大包长度。

SAD 存储了通信方的所有 SA。当需要使用 AH 协议或 ESP 协议对数据流进行保护时，系统将通过访问 SAD 来获取 SA。同时，SA 具有一定的生存期，当过期时，终止该 SA，终止的 SA 将从 SAD 中删除。

在例 10 - 2 中，网关 A 中输出 SAD 的一个示例如表 10 - 2 所示。

表 10 - 2　网关 A 中的输出 SAD

SPI	目的 IP 地址	安全协议	加密算法	密钥	工作模式
100	192.168.2.0/24	ESP	AES	7572CA49F7632946	隧道模式
101	192.168.2.0/24	AH	HAMC - MD5	ADR6YLR3AK4S9FD7	隧道模式

10.2.4　两种工作模式

对于 IP 包，包含两部分，一部分是 IP 头，另一部分是有效载荷，如图 10 - 5 所示。其中，有效载荷是指网络层之上的协议，如 TCP、UDP 和 ICMP 等。IPSec 支持两种 IP 包的封装模式：传输模式（transport mode）和隧道模式（tunnel mode）。

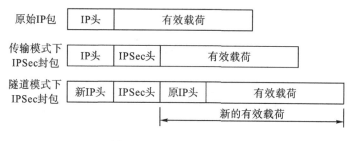

图 10 - 5　IPSec 工作模式

1. 传输模式

传输模式保护的是 IP 有效载荷，即为高层协议（TCP、UDP 或 ICMP 等）提供安全服务。例如，如果这种保护是加密，那么 IP 包中的有效载荷以密文形式在通道上传输。注意，IP 头不被加密，保持明文。

通常情况下，传输模式只应用于两台主机之间的安全通信。

在传输模式下，IPSec 协议处理模块会在 IP 头和有效载荷之间插入一个 IPSec 头（见图 10 - 5）。可见，IP 头基本不变，如 IP 地址和端口号等都不变，只是 IP 包的协议字段会被改成 IPSec 的协议号(50 或 51),并重新计算 IP 头的校验和。

2.隧道模式

隧道模式保护的是原始整个 IP 包,即为 IP 协议提供安全保护。例如,如果这种保护是加密,那么整个原始 IP 包(即 IP 头和有效载荷)以密文形式在通道上传输,这样更有利于通信的保密性。

通常情况下,只要 IPSec 双方有一方是安全网关,就必须使用隧道模式。网关可以由路由器、防火墙等充当。隧道模式的数据包有两个 IP 头:内部头和外部头。内部头由网关背后的主机创建,外部头由提供 IPSec 的网关创建。隧道模式下,通信终点由受保护的内部 IP 头指定,而 IPSec 终点则由外部 IP 头指定。例如,IPSec 终点为安全网关,则该网关会还原出内部 IP 包,再转发到最终目的地。

在隧道模式下,原始 IP 包被封装,作为一个新 IP 包的有效载荷,并拥有一个新的外部 IP 头;同时,在新的外部 IP 头和新的有效载荷(即原始整个 IP 包)之间插入一个 IPSec 头(见图 10-5)。

10.2.5　AH 协议

AH 协议为网络层通信提供数据源认证、数据完整性和反重放保护。AH 协议的工作原理是在每一个 IP 包上添加一个认证头(AH)。AH 中包含 MAC 值,该值是对整个数据包进行计算的结果,因此任何更改都将被有效地检测;同时,AH 包中的序列号提供了反重放保护。

AH 协议能保护通信数据免受篡改,但不能防止窃听,适用于传输非机密数据。AH 的协议号为 51,该值包含在 AH 之前的协议头中,如 IP 头。AH 协议可以单独使用,也可以与 ESP 协议结合使用。

1.AH 格式

认证头(AH)的字段如图 10-6 所示,具体含义如下。

图 10-6　认证头 AH 格式

(1)邻接头(8 比特):标识 AH 后面下一个头部的类型。在传输模式下,它将是有效载荷中受保护的上层协议头部类型。例如,邻接头等于 6,表示紧接其后的是 TCP 头。在隧道模式下,这个值为 4,表示 IP-in-IP 封装。

(2)有效载荷长度(8 比特):这个字段容易引起误解,它并不定义有效载荷的长度。它只定义 AH 的长度,且不包括前 2 个字,其中字长为 32 比特。例如,认证数据默认长度是 96 比特或 3 个字,另加 3 个字长的固定头,总共 6 个字,则有效载荷长度字段的值为 4。

(3)保留(16 比特):当前,这个字段的值设置为 0,保留给未来使用。

(4)安全参数索引(SPI,32 比特):这是一个为数据包识别安全关联的 32 比特伪随机值。具体而言,SPI、目的 IP 地址和安全协议一起,共同标识当前数据包的安全关联 SA。SPI 值为 0 表明"没有安全关联存在"。

(5)序列号(32 比特):从 1 开始的单调递增计数值,不允许重复,唯一地标识了每一个发送的数据包,为安全关联提供反重放保护。在建立 SA 时,发送方和接收方的序列号初始化为 0,使用此 SA 发送的第一个数据包序列号为 1,随后发送方逐渐增大该序列号。在反重放保护中,接收方会依据序列号判断数据包是否已经被接收过,若是,则拒收该数据包。当序列号达到 2^{32} 后,不能再折返,必须再建立一个新的连接。

(6)认证数据(可变长度):包含了数据包的 MAC 值,其长度必须是 32 比特字长的整数倍。基于 MAC 的完整性验证包括整个 IP 包(除可变字段)。接收方接收数据包后,首先执行 MAC 的计算,再与发送方所发送的该字段值比较,若两者相等,则数据包完整;若两者不一致,则数据包在传输过程中遭修改,丢弃该数据包。

2. AH 协议的工作模式

AH 协议的工作模式有两种:传输模式和隧道模式。

(1)AH 传输模式。在 AH 传输模式下,AH 插入 IP 头和有效载荷之间,认证包含整个 IP 包(除可变字段),包括 IP 头,如图 10 - 7 所示。可见,AH 传输模式使用原来的 IP 头。

图 10 - 7　AH 传输模式

(2)AH 隧道模式。在 AH 隧道模式下,要把原 IP 包作为新有效载荷封装在新 IP 包中,然后添加新 IP 头。AH 插入新 IP 头和原 IP 头之间。认证包含整个新 IP 包(除可变字段),包括新 IP 头,如图 10 - 8 所示。

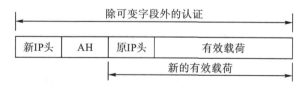

图 10 - 8　AH 隧道模式

10.2.6　ESP 协议

ESP 协议为网络层通信提供数据源认证、数据保密性、数据完整性和反重放保护。数据完整性的实现与 AH 协议类似,不同的是 ESP 不对 IP 头进行完整性验证。数据保密性的实现就是直接对要保护的内容实施加密。同样,ESP 包中的序列号提供了反重放保护。

ESP 协议既能保护通信数据免受篡改,也能防止窃听。ESP 的协议号为 50,该值包含在 ESP 头之前的协议头中,如 IP 头。ESP 协议可以单独使用,也可以与 AH 协议结合使用。

1. ESP 包格式

ESP 包格式如图 10 - 9 所示,具体包含的字段含义如下。

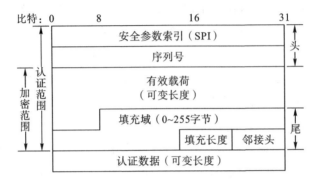

图 10 - 9　ESP 包格式

(1)安全参数索引(SPI,32 比特):该字段与 AH 中的定义一致。

(2)序列号(32 比特):该字段与 AH 中的定义一致。

(3)有效载荷(可变长度):被加密保护的数据。具体而言,传输模式下,被加密保护的是传输层分段;隧道模式下,被加密保护的是 IP 包。

(4)填充域(0~255 字节):可选字段,但所有实现都必须支持该字段。该字段满足加密算法的需要,因为通常加密算法要求明文是字节的整数倍。例如,DES 算法要求明文是 8 字节的整数倍。

(5)填充长度(8 比特):紧跟填充域,用来指示填充数据的长度,其值在 0 到 255 之间。

(6)邻接头(8 比特):该字段与 AH 中的定义类似,标识 ESP 头后的下一个头部的类型。

(7)认证数据(可变长度):包含了 ESP 中除认证数据外的 MAC 值,必须是 32 比特字长的整数倍。

2. ESP 的工作模式

AH 协议的工作模式也有两种:传输模式和隧道模式。

1)ESP 传输模式

在 ESP 传输模式下,ESP 头位于 IP 头和有效载荷之前,ESP 尾位于有效载荷之后。如果选择了认证,则将 ESP 认证数据置于 ESP 尾之后。加密对整个有效载荷和 ESP 尾共同执行,认证包含 ESP 头和所有密文,如图 10 - 10 所示。可见,ESP 认证不包含 IP 头,这点和 AH 不同。

图 10 - 10　ESP 传输模式

在 ESP 传输模式下,数据包从主机 A 发送到主机 B。主机 A 和主机 B 对数据包的处理过程如下。

(1)主机 A 对数据包进行封装。

①第一阶段:加密。

a)在数据包的有效载荷之后添加 ESP 尾。ESP 尾部包含填充域、填充长度和邻接头。

b)对有效载荷和 ESP 尾部进行加密,其中加密算法及密钥由 SA 给出。

②第二阶段:生成认证数据。

a)对已经加密的信息添加 ESP 头部(包括 SPI 和序列号)。

b)把 ESP 头和已加密的信息称为 Enchilada。计算 Enchilada 的 MAC 并添加在 Enchilada 后,作为认证数据,其中 MAC 算法及密钥由 SA 给出。

③第三阶段:IP 头部处理。在 ESP 头前加上原 IP 头,将原 IP 头中协议类型的值改成 50,代表 ESP 协议。

(2)主机 B 收到数据包进行解封。

①第一阶段:判断 IP 头协议类型。收到数据包后,先查看 IP 头中的协议类型,若值为 50,则是一个 ESP 协议;再查看 ESP 头,通过 SPI 决定数据包对应的 SA,包括加密算法、MAC 算法和密钥。

②第二阶段:完整性认证。

a)查看序列号,判断该数据包是否为重放包。如果是,则丢弃。

b)计算 Enchilada 的 MAC,与收到数据包中认证数据的 MAC 进行比较,确定完整性。如果被篡改,则要求重发。

③第三阶段:解密。

a)解密还原出有效载荷和 ESP 尾部。

b)根据 ESP 尾部的填充长度信息,删去后得到原始有效载荷。

2)ESP 隧道模式

在 ESP 隧道模式下,ESP 头位于整个 IP 包之前,ESP 尾放在 IP 包之后。如果选择了认证,则将 ESP 认证数据置于 ESP 尾之后。由于原 IP 包作为新有效载荷被封装,所以还要加上新 IP 头来形成新 IP 包,新 IP 头添加在 ESP 头之前。加密对整个 IP 包和 ESP 尾共同执行,认证包含 ESP 头和所有密文,如图 10 - 11 所示。可见,ESP 认证不包含新 IP 头,这点和 AH 不同。

图 10 - 11　ESP 隧道模式

假如主机 A 通过网络边界的网关 A 连入因特网,主机 B 通过网络边界的网关 B 连入因特网。主机 A 通过因特网给主机 B 发送数据包,需要经过网关 A 和网关 B 之间的 ESP 隧道,则网关 A 和网关 B 对数据包的处理过程如下。

(1)网关 A 对数据包进行封装。

①第一阶段:加密。

a)网关 A 收到主机 A 发来的 IP 包后,在整个 IP 包之后添加 ESP 尾。ESP 尾部包含填充域、填充长度、邻接头。

b)对整个 IP 包和 ESP 尾部进行加密,其中加密算法及密钥由 SA 给出。

②第二阶段:生成认证数据。

a)对已经加密的信息添加 ESP 头部(包括 SPI 和序列号)。

b)把 ESP 头和已加密的信息称为 Enchilada。计算 Enchilada 的 MAC 添加在 Enchilada 后,作为认证数据,其中 MAC 算法及密钥由 SA 给出。

③第三阶段:IP 头部处理。在 ESP 头部前加上外部新 IP 头,组成一个新 IP 包,其中新有效载荷是整个原 IP 包。新 IP 头中的协议类型值为 50,代表 ESP 协议。

(2)网关 B 对数据包进行解封。

①第一阶段:判断 IP 头协议类型。收到数据包后,先查看 IP 头中的协议类型,若值为 50,则是一个 ESP 协议;再查看 ESP 头,通过 SPI 确定数据对应的 SA,包括加密算法、MAC 算法和密钥。

②第二阶段:完整性认证。

a)查看序列号,判断该数据包是否为重放包。如果是,则丢弃。

b)计算 Enchilada 的 MAC,与收到数据包中认证数据的 MAC 进行比较,确定完整性。如果被篡改,则要求重发。

③第三阶段:解密。

a)解密还原出整个原 IP 包(即新有效载荷)和 ESP 尾部。

b)根据 ESP 尾部的填充长度信息,删去后得到原始 IP 包。

c)根据原始内部 IP 头的目的地址转发给目的主机 B。

10.2.7　IKE 协议

SA 是 IPSec 中重要的概念之一。IPSec 利用 IKE 协议建立 SA,对 SAD 进行填充。

IKE 是一种混合型协议,由 RFC2409 定义,包含了三个不同协议的有关部分:ISAKMP

协议、Oakley 协议和 SKEME 协议。其中，ISAKMP(internet security association key management protocol，因特网安全关联密钥管理协议)定义了通用的可以被任何密钥交换协议使用的框架，给出了 IKE SA 的建立过程；Oakley 和 SKEME(secure key exchange mechanism，安全密钥交换机制)协议的核心是 DH(Diffie - Hellman)算法，主要用于在因特网上安全地进行身份认证和分发密钥，以保证数据传输的安全性。IKE SA 和 IPSec SA 需要的加密密钥和认证密钥都是通过 DH 算法生成的，且还支持密钥的动态更新。

IKE 定义了两个阶段，分别是阶段 1 和阶段 2。

阶段 1：创建 IKE SA。在该阶段，为通信双方创建认证过的 IKE 安全通道，它被称为 IKE 安全关联(IKE SA)。阶段 1 的 IKE SA 不仅产生阶段 2 通信的安全参数，包括加密算法和密钥等，而且进行了双向身份认证。此时，通过阶段 1 的 IKE SA 建立起了 IKE 安全通道，阶段 2 可以在该安全通道中进行通信，即在双方身份得到认证的基础上，使用协商好的加密算法和密钥对阶段 2 即 IPSec SA 的通信数据进行加密保护。可见，阶段 1 的目的是建立 IKE 安全通道，为阶段 2 的安全通信做保障。同时，阶段 1 所协商的一个 IKE SA 可以用于协商多个阶段 2 的 IPSec SA。

阶段 2：创建 IPSec SA。在该阶段，为通信双方创建 IPSec 安全通道，它被称为 IPSec 安全关联(IPSec SA)。IPSec SA 产生了基于 IPSec(即 AH 协议或 ESP 协议)通信的安全参数，包括安全协议、工作模式、加密或 MAC 算法、密钥等。此时，通过第二阶段的 IPSec SA 建立起了 IPSec 安全通道，基于 IPSec 的数据保护可以在该安全通道中进行通信，即通信双方使用协商好的安全参数，对 IPSec 的通信数据进行加密或认证保护。可见，阶段 2 的目的是建立 IPSec 安全通道，为 IPSec 的数据传输做保障。

1. 阶段 1

IKE 阶段 1 的协商可以采用两种模式：主模式和积极模式。阶段 1 最终目的是双方需要协商生成 IKE SA 的各项安全参数，包括加密算法、Hash 算法、DH 方法、身份认证方法和共享密钥等，并且进行身份认证，从而保护阶段 2 的 IPSec SA 协商。

(1)主模式。

主模式包含 6 条消息，如图 10 - 12 所示。该模式先进行共享密钥协商，再进行身份认证。这种设计，使得身份认证信息受到协商共享密钥的保护。

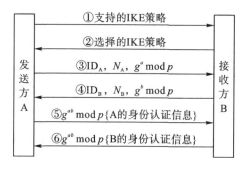

图 10 - 12　IKE 主模式

消息①②：协商 IKE 策略。把加密算法、Hash 算法、DH 算法、身份认证方法和密钥有效期等组成的集合称为 IKE 策略。发送方把它所有支持的 IKE 策略组发给接收方。若接收方对这些策略均不支持，则会拒绝本次请求；否则，从中选择一个支持的策略响应给发送方。

图 10-13 给出了一个双方协商获得 IKE 策略的例子。发送方把它支持的 IKE 策略 10 和策略 20 发给接收方；接收方收到后，若发现自己的策略 15 和发送方的策略 10 相同，则将该策略作为选择策略响应给发送方。

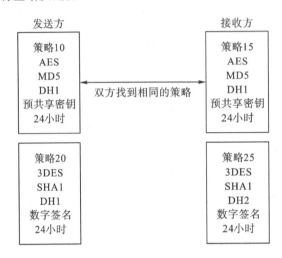

图 10-13　IKE 策略的协商

消息③④：一方面，基于 DH 进行密钥协商。另一方面，双方交换一次性随机数 N_A 和 N_B，双方身份 ID_A 和 ID_B，ID 号通常是 IP 地址。DH 密钥协商过程如下。

首先，发送方 A 随机产生 g、p、a，计算 $U=g^a \bmod p$，把 g、p 和 U 发给接收方 B，其中 p 为大素数。

随后，接收方 B 收到 g、p 和 U 后，随机产生 b，计算 $V=g^b \bmod p$。然后，把 V 发送给发送方 A。

经过消息③④，发送方 A 和接收方 B 分别使用 $V^a \bmod p$ 和 $U^b \bmod p$ 得到他们的共享密钥 $g^{ab} \bmod p$。

消息⑤⑥：进行双向身份认证，其中身份认证过程使用 DH 协商的共享密钥进行加密保护。身份认证的方法分为预共享密钥和数字签名。

在基于预共享密钥的身份认证中，发送方 A 和接收方 B 共享密钥 $K[AB]$。发送方 A 通过 $Hash(N_B \parallel ID_A \parallel K[AB])$ 来证明自己的身份；同理，接收方 B 通过 $Hash(N_A \parallel ID_B \parallel K[AB])$ 证明自己的身份。在基于数字签名的身份认证中，发送方 A 基于 $Sig_{SK[A]}(N_B)$（即发送方 A 对 N_B 的数字签名）证明自己的身份，其中 SK[A] 是发送方 A 的私钥；同理，接收方 B 通过 $Sig_{SK[B]}(N_A)$（接收方 B 对 N_A 的数字签名）证明自己的身份，其中 SK[B] 是接收方 B 的私钥。

值得注意的是，上述主模式中消息⑤⑥的身份认证过程经共享密钥 $g^{ab} \bmod p$ 加密保护，更安全。然而,需要六条消息,下面的积极模式仅需要 3 条消息。

（2）积极模式。

如图 10-14 所示,积极模式允许同时传送 IKE 策略、密钥协商和身份认证的相关参数,只需要三条消息,减少了消息的往返次数,能够更快速地创建 IKE SA。它的不足之处是积极模式的身份认证信息无法得到加密保护。

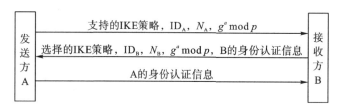

图 10-14　IKE 积极模式

2. 阶段 2

IKE 阶段 2 的协商只有一种快速模式,如图 10-15 所示。

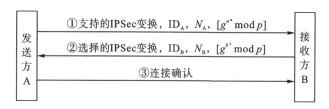

图 10-15　IKE 快速模式

阶段 2 的快速模式共产生三个消息,都可以使用阶段 1 的 IKE SA 协商出的加密算法和密钥实施保护。阶段 2 的快速模式最终目的是双方协商生成 IPSec SA 的各项安全参数,即 AH 或 ESP 协议中保护数据使用的加密算法、MAC 算法、工作模式和密钥等,这些工作在消息①和消息②中完成。消息③为连接确认。

消息①②:

（1）协商 IPSec 的变换。把加密算法、MAC 算法、安全协议、工作模式和密钥有效期组成的集合称为 IPSec 变换。发送方把它所有支持的 IPSec 变换发给接收方,若接收方对这些变换均不支持,则会拒绝本次请求;否则,从中选择一个支持的变换响应给发送方。

图 10-16 给出了一个双方协商获得 IPSec 变换的例子。发送方把它支持的 IPSec 变换 10 和变换 20 发给接收者;接收方收到后,发现自己的变换 15 和发送方的变换 10 相同,因此将该变换作为选择变换响应给发送方。

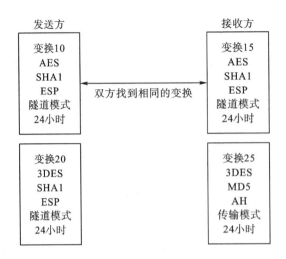

图 10 - 16　IPSec 变换的协商

（2）交换身份信息和一次性随机数。身份信息用于表明身份，一次性随机数的生成用于反重放。

（3）交换密钥。为了降低阶段 1 和阶段 2 密钥的关联性，阶段 2 重新进行 DH 密钥协商得出新的共享密钥，从而计算出 ESP 协议和 AH 协议中数据加密或生成 MAC 的密钥。该过程是可选的。

消息③：用于确认发送方 A 是否收到该阶段的消息②，且是否可以通信。

10.2.8　IPSec VPN

IPSec VPN 是指采用 IPSec 实现的一种 VPN 技术。它通过在公网上为局域网（私有网络）之间或远程用户和局域网之间建立 IPSec 隧道，要求各局域网分别部署 VPN 网关或远程用户安装专用的 VPN 客户端。

下面主要介绍在公网上两个局域网之间建立的 IPSec VPN，其结构如图 10 - 17 所示。通过 IPSec VPN 建立安全的隧道，两个局域网的主机通信可以分为以下五个阶段。

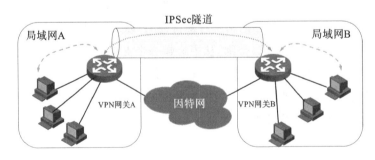

图 10 - 17　IPSec VPN

（1）阶段 1：局域网的主机把原始 IP 包发给对应的 VPN 网关，该原始数据包的源 IP 地址和目的 IP 地址都是私网 IP 地址。

（2）阶段 2：IPSec VPN 网关识别感兴趣流，其中，感兴趣流指的是需要通过 IPSec VPN 隧道传输的数据流。IPSec VPN 网关接收到数据包，判断是否属于感兴趣流。若不属于，则网关按照 TCP/IP 协议直接转发；若属于，则需要进行阶段 3。

（3）阶段 3：基于 IKE 协议，创建 IPSec VPN 隧道。在该阶段协商创建隧道需要的安全参数，包括安全协议、封装模式、加密和验证算法、密钥等。

（4）阶段 4：数据传输。由于已经创建 IPSec VPN 隧道，在 IPSec VPN 网关之间使用 AH 或 ESP 协议对数据进行加密或计算 MAC 值，并在原始 IP 包前添加新的公网 IP 头。新的 IP 包在隧道中传输。

（5）阶段 5：IPSec VPN 隧道终止。通信双方数据交换已经完成，IPSec VPN 隧道终止。

IPSec VPN 对局域网间传输的所有数据使用密码技术进行保护，安全性高。但是，IPSec VPN 要求在局域网部署 VPN 网关设备或远程用户安装专用的 VPN 客户端，因此配置部署复杂度和维护成本都比较高。同时，由于 IPSec 工作在网络层，不能基于应用进行细粒度的访问控制。

10.3　SSL 协议

SSL（安全套接层）协议是 Netscape 公司于 1994 年提出的，它在客户端和服务器之间提供安全通信。

SSL 协议位于 TCP/IP 协议模型的传输层和应用层之间。应用层数据不再直接传递给传输层，而是传递给 SSL，SSL 对从应用层收到的数据进行加密、认证，并增加 SSL 头。理论上，SSL 协议可以以安全的方式运行于任何应用之上，即可以从任何应用协议接收数据，而不做其他修改，如"HTTP over SSL""SMTP over SSL"。但是，SSL 协议的主要目标是为 HTTP 协议提供可靠的通信。

SSL 协议是应用最广泛的安全协议之一。目前为止，SSL 协议有三个版本，SSL 1.0、SSL 2.0 和 SSL 3.0。SSL 3.0 相比更加成熟，得到广泛的应用。IETF 基于 SSL 3.0 推出了 TLS 1.0 协议，也被称为 SSL 3.1，它和 SSL 3.0 的差别不大，且考虑了和 SSL 3.0 的兼容性。

SSL 协议可以提供三项安全服务：允许双向认证、提供消息的保密性和完整性。

（1）双向认证。客户端和服务器相互进行身份认证，确保了通信双方的身份，防止了客户端和服务器身份的伪造。

（2）消息的保密性。通过使用加密技术以确保消息的保密性。SSL 客户端和服务器之间的所有业务都基于协商的算法和密钥进行加密，防止黑客通过嗅探工具实施非法窃听。

（3）消息的完整性。通过使用 MAC 技术以确保消息的完整性。SSL 客户端和服务器之间的所有业务都基于协商的算法和密钥来生成 MAC 值。这样即使黑客对消息进行篡改，也可以被检测到。

10.3.1 SSL 的结构

SSL 协议的结构如图 10-18 所示。SSL 协议位于应用层和 TCP 层之间,它为 TCP 提供可靠的端到端安全服务,可用于保护正常运行于 TCP 之上的任何应用协议,如 HTTP、FTP、SMTP 和 Telnet 等的通信,最常见的是使用 SSL 来保护 HTTP。

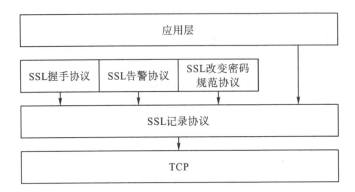

图 10-18 SSL 协议的分层结构

SSL 协议不是单个协议,而是两层协议。上层为 SSL 握手协议、SSL 告警协议和 SSL 改变密码规范协议,下层为 SSL 记录协议。

(1)SSL 握手协议建立客户端与服务器之间的安全通道。该协议包括双向身份认证、协商加密和认证算法、交换密钥参数等。

(2)SSL 告警协议向对端指示安全错误。

(3)SSL 改变密码规范协议告知改变密码参数。

(4)SSL 记录协议封装以上三种协议或应用层数据。

10.3.2 连接和会话

SSL 协议中包含两个重要的概念:会话和连接。一个会话可以包含许多连接(见图 10-19)。连接是暂时的,会话具有较长的生命周期。

图 10-19 SSL 的会话与连接

1. SSL 会话

一个 SSL 会话(session)是在客户端与服务器之间的一个关联。每一个会话需要由握手协议协商创建。会话建立起来以后,通信双方就有了一组密码安全参数。对于每个连接,可以利用会话来避免对新的安全参数进行协商带来的昂贵代价。

会话状态可以用以下参数定义。

（1）会话标识符：由服务器选择的任意字节序列，用于标识活动的会话或可恢复的会话状态。

（2）对方的证书：对等实体的 X.509 v3 证书，该参数可为空。

（3）压缩算法：在加密之前用来压缩数据的算法。

（4）密码规范：经过协商的密码套件，包括加密算法和 MAC 算法。

（5）主密钥：一个 48 字节长的秘密值，由客户端和服务器共享。它用于生成加密密钥、MAC 密钥和初始化向量（initialization vector，IV）。

（6）可恢复性标志：一个标志，用于指明会话是否可以用于初始化新的连接。

2. SSL 连接

为了在两个实体之间交换信息，必须要创建一个会话。不过这还不够，两个实体之间还要创建连接（connection）。连接是能提供合适服务类型的传输（在 OSI 分层模型中的定义）。

连接状态可以用以下参数定义。

（1）服务器和客户端的随机数：服务器和客户端为每个连接选择的用于标识连接的字节序列。

（2）服务器写密钥：服务器发送数据时，用于数据加密的密钥。

（3）客户端写密钥：客户端发送数据时，用于数据加密的密钥。

（4）服务器写 MAC 密钥：服务器发送数据时，生成 MAC 使用的密钥。

（5）客户端写 MAC 密钥：客户端发送数据时，生成 MAC 使用的密钥。

（6）初始化向量（IV）：当使用 CBC 模式的分组密码时，需要为每个密钥维护一个 IV。该字段首先由 SSL 握手协议初始化，其后，每个记录的最后一个密文分组被保存，以作为下一个记录的 IV。

（7）序列号：会话的各方为每个连接传送和接收消息维护一个单独的序列号。当接收或发送一个修改密码规范协议报文时，序列号被设为 0，此后逐渐递增，但不能超过 $2^{64}-1$。

10.3.3　记录协议

SSL 记录协议封装三种协议（包括握手协议、告警协议和改变密码规范协议）或应用层数据。它包含两部分，一部分是 SSL 记录头部，另一部分是 SSL 有效载荷（即三种协议或应用层数据）。

SSL 记录头部中的字段如图 10-20 所示，具体含义如下。

图 10-20　SSL 记录头部

（1）协议类型（1 字节）：用以说明封装的协议类型。值是 20，表示改变密码规范协议；值是 21，表示告警协议；值是 22，表示握手协议；值是 23，表示应用层数据。

（2）版本（2 字节）：这个 2 字节的字段用以确定 SSL 的版本；一个字节是主要版本，而另一个是次要版本。例如,SSL 的当前版本是 3.0,则主要版本为 3,次要版本为 0。

(3)长度(2 字节):以字节为单位确定有效载荷的大小。

SSL 有效载荷为应用层数据,其在客户端和服务器握手成功后使用,即客户端和服务器鉴别对方身份,并确定信息交换使用的安全参数后,SSL 记录协议封装应用层数据(见图 10 - 21)。此时,SSL 记录协议为 SSL 连接提供消息保密性和完整性两种服务。

图 10 - 21　应用层数据的封装

(1)保密性:基于加密算法,SSL 记录协议对 SSL 应用层数据进行加密。加密算法和密钥在握手协议中协商确定。

(2)完整性:基于 MAC 算法生成 MAC 值,SSL 记录协议对 SSL 应用层数据进行完整性认证。认证的 MAC 算法和密钥在握手协议中协商确定。

在 SSL 记录协议中,图 10 - 22 展现了应用层数据的操作过程。对于发送方,SSL 记录协议接收传输的应用层数据,依次经过应用层数据分段、压缩(可选)、添加 MAC、加密、附加 SSL 记录头,然后作为有效载荷片段传递给传输层。对于接收方,与发送方的工作过程相反,依次删掉每段的 SSL 记录头、解密、验证 MAC、解压缩(可选)、组合成应用层数据,然后传递给高层应用。下面介绍发送方的工作步骤,接收方与其相反。

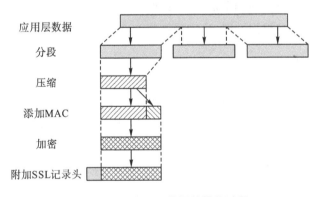

图 10 - 22　应用层数据的操作过程

(1)分段:将应用层数据分段,使得每段长度小于或等于 2^{14} 个字节。

(2)压缩:小段还可以压缩,压缩过程不能造成数据损失,因此采用无损压缩机制。注意,压缩操作是可选的。

(3)添加 MAC:基于握手协议中确定的 MAC 算法(如 HMAC - MD5、HMAC - SHA 等)和密钥,计算并添加每一段的 MAC,实现消息的完整性认证。

（4）加密：基于握手协议中确定的加密算法（如 IDEA、DES、3DES、AES 等）和密钥,对压缩段和其 MAC 进行加密生成密文,实现消息的保密性。

（5）附加 SSL 记录头：在密文段前附加 SSL 记录头。

对于 SSL 有效载荷为三种协议,为改变密码规范协议、告警协议和握手协议,将在下文介绍。

10.3.4　改变密码规范协议

改变密码规范协议由一个仅包含值为 1 的 1 字节消息组成（见图 10-23）,此消息用于更新该连接使用的密码套件,包括加密算法、MAC 算法以及密钥等。客户端和服务器都能发送改变密码规范消息。为了保障 SSL 传输过程的安全性,双方应该每隔一段时间就改变密码规范。

1字节

| 1 |

图 10-23　改变密码规范协议

10.3.5　告警协议

SSL 告警协议用来为对等实体传递 SSL 的相关警告。如果在通信过程中某一方发现任何错误,就需要给对方发送一条警示消息通告,进一步的处理依赖于警告级别和警报类型。

SSL 告警协议的每个消息由两个字节组成（见图 10-24）。第一个字节传递警告级别,级别值 1 表示"警报",级别值 2 表示"致命错误"。如果是级别值为 1 的警报,则通信双方通常都只是记录日志,而对通信过程不造成影响；如果是级别值为 2 的致命错误,则 SSL 将立即终止连接,而会话中的其他连接将继续进行,但不会在此会话中建立新连接。第二个字节包含了警报类型,表 10-3 列出了这些警报类型及其描述。

1字节　　　　1字节

| 警告级别 | 警报类型 |

图 10-24　报警协议

表 10-3　SSL 中的警报类型及其描述

类型	描 述	含 义
0	关闭通知	通知接收者,发送者将不再发送任何信息
10	意外信息	接收到的信息不适当
20	MAC 出错	接收到的 MAC 不正确
30	解压失败	不能正确进行解压

类型	描　述	含　义
40	握手失败	不能最后确定握手
41	无证书	无适当的证书可用
42	废证书	接收到的证书无效
43	不支持的证书	接收到证书类型不被支持
44	证书撤回	签名者已经撤回证书
45	过期证书	证书已经过期
46	未知证书	未知的证书
47	非法参数	一个超范围或不适当的字段

10.3.6　握手协议

　　握手协议是客户端和服务器用 SSL 通信时使用的第一个子协议，也是最复杂的一个子协议。该协议允许服务器和客户端双向身份认证、协商加密和 MAC 算法以及密钥等安全参数，用来保护在 SSL 记录协议中发送的数据。握手协议在应用层数据传输之前使用。

　　每个握手协议包含以下三个字段（见图 10 - 25）。

　　　　　　1字节　　3字节　　≥0字节
　　　　　　类型　　长度　　内容

图 10 - 25　握手协议

　　（1）类型（1 字节）：表示 10 类消息中的一类，其对应的消息类别如表 10 - 4 所示。

　　（2）长度（3 字节）：表示消息的字节数。

　　（3）内容（≥0 字节）：与消息相关的参数，如表 10 - 4 所示。

表 10 - 4　握手协议消息的类型

类型	消息类别	内容
0	hello_request	空
1	client_hello	协议版本号、会话 ID、密码组、压缩方法、随机数
2	server_hello	协议版本号、会话 ID、密码组、压缩方法、随机数
11	certificate	X.509 v3 证书链
12	server_key_exchange	参数、签名
13	certificate_request	类型、认证机构
14	server_done	空

续表

类型	消息类别	内容
15	certificate_verify	签名
16	client_key_exchange	参数、签名
20	finished	Hash 值

握手协议包含四个阶段,依次为建立安全连接、服务器认证和密钥交换、客户端认证和密钥交换、完成。

1. 阶段 1：建立安全连接

该阶段用于建立初始的逻辑连接,协商安全参数,包括协议版本号、会话 ID、密码组、压缩方法和随机数。

1)过程

首先,客户端向服务器发出 client_hello 消息并等待服务器响应(见图 10 - 26)。该 client_hello 消息包含如下内容。

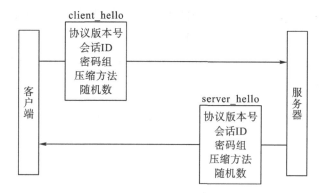

图 10 - 26　SSL 握手协议阶段 1

(1)协议版本号:客户端能实现的最高版本。

(2)会话 ID:可变长度的会话标识。非 0 值意味着客户端想更新已存在连接的参数或在此会话中创建一个新的连接;0 值意味着客户端想在新会话上创建一个新连接。

(3)密码组:客户端支持的密码套件列表,按优先级降序排列。

(4)压缩方法:客户端支持的压缩模式表。

(5)随机数:客户端生成的随机数"client_hello. random"。

随后,服务器向客户机返回"server_hello"消息,对"client_hello"消息进行确认。该"client_hello"消息包含如下内容。

(1)协议版本号:取客户端与服务器支持的最高版本号中的较低者。

(2)会话 ID:对应当前连接的会话。如果客户端"hello"消息中的会话标识非 0,则服务器将查看它的会话缓冲区来寻找匹配的会话 ID。如果找到并且服务器愿意使用指定的会话状态建立新连接,则服务器将使用与客户端"hello"消息中相同的会话 ID 值来回应。

(3)密码组:服务器从客户端的密码套件列表中选择的一个密码套件。

(4)压缩方法:服务器从客户端的压缩模式表中选择的一种压缩模式。

(5)随机数:服务器生成的随机数"server_hello. random"。

2)密码组

在逻辑连接中,需要协商密码组,包含以下字段。

(1)密钥交换方法:用于协商预主密钥,该密钥用于生成加密密钥和 MAC 密钥。密钥交换方法有 RSA、匿名 Diffie - Hellman、暂时 Diffie - Hellman、固定 Diffie - Hellman 和 Fortezza 这五种。

(2)加密算法:通常使用对称加密实现,有 RC2 - 40、RC4 - 128、DES、3DES、IDEA、Fortezza 加密这几种算法。

(3)MAC 算法:通常使用带密钥的 Hash 来实现,有 HMAC - MD5、HMAC - SHA 这两种算法。

3)密钥交换方法

(1)RSA。在 RSA 密钥交换中,预主密钥由客户端随机生成,然后通过服务器的公钥加密后,发送给服务器。在客户端发送加密的预主密钥前,需要获得服务器的公钥证书。该方法如图 10 - 27 所示,"Enc - cer {server,PK[server]}"表示服务器的公钥证书,其公钥为"PK[server]",且该公钥用于加密;"$E_{PK[server]}$(预主密钥)"表示用服务器的公钥"PK[server]"对预主密钥进行加密。

图 10 - 27　RSA 密钥交换

(2)匿名 Diffie - Hellman。匿名 Diffie - Hellman 指直接利用 Diffie - Hellman 协议在客户端和服务器之间协商预主密钥。该方法如图 10 - 28 所示,服务器的半密钥信息(g, p, $g^s \bmod p$)和客户端的半密钥信息(g, p, $g^c \bmod p$)都以明文方式发送。由于该方法双方都不知道对方身份,被称为匿名 Diffie - Hellman,容易遭遇中间人攻击。

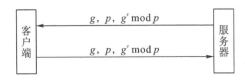

图 10 - 28　匿名 Diffie - Hellman 密钥交换

(3)暂时 Diffie - Hellman。为了防止匿名 Diffie - Hellman 中间人攻击,半密钥信息不再直接发送,而是签名后再发送,从而可以确认发送方的身份。在交换半密钥信息及其签名的同时,还需要交换彼此的公钥证书,用于签名的验证。该方法如图 10-29 所示,"Sig-cer {server,PK[server]}"表示服务器的公钥证书,其公钥为"PK[server]",该公钥用于数字签名的验证;"Sig-cer {client,PK[client]}"与其前者类似;"Sig$_{SK[server]}$(g,p,g^s mod p)"表示服务器使用公钥"SK[server]"对其半密钥信息进行数字签名;"Sig$_{SK[client]}$(g,p,g^c mod p)"与其前者类似。

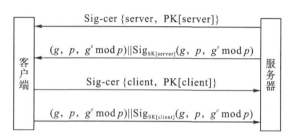

图 10-29　暂时 Diffie-Hellman 密钥交换

　　(4)固定 Diffie-Hellman。防止匿名 Diffie-Hellman 中间人攻击的另一方法是固定 Diffe-Hellman 方法。该方法客户端和服务器的半密钥信息被列入到各自的数字证书中,即双方不是直接交换半密钥信息,而是交换有半密钥信息的数字证书,这种证书被称为 DH 证书。该方法如图 10-30 所示,其中 DH-cer {server,(g,p,g^s mod p)}表示服务器的 DH 数字证书,用于发布其半密钥信息(g,p,g^s mod p);DH-cer {client,(g,p,g^c mod p)}类似。

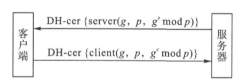

图 10-30　固定 Diffie-Hellman 密钥交换

　　(5)Fortezza。美国国防部提出的安全协议,因其较复杂,在本书中不做讨论。

2. 阶段 2:服务器认证和密钥交换

　　服务器启动阶段 2,是本阶段所有消息的唯一发送方,客户端是本阶段所有消息的唯一接收方。该阶段分为四步,如图 10-31 所示,具体如下。

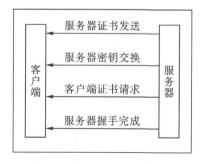

图 10-31　SSL 握手协议阶段 2

（1）服务器证书发送。服务器发送其证书消息"certificate"。该消息可选，是否需要发送取决于密钥交换方法。对于 RSA 交换、暂时 Diffie - Hellman 和固定 Diffie - Hellman，需要发送"certificate"消息；而对于匿名 Diffie - Hellman，则不需要发送。

（2）服务器密钥交换。发送服务器密钥交换消息"sever_key_exchange"。该消息可选，是否需要发送也取决于密钥交换方法。对于暂时 Diffie - Hellman 和匿名 Diffie - Hellman，需要发送"sever_key_exchange"信息；而对于 RSA 交换和固定 Diffie－Hellman，则不需要发送。

（3）客户端证书请求。服务器发送客户端证书请求消息"certificate_request"。该消息可选，是否需要发送也取决于密钥交换方法。对于暂时 Diffie - Hellman 和固定 Diffie - Hellman，需要发送"certificate_request"消息；而对于 RSA 交换和匿名 Diffie - Hellman，则不需要发送。

（4）服务器握手完成。发送"server_hello_done"消息，表示阶段 2 的结束。

3. 阶段 3：客户端认证和密钥交换

客户端启动阶段 3，是本阶段所有消息的唯一发送方，服务器是本阶段所有消息的唯一接收方。该阶段分为三步，如图 10 - 32 所示，具体如下。

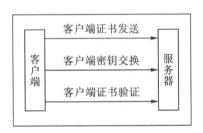

图 10 - 32　SSL 握手协议阶段 3

（1）客户端证书发送。如果接收到服务器的证书请求，则客户端向服务器发送其证书消息"certificate"。

（2）客户端密钥交换。客户端发送密钥交换消息"client_key_exchange"。该消息可选，是否需要发送依旧取决于密钥交换方法。对于 RSA 交换、暂时 Diffie - Hellman 和匿名 Diffie - Hellman，需要发送"client_key_exchange"消息；而对于固定 Diffie - Hellman，则不需要发送。

（3）客户端证书验证。客户端发送"certificate_verify"消息，提供对客户端证书的精准验证。如果客户端发送了一个证书，且宣称拥有证书中的公钥，那么需要证明他知道相关的私钥。这样做的目的是防止客户端假冒。具体方法为，客户端把预主密钥与客户端和服务器前面交换的随机数组合起来，先用 MD5 与 SHA1 算法进行 Hash 运行：

$$MD5(master\_secret \parallel pad2 \parallel MD5(handshake\_messages \parallel master\_secret \parallel pad1))$$

$$SHA1(master\_secret \parallel pad2 \parallel SHA1(handshake\_messages \parallel master\_secret \parallel pad1))$$

再用其私钥进行签名。其中，master_secret 表示主密钥，由预主密钥生成；handshake_messages 表示握手消息,是指从 client_hello 开始(但不包括这条消息)发送或接收的所有握手协议消息;pad1 和 pad2 表示填充值。服务器用已经接收到的客户端公钥来验证这个信息,从而可以确认客户端是否拥有真正的私钥。注意,该步骤只有客户端证书具有签名能力(DH 证书除外)时才发送。

经过阶段 3 后,客户端得到了服务器的认证,且客户端和服务器都知道了预主密钥。

4. 阶段 4:完成

客户端先发送改变密码规范消息,用新的算法、密钥和密码发送新的完成信息。服务器也接着发送改变密码规范消息。

客户端启动阶段 4,使服务器结束。该阶段先后基于客户端和服务器的两条消息完成握手,过程如图 10-33 所示,具体如下。

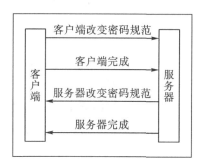

图 10-33 SSL 握手协议阶段 4

(1)客户端改变密码规范。客户端发送"change_cipher_spec",表示改变密码规范,即后续的应用层数据交换要用协商的安全参数(包括新的加密认证算法、密钥等)进行保护。注意,该消息不是握手协议的一部分,而是由改变密码规范协议发送。

(2)客户端完成。客户端发送"finished"消息,完成对密钥交换和认证过程的正确性验证。

(3)服务器改变密码规范。服务器发送"change_cipher_spec"消息,表示改变密码规范。

(4)服务器完成。服务器发送"finished"消息,完成对密钥交换和认证过程的正确性验证。

此时,握手完成,客户端和服务器即可开始交换应用层数据。

10.3.7 SSL VPN

SSL VPN 是指采用 SSL 实现远程接入的一种 VPN 技术。它在公网上为客户端和站点(即企业内部网络)之间建立 SSL VPN 隧道,要求远程用户作为客户端要有支持 SSL 的 Web 浏览器,作为站点要部署 SSL VPN 网关。

远程用户与企业 SSL VPN 网关建立隧道以后,就能通过该隧道安全地访问企业内网的 Web 服务器、文件服务器、邮件服务器等资源,如图 10-34 所示。SSL VPN 网关也被称为 SSL VPN 服务器。

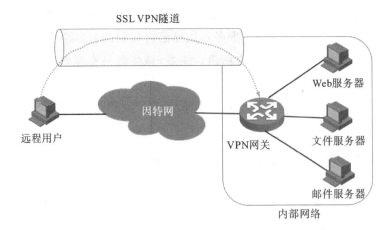

图 10 - 34　SSL VPN

SSL VPN 使用的协议如下。

(1)SSL VPN 客户端和 SSL VPN 服务器的通信使用 HTTPS(hypertext transfer protocol secure,超文本传输安全协议)。因为 HTTPS 协议使用 SSL 协议保护 HTTP(hypertext transfer protocol,超文本传输协议)应用的安全,所以,SSL VPN 的客户端和 SSL VPN 服务器进行通信时,首先进行 SSL 握手,握手结束后再发送进行机密性和完整性保护的 HTTP 数据。

(2)SSL VPN 服务器和内部应用服务器通信使用 HTTP 协议。

SSL VPN 通信过程如下。

(1)SSL VPN 的客户端和 SSL VPN 服务器建立 VPN 隧道。

① 通过 Web 浏览器,SSL VPN 客户端登录 SSL VPN 服务器进行身份认证。

② 当身份认证通过以后,SSL VPN 客户端与 SSL VPN 服务器之间建立 SSL VPN 隧道。

(2)借助 Web 浏览器,SSL VPN 客户端向内部应用服务器发起服务请求。

① 通过公网,SSL VPN 客户端的服务请求需要经过安全性保护,发送到 SSL VPN 服务器。具体为,通过 HTTPS 协议,SSL VPN 客户端对其请求数据进行加密和认证(即生成 MAC 值),然后发送给 SSL VPN 服务器。

②在企业内网,SSL VPN 服务器将安全的服务请求数据还原后,转发给内部服务器。具体为,SSL VPN 服务器收到经过安全性保护的服务请求数据后,先进行解密和完整性认证,再通过 HTTP 协议转发给内部服务器。

(3)内部应用服务器向 SSL VPN 客户端进行请求响应。

①在企业内网,内部应用服务器的响应数据发送到 SSL VPN 服务器。其中,响应数据通过 HTTP 协议明文发送。

②通过公网,SSL VPN 服务器将经过安全性保护的响应数据转发给 SSL VPN 客户端。具体为,通过 HTTPS 协议,SSL VPN 服务器对响应数据进行加密和 MAC 处理,然后

转发给 SSL VPN 客户端。SSL VPN 客户端收到安全的响应数据后,对其进行解密和完整性验证,最终还原得到响应的明文数据。

对于远程接入应用场景,IPSec VPN 和 SSL VPN 技术都可以支持。但与 IPSec VPN 相比,SSL VPN 有如下优点。

(1)SSL VPN 工作在传输层和应用层之间,不会改变 IP 头和 TCP 头,不会影响原有网络拓扑。

(2)远程用户可以便捷地访问 SSL VPN。SSLVPN 通常是无客户端或瘦客户端,在实际应用中多使用 Web 浏览器模式,即可通过网页访问到企业内部的网络资源,既实现了灵活安全的远程用户访问需求,又节省了许多软件购买、维护和管理成本。

(3)SSL VPN 网关部署方便。SSL VPN 的功能全部由 SSL VPN 网关实现,且 SSL VPN 服务器一般位于防火墙内部。为了使用 SSL VPN 业务,只需要在防火墙上开启 HTTPS 协议使用的 TCP 443 端口即可。

(4)SSL VPN 具有良好的安全性。SSL VPN 基于 SSL 协议,可以确保信息的真实性、机密性和完整性。同时,能实现更为精细的资源控制和用户隔离。

尽管 SSL VPN 技术具有很多优势,但在应用中也存在一些不足。它只能有限支持非 Web 应用。目前,大多数 SSL VPN 都是基于标准的 Web 浏览器而工作的,能够直接访问的主要是 Web 资源,其他资源的访问需要经过 Web 化应用处理,系统的配置和维护都比较困难。

10.4　L2TP 协议

VPDN(virtual private dial network,虚拟专有拨号网络)指利用公共网络的拨号方式来实现虚拟专用网。使用 VPDN,企业驻外机构和移动办公人员可以从远程通过公共网络建立隧道来实现和企业内网的连接,从而安全地访问企业内网的资源。目前主要有三种 VPDN 技术:微软开发的 PPTP(point-to-point tunneling protocol,点对点隧道协议)、思科开发的 L2F(layer 2 forwarding protocol,第二层转发协议)和 IETF 起草制定的 L2TP(layer 2 tunneling protocol,二层隧道协议)。其中,L2TP 结合了 PPTP 和 L2F 的优点。

L2TP 为 VPDN 广泛采用的隧道协议之一。同其他 VPN 协议一样,L2TP 能够通过隧道技术将用户网络的私有数据进行封装并在公网上进行传输。

PPP(point to point protocol,点对点协议)是在点对点链路上运行的数据链路层协议。用户使用拨号电话线接入因特网时,一般都使用 PPP 协议。L2TP 是为企业驻外机构、移动办公人员和企业内网的服务器之间透明地传输 PPP 帧而设置的二层隧道协议。

10.4.1　L2TP VPDN

L2TP VPDN 的网络结构图 10-35 所示。这个图不仅描述了 L2TP 的构建模式,而且指出了组建 L2TP VPDN 需要的三要素:远端系统、LNS 和 LAC。

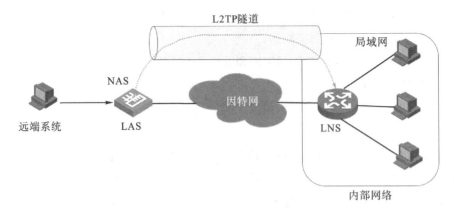

图 10 - 35　L2TP VPDN 的网络结构

(1)远端系统。远端系统是指接入 VPDN 网络的远程用户或远地分支机构,通常是一个拨号用户的主机或私有网络的一台路由设备。

(2)L2TP 访问集中器(L2TP access concentrator,LAC)。LAC 是具有 PPP 端系统和 L2TP 协议处理能力的网络接入服务器(network access server,NAS),一般为 ISP 提供,主要用于为 PPP 类型的远端系统提供接入服务。

LAC 位于远端系统和 LNS 之间,作为 L2TP 隧道的逻辑起点,和 LNS 建立 L2TP 隧道,通过隧道将 PPP 会话在远端系统和 LNS 间传输。

(3)L2TP 网络服务器(L2TP network server,LNS)。LNS 既是 PPP 端系统,又是 L2TP 协议的服务器,通常作为一个企业内部网络的边缘设备。LNS 作为 L2TP 隧道的逻辑终点,是 LAC 的对端设备,经过隧道传输的 PPP 会话在 LNS 处终结。

10.4.2　L2TP 的工作原理

L2TP 协议的工作原理:首先为隧道建立一个控制连接,随后建立一个会话通过隧道传输用户数据。

隧道和相应的控制连接必须在呼入和呼出请求发送之前建立。L2TP 会话必须在隧道传送 PPP 帧之前建立。多个会话可以共享一条隧道,一对 LAC 和 LNS 之间可以存在多条隧道。

控制连接是在会话之前一对 LAC 和 LNS 之间的最原始连接,其建立涉及双方的身份认证、L2TP 的版本、传送能力等。在控制连接建立之后,就可以创建单独的会话。每个会话对应一个 LAC 和 LNS 之间的 PPP 流。

一旦隧道创建完成,LAC 就可以接收从远程系统来的 PPP 帧,封装成 L2TP 包,通过隧道传输。LNS 接收 L2TP 报文,处理被封装的 PPP 帧,交给真正的目标主机。信息发送方将会话 ID 和隧道 ID 放在发送报文头中。因此 PPP 帧流可以在给定的 LNS - LAC 对之间复用同一条隧道。

图 10-36 描述了 L2TP 协议的具体操作流程,具体如下。

(1)远端系统→LAC:远端系统发起 PPP 连接,远端系统与 LAC 进行 PPP 协商,且 LAC 对远端系统进行 PAP 或 CHAP 身份认证。

(2) LAC→LNS:根据远端系统拨号的用户名或者域,判断接入的用户是否为 VPDN 用户。如果不是,则正常处理和转发 PPP 帧;若是,则 LAC 与 LNS 建立 L2TP 隧道,其中,隧道连接请求是 LAC 向 LNS 发起的。

(3)LAC→LNS:LAC 与 LNS 隧道建立成功后,在隧道基础上建立 L2TP 会话。其中,会话连接请求是 LAC 向 LNS 发起的。

(4)远端系统→LNS:LNS 从 L2TP 隧道收到远程用户的接入请求,对远程用户进行可选的第二次身份认证后,为远程用户分配私网 IP 地址,通过隧道和 LAC 发送到远程用户。

(5)远端系统→LNS:远程用户与 LNS 之间建立 PPP 连接。

(6)远端系数→内部网络:远程用户在 PPP 连接基础上,开始数据封装,随后用户访问企业内部网络资源。

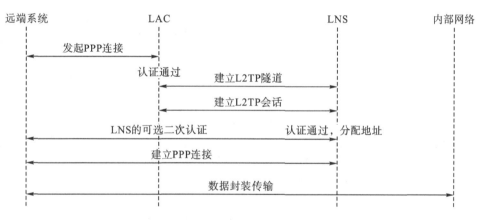

图 10-36　L2TP 协议操作流程

10.4.3　L2TP 报文

L2TP 分为控制报文和数据报文。L2TP 的两种报文采用 UDP 协议来封装和传输。

(1)控制报文:用于隧道的建立、维护与断开。L2TP 控制报文在 L2TP 服务器端使用了 UDP 1701 端口,L2TP 客户端默认也使用 UDP 1701 端口,但也可以使用其他 UDP 端口。当双方的端口选定,在隧道连通的时间内不再改变。

(2)数据报文:用于封装 PPP 帧并在隧道上传输,即负责用户数据的传输。

L2TP 控制报文和数据报文都遵循如图 10-37 所示的通用报文格式。

IP头 (公网)	UDP头	L2TP头	L2TP有效载荷

图 10-37　L2TP 通用报文格式

下面将对 L2TP 通用报文格式中的 L2TP 头和 L2TP 有效载荷进行介绍。

1. L2TP 头

对于 L2TP 的控制报文和数据报文,其报文头相同,格式如图 10-38 所示,字段描述如表 10-5 所示。

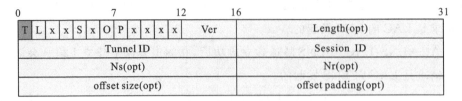

图 10-38　L2TP 头格式

表 10-5　L2TP 头字段描述

字段名	含　　义	取值要求
T	类型(type),取值为"0"时表示数据报文,取值为"1"时表示控制报文	—
L	长度在位标志,置"1"时,说明 Length 字段的值是存在的"1"	控制报文中必须为"1"
x	保留位	所有保留位均为"0"
S	顺序字段在位标志,置"1"时,说明 Ns 和 Nr 字段是存在的	控制报文中必须为"1"
O	置"1"时,说明 offset size 字段是存在的	控制报文中必须为"0"
P	优先级(priority),只用于数据报文,当数据报文此位置"1"时,说明该报文在本队列和传输时应得到优先处理	控制报文中必须为"0"
Ver	版本号	对于 L2TPv2 协议取值为"2"
Length	报文的总长度	单位为字节
Tunnel ID	隧道标识符,只具有本地意义	Hello 控制报文具有全局性,其 Tunnel ID 必须为"0"
Session ID	会话标识符,只具有本地意义	—
Ns	当前报文的顺序号	—
Nr	希望接收的下一条控制报文的顺序号	数据报文中是保留字段
offset size	偏移值,指示载荷数据开始的位置	—
offset padding	填充位	—

2. L2TP 有效载荷

1)控制报文中的 L2TP 有效载荷

在 L2TP 控制报文中,L2TP 有效载荷由一个或多个属性对(attribute value pair,AVP)

组成,携带隧道和会话建立的各种参数。属性类型和属性值共同决定了 AVP 的含义和内容。AVP 格式如图 10 - 39 所示。

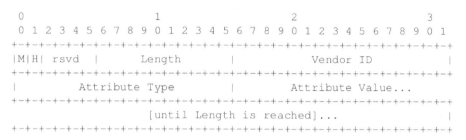

图 10 - 39　控制报文中的 L2TP 有效载荷:AVP

(1)M:控制对端对于不认识 AVP 的处理行为。如果 M 为"1",对端不认识该 AVP 则应终止会话或隧道;如果 M 为"0",对端不认识该 AVP 则忽略。

(2)H:加密标志位,该位置"1",表示 AVP 值被加密显示。

(3)rsvd:保留位。

(4)Length:AVP 报文长度。

(5)Vendor ID:一般厂商为"1000"。

(6)Attribute Type:属性类型定义。

(7)Attribute Value:属性值。

2)数据报文中的 L2TP 有效载荷

在 L2TP 数据报文中,L2TP 有效载荷是用户 PPP 帧。如图 10 - 40 所示,PPP 帧包含 PPP 头、IP 头和载荷数据,其中,IP 头中为私网 IP 地址。

若 PPP 帧要封装成 L2TP 数据报文在公共网络中进行传输,则以 IP 包的形式传输时携带 L2TP 头、UDP 头和新 IP 头进行传输,其中新 IP 头中是公网 IP 地址,指示 L2TP 隧道的源地址和目的地址。可见,封装结果遵循图 10 - 37 所示的 L2TP 报文格式。

图 10 - 40　数据报文中的 L2TP 有效载荷:PPP 帧

10.4.4　L2TP 的特性

L2TP 适合单个或少数用户接入企业的情况,其点到网连接的特性是其承载协议 PPP 所约定的。L2TP 具有以下特性。

1. 灵活的隧道模式

L2TP 协议提供两种隧道模式:强制隧道模式和自发隧道模式。

在强制隧道模式下,LAC 端终结来自远端系统的呼叫,然后通过中间网络以隧道方式将 PPP 会话延伸到 LNS。这种模式不要求远端系统了解 L2TP,远端系统只需要使用 PPP

拨号到 LAC 即可。

在自发隧道模式下,远端系统运行 L2TP 软件,充当了 L2TP 连接模型中的 LAC。远端系统/LAC 连接到 LNS,PPP 帧通过 L2TP 隧道直接在远端系统和 LNS 之间转发。

2. 高度的安全性

L2TP 本身并不保证连接的安全性,但它可利用 PPP 提供的 CHAP 和 PAP 进行身份认证,还可以与 IPSec 结合对 L2TP 所传输的数据进行加密和认证。

3. 多协议传输

L2TP 传输 PPP 帧,PPP 本身可以传输多协议,而不仅仅是 IP 协议。

4. 支持 RADIUS 服务器的认证方式

远程用户拨号认证系统(remote authentication dial in user service,RADIUS)是为接入服务器开发的认证系统,它具有认证、认可及计费(authentication、authorization、accounting,AAA)功能。LAC 端支持将用户名和密码发往 RADIUS 服务器,由 RADIUS 服务器负责接收用户的验证请求,并完成验证。

5. 支持内部地址分配

LNS 可以放置于企业网的防火墙之后,它可以对远端用户的地址进行动态的分配和管理,可以支持 DHCP 和私有地址应用。远端用户所分配的地址不是因特网地址而是企业内部的私有地址,这样方便了地址的管理并可以增加安全性。

6. 可靠性

L2TP 协议支持备份 LNS,当一个主 LNS 不可达之后,LAC 可以与备份 LNS 建立连接,增强了 L2TP 服务的可靠性。

习 题

1. 请谈谈对虚拟专用网(VPN)的认识。

2. 根据业务用途的不同,VPN 如何进行分类?

3. IPSec 包含哪三个协议?并分别简述这三个协议的功能。

4. 简述 IPSec 中传输模式和隧道模式的区别。

5. 请简述 SSL 协议的结构。

6. L2TP 的应用背景是什么?简述 L2TP VPDN 的网络结构。

参考文献

[1] 杨波. 现代密码学[M]. 北京:清华大学出版社,2007.

[2] 宋秀丽,罗文俊,王进,等. 现代密码学原理与应用[M]. 北京:机械工业出版社,2012.

[3] 郑东,李祥学,黄征. 密码学——密码算法与协议[M]. 北京:电子工业出版社,2009.

[4] 张薇,杨晓元. 密码基础理论与协议[M]. 北京:清华大学出版社,2012.

[5] 蔡皖东. 网络信息安全技术[M]. 北京:清华大学出版社,2015.

[6] BRUCE S. 应用密码学——协议、算法与 C 源程序[M]. 吴世忠,译. 北京:机械工业出版社,2000.

[7] WILLIAN S. Cryptography and network security:principles and practice[M]. 7th Edition. 北京:电子工业出版社,2017.

[8] 卢开澄. 计算机密码学——计算机网络中的数据保密与安全[M]. 3 版. 北京:清华大学出版社,2003.

[9] WENBO M. Modern cryptography:theory and practice[M]. Prentice Hall PTR,2004.

[10] 胡向东,魏琴芳,胡蓉. 应用密码学[M]. 3 版. 北京:清华大学出版社,2014.

[11] 郑秋生. 网络安全技术及应用[M]. 北京:电子工业出版社,2009.

[12] 马利,姚永雷. 计算机网络安全[M]. 北京:清华大学出版社,2016.

[13] 冯登国. 网络安全与技术[M]. 北京:科学出版社,2006.

[14] 石志国,薛为民,尹浩. 计算机网络安全教程[M]. 北京:清华大学出版社,2009.

[15] 荆继武,林璟锵,冯登国. PKI 技术[M]. 北京:科学出版社,2008.

[16] 曹元大,薛静锋,祝烈煌,等. 入侵检测技术[M]. 北京:人民邮电出版社,2007.

[17] FOROUZAN. B A. 密码学与网络安全[M]. 马振晗,贾军保,译. 北京:清华大学出版社,2009.

[18] ATUL K. 密码学与网络安全[M]. 邱仲潘,译. 北京:清华大学出版社,2005.

[19] 徐国爱,张淼,彭俊好. 网络安全 [M]. 2 版. 北京:北京邮电大学出版社,2007.

[20] 贾铁军,陶卫东. 网络安全技术及应用[M]. 3 版. 北京:机械工业出版社,2017.

[21] 梁亚声,汪永益,刘京菊,等. 计算机网络安全教程[M]. 3 版. 北京:机械工业出版社,2016.

[22] 牛少彰,崔宝江,李剑. 信息安全概论 [M]. 3 版. 北京:北京邮电大学出版社,2016.

[23] 胡建伟. 网络安全与保密[M]. 西安:西安电子科技大学出版社,2003.

[24] 王凤英. 访问控制原理与实践[M]. 北京:北京邮电大学出版社,2010.

[25] STALLINGS W,BROWN L. 计算机安全——原理与实践[M]. 2 版. 王昭,王伟平,王永刚,译. 北京:电子工业出版社,2015.

[26] STALLINGS W. 密码编码学与网络安全——原理与实践[M].5 版. 王张宜,杨敏,杜瑞颖,译. 北京:电子工业出版社,2012.

[27] 李保栓,范乃英,任必军. 网络安全技术[M].2 版. 北京:清华大学出版社,2012.

[28] 张玉清. 网络攻击与防御技术 [M]. 北京:清华大学出版社,2011.

[29] 刘功申,孟魁,王轶骏,等.计算机病毒与恶意代码——原理、技术及防范[M].4 版. 北京:清华大学出版社,2019.

[30] 张仁斌,李钢,侯整风. 计算机病毒与反病毒技术[M]. 北京:清华大学出版社,2006.

[31] 赖英旭,刘思宇,杨震,等.计算机病毒与防范技术[M].2 版. 北京:清华大学出版社,2011.

[32] 宋西军. 计算机网络安全技术[M]. 北京:北京大学出版社,2009.

[33] 陈铁明,翁正秋. 数据安全[M]. 北京:电子工业出版社,2021.

[34] 张东. 大话存储 2——存储系统架构与底层原理极限剖析[M]. 北京:清华大学出版社,2011.

[35] 王改性,师鸣若. 数据存储备份与灾难恢复[M]. 北京:电子工业出版社,2009.

[36] 汪淼,谢余强,舒辉,等. 病毒的多态性研究[C]. 2004 年全国网络与信息安全技术研讨会. 北京:中国通信学会,2004.

[37] 乔晓宇. 硬盘文件远程备份与恢复技术的研究与实现[D]. 北京:北京交通大学,2009.

[38] 贾疏桐,桂灿,苏星宇. 缓冲区溢出漏洞分析及检测技术进展[J]. 电脑知识与技术,2020,16(13):57 - 59.

[39] 赵玉超. 一种基于非对称加密算法的安全高效身份认证协议[J]. 工业技术创新,2020,7(6):103 - 107.

[40] 代乾坤. 基于 SSL 和国密算法的安全传输系统设计. 计算机应用与软件[J]. 2023,40(2):326 - 330.

[41] 王国才,施荣华. 计算机通信网络安全[M]. 北京:中国铁道出版社,2016.

[42] 谢希仁. 计算机网络[M]. 7 版.北京:电子工业出版社,2017.

附录　实验指导

实验 1　PGP 加密并签名邮件

一、实验目的

1. 使用 PGP 软件对邮件加密并签名。

2. 了解密码体制在实际网络环境中的应用。

3. 加深对私钥密码体制、公钥密码体制及杂凑函数原理的理解。

二、实验环境

Windows 操作系统,PGP 软件。

三、实验原理

PGP 是目前被广泛采用的一种为电子邮件和文件存储提供机密性和完整性服务的系统。PGP 综合运用了三种密码体制,即私钥密码体制(如 IDEA、3DES 等算法)、公钥密码体制(如 RSA、DSS 等算法)和杂凑函数(如 MD5、SHA1 等算法)。图 A-1 展示的是在发送方 A 给接收方 B 发送消息的过程中,使用 PGP 保障消息的机密性和完整性。其中 M 是消息,H 是杂凑函数,K/D 是私钥密码体制或公钥密码体制的加密/解密,S/V 是公钥密码体制的签名/验证,Z/Z^{-1}是压缩/解压函数,(PK$_A$,SK$_A$)是发送方 A 的公、私钥对,(PK$_B$,SK$_B$)是接收方 B 的公、私钥对,Ks 是发送方 A 和接收方 B 的会话密钥。

四、实验内容

1. 对每组同学的"学号 1-姓名 1,学号 2-姓名 2"作为邮件的主要内容进行 PGP 的加密和签名。具体而言,发送方对邮件内容加密并签名,接收方验证并解密。

2. 模拟"加密并签名后的邮件内容在传输过程中被篡改,接收方实施验证和解密"的情形。

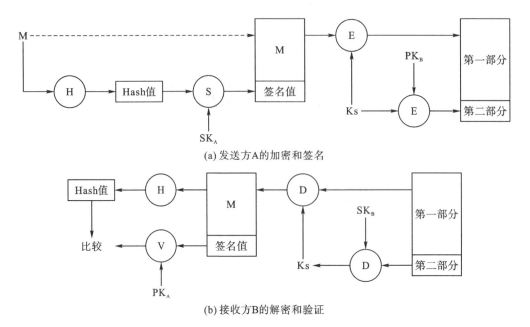

(a) 发送方A的加密和签名

(b) 接收方B的解密和验证

图 A - 1　PGP 机密性与完整性服务

实验 2　网络扫描

一、实验目的

1. 理解网络扫描器工作机制和作用。

2. 使用扫描软件,通过主动探测来搜集目标主机信息。

3. 使用漏洞扫描软件,检测远程或本地主机的安全漏洞。

二、实验环境

操作系统:Windows、Linux。

扫描软件:Nmap。

三、实验原理

1. 主机扫描:通过对目标网络(一般为一个或多个 IP 网段)中主机 IP 地址的扫描,以确定目标网络中有哪些主机处于运行状态。通常采用的协议为 ICMP 协议等。

2. 端口扫描:向目标主机的 TCP 和 UDP 端口发送探测数据包,并记录目标主机的响应。通过分析响应来判断服务端口是打开还是关闭,并得知端口提供的服务或信息。端口扫描方法主要有 TCP Connect 扫描、TCP SYN 扫描和 UDP 端口不能到达扫描等。

3. 操作系统识别:通过端口服务的提示信息、操作系统的栈指纹等方法来进行操作系统及其版本判断。

4. 漏洞扫描:漏洞脆弱性检测,通常有两种方法,分别是基于漏洞库的匹配和模拟攻击。在该扫描中,需要根据检测结果形成周密、可靠的安全性分析报告。

四、实验内容

基于 NMAP,使用命令进行主机扫描、端口扫描、操作系统识别和漏洞扫描,能够解释命令的含义以及对应扫描技术的工作原理。注意:要求命令总数不少于 10 条。

实验 3 网络嗅探

一、实验目的

1.理解网络嗅探的作用和工作机制。

2.熟悉网络嗅探工具 Wireshark 的使用,加深对 TCP/IP 协议的理解。

二、实验环境

Windows 操作系统,嗅探工具 Wireshark。

三、实验原理

网络嗅探是利用计算机的网络接口截获目的地为其他主机数据报文的一种工具。目前,网络嗅探仅限于局域网,通过把网络适配卡(如以太网卡)设置为混杂模式,使网卡能接受传输在网络上的每一个数据包。嗅探工作在网络环境中的底层,它会拦截所有正在网络上传送的数据,并且通过相应的软件处理,实时分析这些数据的内容,进而分析所处的网络状态和整体布局。

Wireshark 是最广泛的网络封包分析软件之一。网络封包分析软件的功能是截取网络封包,并尽可能显示最为详细的网络封包信息。Wireshark 使用 WinPCAP 作为接口,直接与网卡进行数据报文交换。Wireshark 支持的 Capture Filter(捕获前过滤)和 Display Filter(捕获后过滤)功能帮助用户筛选想要的数据包。

四、实验内容

利用 Wireshark 进行数据包抓取并分析,具体内容如下。

1.网络嗅探:登录学校教务系统,抓取登录的用户名和口令,并进行明密文分析,其中,用户名是每组任意一个成员的学号。

2.TCP 协议:抓取 TCP 数据包,寻找并分析三次握手和四次挥手,其中要求握手和挥手属于同一个 TCP 连接。

3.ICMP 协议:抓取 ping 包,并进行协议分析。

实验 4 木马的远程控制和清除

一、实验目的

1.理解木马的关键技术:启动、隐藏和远程控制。

2.使用一种木马实施远程控制,并进行清除。

二、实验环境

局域网环境,Windows 操作系统,任意一种木马程序。

三、实验原理

一个木马要通过网络入侵并控制被植入的主机,需要采用以下四个关键环节。

1. 植入技术:通过预设环境的欺骗、网页挂马、系统漏洞的利用等方法,把木马植入被控制的主机。

2. 自启动技术:通过修改系统自动运行的文件、服务、注册表和文件关联等方法,实现计算机自动启动木马。

3. 隐藏技术:为了防止被发现,木马需要隐藏起来。隐藏的方法有伪装成系统文件、无可视化输出、自我销毁、进程插入等。

4. 远程控制技术:植入者通过客户端远程控制被植入主机的木马,以达到其攻击的目的,包括窃取密码、实施破坏、远程操纵和程序杀手等。

四、实验内容

1. 使用木马实施远程控制,具体而言,在被攻击者主机 B 上植入木马,用攻击者主机 A 对主机 B 实施远程控制,要求最少五种操作。

2. 手动删除木马,包括进程结束、文件删除和注册表还原等。

实验 5　CA 的安装和使用

一、实验目的

1. 利用 Windows Server 提供的"证书服务"组件为用户颁发证书。

2. 掌握证书的申请、颁发、下载等操作,加深对公钥基础设施(PKI)理论(重点是 CA 功能)的理解。

二、实验环境

局域网环境,Windows Server 操作系统。

三、实验原理

PKI 技术采用数字证书管理用户公钥,通过延伸到用户的接口为各种网络应用提供安全服务,包括身份认证、数字签名、加密等。认证中心(CA)是证书的签发机构,是 PKI 的核心。如果用户想拥有一张证书,应先向 CA 提出申请。身份认证后,CA 便为该用户分配一个公钥,并将该公钥与其身份信息绑在一起,签名形成数字证书,并颁发给用户。此时,用户可以下载该数字证书。

四、实验内容

利用 Windows Server 提供的"证书服务"组件,建立"独立根 CA"或"企业根 CA"并为用户颁发浏览器数字证书,要求证书拥有者为每一组组员之一。具体过程:安装 IIS、安装证书服务并设置 CA、用户向 CA 提交证书请求、CA 审批请求并颁发证书、下载并查看证书的信息。

利用 Windows Server 提供的"证书服务"组件,建立"独立根 CA"或"企业根 CA"并为用户颁发浏览器数字证书。具体过程:安装 IIS,安装证书服务并设置 CA,用户向 CA 提交证书申请,CA 审批申请并颁发证书,下载并查看证书的信息。注意:要求数字证书拥有者的姓名为每组组员的名字。

实验 6　Windows 系统中基于账户/密码的身份认证

一、实验目的

1. 掌握身份认证的原理和方法。

2. 理解 Windows 系统中基于账户/密码的身份认证方法。

3. 了解 Windows 系统账户及密码的安全管理。

二、实验环境

Windows 操作系统。

三、实验原理

身份认证的基本方法有如下三种。

1. 用户所知:个人所知道的或掌握的知识,如密码、口令或密钥等。

2. 用户所有:个人所拥有的东西,如身份证、磁卡、条码卡、IC 卡或智能令牌等。

3. 用户个人特征:个人所具有的个人生物特性,如指纹、掌纹、声纹、脸型、DNA 或视网膜等。

Windows 系统采用基于用户所知的密码作为身份认证手段。在身份认证过程中,系统收到用户输入的账户/密码,首先将根据账户信息从系统的信息表中查询该账户所对应的密码;然后对用户输入的密码和系统已保存的密码进行比较,如果一致,则认为是合法用户,身份认证通过;如果不一致,则认为不是合法用户,身份认证不通过。

四、实验内容

1. 检查和删除不必要的账户。

2. 禁用 guest 用户。

3. 设置账户/密码登录来实施身份认证。

4. Administrator 账号是最高级别的账号,不能删除或禁用,但应重新命名该账号并设置密码以隐藏它,以免受到攻击。此外,其他级别的用户命名为"administrator"来迷惑攻击者。

5. 举例说明 Windows 系统的账户安全管理策略和密码安全管理策略。

6. 让 Windows 系统启动时不显示上次的登录名。

7. 启用审核策略和日志查看。

实验 7　Linux 环境下 iptables 防火墙的配置

一、实验目的

1. 理解防火墙的功能和工作原理。

2. Linux 环境下,熟悉并运用 iptables 防火墙的各种规则。

二、实验环境

局域网环境、Linux 操作系统和 iptables 防火墙。

三、实验原理

防火墙是置于内、外网之间的软、硬件系统,是内、外网通信的唯一通道。它能够根据设置的安全策略来检查内、外部网的通信,然后根据这些策略控制(允许、拒绝、重新定向、监视、记录等)进出网络的访问行为。

Linux 环境下 iptables 防火墙采用包过滤机制来工作,它会对进出数据包的包头进行分析,并根据预先设定的包过滤规则来控制这些数据包。

四、实验内容

1. 通过 iptables 防火墙进行端口设置。

(1)在 iptables 防火墙上添加关闭某端口(如 TCP 的 22 端口)的规则;然后,查看已有规则,并试图访问内网该端口。

(2)在 iptables 防火墙上删除上述规则来开放该端口;然后,查看已有规则,并试图访问内网该端口。

2. 通过 iptables 实现 ICMP 包的过滤。

(1)在 iptables 防火墙上添加拒绝 ICMP 包通过的规则;然后,查看已有规则,并试图向内网执行 ping 命令。

(2)在 iptables 防火墙上删除上述规则来允许 ICMP 包通过;然后,查看已有规则,并试图向内网执行 ping 命令。

实验 8　入侵检测系统 Snort 的安装和使用

一、实验目的

1. 理解入侵检测的作用和检测原理。

2. 理解 Snort 的三种工作模式:嗅探器、数据包记录器、网络入侵检测系统。

二、实验环境

局域网环境,Windows 操作系统和入侵检测系统 Snort。

三、实验原理

入侵检测技术是通过从计算机网络或计算机系统中的若干关键点收集信息并对其进行

分析,从中发现网络或系统中是否有违反安全策略的行为和遭到袭击迹象的一种安全技术。

入侵检测系统 Snort 有三种工作模式:嗅探器、数据包记录器和网络入侵检测系统。

1.嗅探器模式:仅仅是 Snort 从网络上读取数据包并连续不断地显示在终端上,直到用户按下"Ctrl+C"键终止,然后 Snort 会显示统计信息。在该模式下,Snort 也可以将这些信息记录到日志文件中。

2.数据包记录器模式:把数据包记录到硬盘上。

3.网络入侵检测模式:最复杂,可配置,需要载入规则库才能工作。其工作过程:Snort分析网络数据流,并匹配用户定义的一些规则,然后根据检测结果采取一定的动作,如记录日志、产生报警等。不过该模式下,仅当检测包与某个规则匹配的时候,才会记录日志或产生报警;如果数据包并不与任何一个规则匹配,那么它将会被悄悄丢弃,并不做任何记录。

四、实验内容

1.嗅探器模式:使用 Snort 嗅探器模式,检测 Snort 安装是否成功,并监听网卡信息。

2.数据包记录器模式:要求完成下述两项任务。

(1)ping 内网主机时,Snort 进行记录。

(2)用一种扫描软件进行内网主机端口扫描时,Snort 进行记录。

3.网络入侵检测系统模式:要求完成下述任务中至少一个。

(1)书写一个 Snort 规则,当检测到内网主机被 HTTP 协议访问时,会发出一个报警。

(2)书写一个 Snort 规则,当检测到内网主机被 ping 时,会发出一个报警。

(3)书写一个 Snort 规则,当内网某主机(除该主机本身)被通过任意协议使用管理员权限登录时,会发出一个报警。